高等职业教育通信类系列教材

校企“双元”合作开发新形态立体化教材

5G 通信全网建设技术及应用

（微课版）

主　编　姚美菱

副主编　张　星　庞瑞霞　叶红英　李　明

西安电子科技大学出版社

内 容 简 介

本书为5G通信全网建设技术实战指导教材。5G通信全网建设采用的实验平台为IUV公司的“5G全网部署与优化”仿真教学系统。根据学生职业能力发展需要，本书从企业真实项目选取内容，并在仿真软件中进行实践。

本书分为基础知识篇和实战演练篇。基础知识篇的3个模块理论性和实践性并重，实战演练篇偏重于实操。全书内容涵盖5G移动通信原理、5G网络规划、5G网络工程部署、5G网络数据配置、5G网络优化及5G业务调试等。本书结构脉络清晰，基础知识篇中的每个模块均设有知识目标、能力目标、内容导航、小结和习题；实战演练篇中的每个任务都设有任务描述、任务分析和任务实施，每个实战演练后都有小结和习题。

本书可作为高等职业院校电子信息类专业及现代移动通信技术相关专业的教材，也可作为企业员工的培训教材，还可供5G行业设计人员、工程技术人员及维护人员参考。

图书在版编目（CIP）数据

5G通信全网建设技术及应用 : 微课版 / 姚美菱主编. -- 西安 : 西安电子科技大学出版社, 2025.1. -- ISBN 978-7-5606-7489-6

Ⅰ. TN929.538

中国国家版本馆CIP数据核字第2024HB3321号

策　　划　秦志峰
责任编辑　雷鸿俊
出版发行　西安电子科技大学出版社（西安市太白南路2号）
电　　话　（029）88202421　88201467　　邮　　编　710071
网　　址　www.xduph.com　　电子邮箱　xdupfxb001@163.com
经　　销　新华书店
印刷单位　陕西天意印务有限责任公司
版　　次　2025年1月第1版　　2025年1月第1次印刷
开　　本　787毫米×1092毫米　1/16　　印　张　17.5
字　　数　414千字
定　　价　48.00元

ISBN 978-7-5606-7489-6

XDUP 7799001-1

前言

根据中华人民共和国工业和信息化部官方数据显示，截至 2024 年 5 月底，我国累计开通 383.7 万个 5G 基站，覆盖所有地级市城区和县城城区。我国拥有全球规模最大、技术最先进的 5G 网络，5G 用户数量超 9 亿。目前 5G 应用已融入 97 个国民经济大类中的 60 个，应用案例数累计超 5 万个。而且随着“5G+”行动计划实施，5G 的应用规模还在不断扩大，“十四五”期间计划建设 1 万个以上 5G 工厂。

本书缘起于全国职业院校技能大赛之 5G 全网建设技术赛项。本书遵循“能力本位、学生主体、项目载体”的理念，总结了近几年参加全国职业院校技能大赛的经验为大赛辅导及相关课程教学而编写。

伴随着 5G 全网建设，全国职业院校技能大赛之 5G 全网建设技术赛事也在如火如荼地开展。该比赛每年举行一次，分为校园初赛、省赛、国赛三阶段进行。以河北省为例，2023 年 32 所院校的 50 支代表队参赛，金牌获得者代表河北省参加国赛。每年国赛有几十支代表队参赛，粗略推算，每年有 1000 多支代表队备战省赛，涵盖近千所高职院校。

为了让更多的学生在比赛中成长，推动“以赛促教、以赛促学”的教学改革创新，每年中国通信学会还联合企业举办一次规模更大的、覆盖学生更多的全国大学生现代通信网络部署与优化设计大赛，比赛内容与国赛一致，2021 年全国共 3000 多名选手参赛。为了指导学生备赛，实战指导书的编写势在必行。

本书分为上、下两篇：上篇是基础知识篇，介绍 5G 的基本原理、5G 承载网和 5G 组网的基本知识；下篇是实战演练篇，设计了 4 个实战演练：实验模式下 Option3 全网建设之核心网及无线接入网建设，工程模式下 Option3 全网建设之承载网建设，实验模式下 Option2 全网建设之核心网及无线接入网建设，兴城市 Option2 全网建设之基础优化、移动性管理和切片业务部署。

为贯彻落实党的二十大精神，更好地培养大批爱党报国、敬业奉献、德才兼备的高素质、高技能人才，本书积极探索新时代大学生课程思政教育教学，根据教学内容寻找党的二十大精神与大学生成才之间的关联，从行业发展、技术更迭、新闻热点、领袖金句等内容中提炼思想性深刻、启发意义饱满的思政元素，并将其融入书中；通过问题情境，推进党的二十大精神入脑、入心、入行，引导大学生牢牢把握新时代伟大变革的重大意义，掌握科学的世界观和方法论，努力担当民族复兴的使命任务和团结奋斗的时代要求。

本书采用“项目引领、任务驱动”的编写模式，以行动导向教学法的实施步骤为主线编排教学内容。本书的主要特色如下：

(1) 围绕5G全网建设技术赛项组织教材内容。本书讲求实战，从赛项要求出发，同时结合全国5G全网建设的实际，聚焦企业5G全网建设的岗位需求，精心设计教学内容。

(2) 以典型任务驱动课程教学实施。本书采用项目制方式，将岗位典型工作切割组合成为任务，并在教学仿真软件中具体实施，使学生在完成任务的过程中掌握5G网络建设岗位所需的知识和技能。

(3) 立体化资源辅助提升课堂教学效果。本书以“信息技术+”助力教学，通过配备丰富的微课视频、PPT、课程网站等资源，推进“互联网+”“智能+”教育新形态，提升课堂教学效果。

(4) 讲求实战，实现理论和实践一体化。每个任务的实施部分都录制了视频并上传到网络(课程平台：智慧职教MOOC；课程名称：5G移动通信技术)。丰富的线上课程方便学生随时随地学习。本书的每个项目既是一个整体，也是一个更大项目的组件，积木式的内容呈现可以激发学生的创新力和思考力。

本书是一本校企合作的“双元”教材，内容全面，深入浅出，语言精练。为了使内容新颖、实用并且符合岗位需求，本书从策划到编写都由工作在一线的工程师和高校教师共同完成：高校教师有石家庄邮电职业技术学院的姚美菱、张星、庞瑞霞、叶红英，企业工程师有河北省城乡规划设计研究院的教授级高级工程师李明。本书编写分工为：张星和庞瑞霞编写实战演练篇部分习题，叶红英编写部分思政内容，李明对教材内容的先进性和实用性进行了指导并编写1.1节，其余内容由姚美菱编写。

由于编者水平有限，书中难免有疏漏和不当之处，恳请读者批评指正。

编　者
2024年9月

上篇　基础知识篇

下篇　实战演练篇

上篇　基础知识篇

第五代移动通信技术(简称 5G)全网除包括无线接入网和核心网之外，还包括承载网。因此，本篇内容分为 3 个模块，分别为 5G 概述(主要是无线接入网技术)、5G 承载网以及基于 Option3X 和 Option2 组网的 5G 移动通信网。

模块 1

5G 概述

移动通信技术延续着每 10 年一代的发展规律，已历经 1G、2G、3G、4G、5G 的发展。移动通信的每一次代际跃迁，都极大地促进了产业升级和经济社会发展：从 1G 到 2G，实现了模拟通信到数字通信的过渡，移动通信走进了千家万户；从 2G 到 3G，实现了语音业务到数据业务的转变，促进了移动互联网应用的普及和繁荣；从 3G 到 4G，传输速率成百倍提升，移动网络融入社会生活的方方面面，深刻改变了人们的沟通、交流乃至生活方式；随着移动互联网的快速发展，新服务、新业务不断涌现，移动数据业务流量呈爆炸式增长，4G 移动通信系统难以满足未来移动数据流量暴涨的需求，于是 5G 悄然登场。

5G 带宽更大，时延更低，不仅要解决人与人通信的问题，为用户提供增强现实(Augmented Reality，AR)、虚拟现实(Virtual Reality，VR)、超高清视频等更加身临其境的极致业务体验，而且还将万物互联，要解决人与物、物与物通信的问题，并与产业互联网、智慧城市结合，满足移动医疗、车联网、智能家居、工业控制、环境监测等物联网应用需求。最终，5G 将渗透到经济社会的各行业、各领域，带动产业和社会的变革。

本模块旨在建立对 5G 的基本认知，包括 5G 的应用场景、关键性能指标、组网模式、无线接口的帧结构、时频资源和信道结构。

移动通信发展史
——从 1G 到 5G

 知识目标

- 了解 5G 三大应用场景。
- 理解 5G NR 结构和时频资源的定义。
- 掌握 6 种 5G NR 物理信道的作用。

能力目标

- 能选择合适的帧结构、时隙结构、频道宽度，以保证赛题中要求的上行速率≥500 Mb/s，下行速率≥700 Mb/s。
- 总结 5G 全网建设技术赛项中两种组网模式的区别。

内容导航

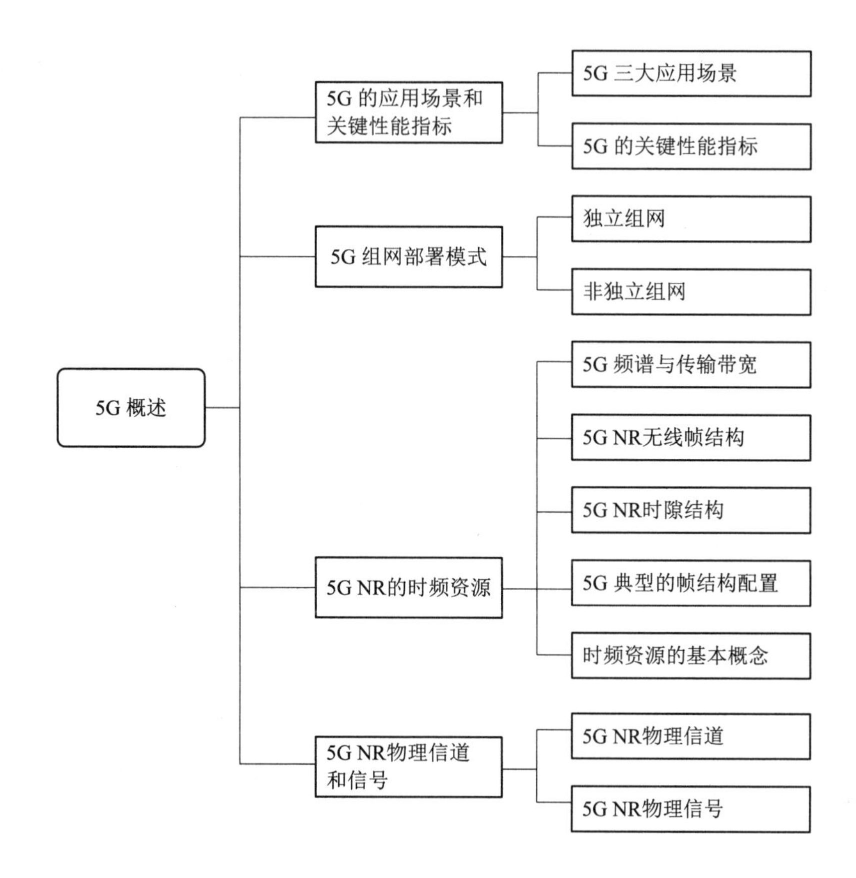

1.1　5G 的应用场景和关键性能指标

5G 已经超越了单纯的移动通信范畴，不仅是引领科技创新、实现产业升级、发展数字经济、拉动社会投资、促进经济繁荣的新引擎，还是支撑经济社会数字化、网络化、智能化转型的关键新型基础设施。

1.1.1　5G 三大应用场景

初识 5G

为了应对爆炸性的移动数据流量增长、海量的设备连接、不断涌现的各类新业务和应用场景，同时还须与行业深度融合，满足垂直行业终端互联的多样化需求，实现真正的“万物互联”，构建社会经济数字化转型的基石，ITU(International Telecommunication Union，国际电信联盟)为 5G 定义了三大应用场景：eMBB(Enhance Mobile Broadband，增强移动宽带)、mMTC(Massive Machine Type Communications，海量大连接通信)和uRLLC(Ultra Reliable Low Latency Communications，低时延高可靠通信)。

1. eMBB

eMBB 场景主要是为了满足移动互联网业务需求，其典型应用包括超高清视频、虚拟现实、增强现实等。eMBB场景是4G的主要技术场景，可以细分为连续广域覆盖和热点高容量场景。

eMBB场景对带宽要求极高，其关键性能指标包括100 Mb/s用户体验速率(热点高容量场景可达1 Gb/s)、数十吉比特每秒(Gb/s)的峰值速率、每平方千米数十太比特每秒(Tb/s)的流量密度、500 km/h以上的移动性等。

2. mMTC

mMTC场景的典型应用包括智慧城市、视频监控、智能家居等。这类应用对连接密度要求较高，同时呈现行业多样性和差异化的特点。智慧城市中的抄表应用要求终端低成本、低功耗，网络支持海量连接的小数据包；视频监控不仅部署密度高，还要求终端和网络支持高速率；智能家居业务对时延要求相对不敏感，但终端可能需要适应高温、低温、震动、高速旋转等不同家具、电器工作环境的变化。

mMTC 场景终端分布范围广、数量众多，不仅要求网络具备超千亿终端连接的支持能力，满足 100 万终端/km^2 连接数密度指标要求，而且还要保证终端的超低功耗和超低成本。

3. uRLLC

uRLLC场景的典型应用包括工业控制、无人机控制、智能驾驶控制等。uRLLC场景聚焦对时延极其敏感的业务，高可靠性也是其基本要求。自动驾驶实时监测等要求毫秒级的时延，汽车生产、工业机器设备加工制造时延要求为10 ms级，可靠性要求接近100%。

1.1.2　5G的关键性能指标

5G的关键性能指标包括峰值速率、用户体验速率、连接数密度、空口时延、移动性、频谱效率、能效和流量密度等。5G和4G的关键性能指标参考值对比如表1-1所示。

表1-1　5G和4G的关键性能指标参考值对比

性能指标	5G参考值	4G参考值
峰值速率	20 Gb/s	1 Gb/s
用户体验速率	0.1～1 Gb/s	10 Mb/s
连接数密度	100万终端/km^2	10万终端/km^2
空口时延	1 ms	10 ms
移动性	500 km/h	350 km/h
频谱效率	3倍以上提升	1倍
能效(bit/J)	100倍提升(网络侧)	1倍
流量密度	10(Tb/s)/km^2	0.1(Tb/s)/km^2

1.2　5G 组网部署模式

SA 及 NSA 的组网方式

5G 组网部署分为两大类型：SA(Stand Alone，独立组网)和 NSA(Non-Stand-Alone，非独立组网)。独立组网需要新建 5G 网络，包括新建基站、回程链路及核心网，典型的组网方式为 Option2(选项 2)。非独立组网使用原有的 4G 基础设施进行 5G 网络的部署，包括两大类：一是以 4G 基站为控制面锚点接入 4G 核心网 EPC(Evolved Packet Core，演进的分组核心)，如 Option3(选项 3)系列；二是以增强型的 4G 基站为控制面锚点接入 5G 核心网(5G Core，5GC)，如 Option4(选项 4)系列。

1.2.1　独立组网

Option2 组网部署方式需建立全新的 5G 网络，包括 5G NR(5G New Radio，5G 新空口)和 5G 新核心网；同时，部署 5G 核心网和 5G 无线接入网，初期投资成本较高，但其是 5G 网络架构的终极形态，可以支持 5G 的所有应用场景(eMBB、uRLLC 和 mMTC)及网络切片。

Option2 组网架构如图 1-1 所示，用户以 5G NR 作为控制面锚点接入 5G 核心网，5G 核心网分为用户面和控制面。图 1-1 为简图，其中 AMF(Access and Mobility Management Function，接入和移动性管理功能)和 SMF(Session Management Function，会话管理功能)代表控制面，UPF(User Plane Function，用户面功能)代表用户面。

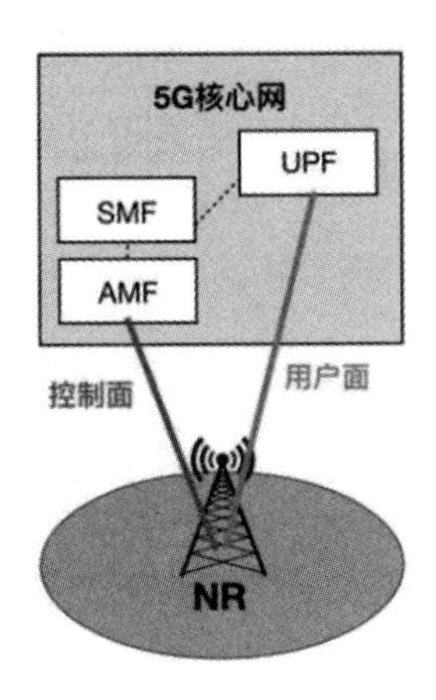

图 1-1　Option2 组网架构

1.2.2　非独立组网

非独立组网较复杂，需要面对 3 个问题：① 基站是连接 4G 核心网还是 5G 核心网？② 控制信令经过 4G 基站还是 5G 基站？③ 数据分流点在 4G 基站、5G 基站还是核心网？为此，首先解释以下几个术语：

(1) 双连接：终端能同时与 4G 和 5G 进行通信，且能同时下载数据。一般情况下，一个连接是“主”小区，负责无线接入的控制面，负责处理信令或控制消息；另一个是“从”小区，仅负责用户面，负责承载数据流量。引入双连接技术主要是为了提升网络速率、均衡网络负载以及避免切换中断，保证稳健的移动性。

(2) 控制面锚点：双连接中负责控制面的基站。

(3) 数据分流控制点(简称分流控制点)：用户的数据需要分到双连接的两条路径上独立传送，其中数据分流的位置称为数据分流控制点。

1. Option3 系列

Option3 系列由 4G 基站 + 5G NR 基站 + 4G 核心网构成。

Option3 系列没有 5G 核心网，只提供了 5G 的无线接入。严格意义上来说，Option3 系列并不是 5G 网络，其只能满足 5G eMBB 场景的需要，而无法满足 uRLLC 和 mMTC 场景的需要。

Option3 系列的终端同时连接到 5G NR 和 4G 基站，能同时提供 4G 基站广覆盖的无线接入和 5G NR 高速的无线接入。在控制面上，Option3 系列完全依赖现有的 4G 系统。Option3 系列有 3 个子选项，目前市场应用最多的是 Option3X，IUV 公司的 5G 全网部署与优化仿真软件(以下简称仿真软件)也只支持 Option3X。

Option3X 组网架构如图 1-2 所示，4G 和 5G 控制面锚定于 4G 基站，而 4G 和 5G 用户面各自直通 4G 核心网。核心网是用户数据的分流点，由核心网向 4G 和 5G 基站分发用户面数据。4G 基站和 5G 基站之间的 X2 接口互联，X2 接口须同时支持控制面和 5G 数据流量。

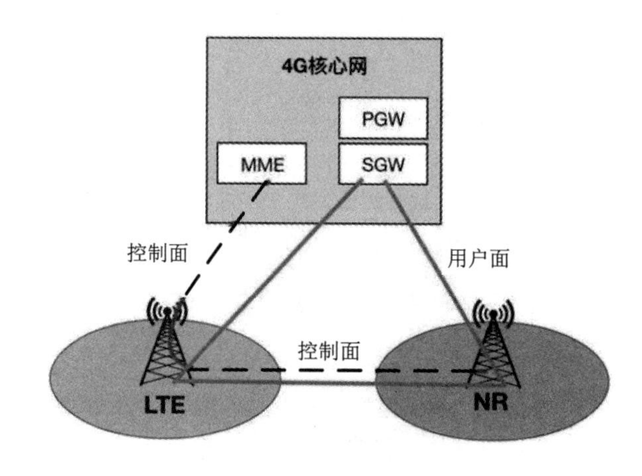

图 1-2 Option3X 组网架构

Option3X 避免了对已经在运行的 4G 基站和 4G 核心网做过多的改动，又利用了 5G 基站速度快、能力强的优势，因此得到业界的广泛青睐，是 5G 非独立组网部署的首选。

2. Option4 系列

Option4 系列由 4G 增强型基站 + 5G NR 基站 + 5G 核心网构成。

Option4 系列的核心网为 5G 核心网，包括 Option4 和 Option4a，仿真软件支持的版本为 Option4a。Option4a 控制面的锚点在 5G 基站，数据分流控制点在 5G 核心网，如图 1-3

所示。Option4a 系列适合于 5G 商用中后期部署场景，届时 5G 已经达到连续覆盖，而 4G 作为 5G 的补充，还没有完全退出市场。

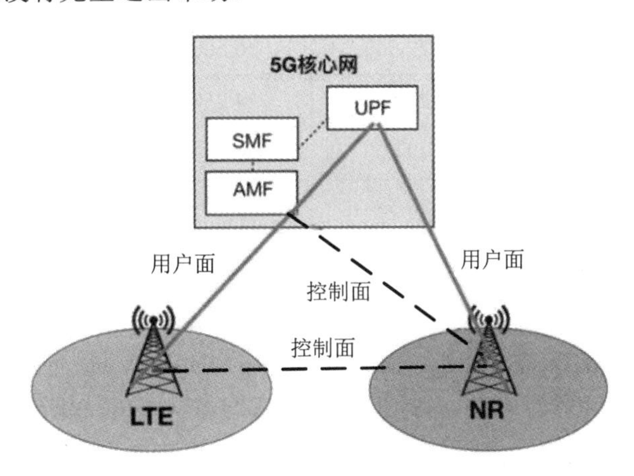

图 1-3　Option4a 组网架构

1.3　5G NR 的时频资源

5G NR 的时频资源包括时域资源和频域资源，其中时域资源包括帧、半帧、子帧、时隙、符号等时域单位，频域资源包括工作频段、频道、部分带宽、子载波等频域单位。

1.3.1　5G 频谱与传输带宽

5G 频谱与标准演进

5G 频谱分为两大类，即 6 GHz 以下的 FR1 和 6 GHz 以上的 FR2。FR2 属于高频毫米波，路损和穿透损耗较大，但资源充足，反射和多径损耗较小，多用于机房内部或热点区域。

1. 5G 频谱对应的频段编号

5G 频段有多段，一般用“n”开头的频段号标识。国内 5G 运营商的主流工作频段的频段号标识如表 1-2 和表 1-3 所示，已分配的 5G 频段主要集中在频段 n28(中国广电)、n77/n78(中国电信和中国联通)和 n79(中国广电和中国移动)。

表 1-2　5G NR 工作频段 FR1 的频段号标识

5G 频段号标识	上行频段/MHz	下行频段/MHz	双工模式
n28	703～748	758～803	FDD
n41	2496～2690	2496～2690	TDD
n77	3300～4200	3300～4200	TDD
n78	3300～3800	3300～3800	TDD
n79	4400～5000	4400～5000	TDD

表 1-3　5G NR 工作频段 FR2 的频段号标识

5G 频段号标识	上行频段/MHz	下行频段/MHz	双工模式
n257	26 500～29 500	26 500～29 500	TDD
n258	24 250～27 500	24 250～27 500	TDD
n260	37 000～40 000	37 000～40 000	TDD
n261	27 500～28 350	27 500～28 350	TDD

2. 5G 支持的频道宽度

如表 1-4 所示，FR1 支持的频道宽度有多种，如 5 MHz、10 MHz、15 MHz、20 MHz、25 MHz、40 MHz、50 MHz、60 MHz、80 MHz、100 MHz 等，最大带宽是 100 MHz；毫米波 FR2 支持的频道宽度也有多种，如 50 MHz、100 MHz、200 MHz、400 MHz，最大带宽是 400 MHz。

表 1-4　5G 支持的频道宽度

类　型	频道宽度/MHz
FR1	5、10、15、20、25、40、50、60、80、100
FR2	50、100、200、400

3. 5G 频道的绝对频点编号

要表达一个频道，除了需要频道宽度，还应明晰频道的中心频率(也称参考频率)。知道了中心频率和频道宽度，也就确定了频道的起始点和终止点，即最低频率和最高频率。例如，某个频道的带宽为 100 MHz，中心频率为 3450 MHz，则可知此频道的频率范围是 3400～3500 MHz。

NR 小区的中心频率除了可以直接用频率表达，还可以用绝对频点编号($N_{\text{R-ARFCN}}$)标识。$N_{\text{R-ARFCN}}$常常简写为N_{REF}，N_{REF}和中心频率F_{REF}之间的关系(以 MHz 为单位)由以下公式给出：

$$F_{\text{REF}} = F_{\text{REF-Offs}} + \Delta F_{\text{Global}}(N_{\text{REF}} - N_{\text{REF-Offs}})$$

式中，ΔF_{Global}为全局频率信道的粒度，也称信道栅格，是 3GPP(3rd Generation Partnership Project，第 3 代合作伙伴计划，致力于开发全球范围内移动通信标准和规范的国际组织)为定义频点而引入的概念；$\text{F}_{\text{REF-Offs}}$为某个频段的起始频率；$\text{N}_{\text{REF-Offs}}$为某个频段的起始频率编号。

N_{REF}的范围如表 1-5 所示。

表 1-5　N_{REF}的范围

中心频率范围/MHz	$F_{\text{REF-Offs}}$/MHz	ΔF_{Global}/kHz	$N_{\text{REF-Offs}}$	N_{REF}
0～3000	0	5	0	0～599 999
3000～24 250	3000	15	600 000	600 000～2 016 666
24 250～100 000	24 250.080	60	2 016 667	2 016 667～3 279 165

例如，中心频率为 3450 MHz，代入以上公式，求N_{REF}。由于 3450 MHz 属于 3～

24.25 GHz，因此 3450 MHz = 3000 MHz + 15 kHz(N_{REF} − 600 000)，经计算可知中心频率3450 MHz 对应的 N_{REF} 为 630 000。

F_{REF} 可以理解为以 $F_{REF\text{-}Offs}$ 为起点、以 ΔF_{Global} 为间隔的频点信息。不过，3 GHz 以下、3～24.25 GHz 以及 24.25～100 GHz 下的 $F_{REF\text{-}Offs}$ 是不同的，从而也影响了 N_{REF} 的取值范围。例如，3～24.25 GHz 对应的 ΔF_{Global} 为 15 kHz，占用约 1 416 667 个频点，则 N_{REF} 的取值从 600 000 开始，最大值为 2 016 666。

1.3.2　5G NR 无线帧结构

5G NR 无线帧结构如图 1-4 所示。5G NR 定义的无线帧长度为 10 ms(与 4G 的无线帧长度定义一致)，每个无线帧又分为 10 个长度为 1 ms 的子帧，编号为子帧 1～10，其中子帧 1～5 统称第一个半帧，子帧 6～10 统称第二个半帧，即每个无线帧包括两个长度为 5 ms 的半帧。

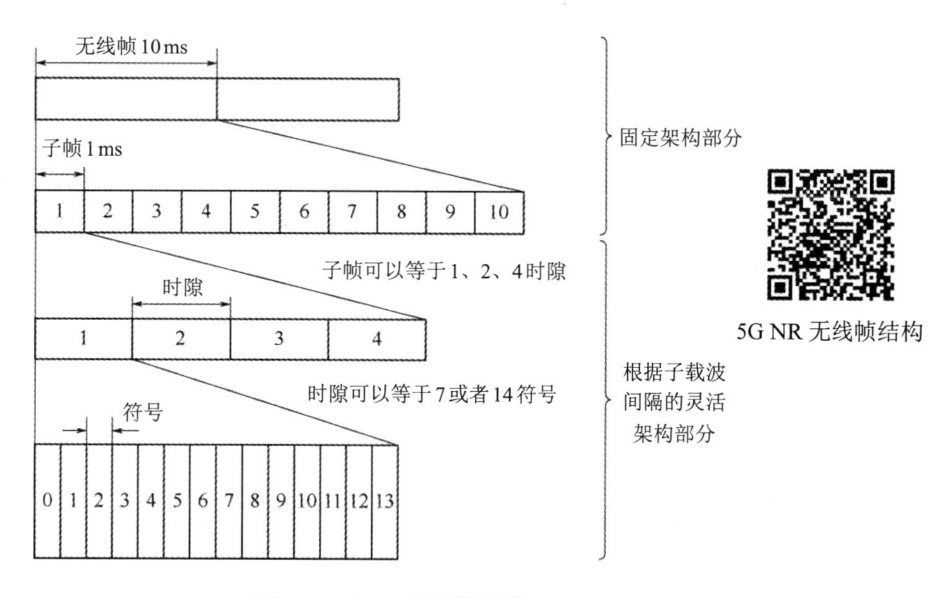

图 1-4　5G NR 无线帧结构

5G NR 相对于 4G 支持更灵活的帧结构。5G NR 引入了 Numerology 的概念，Numerology 可翻译为参数集或配置集 μ。这套参数集包括子载波间隔(SCS)、符号长度、CP(Cyclic Prefix，循环前缀)长度等参数，这些参数共同定义了 5G NR 的帧结构。因此，5G NR 帧结构中有固定不变的架构部分，也有灵活可变的架构部分。

1. 无线帧结构固定架构部分

5G NR 无线帧结构固定架构部分中，一个无线帧长度是 10 ms，分为 10 个子帧，每个子帧长度为 1 ms；每个无线帧被分成 2 个半帧，每个半帧包括 5 个子帧，子帧 1～5 组成半帧 0，子帧 6～10 组成半帧 1。一个时隙包含的 OFDM(Orthogonal Frequency Division Multiplexing，正交频分复用)符号数固定为 14 个。

5G NR 无线帧的结构层次、帧长、半帧长、子帧长、一个时隙所包含的 OFDM 符号数和 4G 基本一致。

2. 无线帧结构灵活架构部分

5G 采用多个不同的载波间隔类型，μ 取值不同，载波间隔也不同。5G NR 定义的最基本的子载波间隔是 15 kHz(与 4G 的子载波间隔定义一致)，但可灵活扩展子载波间隔为 $2^{\mu}\times 15\text{kHz}$，$\mu\in\{-2,0,1,\cdots,5\}$，即子载波间隔可以设为 3.75 kHz、7.5 kHz、15 kHz、30 kHz、60 kHz、120 kHz、240 kHz 等，故 μ 也被称为子载波带宽指数。

表 1-6 列出了 5G NR 支持的 5 种典型子载波间隔，除了 60 kHz 采用扩展 CP，其余均采用正常 CP。

表 1-6　5G NR 支持的 5 种典型子载波间隔

μ	子载波间隔：$2^{\mu}\times 15\text{kHz}$	CP	每子帧时隙数：2^{μ}	每时隙符号数	每帧时隙数：$2^{\mu}\times 10$
0	15	正常	1	14	10
1	30	正常	2	14	20
2	60	正常、扩展	4	14/12	40
3	120	正常	8	14	80
4	240	正常	16	14	160

每子帧包含时隙数为 2^{μ}，μ 取值有 5 个，分别为 0、1、2、3、4。其中，μ 取值为 0 时，对应的是子载波间隔 15 kHz，每个子帧有 1 个时隙；μ 取值为 1 时，对应的子载波间隔是 30 kHz，每个子帧有 2 个时隙；μ 取值为 2 时，对应的子载波间隔是 60 kHz，每个子帧有 4 个时隙；μ 取值为 3 时，对应的子载波间隔是 120 kHz，每个子帧有 8 个时隙；μ 取值为 4 时，对应的子载波间隔是 240 kHz，每个子帧有 16 个时隙。

因为 μ 取值不同，对应的子载波间隔、时隙长度不同，而子帧的长度、一个时隙所包含的 OFDM 符号数是固定的，所以对应的 OFDM 符号长度也不同。子载波间隔越大，时隙长度和单个符号长度会越短，如图 1-5 所示。

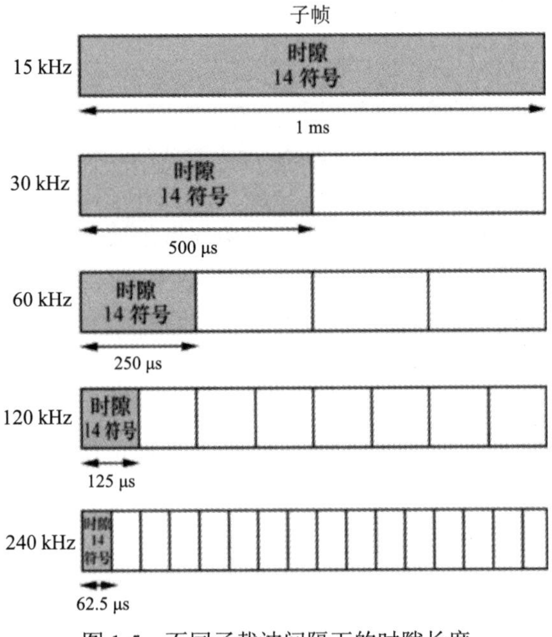

图 1-5　不同子载波间隔下的时隙长度

不同子载波间隔可用于不同的场景中。例如，对于室外宏覆盖和微小区，可以采用 30 kHz 子载波间隔；而机房内部站则可以采用 60 kHz 子载波间隔；对于毫米波，则可以采用更大的子载波间隔，如 120 kHz。

1.3.3　5G NR 时隙结构

3GPP 规定了 5G 时隙的各种符号组成结构。表 1-7 列举了格式 0～15 的时隙结构，时隙中的符号被分为 3 类：下行符号(标记为 D，用于下行传输)、上行符号(标记为 U，用于上行传输)和灵活符号[标记为 X，可用于下行传输、上行传输、上下行之间的保护间隔(Gp)或作为预留资源]。

5G NR Slot 格式

表 1-7　格式 0～15 的时隙结构

格式	一个时隙的符号数量													
	0	1	2	3	4	5	6	7	8	9	10	11	12	13
0	D	D	D	D	D	D	D	D	D	D	D	D	D	D
1	U	U	U	U	U	U	U	U	U	U	U	U	U	U
2	X	X	X	X	X	X	X	X	X	X	X	X	X	X
3	D	D	D	D	D	D	D	D	D	D	D	D	D	X
4	D	D	D	D	D	D	D	D	D	D	D	D	X	X
5	D	D	D	D	D	D	D	D	D	D	D	X	X	X
6	D	D	D	D	D	D	D	D	D	D	X	X	X	X
7	D	D	D	D	D	D	D	D	D	X	X	X	X	X
8	X	X	X	X	X	X	X	X	X	X	X	X	X	U
9	X	X	X	X	X	X	X	X	X	X	X	X	U	U
10	X	U	U	U	U	U	U	U	U	U	U	U	U	U
11	X	X	U	U	U	U	U	U	U	U	U	U	U	U
12	X	X	X	U	U	U	U	U	U	U	U	U	U	U
13	X	X	X	X	U	U	U	U	U	U	U	U	U	U
14	X	X	X	X	X	U	U	U	U	U	U	U	U	U
15	X	X	X	X	X	X	U	U	U	U	U	U	U	U

其中，格式 0 是全下行时隙，14 个符号都用于下行；格式 1 是全上行，14 个符号都用于上行；格式 2 是全灵活资源，每个符号灵活多变；剩余 12 种格式中至少有 1 个上行或下行符号，其余可灵活配置。这样灵活的时隙配置有以下 3 个优点：

(1) 针对不同的 UE(User Equipment，用户终端)进行动态调整，可以调整到符号级别，支持更多的场景和业务类型。

(2) 5G 中，上下行的配置以符号为单位，上下行的转换间隔大大缩短。

(3) 同时包含下行、上行和保护间隔的时隙称为自包含时隙。自包含时隙的设计目标在于更快的下行 HARQ(Hybrid Automatic Repeat Request，混合自动重传请求)反馈和上行数据调度；降低 RTT(Round-Trip Time，往返时延)时延；更小的 SRS(Sounding Reference Signal，信道探测参考信号)发送周期；跟踪信道快速变化，提升 MIMO(Multiple Input Multiple Output，多入多出)性能。

1.3.4　5G 典型的帧结构配置

3GPP 提出了多种典型的帧结构配置。下面以 30 kHz 子载波间隔(1 个子帧 2 个时隙)，为例，列出 3 种典型的帧结构。

1. 2.5 ms 双周期帧结构

2.5 ms 双周期帧结构如图 1-6 所示，每 5 ms 中包含 5 个全下行时隙、3 个全上行时隙和 2 个特殊时隙：DDDSUDDSUU(D 代表下行时隙，S 代表特殊时隙，U 代表上行时隙)。时隙 3 和时隙 7 为特殊时隙，其下行符号、保护符号、上行符号的配比为 10∶2∶2(可调整)。

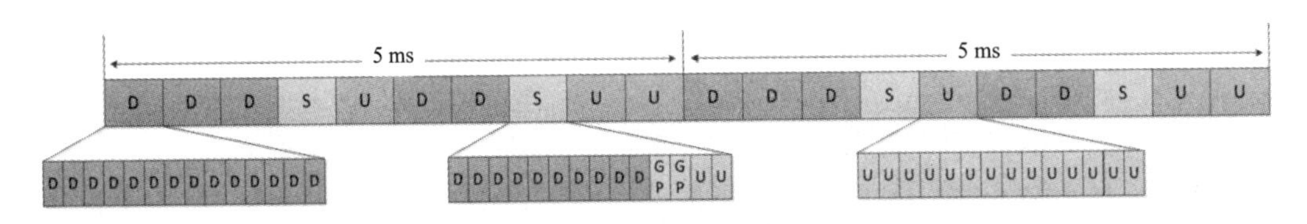

图 1-6　2.5 ms 双周期帧结构

此结构的周期为 5 ms，存在连续 2 个 UL 时隙，可应用于带长前导码的 PRACH(Physical Random Access Channel，物理随机接入通道)，有利于提升上行覆盖能力。

2. 2.5 ms 单周期帧结构

2.5 ms 单周期帧结构如图 1-7 所示，每 2.5 ms 中包含 3 个全下行时隙、1 个全上行时隙和 1 个特殊时隙：DDDSU。特殊时隙的下行符号、保护符号、上行符号配比为 10∶2∶2(可调整)。

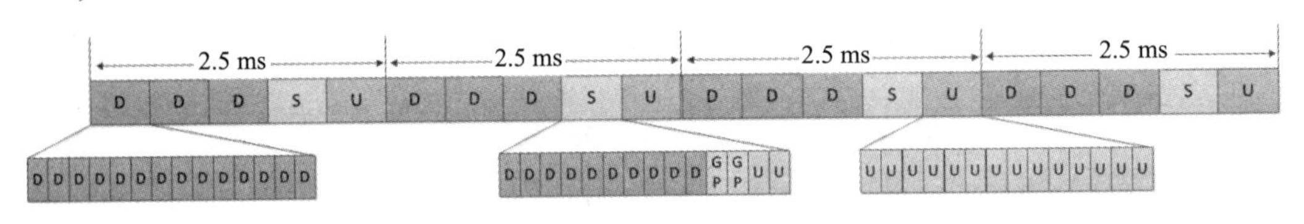

图 1-7　2.5 ms 单周期帧结构

3. 2 ms 单周期帧结构

2 ms 单周期帧结构如图 1-8 所示，每 2 ms 中包含 2 个全下行时隙、1 个上行为主时隙和 1 个特殊时隙：DSDU。特殊时隙的下行符号、保护符号、上行符号配比可以为 10∶2∶2，也可以采用上行为主的时隙配比方式 1∶2∶11。

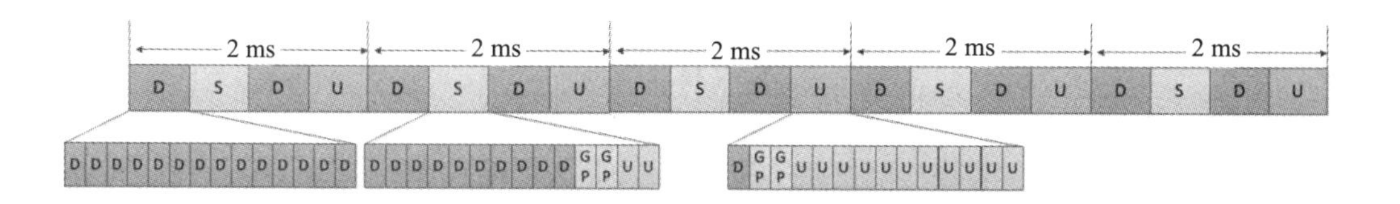

图 1-8　2 ms 单周期帧结构

仿真软件中，这些帧结构参数在“ITBBU/DU/测量与定时器开关/小区业务参数配置”界面进行配置，如图 1-9 所示。

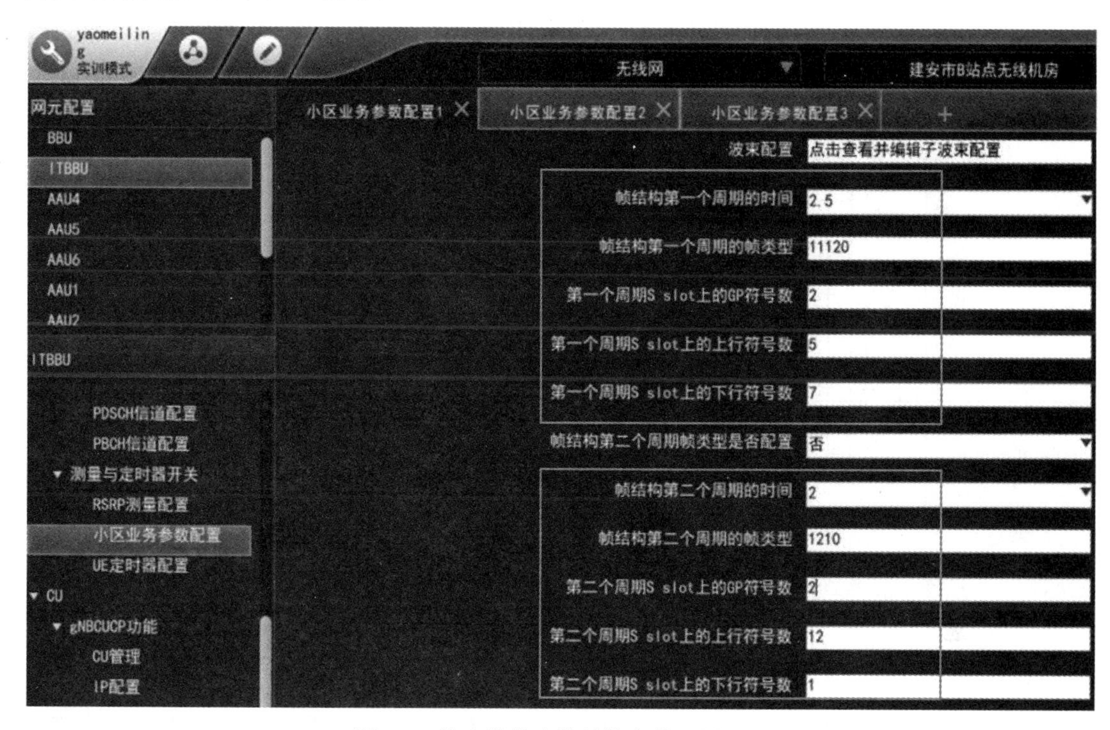

图 1-9　仿真软件中帧结构参数配置界面

1.3.5　时频资源的基本概念

5G 时频资源

读者需要了解系统分配资源时常用到的一些基本概念，如 RE(Resource Element，资源粒子)、RB(Resource Block，资源块)、CRB(Common Resource Block，公共资源块)、Point A 和 BWP(Bandwidth Part，部分带宽)等。

1. RE

1 个 OFDM 符号上的 1 个子载波(子载波间隔配置 μ，对应的子载波间隔为 $2^{\mu} \times 15$ kHz)对应的时频单元叫作 RE。可见，RE 的时域范围是 1 个 OFDM 符号，频域范围是 1 个子载波。RE 是物理层最小粒度的资源。

2. RB

频域上连续的 12 个子载波对应的时频单元为一个 RB，是数据信道资源分配的频域基本调度单位。RE、RB 可以用时频资源结构表示，如图 1-10 所示。

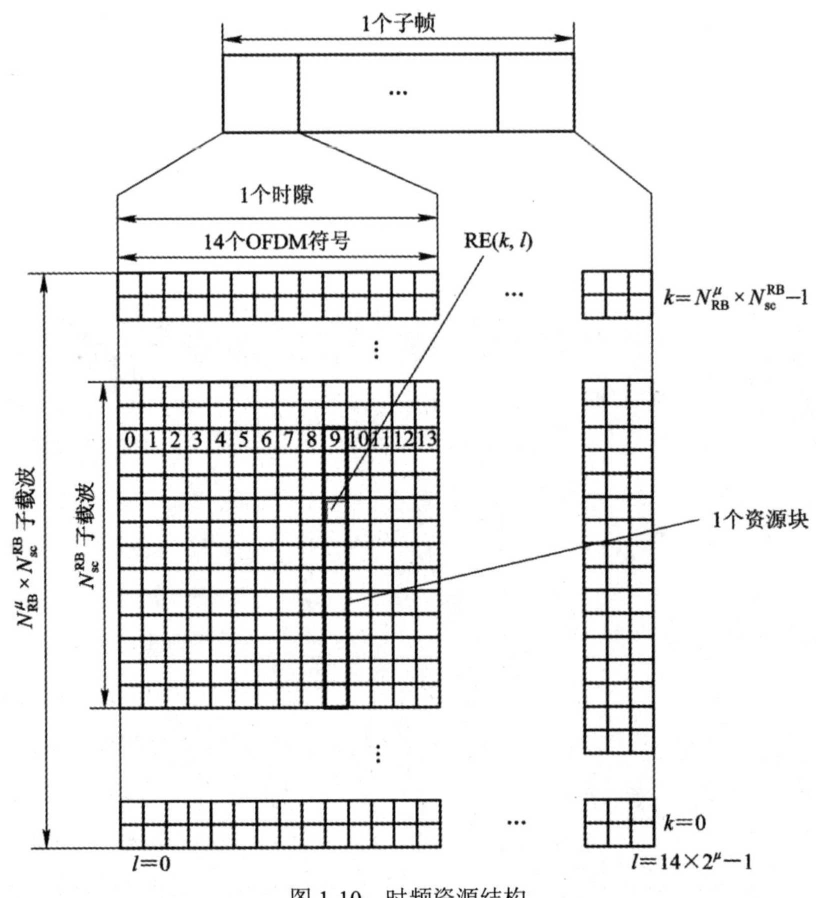

图 1-10　时频资源结构

3. CRB 和 Point A

5G 系统由于信道和信号类别多样且引入了 BWP，因此同一个信道带宽内也可能使用不同的子载波间隔。在子载波变化的情况下，为了确定 RB 的位置，引入了 CRB 和 Point A 的概念。

CRB 表示一个信道带宽中包含的全部 RB。CRB 包含的 RB 数量与子载波间隔相关。例如，某频道 100MHz，如果子载波间隔为 30kHz，则有 273 个 RB，将 CRB 在频域上从低到高依次进行编号，即 0～272，如图 1-11 所示。

载波0
(100 MHz = 273 RB　SCS = 30 kHz)

CRB0 | CRB1 | CRB2 | ··· | CRB68 | CRB69 | CRB70 | ··· | CRB201 | CRB202 | CRB203 | ··· | CRB271 | CRB272 | SCS = 30 kHz

图 1-11　273 个 CRB 编号

Point A 是 RB 的公共参考点，5G 标准中将 CRB0 的最小子载波(子载波 0)的中心定位为 Point A。CRB 是从 Point A 开始进行编号的。

资源粒子一般用 RE(*k*，*l*)表示，其中 *k* 标识子载波的位置，*l* 标识 OFDM 符号的位置。

k 是基于 Point A 进行定义的，$k=0$ 对应于 Point A 为中心的子载波。

Point A 所在的频点编号的计算公式如下：

$$\text{Point A 所在的频点编号} = \text{中心载频绝对频点编号}N_{\text{REF}} - \frac{\text{中心频点所在的RB}\times\text{系统子载波间隔}\times 12}{\Delta F_{\text{Global}}}$$

式中，中心频点所在的 RB 为 $N_{\text{RB}}/2$，如频道带为 100 MHz，对应 RB 数量为 273，则中心频点所在的 RB = 273/2 = 136.5；ΔF_{Global} 为全局频率栅格间隔，其取值可以查阅相关规范。

例如，某频道的频道宽带为 100 MHz，子载波间隔为 30 kHz，中心频点为 3450 MHz，中心频点对应的 N_{REF} 为 630 000，求 Point A 所在的频点编号。

由以上公式可得

$$\text{Point A所在的频点编号} = 630\ 000 - \frac{136.5\times 30\times 12}{15} = 626\ 724$$

仿真软件中，这些频率参数在“ITBBU/DU/DU 功能配置/DU 小区配置”界面进行配置，如图 1-12 所示。

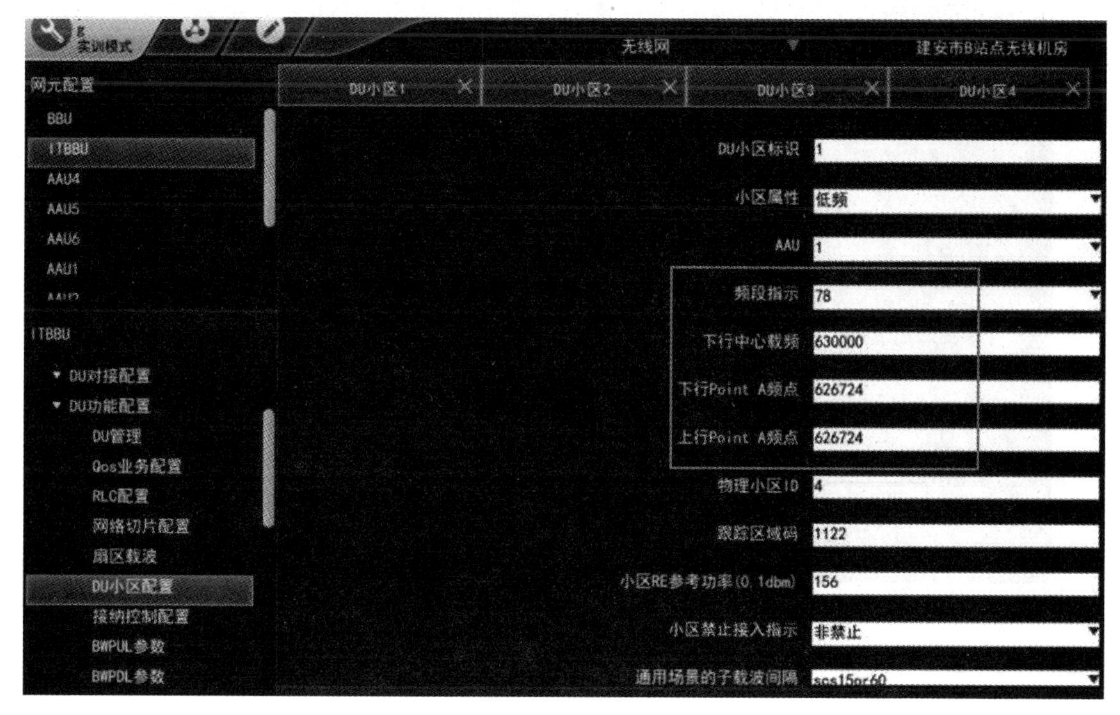

图 1-12　仿真软件中频率参数配置界面

4. BWP

信道带宽的一部分称为 BWP，是特定载波上的一组连续的 CRB。为了使具有低带宽能力的 UE 在大系统带宽小区中工作，且适配不同的参数集，5G 标准制定时考虑了带宽自适应特性。通过对 UE 配置一个或者多个 BWP 并告诉 UE 激活哪个 BWP 来实现带宽自适应，提升资源的利用率和灵活性。

采用带宽自适应算法，UE 的收发带宽就不需要像小区带宽一样大，而是可以根据需要进行调整，在话务量低时可以省电；带宽位置可以在频域上移动，以增加调度灵活性；子载波间隔可以根据命令进行改变，以支持不同的业务类型。

下行方向每个单元载波上，1 个 UE 最多可以配置 4 个 BWP，但是某个时刻只有 1 个 BWP 处于激活态。激活态的 BWP 表示小区工作带宽之内 UE 采用的工作带宽。上行方向每个单元载波上，1 个 UE 最多可以配置 4 个 BWP，但是某个时刻只有 1 个 BWP 处于激活态。

BWP 可以是起点在资源栅格内任一位置上的一段连续的 RB，其位置与 BWP 的起始位置、其所包含的 RB 数目有关。系统为 UE 配置 1 个或者多个 BWP，分别作用在初始接入及其后续传送等不同的信令和业务过程中，以实现 BWP 自适应。通过 BWP 自适应，可以达到系统时频资源高效利用和节能的双重效果。

仿真软件中 BWP 的配置界面(“ITBBU/DU/DU 功能配置/BWPUL 参数”)如图 1-13 所示，可见 BWP 有 3 个重要的参数：起始 RB 位置、其所包含的 RB 数目和子载波间隔。

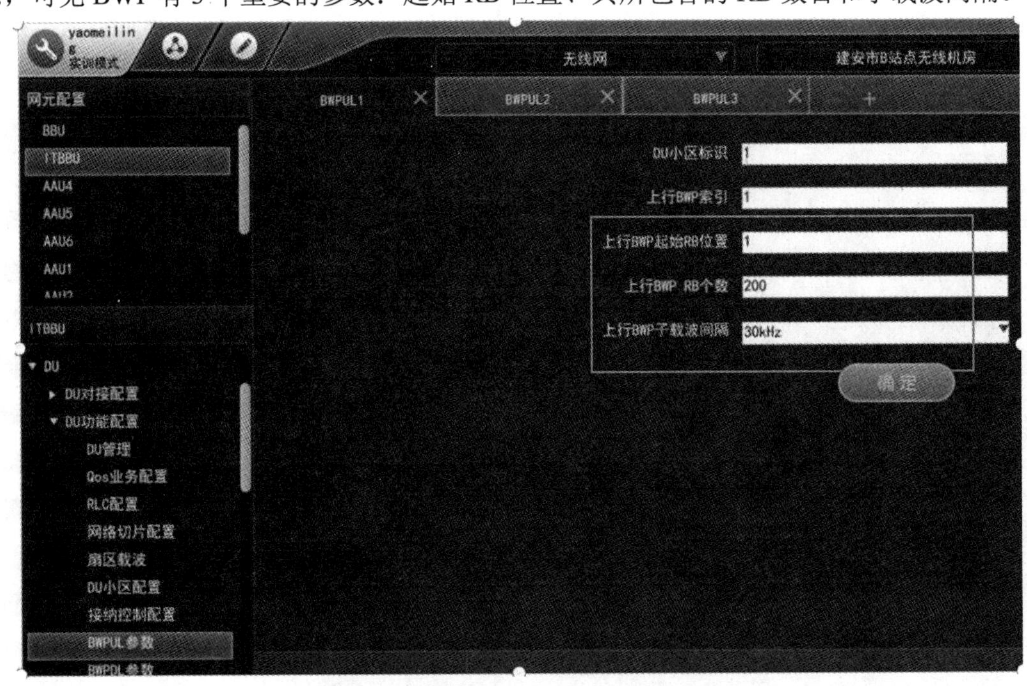

图 1-13　仿真软件中 BWP 的配置界面

1.4　5G NR 物理信道和信号

物理信道对应于一系列 RE 的集合，需要承载来自高层的信息，如承载接入信息的接入信道、承载广播信息的广播信道、承载控制信息的控制信道等。物理信号对应于物理层使用的一系列 RE，但这些 RE 不传递任何来自高层的信息，如参考信号(Reference Signal，RS)、同步信号。

5G 信道与信号

1.4.1　5G NR 物理信道

物理信道是物理层用于传输信息的通道，可以分为上行信道和下行信道。通常基站处于较高位置，挂在很高的抱杆上，而用户处于较低的位置，所以由用户端向基站发送信息的通道被称为上行信道，而由基站向用户端发送信息的通道被称为下行信道。5G 中的上行物理信道和 4G 相比并没有发生改变，上、下行各有 3 种信道，如表 1-8 所示。

表 1-8　5G NR 物理信道

信道方向	物理信道	描　述
上行	PUSCH	物理上行共享信道(Physical Uplink Shared Channel)
	PUCCH	物理上行控制信道(Physical Uplink Control Channel)
	PRACH	物理随机接入信道(Physical Random Access Channel)
下行	PDSCH	物理下行共享信道(Physical Downlink Shared Channel)
	PBCH	物理广播信道(Physical Broadcast Channel)
	PDCCH	物理下行控制信道(Physical Downlink Control Channel)

(1) PUCCH：用于承载上行控制信息，包括 ACK/NACK(肯定确认/否定确认)、信道质量指示(Channel Quality Indication，CQI)、大规模多入多出(Massive MIMO)回馈信息以及调度请求信息等。PUCCH 是在没有数据需要发送的情况下发送的，在不同带宽和网络负荷、用户数以及复用系数的情况下，需要配置的 PUCCH 数目有所区别。

(2) PUSCH：用于承载上行业务数据。上行资源只能选择连续的 PRB(Physical Resource Block，物理资源块)，并且 PRB 个数须满足 2、3、5 的倍数。

(3) PRACH：用于承载随机接入前导序列的发送。基站通过对 PRACH 接收到的随机接入前导序列进行检测以及后续信令交流，建立起上行同步。

(4) PDCCH：用于承载下行控制消息，如传输格式、资源分配、上行调度许可、功率控制以及上行重传信息等。

(5) PDSCH：数据信道，用于承载下行用户数据和高层指令。

(6) PBCH：用于以广播形式传送系统信息块消息，包括主要无线指标，如帧号、子载波间隔、参考信号配置等。

仿真软件中，这些物理信道在“ITBBU/DU/物理信道配置”界面进行配置，如图 1-14 所示。

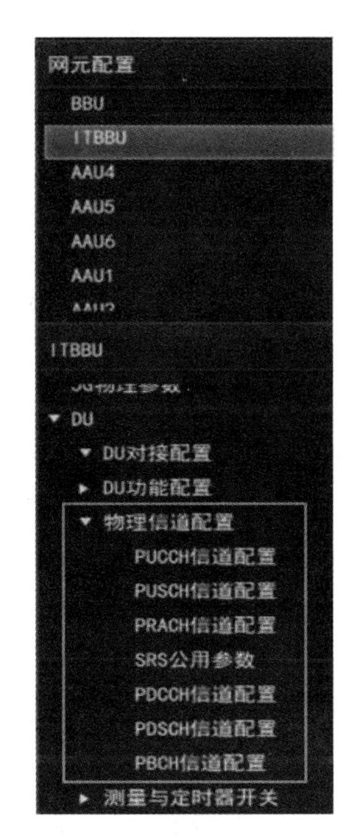

图 1-14　仿真软件中物理信道配置界面

1.4.2　5G NR 物理信号

5G NR 物理信号如表 1-9 所示。5G NR 物理信号是物理层使用的但不承载任何来自高层信息的信号。

表 1-9　5G NR 物理信号

信号方向	描　述
上行	解调参考信号(Demodulation Reference Signal，DMRS)
	相位跟踪参考信号(Phase-Tracking Reference Signal，PT-RS)
	SRS
下行	解调参考信号(Demodulation Reference Signal，DMRS)
	相位跟踪参考信号(Phase -Tracking Reference Signal，PT-RS)
	信道状态信息参考信号(Channel- State Information Reference Signal，CSI-RS)
	主同步信号(Primary Synchronization Signal，PSS)
	辅同步信号(Secondary Synchronization Signal，SSS)

1. 上行物理信号

(1) DMRS：主要用于对应信道(PDSCH、PDCCH、PUCCH、PUSCH)的相干解调的信道估计。

(2) PT-RS：主要跟踪发送器和接收器的本地振荡器的相位，尤其在毫米波频率上起着至关重要的作用，以最大程度地减小振荡器相位噪声对系统性能的影响。与 LTE(Long Term Evolution，长期演进)上行物理信号相比，PT-RS 是 NR 新增的功能，主要用于高频。

(3) SRS：UE 发送 SRS 以帮助 5G 基站(gNodeB)获得每个用户的上行信道状态信息(Channel State Information，CSI)，以辅助进行上行调度、上行功控等。

2. 下行物理信号

下行物理信号分为同步信号和参考信号两种类型。同步信号包括 PSS 和 SSS，参考信号包括 DMRS、PT-RS 和 CSI-RS。

(1) PSS 和 SSS：在小区内周期性传送，其周期由网络配置，用于 UE 搜索小区时使用。UE 通过检测 PSS 序列及 SSS 序列，可以快速与基站做到符号定时同步，并通过计算得到物理小区标识(Physical Cell Identifier，PCI)。PBCH、PSS 和 SSS 以 SS Block 的方式关联发送，每次发送占用 4 个 OFDM 符号，PSS 和 SSS 各占 1 个符号，PBCH 占用 2 个符号。

(2) CSI-RS：用于测量信道状态信息的参考信号。CSI-RS 非常重要，在 5G 规划、路测中将其 SINR(Signal to Interference plus Noise Ratio，信号与干扰加噪声比)值作为衡量覆盖的重要指标之一。具体地，基站以规定的周期在特定的时频资源上向移动台发送用于该移动台的 CSI-RS，以使移动台根据该 CSI-RS 进行 CSI 测量并返回测量结果。用户终端时刻对信道的空间特性和干扰进行测量，以综合评估信道的质量，并且将信道质量信息以 CSI 的形式反馈给无线基站。

(3) DMRS 和 PT-RS：作用与上行物理信号相同，在此不再赘述。

小　　结

(1) 5G定义了三大应用场景：eMBB、mMTC和uRLLC。

(2) 5G组网部署模式分为两大类型：SA和NSA。SA需要新建5G网络，包括新建基站、回程链路及核心网，典型的组网方式为Option2；NSA使用原有的4G基础设施进行5G网络的部署，目前现网中主要采用Option3方式组网。

(3) 5G NR无线帧的结构层次、帧长(10 ms)、半帧长(5 ms)、子帧长(1 ms)、一个时隙包含的OFDM符号数(12或14)和4G基本一致。但是，其引入了参数集μ的概念和灵活架构部分。5G NR定义的最基本的子载波间隔是15 kHz，但可灵活扩展子载波间隔为$2^{\mu}\times 15$ kHz，$\mu\in\{-2, 0, 1, \cdots, 5\}$，即子载波间隔可以设置为3.75 kHz、7.5 kHz、15 kHz、30 kHz、60 kHz、120 kHz、240 kHz等，而且每帧时隙数为$2^{\mu}\times 0$。

(4) 移动通信的标准争夺主要体现在“标准必要专利”的份额上。谁控制了“标准必要专利”，谁就会在开发新一代先进产业的竞赛中拔得头筹，收获知识产权带来的巨大经济利益。我国在1G、2G蜂窝网的技术标准中几乎毫无建树，从3G开始，我国的“标准必要专利”比例突飞猛进，从3G的7%左右，到4G的20%左右，再到5G的34%，一跃超过美国成为世界第一。回顾我国移动通信产业走过的“1G空白、2G跟随、3G突破、4G并跑、5G引领”的发展历程，可见我国移动通信发展正在经历由“跟踪”到“引领”的质变过程。科学技术进步非一朝一夕之事情，不积跬步无以至千里，“中国梦”的实现，中华民族的伟大复兴需要每个人的参与，谈谈作为未来通信事业接班人的你该如何保持学习热情，坚定课程信心，建立专业荣誉感和职业使命感，不负韶华、不负时代、不负人民。

习　　题

一、单选题

1. ITU对5G的愿景描述中，增强型移动宽带业务的英文缩写是(　　)。

A. eMBB　　B. MBB　　C. mMTC　　D. uRLLC

2. ITU对5G的愿景描述中，超高可靠性与超低时延业务的英文缩写是(　　)。

A. eMBB　　B. MBB　　C. mMTC　　D. uRLLC

3. ITU对5G的愿景描述中，海量连接的物联网业务的英文缩写是(　　)。

A. eMBB　　B. MBB　　C. mMTC　　D. uRLLC

4. 以下场景中，(　　)属于大规模物联网应用。

A. 高清VR　　B. 8K视频　　C. 智能电表　　D. 自动驾驶

5. 以下场景中，(　　)属于mMTC的场景应用。

A. 自动驾驶汽车　　B. 高清远程示教

C. 水电抄表　　D. VR/AR

6. 以下场景中，(　　)属于 uRLLC 的场景应用。

A. 交通管控　B. 高清远程示教　C. 远程手术　D. 智慧旅游

7. 5G SA 组网方式中，核心网是(　　)。

A. EPC　B. 5GC　C. AMF　D. MME

8. (　　)不属于 SA 组网的优点。

A. 按需建设 5G，建网速度快，投资回报快

B. 需要独立建设 5G 核心网

C. 标准冻结较早，产业相对成熟，业务连续性好

D. 支持 5G 各种新业务及网络切片

9. (　　)属于 NSA 组网的优点。

A. 独立组网一步到位，对 4G 网络无影响

B. 难以引入 5G 新业务

C. 标准冻结较早，产业相对成熟，业务连续性好

D. 支持 5G 各种新业务及网络切片

10. 以下属于 5G 独立部署方式的是(　　)。

A. Option2　B. Option3　C. Option4　D. Option7

11. 以中国移动为例，当 5G 以 NSA 组网部署时应选用(　　)模式。

A. Option2　B. Option3X　C. Option3　D. Option7

12. 每个 RB 中有(　　)子载波。

A. 32　B. 48　C. 12　D. 24

13. 5G 物理层一个无线帧长度是(　　)。

A. 1 ms　B. 2 ms　C. 5 ms　D. 10 ms

14. 当 $\mu=0$ 时，1 个 RB 是(　　)。

A. 480 kHz　B. 360 kHz　C. 180 kHz　D. 720 kHz

15. 当 $\mu=1$ 时，1 个 RB 是(　　)。

A. 180 kHz　B. 720 kHz　C. 480 kHz　D. 360 kHz

16. 当 $\mu=2$ 时，1 个 RB 是(　　)。

A. 180 kHz　B. 360 kHz　C. 480 kHz　D. 720 kHz

二、简答题

1. 简述 5G 三大应用场景。
2. 简述 uRLLC 的特点以及应用场景。
3. 5G 与 4G 有什么不同？5G 有哪些特征？
4. 简述 NR 中帧、子帧、时隙、符号之间的关系。
5. 简述 5G 定义的 2 个频率范围以及支持的最大带宽和子载波间隔。
6. 简述 5G 同步信号的功能。

模块 2

5G 承载网

5G 全网除了包括核心网和无线接入网，还包括介于二者中间的承载网。5G 全网建设技术赛项要求承载网设计符合运营商网络架构设计要求，在网络层次上分为接入层、区域汇聚层、骨干汇聚层和核心层，实现业务逐级收敛。承载网各层级设备间必须采用环形组网，以实现业务的冗余保护。本项目旨在让学生建立对 5G 承载网的基本认知，包括 5G 承载网的结构、5G 承载网中用到的设备[交换机、路由器、SPN(Slicing Packet Network，切片分组网)设备、OTN(Optical Transport Network，光传送网)设备]。

知识目标

- 了解 5G 承载网在 5G 全网中的位置。
- 理解二层交换机的工作原理以及 VLAN 划分的意义。
- 5G 全网建设技术竞赛中，交换机可能工作在 2 层，也可能工作在 3 层，应了解其数据配置上的区别。
- 掌握 OTN 内部每种单板的作用。

能力目标

- 能辨别 SPN 和 OTN 在网络中的作用，说明 OTN 的应用场景。
- 能对 SPN 进行 OSPF 动态路由和静态路由配置。
- 能进行 SPN 与 OTN 的连接以及 OTN 的内部连线。

内容导航

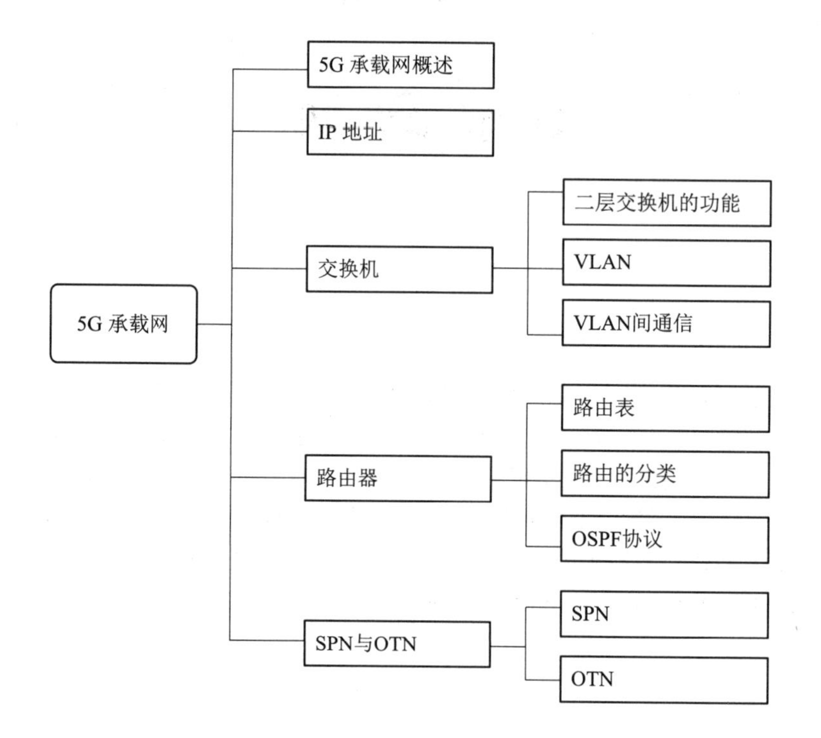

2.1 5G 承载网概述

IP 承载网基础

5G 全网由 3 部分构成：无线接入网、核心网和承载网。5G 承载网上联 5G 核心网，下联 5G 无线接入网，为无线接入网和核心网的交互提供连接通路。通过 5G 承载网，可以实现 5G 核心网设备和无线接入网设备(5G 基站)之间的互通。

5G 承载网从下到上一般分为 3 个层次：接入层、汇聚层和核心层，如图 2-1 所示。接入层直接连接无线接入网的 5G 基站设备，一般采用星形或环形拓扑结构组网。汇聚层是接入层设备的汇聚点，为接入层设备提供数据的汇聚、传输、管理和分发处理。汇聚层设备在性能上的要求高于接入层，能控制和限制接入层流量访问核心层，以保障核心层的安全。汇聚层一般采用环形拓扑结构组网，每个汇聚层设备连接一个或者多个接入环。在 5G 承载网结构中，汇聚层一般又可分为两层：区域汇聚层和骨干汇聚层。例如，仿真软件中建安市的汇聚层机房包括汇聚 1 区机房、汇聚 2 区机房、汇聚 3 区机房和骨干汇聚机房，其中前 3 个机房属于区域汇聚层，骨干汇聚机房属于骨干汇聚层。核心层是整网流量最终汇集的区域，由它来实现全网的互通，并承担连接外部网络的重任。核心层一般采用“口”字形结构组网，也可以简化为星形拓扑结构，与汇聚层设备相连。

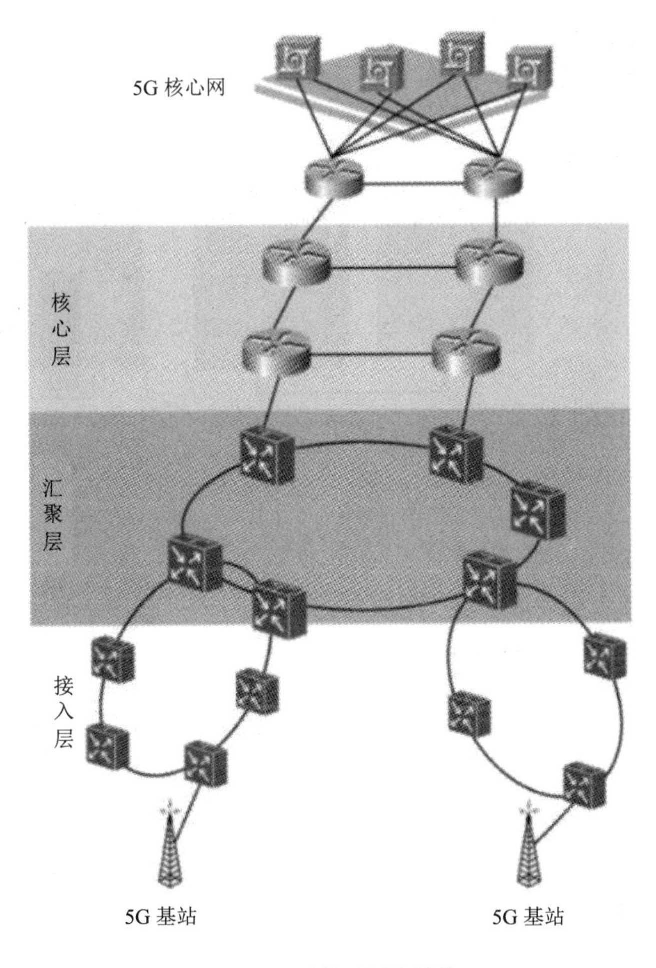

图 2-1　5G 承载网层次结构

承载网设备众多，可将其分为两大类：一类是数通设备，典型的设备有路由器、交换机，其基于 IP 及相关技术设计，负责建立业务传送路径并保障可靠传送；另一类是传输设备，包括 SPN 设备[结合了数通设备和传统传输设备的特点，可透明传送 IP、TDM(Time Division Multiplexing，时分复用)等业务]，以及在物理层面上负责 SPN 设备之间远距离、大容量的光传输设备 OTN。

如图 2-2 所示，仿真软件中建设的建安市 5G 全网包括 5 个机房：建安市核心网机房配置了核心网设备(MME、SGW、PGW、HSS)和交换机，建安市 3 区 B 站点机房配置了无线网设备[BBU(Base Band Unit，基带处理单元)、CU(Centralized Unit，集中单元)、DU(Distribute Unit，分布单元)]和 SPN 设备，建安市承载网中心机房、建安市骨干汇聚机房、建安市 3 区汇聚机房配置了 SPN 设备和 OTN 设备。建安市承载网中心机房与建安市骨干汇聚机房之间、建安市骨干汇聚机房与建安市 3 区汇聚机房之间因为距离远、容量大，所以采用 OTN 传输；建安市承载网中心机房与建安市核心网机房因为距离近，所以无须采用 OTN 传输；建安市 3 区 B 站点机房与建安市 3 区汇聚机房因为容量小，所以也无须采用 OTN 传输。

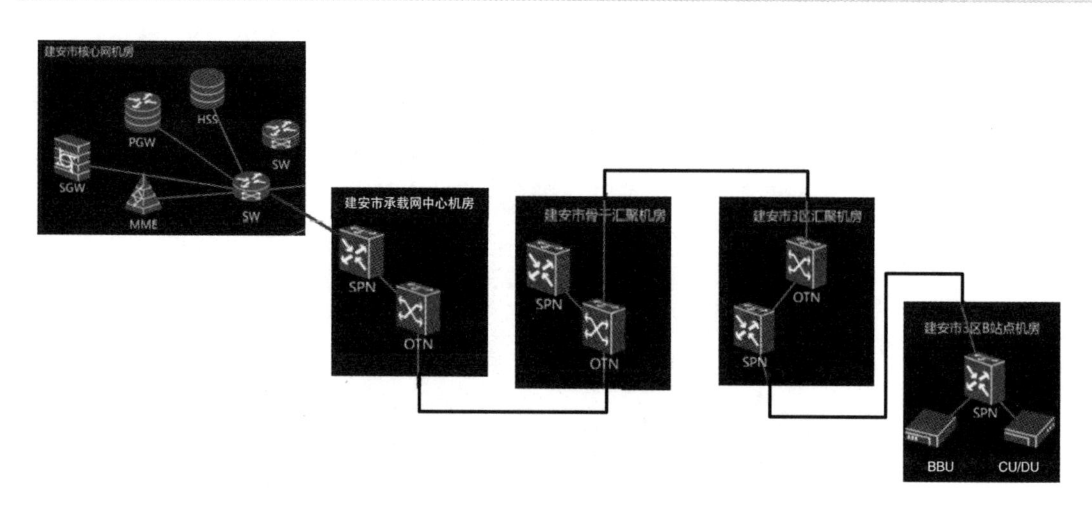

图 2-2　建安市 5G 全网的 5 个机房布局及连接情况

2.2　IP 地址

IP 地址用来标识网络中的通信实体，如路由器的端口、交换机的端口、SPN 的端口等。IP 地址是一个 32 bit(4 B)的二进制数字，被分为 4 段，每段 8 位，段与段之间用句点(英文状态下)分隔。为了便于表达和识别，IP 地址常用点分十进制形式表示，每段所能表示的十进制数为 0～255。例如，IP 地址 1100000.10101000.10000000.1000001 写成点分十进制形式为 192.168.128.129。

IP 地址由网络号和主机号两个域组成，其中网络号用于标识互联网上的一个网络，而主机号用于标识网络中的某台主机(在网络中计算机、路由器、交换机等设备统称为主机或节点)。相同网络号的计算机能直接通信，不同网络号的计算机要通过路由器才能互通。为了判断网络位和主机位，以及判断两个 IP 地址是否属于同一网络，人们引入了子网掩码的概念。子网掩码是一个 32 bit 的二进制数，其中网络号对应的位都为 1，与主机号对应的位都为 0。同 IP 地址一样，子网掩码也常用点分十进制表示。子网掩码也可以用网络前缀法表示，即“IP 地址/〈网络地址位数〉”。例如，172.16.0.0/16 表示的是网络地址 16 位的网络 172.16.0.0，其子网掩码为 255.255.0.0；再如，172.16.0.0/24 表示的是网络地址 24 位的网络 172.16.0.0，其子网掩码为 255.255.255.0。

划分子网时，随着子网地址借用主机位数的增多，子网的数目也随之增加，而每个子网中的主机数目逐渐减少。以 C 类网为例，其原有 8 个主机位，即 $2^8 = 256$ 个主机地址，默认子网掩码 255.255.255.0。若借用 1 位主机位，则可产生 2 个子网，每个子网有 126 个主机地址($2^7 - 2 = 126$)；若借用 2 位主机位，则可产生 4 个子网，每个子网有 62 个主机地址($2^6 - 2 = 62$)；依次类推。

每个子网中的第一个 IP 地址(主机位全部为 0 的 IP)和最后一个 IP 地址(主机位全部为

1 的 IP)不能分配给主机使用，所以每个子网的可用 IP 地址数为总 IP 地址数量减 2。根据子网号借用的主机位数，可以计算出划分的子网数、掩码和每个子网中的主机数，如表 2-1 所示。

表 2-1　C 类网能划分出的子网数量与规模

子网位数	子网掩码(二进制)	子网掩码(十进制)	子网内主机数	子网数
1	11111111.11111111.11111111.10000000	255.255.255.128	126	1～2
2	11111111.11111111.11111111.11000000	255.255.255.192	62	3～4
3	11111111.11111111.11111111.11100000	255.255.255.224	30	5～8
4	11111111.11111111.11111111.11110000	255.255.255.240	14	9～16
5	11111111.11111111.11111111.11111000	255.255.255.248	6	17～32
6	11111111.11111111.11111111.11111100	255.255.255.252	2	33～64

当网络位是 30 时，子网掩码为 255.255.255.252。其可用地址只有 2 个，常用来分配给直连的两个端口。

实际网络规划与建设中会涉及 3 种 IP 地址，即管理地址、互联地址和业务地址。其中，管理地址通常为 Loopback 地址，可以使用“/32”的子网地址；互联地址使用“/30”的子网地址；业务地址则根据实际 IP 需求量决定。下面通过一个 IP 地址规划实例进行说明。

一家公司分配了一个 B 类地址 192.168.62.0/24，该公司有两个部门，故需要两个子网。部门 1 有 100 台计算机，部门 2 有 80 台计算机，要求每个部门一个子网，能互相通信。试进行 IP 地址规划。

因为($2^7 = 128$) > 100 > ($64 = 2^6$)、($2^7 = 128$) > 80 > ($64 = 2^6$)，所以部门 1 和部门 2 都需要 7 位主机数(最多可提供主机地址数量为 126)，主机位前是网络位，全置 1，即子网掩码为 11111111.11111111.11111111.10000000(点分十进制就是 255.255.255.128)，部门 1 可用的 IP 地址为 192.168.62.129～192.168.62.254，部门 2 可用的 IP 地址为 192.168.62.1～192.168.62.126。

2.3　交换机

交换机通常以两种形态呈现：二层交换机和三层交换机。其中，二层交换机指的是只具备二层交换功能的交换设备；三层交换机除了具备二层交换机的功能外，还具备三层路由和三层数据转发功能。本节主要介绍二层交换机。

2.3.1　二层交换机的功能

二层交换机的基本功能是地址学习、数据帧转发和过滤。其中，地址学习是指利用接收数据帧中的源 MAC(Media Access Control，媒体访问控制)地址建立 MAC 地址表(源地址自学习)，使用地址老化机制进行地址表维护；转发和过滤是指在 MAC 地址表中查找数据帧中的目的 MAC 地址，如果找到就将该数据帧发送到相应的端口，如果找不到则向所有端口转发广播帧和多播帧(不包括源端口)。

二层交换按址转发解决了冲突问题，改进了以太网的性能；但其仍存在广播泛滥和安全性无法得到有效保证的缺点，其中广播泛滥严重是二层以太网的主要问题。为解决二层以太网的广播泛滥问题，人们提出了 VLAN 的概念。

2.3.2 VLAN

VLAN 是通过将局域网内的设备逻辑地而不是物理地划分成一个个网段，从而实现虚拟工作组的技术，其主要作用是隔离广播域，如图 2-3 所示。在没有划分 VLAN 时，广播数据会传播到网络中的每一台主机，并对每一台主机的 CPU 造成负担；划分 VLAN 后，广播数据只会在发送主机所在的 VLAN 中进行传播。

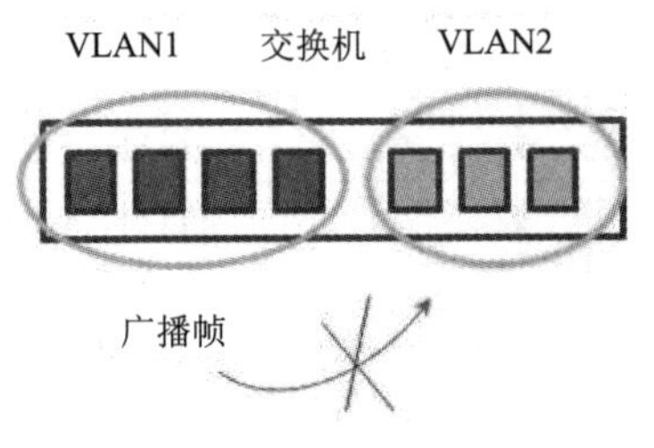

图 2-3　VLAN 的概念和作用

1. VLAN 的划分方法

VLAN 的划分方法有很多，常用的是基于端口划分和基于子网划分。

(1) 基于端口划分 VLAN：静态地把指定的端口划分到对应的 VLAN 内，VLAN 中包括的端口可以来自一台交换机，也可以来自多台交换机，即跨交换机定义 VLAN，如图 2-4 所示，端口 1 和端口 2 划分到 VLAN10，端口 3 和端口 4 划分到了 VLAN20。

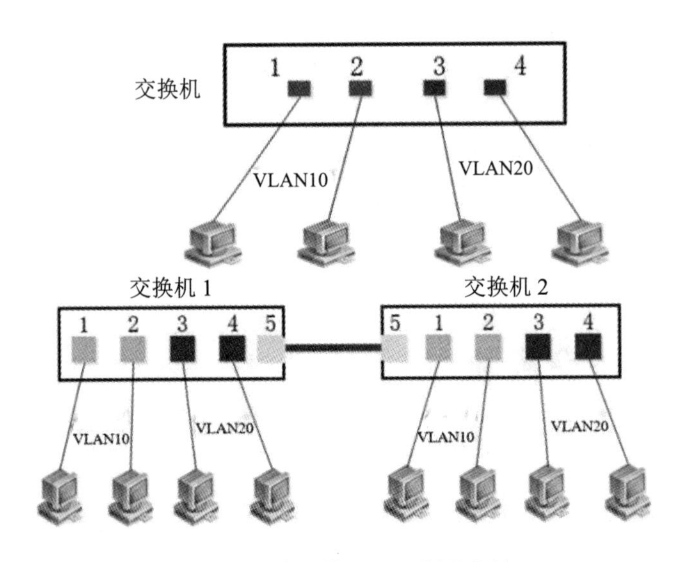

图 2-4　基于端口的 VLAN 划分方法

(2) 基于子网划分 VLAN：基于网络层 IP 地址或所属 IP 网段进行的 VLAN 划分，属于动态 VLAN 划分方式。该划分方式可以减少手工配置 VLAN 的工作量，也可保证用户自由增加、移动和修改。基于子网划分 VLAN 的思想是把用户计算机网卡上的 IP 地址配置与某个 VLAN 进行关联(不考虑用户计算机连接的交换机端口)，可以实现无论用户计算机连接在哪台交换机的二层以太网端口上，都将保持所属的 VLAN 不变。

2. 以太网数据帧的格式

业界普遍采用的 VLAN 标准是 IEEE 802.1Q，其规定了以太网中数据帧的格式。普通的以太网数据帧没有 VLAN 标签，称为 Untagged 帧；如果加了 VLAN 标签，则称为 Tagged 帧，如图 2-5 所示。

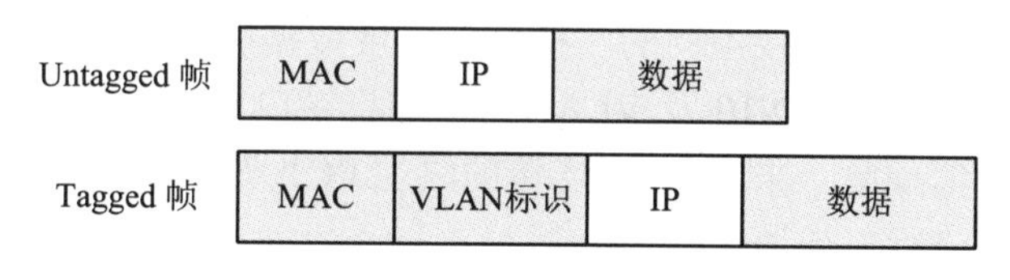

图 2-5　以太网数据帧的格式

并不是所有设备都可以识别 Tagged 帧，不能识别 Tagged 帧的设备包括普通 PC 的网卡、打印机、扫描仪、路由器端口等，而可以识别 VLAN 的设备则有交换机、路由器的子接口、某些特殊网卡等。

3. VLAN 的端口模式

由于以太网具有 Untagged 和 Tagged 两种数据帧格式，因此 VLAN 端口也相应地分为 Access 和 Trunk 两种模式，如图 2-6 所示。

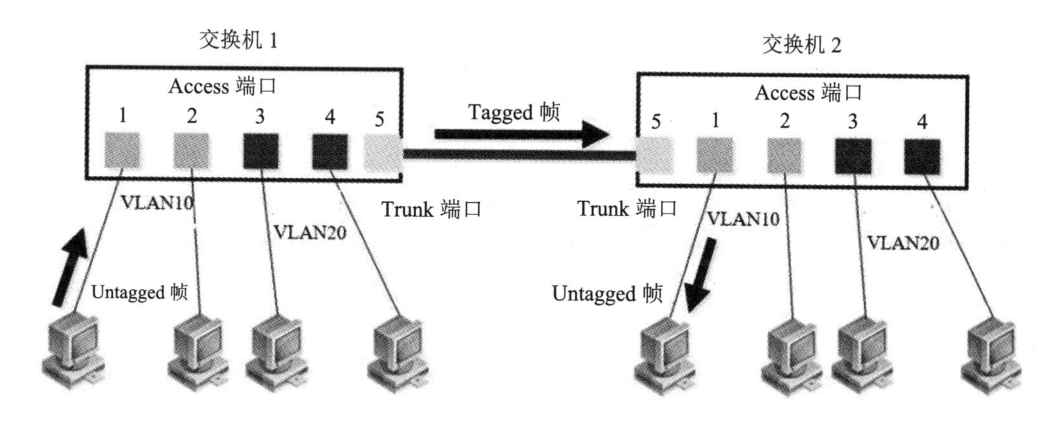

图 2-6　VLAN 的端口模式

(1) Access 模式：当交换机端口连接那些不能识别 VLAN 标签的设备时，交换机必须把标签移除，变成 Untagged 帧再发出。此端口接收到的一般也是 Untagged 帧，这样的端口称为 Access 模式端口，对应的链路称为 Access 链路。

(2) Trunk 模式：当跨交换机的多个 VLAN 需要相互通信时，交换机发往对端交换机的帧必须打上 VLAN 标签，以便对端能够识别数据帧发往哪个 VLAN。用于发送和接收 Tagged 帧的端口称为 Trunk 模式端口，对应的链路称为 Trunk 链路。

2.3.3　VLAN 间通信

VLAN 使得交换网络的部署更加灵活，网络规划更加合理。在一个交换网络中部署 VLAN，能够将一个大的广播域切割成多个小的广播域，每个 VLAN 是一个独立的广播域，广播以及数据帧的泛洪被限制在 VLAN 内部，不同的 VLAN 之间二层隔离。

不同的 VLAN 属于不同的广播域，使用不同的 IP 网段，所以 VLAN 之间无法直接进行二层通信。要实现 VLAN 间的通信，就需要使用三层设备(具备三层功能，即具备路由功能的设备)。

1. 使用路由器物理接口实现 VLAN 之间的通信

借助路由器的路由功能连接不同的广播域，实现数据的三层转发。如图 2-7 所示，交换机创建了两个 VLAN：VLAN10 及 VLAN20，并将接口 GE0/0/1 加入 VLAN10，将接口 GE0/0/2 加入 VLAN20。如此一来，两接口连接的终端 PC1 及 PC2 就处于两个不同的 VLAN，它们互不影响，无法进行二层通信。

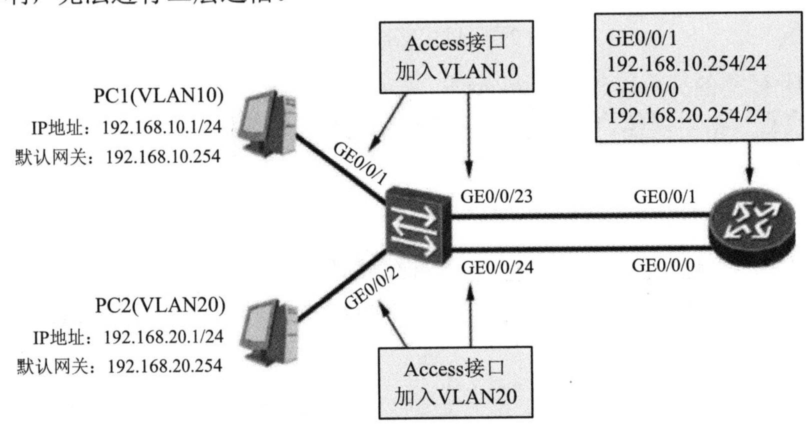

图 2-7　使用路由器物理接口实现 VLAN 之间的通信

为了 PC1、PC2 间可以通信，网络中增加了一台路由器来连接两个广播域(VLAN10 和 VLAN20)。路由器通过两个物理接口与交换机对接，其中接口 GE0/0/1 配置与 PC1 相同网段的 IP 地址，而接口 GE0/0/0 则配置与 PC2 相同网段的 IP 地址。交换机将接口 GE0/0/23 配置为 Access 类型并且加入 VLAN10，将接口 GE0/0/24 配置为 Access 类型并且加入 VLAN20。

PC1 与路由器的接口 GE0/0/1 同属一个广播域，它们可以直接进行二层通信；PC2 与路由器的接口 GE0/0/0 也同属一个广播域，可以直接进行二层通信。PC1 将默认网关设置为路由器接口 GE0/0/1 的地址，而 PC2 则将默认网关设置为路由器接口 GE0/0/0 的地址，这样即可实现 PC1 与 PC2 之间的数据转发过程。

通过路由器实现 VLAN 间通信的方案有弊端吗？试想如果规模大的网络有上百个 VLAN，一个 VLAN 需要占用路由器的一个物理接口，那么路由器能提供这么多物理接口吗？答案是否定的，因为路由器的物理接口资源非常宝贵。但是，使用以太网子接口可以解决这个问题。

2. 使用以太网子接口实现 VLAN 之间的通信

以太网子接口是基于以太网物理接口创建的逻辑接口。可以在一个物理接口上创建多个子接口，每一个子接口与一个 VLAN 对接，从而缓解上面提到的问题。子接口是软件的、逻辑的接口，物理上并不存在，其状态又依赖于对应的物理接口。

如图 2-8 所示，路由器仅使用一条物理链路与交换机直连。在路由器的物理接口 GE0/0/1 上创建两个子接口：GE0/0/1.10 及 GE0/0/1.20。注意子接口的标识，以 GE0/0/1.10 为例，

GE0/0/1 指的是物理接口类型及编号；小数点“.”后面的数字则是子接口的编号，该编号是自定义的，没有特殊含义。在一个千兆以太网接口上最多可以创建 4096 个子接口。

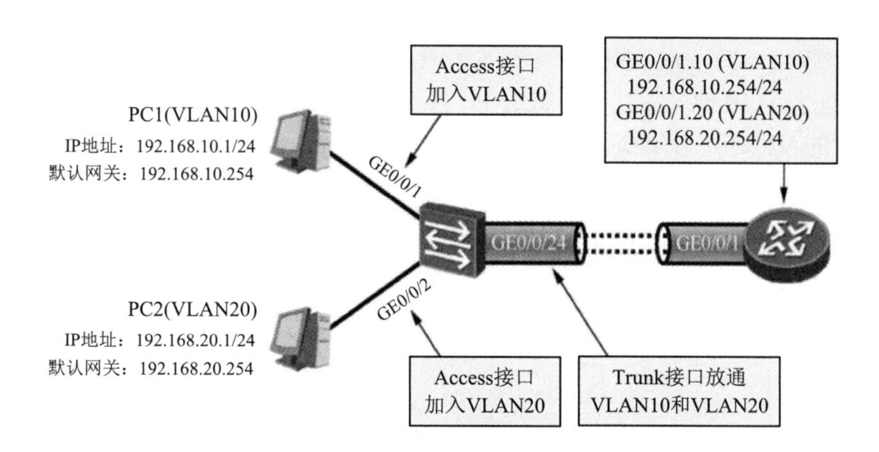

图 2-8　使用以太网子接口实现 VLAN 之间的通信

这两个子接口的状态与物理接口 GE0/0/1 息息相关，当接口 GE0/0/1 被关闭或者发生故障时，基于该物理接口所创建的所有子接口都将无法正常工作。子接口被创建后，需指定其对接的 VLAN，图 2-8 中路由器的子接口 GE0/0/1.10 被指定了 VLAN10，而 GE0/0/1.20 则被指定了 VLAN20。当该子接口向外发送数据帧时，数据帧会被打上相应 VLAN 的 Tag(标签)。为了能够与交换机顺利对接，路由器接口 GE0/0/1 对端的交换机接口必须配置为 Trunk 类型，而且要能通过相应的 VLAN。路由器会把子接口当成一个普通接口来对待。

PC1 将默认网关设置为路由器子接口 GE0/0/1.10 的地址，而 PC2 则将默认网关设置为路由器子接口 GE0/0/1.20 的地址，这样即可实现 PC1 与 PC2 之间的数据转发过程。通过以太网子接口实现 VLAN 之间的通信的方式可以大大节省硬件成本。

这种路由器在一个物理接口上部署子接口，实现多个 VLAN 互通的场景称为单臂路由。其中，单臂指的是路由器的一个物理接口，或者一条物理链路。相应地，若路由器使用多个物理接口，并且每个物理接口对应一个不同 VLAN 的场景，则称为多臂路由。

多臂路由接口资源浪费严重，而单臂路由也存在短板，其路由器与交换机之间的链路由于需承载所有 VLAN 间的通信数据，因此当 VLAN 数量特别多、VLAN 间通信流量特别大时，这段链路负载将变得非常高。因此，实现 VLAN 间通信更为常用的解决方案是使用三层交换机。

3. 使用三层交换机实现 VLAN 之间的通信

三层交换机是同时具备二层功能及三层功能的交换机，其除了能够实现二层交换机所有功能外，还支持路由功能；其除了拥有二层接口外，还拥有三层接口(VLAN Interface，VLANIF)。VLANIF 是一种逻辑接口，物理上并不存在。

当在一台三层交换机上创建了一个 VLAN 时，就可以将交换机的物理接口(如 GE0/0/1)加入该 VLAN 中，此时这些物理接口都是二层接口。与此同时，还能在交换机上配置该 VLAN 对应的 VLANIF，该接口能够与同处于该 VLAN 内的设备进行二层通信。VLANIF 可以进行 IP 地址配置，通常该 IP 地址会作为 VLAN 中设备的默认网关地址。

图 2-9 展示了一台三层交换机的逻辑图，三层交换机同时拥有交换模块以及路由模块。该交换机拥有两个 VLAN，分别是 VLANIF10 及 VLANIF20；物理接口 GE0/0/1、GE0/0/2 及 GE0/0/3 都被配置为 Access 类型，其中 GE0/0/1 及 GE0/0/2 接口加入了 VLANIF10，而 GE0/0/3 接口则加入了 VLANIF20。另外，VLANIF10 配置了 IP 地址 192.168.10.254，VLANIF20 配置了 IP 地址 192.168.20.254。各 VLAN 内的 PC 都将其默认网关地址配置为相应 VLAN 的 VLANIF IP 地址。

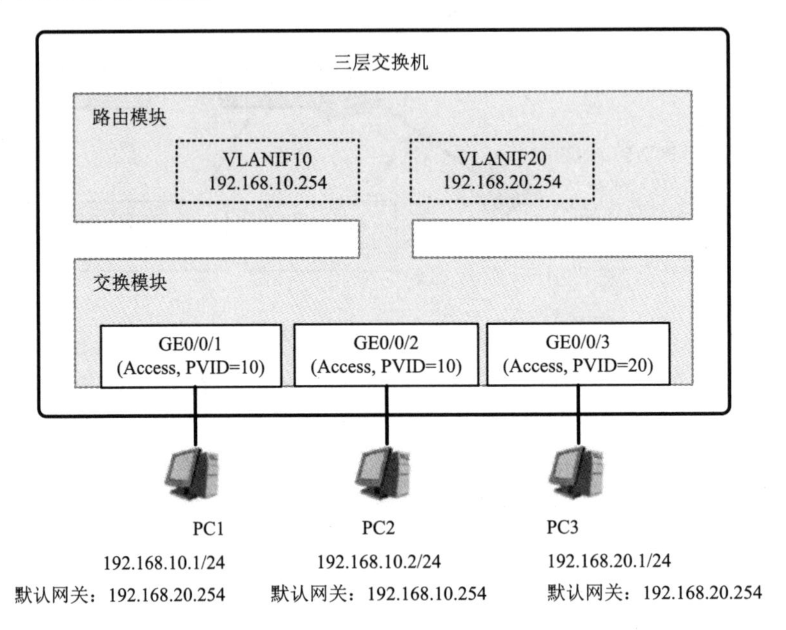

图 2-9　三层交换机的逻辑图

2.4　路由器

路由器是用于连接不同 IP 网络的设备，往往放置在网络交界处实现网络互联，工作在 OSI(Open System Interconnection，开放系统互连)模型的第 3 层(网络层)。路由器能够识别 IP 包头中的信息，并根据目的 IP 地址查询自身的路由表，决定数据包如何进行转发。此外，路由器还负责路由表的建立与维护，寻找到达目的网络的最佳路径。

2.4.1　路由表

路由器执行数据转发和路径选择所需要的信息被包含在路由器的一个表项中，称为路由表。路由表记载了路由器所知的所有网段的路由信息，路由信息中包含到达目的网段所需的下一跳地址，路由器可根据此地址决定将数据包转发到哪个相邻设备上。路由器会根据 IP 数据包中的目的网段地址查找路由表，以决定转发路径。路由表的结构如图 2-10 所示，包括目的地址/子网掩码、下一跳、出接口、来源等。

路由表

目的地址	子网掩码	下一跳	出接口	来源	优先级	度量值
192.168.10.0	255.255.255.252	192.168.10.2	100GE-11/1	direct	0	0
192.168.10.2	255.255.255.255	192.168.10.2	100GE-11/1	address	0	0
192.168.11.0	255.255.255.252	192.168.11.1	100GE-10/1	direct	0	0
192.168.11.1	255.255.255.255	192.168.11.1	100GE-10/1	address	0	0
10.1.1.0	255.255.255.0	192.168.10.1	100GE-11/1	OSPF	110	2
11.11.11.0	255.255.255.0	192.168.11.2	100GE-10/1	OSPF	110	4

图 2-10　路由表的结构

(1) 目的地址/子网掩码：用于标识目的网络或目的 IP 地址。路由表相当于路由器的地图，而每一条路由都指向网络中的某个目的网络(或者说目的网段)。以图 2-10 所示的路由表第 6 条路由为例，11.11.11.0/24 就标识了一个目的网络，其 IP 地址为 11.11.11.0，网络掩码为 255.255.255.0，掩码长度(网络掩码中连续的二进制 1 的个数)为 24。

(2) 下一跳：路由器转发到达目的网段的数据包使用的下一跳地址。

(3) 出接口：数据包被路由后离开本路由器的接口。

(4) 来源：该路由协议的出处，是协议类型(或者说该路由是通过什么途径学习到的)。static 表示手工方式配置的静态路由；OSPF(Open Shortest Path First，开放式最短路径优先)表示通过 OSPF 路由协议学习到的动态路由；direct 表示直连路由，即这条路由指向的网段是设备的直连接口所在的网段。

(5) 优先级：路由表中路由条目的来源有多种，每种类型的路由对应不同的优先级，路由优先级的值越小，则该路由的优先级越高。

(6) 度量值：也称为开销，表示本路由器到达目的网段的代价值。度量值的大小会影响路由的优选。度量值为 0，表示拥有最小度量值和最高路由优先级。直连路由及静态路由默认的度量值为 0。每种动态路由协议都定义了其路由的度量值计算方法，不同的路由协议，路由度量值的定义和计算方法不同。

2.4.2　路由的分类

路由表中的路由信息按照来源不同，可分为以下几类：直连路由(direct route)、静态路由(static route)及动态路由(dynamic route)。

1. 直连路由

路由器能够自动获取本设备直连接口的路由并将路由写入路由表，该种路由称为直连路由。直连路由的目的网络一定是路由器自身某个接口所在的网络。直连路由的发现是路由器自动完成的，无须人为干预。

直连路由会随接口的状态变化在路由表中自动变化，当接口的物理层与数据链路层状态正常(up)时，此直连路由会自动出现在路由表中；当路由器检测到此接口断开(down)后，此条路由会自动消失。

2. 静态路由

系统管理员手工设置的路由称为静态路由，其是在系统安装时根据网络配置情况预先设定的，不会随网络拓扑结构的改变而自动改变。如图 2-11 所示，在路由器 A 上用语句“ip route 10.0.0.0 255.0.0.0 172.16.2.2”配置了一条路由，目的地是 10.0.0.0，子网掩码为

255.0.0.0，下一跳为相邻路由器 B 上与路由器 A 相连接口的 IP 地址 172.16.2.2。这是一条单向路由，要实现双向通信，还需要在对方的路由器上配置一条反向路由。

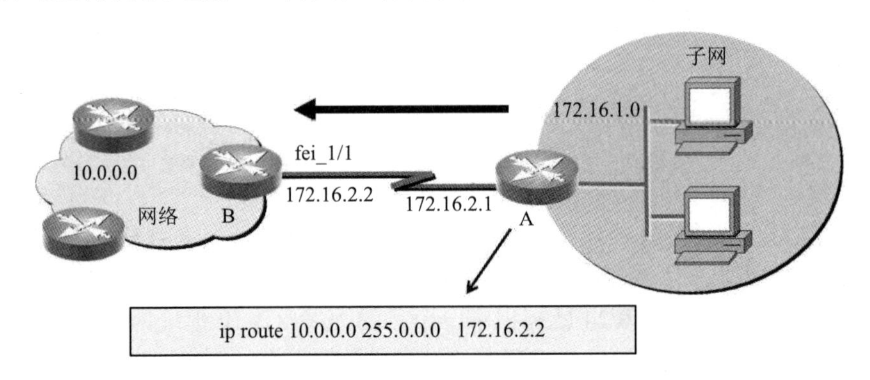

图 2-11　静态路由

静态路由在路由表中的路由信息来源为静态(static)，路由优先级为 1，度量值为 0。静态路由的优点是不占用网络带宽和系统资源，安全；缺点是需网络管理员手工逐条配置，不能自动对网络状态变化做出调整。在无冗余连接网络中，静态路由一般是最佳选择。

3. 动态路由

由路由协议根据网络结构变化生成的路由称为动态路由。路由协议是运行在路由器上的软件进程，通过与其他路由器上相同路由协议交换数据，学习非直连网络的路由信息，并加入路由表中。

动态路由协议可以自动适应网络状态的变化，自动维护路由信息而不用网络管理员的参与。在有冗余连接的复杂网络环境中，适合采用动态路由协议。

默认路由是一种特殊的由管理员设定的静态路由，用来转发下一跳没有明确列于路由表中的数据单元。如图 2-12 所示，在路由器 B 上用语句“ip route 0.0.0.0 0.0.0.0 172.16.2.2”配置了一条路由，目的地是 0.0.0.0，子网掩码为 0.0.0.0，下一跳为相邻路由器 A 上与路由器 B 相连接口的 IP 地址 172.16.2.2。其中，目的地址 0.0.0.0、子网掩码 0.0.0.0 并非确指哪个网络，当路由表中找不到明确路由条目时，所有数据包都将按照默认路由指定的接口和下一跳地址进行转发。在子网络出口路由器上，默认路由是最佳选择。

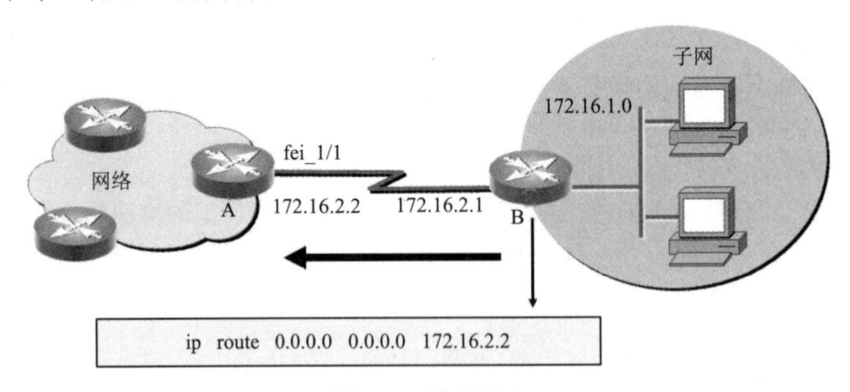

图 2-12　默认路由

综上，3 种路由的作用如下：有直连路由时，消息由直连路由转发；当没有直连路由

时，消息能够到达远端的非直连网络就需借助静态路由和动态路由。对于小型简单网络，可以为路由器手工配置静态路由；对于大型复杂网络，则一般借助动态路由。

2.4.3　OSPF 协议

对于一个小型网络，静态路由或许能够满足需求，但是在大中型网络中，由于网段数量多、网络拓扑复杂等，就需要考虑动态路由协议。当路由器上激活了动态路由协议后，路由器之间就能够交互用于路由计算的路由信息。而当网络拓扑发生变更时，动态路由协议能够感知这些变化并且自动做出响应，从而使网络中的路由信息适应新的拓扑。这种动作完全由协议自动完成，无须人为干预。因此，在一个规模较大的网络中往往会使用动态路由协议，或者通过静态路由与动态路由协议相结合的方式建设该网络。动态路由协议有很多，仿真软件中支持其中的一种——OSPF，下面进行简单介绍。

1. OSPF 协议概述

OSPF 是一种典型的链路状态路由协议。运行链路状态路由协议的路由器会使用链路状态信息描述网络的拓扑结构及 IP 网段，所有的路由器都会产生描述自己直连接口状况的链路状态信息。路由器将网络中泛洪的链路状态信息都搜集起来并且存入一个数据库中，该数据库就是链路状态数据库。链路状态数据库就是对整个网络的拓扑结构及 IP 网段的描绘。所有路由器拥有对该网络的统一认知，接下来所有的路由器据此计算出一棵以自己为根的、无环的最短路径树，并将基于这棵树得到的路由加载到路由表中。当网络拓扑发生变更时，OSPF 协议可以快速地感知并进行路由的计算和重新收敛。

2. Router-ID

Router-ID(Router Identification，路由器标识)在 OSPF 域中唯一地标识一台 OSPF 路由器。OSPF 域是一系列连续的 OSPF 路由器组成的网络，Router-ID 必须全域唯一。

Router-ID 的表示方法与 IPv4 地址的格式一样，是一个长 32 bit 的数值，通常使用点分十进制的形式表示。Router-ID 可以手工配置，通常将设备的 Loopback 接口(本地环回接口)的 IP 地址指定为该设备的 Router-ID。

Loopback 接口是一种软件的、逻辑的接口。用户可以根据业务需求在网络设备上创建 Loopback 接口，并为该接口配置 IP 地址。Loopback 接口非常稳定，除非人为进行关闭或删除，否则其状态永远是 up，即使没有配置地址。正因如此，Loopback 接口通常用于设备网管、网络测试、网络协议应用等。Loopback 接口可以配置 IP 地址，而且子网掩码可以配置为全 1，节省地址空间。该 IP 地址不会对应到实际的物理接口上，但是可以设置为路由器的任意一个物理接口地址。

3. OSPF 基础配置

OSPF 的基础配置包含 2 个关键动作：一是在设备上创建 OSPF 进程并进入该进程的配置视图，二是在特定的接口上激活 OSPF。

(1) 创建 OSPF 进程。若要在设备上创建一个 OSPF 进程，需配置几个可选参数，如进程号、Router-ID。

进程号是该 OSPF 进程的标识符，用于在设备上标识一个 OSPF 进程，具有本地意义，即只在该设备上有效。在创建 OSPF 进程时，需手工配置 Router-ID。例如，在 OSPF 全局配置中创建一个 OSPF 进程，该进程号为 1(进程号即进程标识，用于在一台设备上标识一个 OSPF 进程)，并且路由器在该 OSPF 进程中使用的 Router-ID 为 192.168.23.1，如图 2-13 所示。

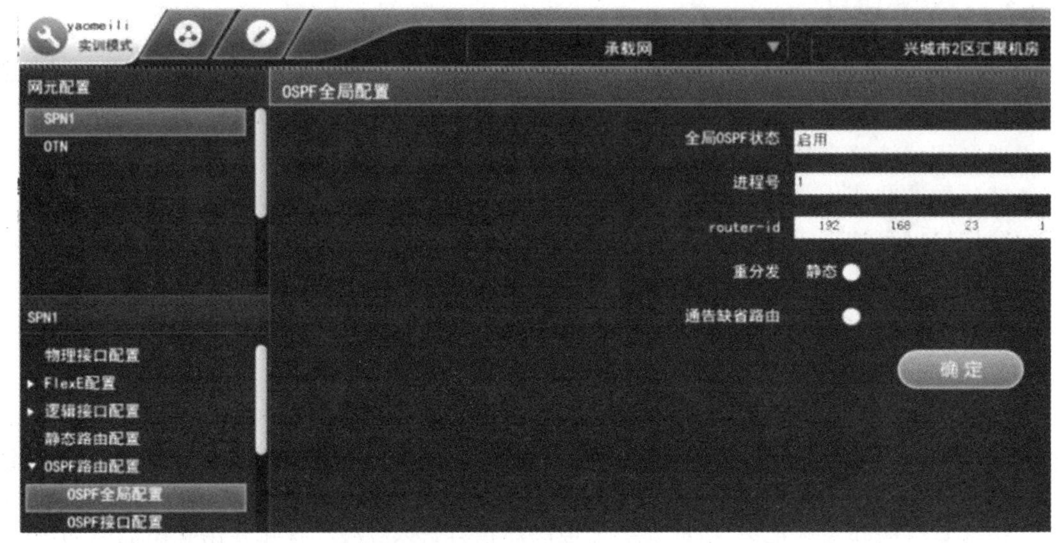

图 2-13　创建一个 OSPF 进程

(2) 在接口上激活 OSPF。默认时，设备的所有接口均未激活 OSPF，要在接口选择“启用”选项激活 OSPF，如图 2-14 所示。

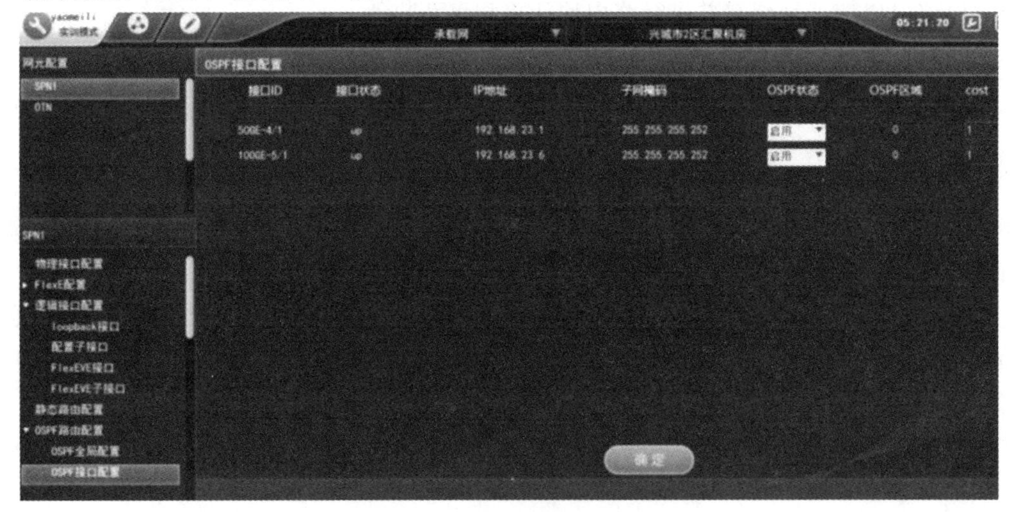

图 2-14　在接口上激活 OSPF

2.5　SPN 与 OTN

5G 承载网中除了常规的交换机、路由器等设备外，还有 SPN、OTN 等长距离传输设备。

2.5.1　SPN

切片分组网
SPN 技术

5G 三大场景需求各异，eMBB 要求用户峰值速率和体验速率高，uRLLC 要求超低时延和超高可靠性，mMTC 要求大连接，差异化业务承载需求对 5G 承载网架构提出了新的要求。5G 承载网满足 5G 差异化业务承载需求的同时，还应具备网络切片、灵活组网调度、协同管控以及高精度同步等功能。鉴于此，中国移动联合华为在融合了分组、承载、光层等技术之后，提出了基于以太网内核的新一代融合承载网络架构——SPN。

SPN 基于以太网传输架构，继承了 4G 承载网技术 PTN(Packet Transport Network，分组传送网)传输方案的功能特性，并在此基础上进行了增强和创新。其主要创新点在于 SPN 在以太网物理层中增加了一个轻量化的 TDM 层，这样在当前分组技术不改变的情况下，分组设备也能获得网络切片之间硬隔离与确定性低时延转发的能力。由于支持分组与 TDM 的融合、支持低时延和网络切片、兼容以太网生态链，以及具备成本大幅优化空间，SPN 一经提出便受到国内外产业界的广泛关注和支持，目前被广泛应用在 5G 承载网中。

SPN 的网络分层架构包括 SPL(Slicing Packet Layer，切片分组层)、SCL(Slicing Channel Layer，切片通道层)和 STL(Slicing Transport Layer，切片传送层)3 个层面，此外还包括实现高精度时频同步的时间/时钟同步功能模块、实现 SPN 统一管控的管理/控制功能模块，如图 2-15 所示。

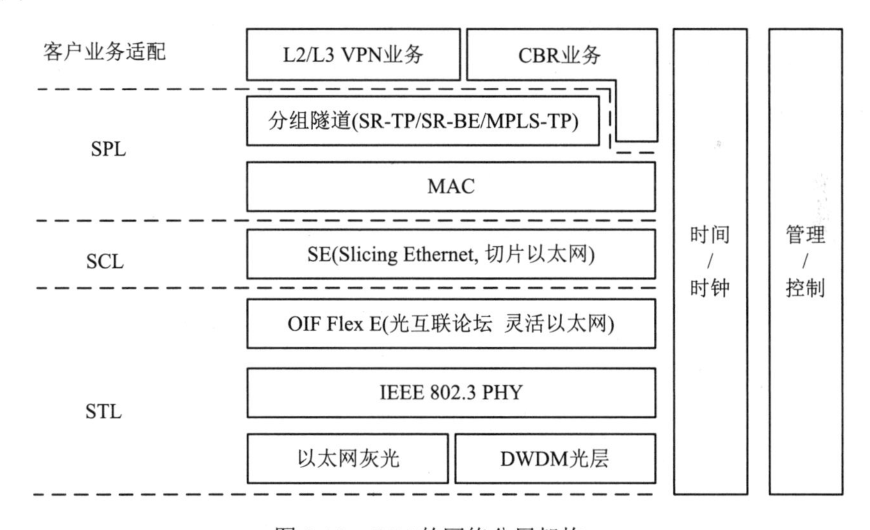

图 2-15　SPN 的网络分层架构

SPN 支持 CBR(Constant Bit Rat，固定比特速率，适用于实时话音和视频信号传输)业务、L2VPN(Layer 2 Virtual Private Network，二层虚拟专用网)和 L3VPN(Layer 3 Virtual Private Network，三层虚拟专用网)等业务，可根据应用场景需要灵活选择业务映射路径。

当 SPN 设备在同一个机房内时可以直接连接。当不在同一个机房内 SPN 设备直接连接时，如果两个机房的距离较近、业务量较小，需要通过 ODF(Optical Distribution Frame，光纤配线架)走线连接；如果两个机房的距离较远、业务量较大，需要通过 OTN 组成的光传输网实现两台 SPN 设备之间的数据传输。

2.5.2　OTN

承载网基础——OTN

OTN 是在光域内实现业务信号的传送、复用、路由选择、监控并且保证其性能指标和生存性的传送网络。有科技工作者这样解释 OTN：OTN = SDH(Synchronous Digital Hierarchy，同步数字体系) + WDM(Wavelength Division Multiplexing，波分复用)，其根源在于 OTN 将 SDH 的技术体制(例如映射、复用、交叉连接、嵌入式开销、保护、FEC 等)和可运营可管理能力等应用到 WDM 系统中，使得 OTN 同时具备了 SDH 灵活可靠和 WDM 容量大的优势。

WDM 把不同波长的光信号复用到一根光纤中进行传送，每个波长承载一个业务信号。WDM 的出现解决了 SDH 网络容量不足的问题，SDH 网络带宽最大为 10 Gb/s，而通过使用 WDM，SDH 网络带宽可达 400 Gb/s。WDM 能够实现大容量远距离(如 600～2000 km)传送。但是，WDM 只能进行点对点连接，不能组成环，不能对波长进行灵活调度，无法组成复杂网络，且不支持向智能光网络演进。

OTN 在 WDM 的基础上融合了 SDH 的系列优点，如丰富的 OAM(Operation Administration and Maintenance，操作、管理和维护)开销、灵活的业务调度、完善的保护方式等，形成了新一代理想的传送网技术。在 5G 承载网中，当两台设备之间需要远距离大容量传输时，可以经过 OTN 设备实现互通。例如，在 5G 网络中，核心网机房和站点机房之间需要通过承载网机房的 SPN 设备实现数据转发；而当 SPN 设备之间距离较远、业务量较大时，需要通过 OTN 组成的光传输网实现两台 SPN 设备之间的数据传输。

OTN 设备的常用板卡分为 4 类，如图 2-16 所示。

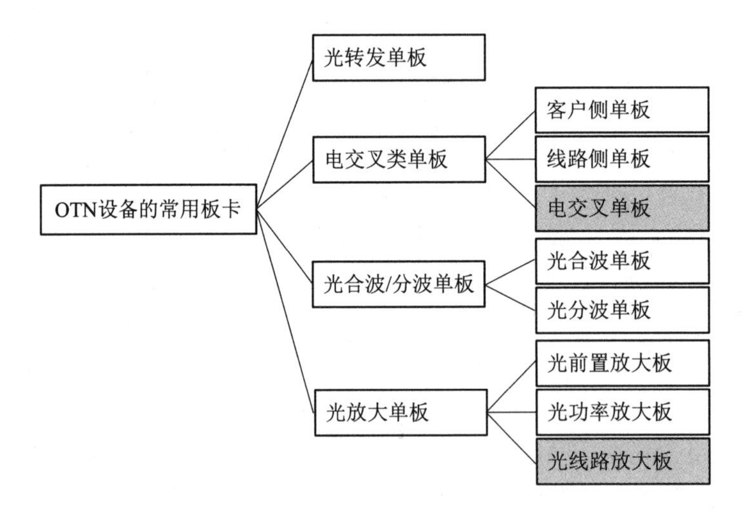

图 2-16　OTN 设备的常用板卡(灰色单板本仿真软件暂未涉及)

1. 光转发单板

光转发单板(Optical Transform Unit，OTU)提供客户侧光模块，用于连接 PTN 设备、路由器、交换机、SPN 设备等，提供线路侧光模块，内有激光器，可发出符合波分系统标准的波长的光，将客户侧接收的信息封装到对应的 OTN 帧中，送到线路侧输出。仿真软件中

此类板卡根据客户端速率不同，分为 OTU10G、OTU40G、OTU100G、OTU200G 等。每块 OTU 单板有两个客户端接口 C1T/C1R 和 C2T/C2R，两对线路侧输出口 L1T/L1R、L2T/L2R，如图 2-17 所示。

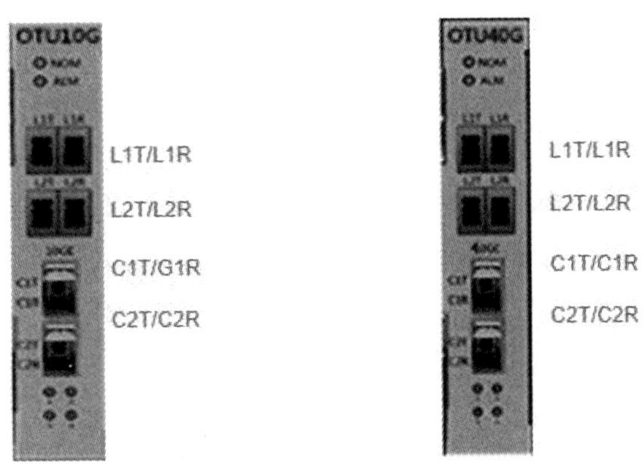

图 2-17　OTU 单板

2. 光合波/光分波单板

光合波单板(Optical Multiplex Unit，OMU)位于发送端 OTU 与光功率放大板(Optical Boosting Amplifier，OBA)之间，将从各光转发单板接收到的各个特定波长的光复用在一起，从出口输出。光分波单板(Optical Division Unit，ODU)位于接收端光放大器和光转发单板之间，将从光放大器收到的多路业务在光层上解复用为多个单路光送到光转发单板的线路口。现网的 OMU 和 ODU 能处理 40、80、160 个波长，仿真软件中只仿真 10 个波的合波/分波。OMU 有 10 个输入口 CH1～CH10，1 个输出口；ODU 有 1 个输入口，10 个输出口 CH1～CH10，如图 2-18 所示。

表 2-2 列出了仿真软件支持的 10 个波的中心频率和中心波长。

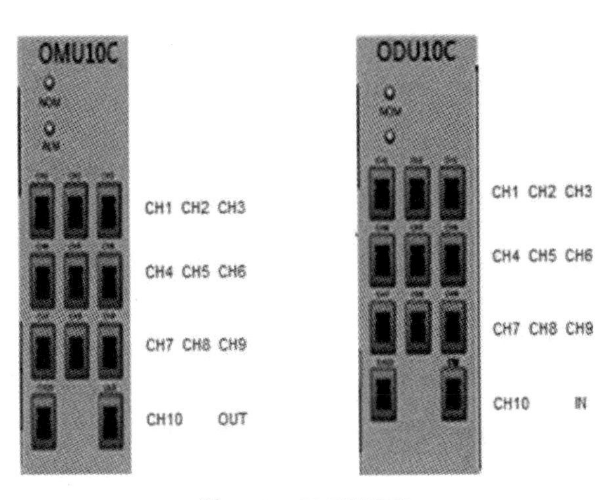

图 2-18　OMU/ODU

表 2-2　10 个波的中心频率和中心波长

波长序号	中心频率/THz	中心波长/ nm
1	192.10	1560.61
2	192.20	1559.79
3	192.30	1558.98
4	192.40	1558.17
5	192.50	1557.36
6	192.60	1556.55
7	192.70	1555.75
8	192.80	1554.94
9	192.90	1554.13
10	193.00	1553.33

3. 光放大单板

光放大单板的主要功能是将光功率放大到合理范围，位于发送端、接收端、线路侧的光放大单板名字各不相同。其中，发送端的是 OBA，位于 OMU 之后，用于将合波信号放大后发出；接收端的是 OPA(Optical Preamplifier，光前置放大板)，位于 ODU 之前，将合波信号放大后送到 ODU 解复用；线路侧的是 OLA(Optical Line Amplifier，光线路放大板)，用于放大光功率。IUV 5G 仿真软件中只有 OBA 和 OPA，OBA 上有 1 个输入口 IN 和 1 个输出口 OUT，OPA 接口也是如此，如图 2-19 所示。

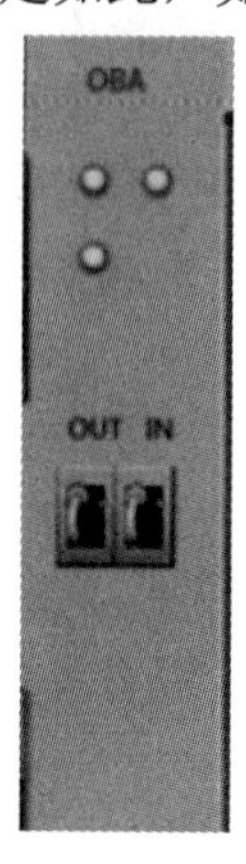

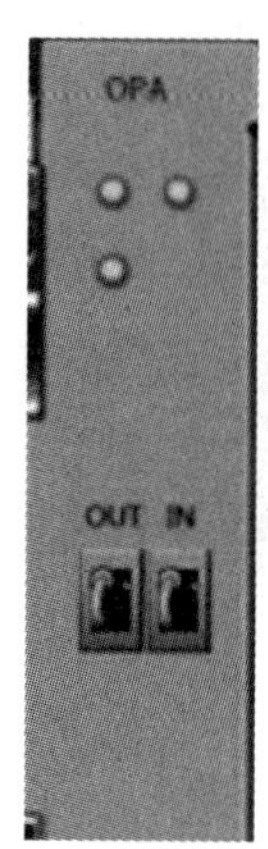

图 2-19　OBA/OPA

4. 电交叉子系统

OTN 电交叉子系统以时隙电路交换为核心，通过电路交叉配置功能，支持各类大颗粒用户业务的接入和承载，实现波长和子波长级别的灵活调度；同时，继承 OTN 网络监测、保护等各类技术，支持毫秒级的业务保护倒换。

电交叉子系统根据管理配置实现业务的自由调度，完成基于 ODUk 颗粒的业务调度。电交叉需要采用 O/E/O(光/电/光)转换。仿真软件中的板卡类别如下：

(1) 客户侧单板 CQ2、CQ3：实现 4 路 10 Gb/s、40 Gb/s 客户信号的接入、汇聚，支持 STM-64、OTU2/3、10/40GE 业务的 OTN 成帧功能。

(2) 线路侧单板 LD2、LD3、LD4：线路侧板卡，实现双路 10 Gb/s、40 Gb/s、100 Gb/s 业务传送到背板的功能。

(3) 电交叉单板 CSU：电交叉子系统的核心。

由此可见，OTN 众多，其上接口也多，那么 OTN 设备内部板卡之间是如何连线的呢？

仿真软件中的承载网机房一般会配置 SPN 设备，当此机房位于汇聚层或核心层，而且容量大、传输距离远时，还会配备 OTN 设备。OTN 设备板卡众多，其内部连线复杂，如图 2-20 所示。首先，信号从 SPN 的光口经双纤传到 OTN 的 OTU 的客户侧光口 C1T/C1R(或 C2T/C2R)，然后信号从 OTU 的线路侧光口 L1T(或 L2T)经单纤传到 OTN 的 OMU 的 CHX(X 在仿真软件中取值 1～10)口进行合波，接着从 OMU 的 OUT 口经单纤传到 OBA 的 IN 口进行放大，最后从 OBA 的 OUT 口经 LC-FC 单纤传到 ODF 板卡的 T 口，以备送达其他机房。

相反方向，从其他机房接收来的信号到达 ODF 板卡的 R 口后，首先信号从 ODF 板卡的 R 口经 LC-FC 单纤传到 OPA 的 IN 口进行放大，然后从 OPA 的 OUT 口经单纤传到 ODU 的 IN 口进行分波，最后从 ODU 的 CHX(X 在仿真软件中取值 1～10)口到达 OTU 的线路侧光口 L1R(或 L2R)。

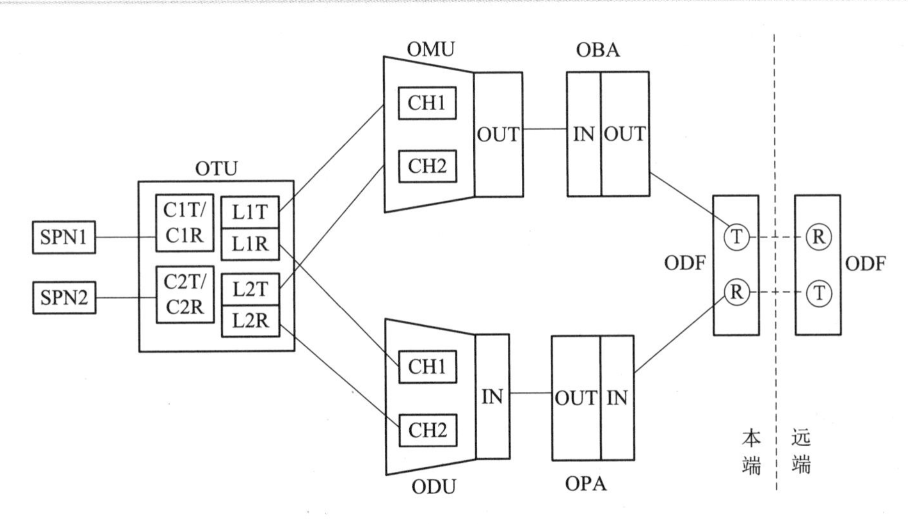

图 2-20　OTN 设备内部连线以及与外部 SPN 的连线

小　　结

(1) 5G 全网由无线接入网、核心网和承载网 3 部分构成。5G 承载网上联 5G 核心网，下联 5G 无线接入网，为无线接入网和核心网的交互提供连接通路。

(2) 5G 承载网从下到上一般分为 3 个层次：接入层、汇聚层和核心层。

(3) 二层交换机的基本功能是地址学习、数据帧转发和过滤。二层交换按址转发解决了冲突问题，但仍存在广播泛滥的缺点。为解决二层以太网的广播泛滥问题，人们提出了 VLAN 的概念。

(4) 不同的 VLAN 属于不同的广播域，使用不同的 IP 网段，所以 VLAN 之间无法直接进行二层通信。要实现 VLAN 间的通信，需要使用三层设备。其通常有 3 种方式：使用路由器物理接口、使用以太网子接口和使用三层交换机。

(5) 路由表中的路由信息按照来源不同分为 3 类：直连路由、静态路由及动态路由。默认路由是管理员设定的静态路由，用来转发下一跳没有明确列于路由表中的数据单元。在子网络出口路由器上，默认路由是最佳选择。

(6) 对于一个小型网络，静态路由或许能够满足需求；但是在大中型网络中，必须启用动态路由协议。OSPF 是一种典型的动态路由协议。

(7) 5G 采用 SPN 承载网络架构。当 SPN 设备在同一个机房内时，可以直接连接。当不在同一个机房内的 SPN 设备直接连接时，如果两个机房的距离较近、业务量较小，需要通过 ODF 走线连接；如果两个机房的距离较远、业务量较大，需要通过 OTN 组成的光传输网实现两台 SPN 设备之间的数据传输。

(8) OSPF 路由选择协议中，路由器获取所有其他路由器信息来创建完整的拓扑并查找路由。该算法的关键是路由器需要掌握全网的拓扑状态而不是部分路由器的邻接状态。大学时代，同学来自五湖四海，文化底蕴不同，生活习惯不同，聚到同一个学校，同一个班级，要求有大局意识、合作精神和服务精神，共同打造和谐班级，构建积极向上的班集体。

谈一谈应如何与同学们团结协作、互帮互助，共筑温暖的班集体。实际生活和学习中，大学生要坚持开阔视野，提升学习能力，丰富学习手段，用各种观测手段探索新事物，不断获取多种信息，不做井底之蛙。

习　题

一、单选题

1. 以太网交换机的转发表通过(　　)生成。

A. 动态路由协议形成　　B. 信令控制形成
C. 源地址学习形成　　D. 手工输入

2. 以太网交换机收到目的地址为 A 的帧，但是其转发表中无对应表项，此时应(　　)。

A. 向所有其他端口转发　　B. 丢弃该帧
C. 向任一端口转发　　D. 向收到该帧的端口转发

3. 分割广播域应(　　)。

A. 使用 VLAN 技术　　B. 使用集线器
C. 使用网桥　　D. 使用以太网交换机

4. 如果两个机房之间需要长距离传输，那么需要在两个 SPN 设备之间加入(　　)设备。

A. OTN　　B. SPN
C. RT　　D. SW

5. 在仿真软件中，(　　)中配置了交换机。

A. 承载网中心机房　　B. 无线站点机房
C. 汇聚机房　　D. 核心网机房

6. 以太网交换机工作在 OSI 参考模型的(　　)。

A. 第 2 层　　B. 第 1 层　　C. 第 4 层　　D. 第 3 层

7. 以太网交换机根据(　　)实现数据的转发。

A. 域名　　B. 端口号　　C. IP 地址　　D. MAC 地址

8. 路由器工作在 OSI 参考模型的(　　)。

A. 第 3 层　　B. 第 2 层　　C. 第 4 层　　D. 第 1 层

9. 路由器根据(　　)实现数据的转发。

A. 端口号　　B. MAC 地址　　C. 域名　　D. IP 地址

10. 在 OTN 设备中，(　　)模块的功能是完成光的波长转换功能。

A. OPA　　B. OMU　　C. ODU　　D. OTU

11. OTN 设备中，(　　)模块的功能是将 OTU 接收到的各个波长的光复用，从出口输出。

A. OBA　　B. OPA　　C. ODU　　D. OMU

12. 在 OTN 设备中，(　　)模块将光功率放大到合理的范围，并将信号送到 ODF。

A. OPA　　B. OTU　　C. OBA　　D. OMU

13. 在 OTN 设备中，(　　)模块接收从 ODF 配线架上的合波信号，放大后送到 ODU

解复用。

A. OMU　　B. OPA　　C. OBA　　D. ODU

14. 122.21.136.0/22 中最多可用的地址数量是(　　)。

A. 102　　B. 1023　　C. 1022　　D. 1000

15. 主机 IP 地址 192.15.2.160 所在的网络是(　　)。

A. 192.15.2.64/26　　B. 192.15.2.128/26

C. 192.15.2.96/26　　D. 192.15.2.192/26

16. 某公司设计网络，需要 300 个子网，每个子网的主机数量最多为 50 个，将一个 B 类网络进行子网划分，以下(　　)子网掩码可以使用。

A. 255.255.255.0　　B. 255.255.255.128

C. 255.255.255.224　　D. 255.255.255.192

17. 某公司的网络地址为 192.168.1.0/24，要划分成 5 个子网，每个子网最多为 20 台主机，则适用的子网掩码是(　　)。

A. 255.255.255.192　　B. 255.255.255.240

C. 255.255.255.224　　D. 255.255.255.248

18. 在路由表中设置一条默认路由，目标地址和子网掩码应为(　　)。

A. 127.0.0.0　255.0.0.0　　B. 127.0.0.1　0.0.0.0

C. 1.0.0.0　255.255.255.255　　D. 0.0.0.0　0.0.0.0

19. 网络 122.21.136.0/24 和 122.21.143.0/24 经过路由汇总后，得到的网络地址是(　　)。

A. 122.21.136.0/22　　B. 122.21.136.0/21

C. 122.21.143.0/22　　D. 122.21.128.0/24

20. 路由器收到一个数据包，其目标地址为 195.26.17.4，该地址属于(　　)子网。

A. 195.26.0.0/21　　B. 195.26.16.0/20

C. 195.26.8.0/22　　D. 195.26.20.0/22

21. IP 地址 211.81.12.129/28 的子网掩码可写为(　　)。

A. 255.255.255.192　　B. 255.255.255.224

C. 255.255.255.240　　D. 255.255.255.248

22. IP 地址块 202.192.33.160/28 的子网掩码可写为(　　)。

A. 255.255.255.192　　B. 255.255.255.224

C. 255.255.255.240　　D. 255.255.255.248

23. IP 地址块 211.64.0.0/11 的子网掩码可写为(　　)。

A. 255.192.0.0　　B. 255.224.0.0

C. 255.240.0.0　　D. 255.248.0.0

24. 在某园区网中，路由器 R1 的 GE0/1(212.112.8.5/30)与路由器 R2 的 GE0/1(212.112.8.6/30)相连，R2 的 GE0/2(212.112.8.9/30)与 R3 的 GE0/1(212.112.8.10/30)相连，R3 的 GE0/2(212.112.8.13/30)直接与 Internet 上的路由器相连，则路由器 R1 默认路由的正确配置是(　　)。

A. ip route 0.0.0.0　0.0.0.0　212.112.8.6

B. ip route 0.0.0.0　0.0.0.0　212.112.8.9

C. ip route 0.0.0.0　0.0.0.0　212.112.8.10

D. ip route 0.0.0.0　0.0.0.0　212.112.8.13

二、多选题

1. (2 个答案)(　　)子网被包含在 172.31.80.0/20 网段。

A. 172.31.17.4/30　B. 172.31.51.16/30

C. 172.31.64.0/18　D. 172.31.80.0/22

E. 172.31.92.0/22　F. 172.31.192.0/18

2. (3 个答案)网段 172.25.0.0/16 被分成 8 个等长子网，以下地址(　　)属于第 3 个子网。

A. 172.23.78.243　B. 172.25.98.16　C. 172.23.72.0

D. 172.25.94.255　E. 172.25.96.17　F. 172.23.100.16

三、简答题

1. IP 地址分为几类？各类 IP 地址应如何表示？IP 地址的主要特点是什么？
2. 子网掩码为 255.255.255.0，代表什么意思？
3. 一个网络的子网掩码为 255.255.255.248，该网络能够连接多少个主机？
4. 一个 B 类网络的子网掩码是 255.255.240.0，每一个子网上的主机数量最多是多少？
5. 描述 OSPF 路由的配置流程。
6. 总结 OTN 内部的板卡类型以及连接方法。

模 块 3

基于 Option3X 和 Option2 组网的 5G 移动通信网

本模块旨在让学生了解 Option3X 组网的逻辑网络架构及接口协议，熟悉 4G 核心网每个网元的功能，掌握 4G 基站、5G 基站的构成及二者的区别；了解 Option2 组网的 5G 网络架构，熟悉 5G 核心网架构，熟知 5G 网络中的编号等，为完成全网之核心网及无线接入网建设奠定基础。

知识目标

- 理解 Option3X 组网架构中每个功能块的功能。
- 理解 Option2 组网架构中每个功能块的功能。
- 了解 Option3X 组网架构中相邻网元间的接口协议。
- 掌握 MCC、MNC、TAC、APN、DNN、TAI、SUPI 的含义，理解其对于网络标识的重要作用。

能力目标

- 能绘制 Option3X 组网的网络架构图，并标明相邻网元间的接口。
- 能绘制 Option2 组网的网络架构图，并标明相邻网元或功能块间的接口。

 **内容导航**

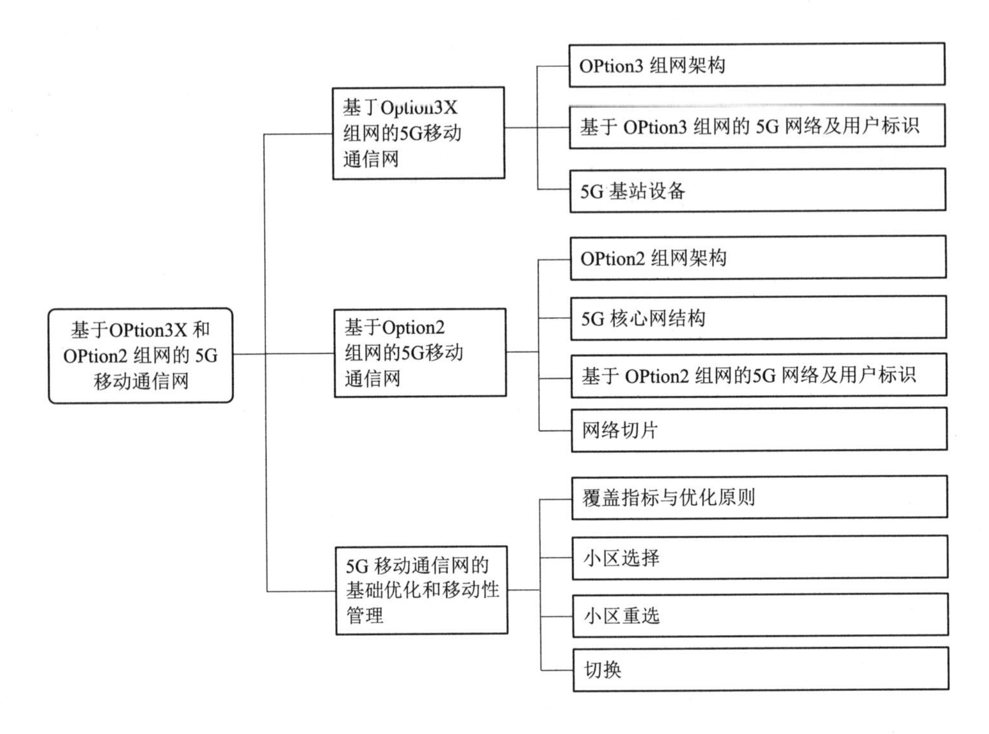

3.1　基于 Option3X 组网的 5G 移动通信网

Option3 组网包括多种组网选项，仿真软件中只支持 Option3X 模式组网，故本书所说的 Option3 组网实质为 Option3X 组网。

5G无线网络架构

3.1.1　Option3X 组网架构

Option3X 组网架构如图 3-1 所示，核心网为 4G 核心网，无线接入网包括 4G 基站和 5G 基站两部分，终端同时连接 4G 基站和 5G 基站。图 3-1 中，虚线是控制信号传输的线路，实线是数据信号传输的线路。由此可见，Option3X 组网的控制面完全依赖现有的 4G 系统，数据分流控制点位于 5G 基站。

图 3-1　Option3X 组网架构

1. 4G 核心网

4G 核心网称为 EPC，主要由 MME(Mobility Management Entity，移动性管理实体)、

HSS(Home Subscriber Server，归属用户服务器)、SGW(Serving Gateway，服务网关)、PGW(Packet Data Network Gateway，分组数据网络网关)和 PCRF(Policy and Charging Rules Function，策略与计费规则功能单元)组成，如图 3-2 所示。其中，MME、HSS 和 PCRF 属于控制面，SGW 和 PGW 属于用户面。

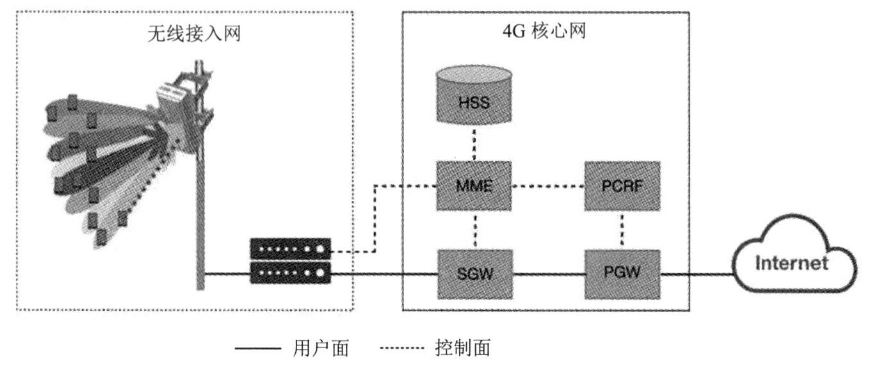

图 3-2　4G 网络架构

1) MME

MME 负责信令处理及移动性管理，包括管理跟踪区域(Tracking Area)列表、选择 PGW 和 SGW、跨 MME 切换时选择 MME、管理用户上下文和移动状态、分配用户临时身份标识等。

2) HSS

HSS 是一个中央数据库，其存储了网络中的用户所有与业务相关的签约数据，提供用户签约信息管理和用户位置管理。

3) SGW

SGW 主要负责用户上下文会话的管理和数据包的路由和转发，相当于数据中转站。

4) PGW

PGW 是连接外部网络的网关，即如果用户要访问互联网，必须通过 PGW 转发；PGW 还负责用户 IP 地址分配和 QoS(Quality of Service，服务质量)保证，并根据 PCRF 规则进行基于流量的计费。

5) PCRF

PCRF 负责策略控制决策和流量计费，主要功能包括用户的签约数据管理、用户计费策略控制、事件触发条件定制、业务优先级化与冲突处理、QoS 以及网络安全性等。

2. 4G 基站

4G 基站称为 eNodeB，简称 eNB，通常包括 BBU(主要负责基带信号调制)、RRU(Remote Radio Unit，射频拉远单元，主要负责射频信号处理)、馈线和天线，如图 3-3 所示。

现网中 4G 宏站一般是分布式基站(也称拉远式基站)，如图 3-4 所示。其 RRU 和 BBU 拆分放置，BBU 放在机柜里；RRU 放在天线旁边，以减少信号损耗，降低馈线成本。BBU 的机框里通常包括主控板、信道板、电源模块，还配置有 GPS(Global Positioning System，全球定位系统)接口、环境告警接口等。RRU 使用光纤和 BBU 连接，通常一个 BBU 可以带 3～6 个 RRU。

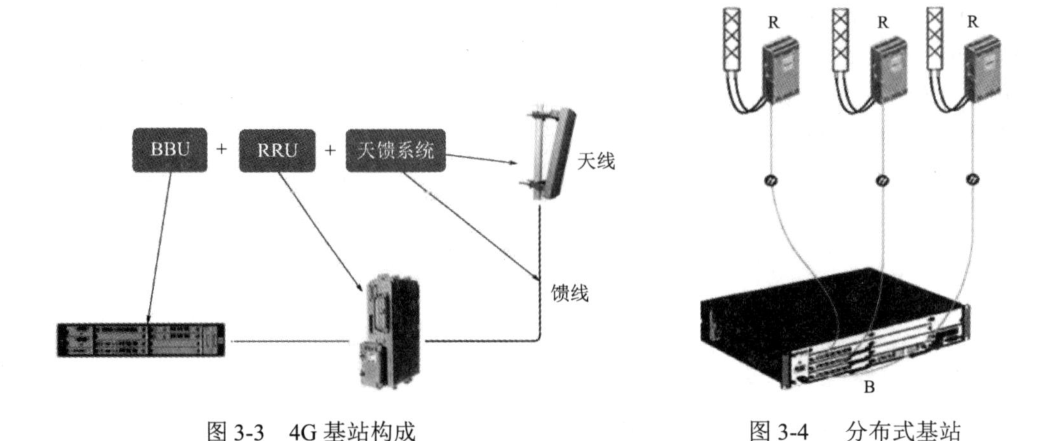

图 3-3　4G 基站构成　　　　图 3-4　分布式基站

3. 5G 基站

5G 基站称为 gNodeB，简称 gNB。5G 基站在 4G 基站的基础上进行了颠覆性的升级，即 BBU 被重构为 CU 和 DU。4G 到 5G 的架构变化简图如图 3-5 所示，在 5G 网络中，接入网被重构为 3 个功能实体：CU、DU 和 AAU(Active Antenna Unit，有源天线单元)。

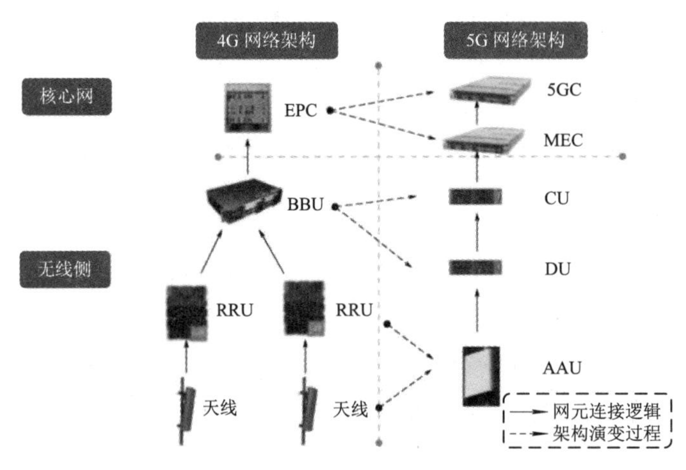

图 3-5　4G 到 5G 的架构变化简图

1) CU

CU 是原 BBU 的非实时部分，负责处理非实时协议和服务，能控制和协调多个小区；同时，支持部分核心网功能下沉和边缘应用业务的部署。

2) DU

DU 是分割了 CU 以后的 BBU 剩余部分，负责处理物理层协议和实时服务。为节省 AAU 与 DU 之间的传输资源，以降低 DU 和 AAU 之间的传输带宽，部分物理层功能也可移至 AAU 实现。

3) AAU

AAU 由 BBU 的部分物理层处理功能与原来的 RRU 及无源天线合并而成。由于 5G 系统采用 Massive MIMO(Massive Multiple Input Multiple Output，大规模的多输入多输出)天线技术，其天线端口多、接线困难，且高频段信号的馈线损耗也明显加大，因此 5G 将 RRU

与无源天线整合到一起，形成 AAU。

为了支持灵活的组网架构，满足不同应用场景的需求，CU 和 DU 可以是分离的设备，二者通过 F1 接口通信；CU 和 DU 也可以集成在同一个物理设备中，F1 接口成为内部通信接口，基站与核心网之间的接口称为 NG 接口。

4. Option3 组网的 5G 移动通信网络逻辑架构图及接口协议

5G NR 接口协议

Option3 组网的 5G 移动通信网络逻辑架构图如图 3-6 所示，其包括核心网和无线接入网两部分(省去了承载网部分)，无线接入网包括 4G 的 eNodeB(图中省去了 RRU 和天线，只给出了 BBU)与 5G 的 gNodeB(图中省去了 AAU，只给出了 DU 和 CU，CU 包括用户面 CUUP 和控制面 CUCP)。

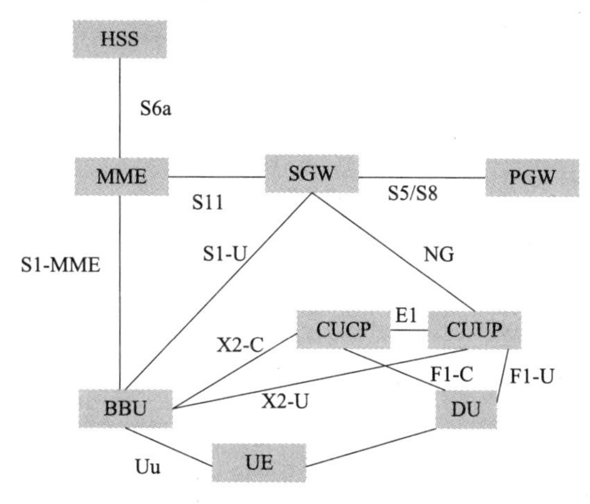

图 3-6　Option3 组网的 5G 移动通信网络逻辑架构图

Option3 组网的 5G 移动通信网络的系统接口很多，如表 3-1 所示，主要包括移动台和 eNodeB 之间的 Uu 接口、eNodeB 与 gNodeB 之间的 X2 接口、eNodeB 与核心网接口 S1(包括 S1-MME 和 S1-U)、gNodeB 与核心网接口 NG、核心网内部接口 S11、S6a、S5/S8、MME 之间的 S10 接口等。

表 3-1　Option3 组网的 5G 移动通信网络的系统接口

名称	位 置	功　能
Uu	移动台 - 基站	建立、重配置和释放各种无线承载业务
F1	CU - DU	传送 CU 与 DU 之间的用户面和控制面信息，一个 CU 可以连接多个 DU，而每个 DU 只能连接一个 CU
X2	eNodeB - gNodeB	移动性管理，包括切换资源的分配、UE 上下文的释放等
S1-MME	eNodeB - MME	传送会话管理和移动性管理等控制信息
S1-U	eNodeB - SGW	在 SGW 与 eNodeB 间建立隧道，传送用户数据
NG	gNodeB - SGW	在 SGW 与 gNodeB 间建立隧道，传送用户数据
S11	MME - SGW	在 MME 和 SGW 间建立隧道，传送信令
S6a	MME - HSS	完成用户位置信息的交换和用户签约信息的管理
S10	MME - MME	在 MME 间建立隧道，传送信令
S5/S8	SGW - PGW	在 SGW 和 PGW 间建立隧道，传送用户数据

1) Uu 接口

Uu 接口是终端和接入网之间的接口，也称为无线接口。Uu 接口协议主要用来建立、重配置和释放各种无线承载业务，根据用途分为用户面协议和控制面协议。

(1) 控制面协议负责用户无线资源的管理、无线连接的建立、业务的 QoS 保证和资源释放等，控制面协议栈如图 3-7 所示，由 NAS(Non-Access Stratum，非接入层)、RRC(Radio Resource Control，无线资源控制)、PDCP(Packet Data Convergence Protocol，分组数据汇聚协议)、RLC(Radio Link Control，无线链路层控制)、MAC 和 PHY(物理层，负责处理数据在物理介质上的传输)等多层协议组成。其中，RRC 层处理 UE 与基站之间的所有指令，实现系统消息、准入控制、安全管理、小区重选、测量上报、切换和移动性、NAS 消息传输等无线资源管理。RLC 层提供无线链路控制功能，如纠错、分段、重组等。MAC 层负责映射、复用、HARQ 技术和无线资源分配调度等。PHY 层负责错误检测、FEC 加密/解密、速率匹配、物理信道的映射、调制和解调、频率同步和时间同步、无线测量、MIMO 处理、射频处理等。

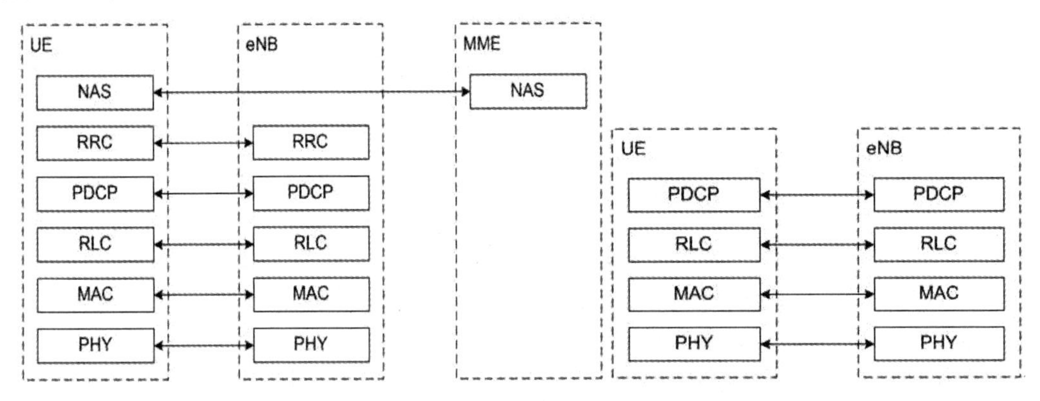

图 3-7　Uu 接口控制面/用户面协议栈

(2) 用户面协议负责用户发送和接收的所有信息的处理，协议栈如图 3-7 所示，由 PDCP、RLC、MAC 和 PHY 等多层协议组成。其中，PDCP 层负责用户面 IP 头压缩、加/解密、控制面完整性校验、排序和复制检测等。

2) F1 接口

F1 接口协议分为控制面 F1-C 协议栈和用户面 F1-U 协议栈，如图 3-8 所示。F1-C 协议栈负责 F1 接口管理、DU 管理、系统消息管理、负载管理、寻呼、UE 上下文管理和 RRC 消息转发，F1-U 协议栈主要实现用户数据转发流控制功能。

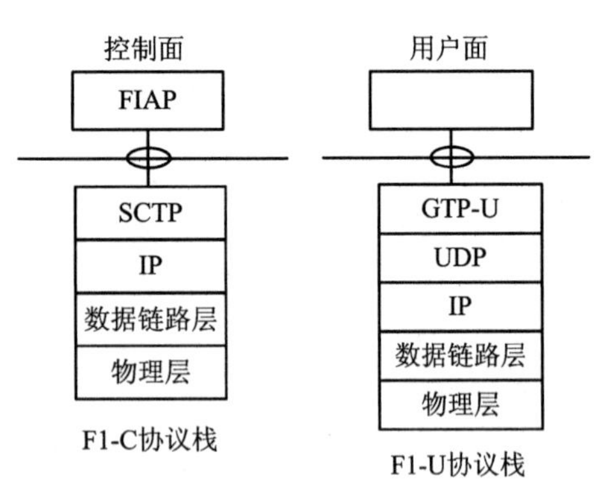

图 3-8　F1 接口协议栈

3) S1 接口

S1 接口是 MME/SGW 与 eNodeB 之间的接口，具体又分为 S1-MME 接口(S1 控制面接口)和 S1-U 接口(S1 用户面接口)。其中，S1-MME 接口是 eNodeB 与 MME 之间的通信接口，

主要用于传输控制信令；S1-U 接口是 eNodeB 与 SGW 之间的通信接口，主要用于传输用户数据。

S1-MME 接口位于 eNodeB 和 MME 之间，协议栈的传输网络层建立在 IP 传输基础上，为了可靠地传输信令消息，在 IP 层之上添加了 SCTP(Stream Control Transmission Protocol，流控制传输协议)，其应用层采用 S1-AP(S1-Application Protocol，S1-应用协议)，如图 3-9 所示。

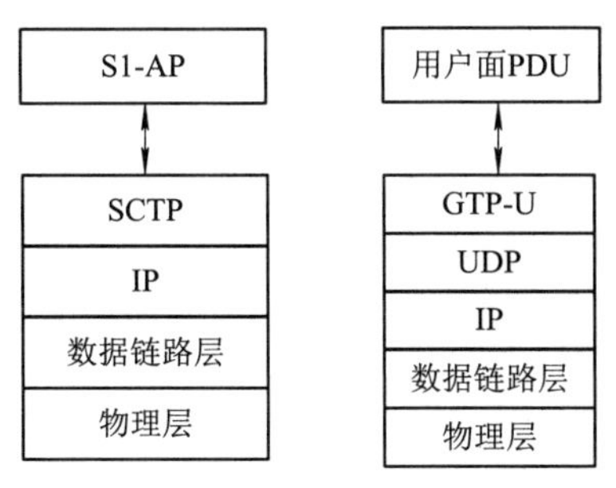

图 3-9　S1 接口控制面/用户面协议栈

S1-U 接口位于 eNodB 和 SGW 之间，提供 eNodeB 和 SGW 间用户面协议数据单元(Protocol Data Unit，PDU)的非保障传输，协议栈如图 3-9 所示。S1-U 的传输网络层基于 IP 传输，在 UDP(User Datagram Protocol，用户数据报协议)/IP 协议之上采用 GTP-U(GPRS Tunneling Protocol for User Plane，GPRS 用户面隧道协议)，传输 SGW 与 eNodeB 之间的用户面 PDU。

4) X2 接口

X2 接口是 eNodeB 与 gNodeB 之间的接口，分为控制面和用户面。X2 接口控制面主要功能包括移动性管理(包括切换资源的分配、UE 上下文的释放等)、上行负载管理、基站间一般性管理与错误处理等。X2 接口用户面功能包括数据传输、流量控制、协助信息、快速重传等。其定义采用了与 S1 接口一致的原则，控制面协议结构和用户面协议结构均与 S1 接口类似。

X2 接口控制面协议栈如图 3-10 所示，传输网络层在 IP 协议上也采用了 SCTP，为信令提供可靠的传输；应用层采用 X2-AP(X2-Application Protocol，X2-应用协议)。X2 用户面接口提供 eNodeB 与 gNodeB 之间的用户数据传输功能，协议栈如图 3-10 所示，其传输网络层基于 IP 传输，在 UDP/IP 协议之上采用 GTP-U 来传输 eNodeB 之间的用户面 PDU。

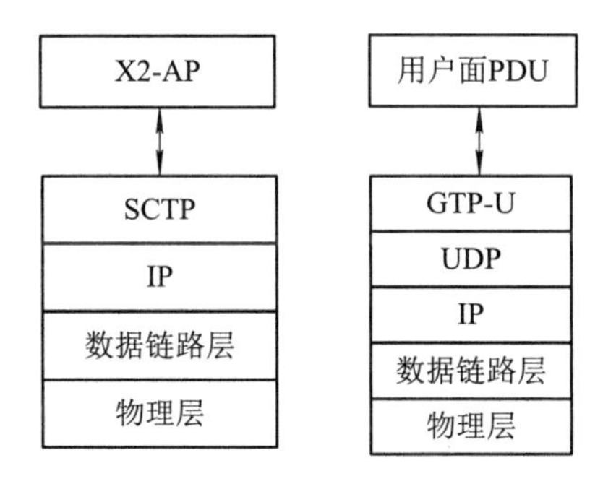

图 3-10　X2 接口控制面/用户面协议栈

5) 核心网接口

核心网接口有多个，根据功能不同，可分为控制面接口和用户面接口。控制面接口实现 EPC 内部的信令传输，包括 MME 和 MME 之间的 S10 接口、MME 和 SGW 之间的 S11 接口。如图 3-11 所示，S10 接口协议与 S11 接口协议都基于 IP 传输，在 UDP/IP 协议之上采用 GTP-C(GPRS Tunnelling Protocol Control Plane，控制面 GPRS 隧道协议)接口协议。MME 和 HSS 之间的 S6a 接口也是控制面接口，其协议基于 IP 传输，在 SCTP/IP 协议之上采用 Diameter 协议，如图 3-12 所示。

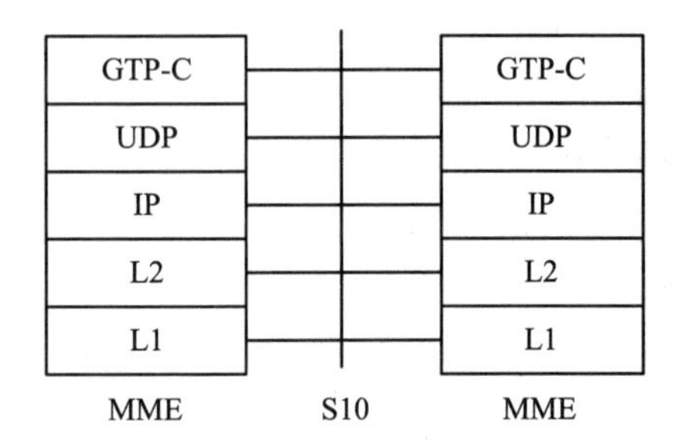

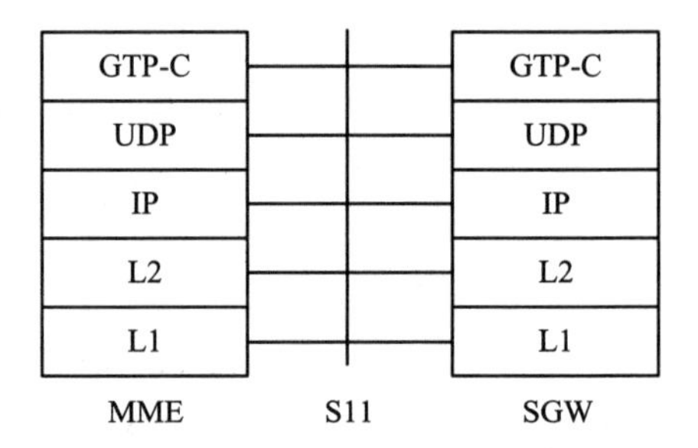

图 3-11　S10 接口协议栈与 S11 接口协议栈

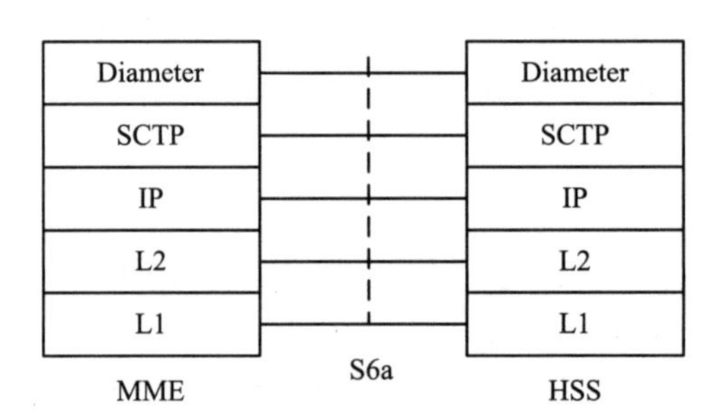

图 3-12　S6a 接口协议栈

SGW 和 PGW 之间是 S5/S8 接口，其中 S5 接口是本地 SGW 连接到本地 PGW 时使用的接口，而 S8 是本地 SGW 与外地 PGW 连接时使用的接口，即相同 PLMN(Public Land Mobile Network，公共陆地移动网络)的 SGW 和 PGW 之间的接口是 S5，不同 PLMN 的 SGW 和 PGW 之间的接口是 S8。S5/S8 接口既需要传输控制信息面，又需要传输用户面信息，控制面接口在 UDP/IP 协议之上采用 GTP-C 协议，用户面接口在 UDP/IP 协议之上采用 GTP-U 协议，如图 3-13 所示。

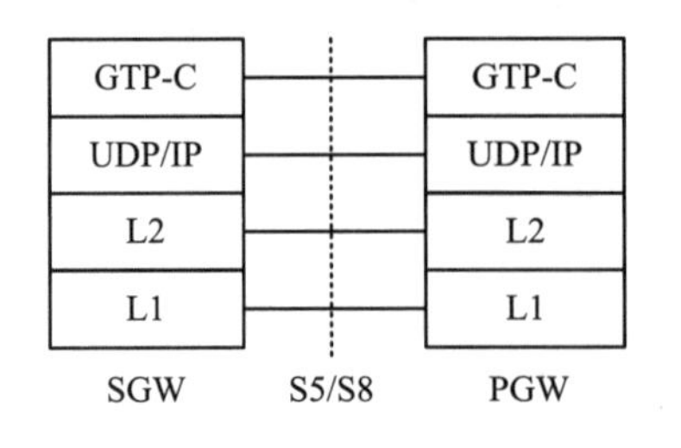

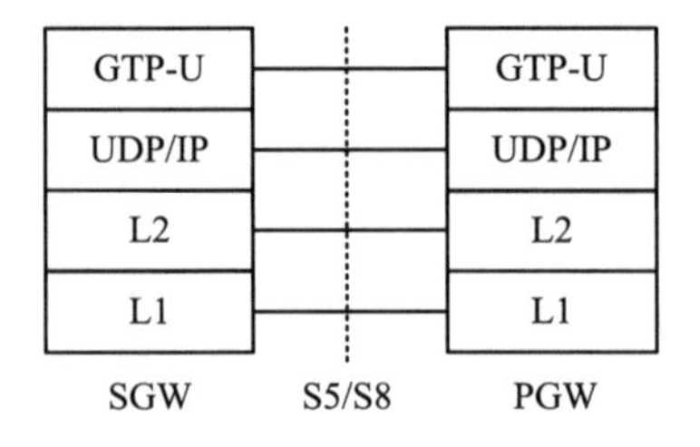

图 3-13　S5/S8 接口控制面/用户面协议栈

3.1.2　基于 Option3 组网的 5G 网络及用户标识

5G 网络及用户编号复杂，这里选取 Option3 组网时数据配置中需要的部分编号进行介绍。

1. IMSI

IMSI(International Mobile Subscriber Identification，国际移动用户标识)是在移动网中唯一识别一个移动用户的号码，长 15 位或 16 位，由 3 部分组成，格式为 MCC(Mobile Country Code，移动国家码) + MNC(Mobile Network Code，移动网络号) + MSIN(Mobile Subscriber Identification Number，移动用户识别码)。

(1) MCC：3 位十进制，用于标识移动用户所属的国家，由 ITU 统一分配。

(2) MNC：2 位或 3 位十进制，用于标识移动用户的归属 PLMN，由运营商或国家政策部门负责分配。

(3) MSIN：10 位十进制，用于标识一个 PLMN 内的移动用户。

2. MSISDN

MSISDN(Mobile Subscriber Integrated Services Digital Network Number，移动用户综合业务数字网络标识)由 3 部分组成，结构为 CC(Country Code，国家码) + NDC(National Destination Code，国内接入号) + SN(Subscriber Number，用户号码)。MSISDN 是 ITU 分配给移动用户的唯一识别号，采取 E.164 编码方式。在 EPS(Evolved Packet System，演进的分组系统)中，HSS 存储用户签约的 MSISDN。

(1) CC：3 位十进制，用于标识移动用户所属的国家，中国的国家码为 86。

(2) NDC：3 位十进制，用于标识移动用户归属的运营商，如 139、189 等。

(3) SN：8 位十进制，用于标识一个移动用户。

3. APN

在 4G 系统中，3GPP 给每个 PGW 命名，标识 PGW 对接的 PDN(Public Data Network，公用数据网)，这个名字就是 APN(Access Point Name，接入点名称)。EPS 网络根据 DNS (Domain Name System，域名系统)解析 APN 得到 PGW 的 IP 地址，从而选择相应 PGW。

APN 由两部分组成：APN 网络标识和运营商标识。APN 可通过 DNS 转换为 PGW 的 IP 地址。

(1) APN 网络标识(APN_NI)：定义 PGW 连接到的外部网络，从而决定 MS 请求的业务类型(必选)。APN 通常作为用户签约数据存储在 HSS 中，用户在发起分组业务时需要向 MME 提供 APN。

(2) 运营商标识：由 3 个标签组成，最后一个标签必须为“.3gppnetwork.org”，第 1 和 2 个标签唯一地标识出一个 PLMN。每个运营商都有一个默认的 DNN(Data Network Name，数据网络名称)APN 运营商标识，默认的运营商标识由 IMSI 推导得到，如 mnc.<MNC>.mcc<MCC>.3gppnetwork.org。

4. TAI

TAI(Tracking Area Identity，跟踪区标识)用于标识 TA(Tracking Area，跟踪区)，在整个

PLMN 网络中唯一。TAI 由 3 部分组成，格式为 TAC(Tracking Area Code，跟踪区代码) + MNC + MCC。其中，TAC 用于标识跟踪区。一个或多个小区组成一个跟踪区，用于用户的移动性管理，跟踪区之间没有重叠区域。

5. 跟踪区列表

跟踪区列表(Tracking Area List，TA List)由一组 TAI 组成，网络对用户的寻呼会在跟踪区列表中的所有 TA 中进行，当 UE 在同一个 TA List 里移动时不会触发 TA 更新流程。跟踪区列表可能在附着(Attach)、跟踪区更新(Tracking Area Update)等过程中由 MME 重分配给 UE。合理的跟踪区列表分配方式和设计方法可以有效减少跟踪区更新发生的概率，有效提高资源利用率。

3.1.3　5G 基站设备

5G 基站设备

5G 基站由基带单元和射频单元两部分组成，目前普遍采用 BBU + AAU 的模式。其中，BBU 为基带模块，负责基带信号处理；AAU 为有源天线单元，是负责射频信号处理的 RRU 和天线的一体化设备。

1. BBU

5G BBU 设备包括多个插槽，可以配置不同功能的板卡。5G BBU 板卡配置规范如图 3-14 所示。其中，槽位 1 插交换板，槽位 2 插交换板/通用计算板，槽位 3、4、6、7、8 插基带板/通用计算板，槽位 5 插电源模块，槽位 13 插环境监控模块/电源模块，槽位 14 插风扇模块。5G BBU 包括 6 种板卡，其中 2 种为可选板卡，4 种为必备板卡。

<table>
<tr><td colspan="2">基带板/通用计算板
槽位 8</td><td>基带板/通用计算板
槽位 4</td><td rowspan="4">风扇模块
槽位 14</td></tr>
<tr><td colspan="2">基带板/通用计算板
槽位 7</td><td>基带板/通用计算板
槽位 3</td></tr>
<tr><td colspan="2">基带板/通用计算板
槽位 6</td><td>交换板/通用计算板
槽位 2</td></tr>
<tr><td>电源模块
槽位 5</td><td>环境监控模块/电源模块
槽位 13</td><td>交换板
槽位 1</td></tr>
</table>

图 3-14　5G BBU 板卡配置规范

1) 4 种必备板卡

(1) 基带板：处理基带协议，实现物理层以及 MAC 层、RLC 层和 PDCP 层功能。

(2) 交换板：实现基带单元的控制管理、以太网交换、传输接口处理、系统时钟的分发以及空口高层协议的处理。交换板一般固定配置在槽位 1 或槽位 2，可以配置 1 块，也

可配置 2 块。当配置 2 块主控板时，可设置为主备模式和负荷分担模式。

(3) 电源模块：实现 −48 V 直流输入电源的防护、滤波，支持欠电压告警、电压和电流监控，可以灵活配置在槽位 5 或槽位 13。

(4) 风扇模块：实现系统温度的检测控制，风扇状态监测、控制与上报，固定配置在槽位 14。

2) 2 种可选板卡

(1) 通用计算板：用作移动边缘计算、应用服务器、缓存中心等，在需要开启 MEC (Mobile Edge Computing，移动边缘计算)时才安装。

(2) 环境监控模块：管理 BBU 告警，提供干接点接入，完成环境监控，固定配置在槽位 13。

2. AAU

AAU 由天线、滤波器、射频模块和电源模块组成。图 3-15 所示为 AAU 的正面、侧面及侧面与 BBU 连接接口的放大图。图 3-15 中，编号 1、2、3 分别指向 OPT1、OPT2 和 OPT3 3 个光口(用于连接 BBU，但是 3 个光口的传输速率一般不同)。除了连接 BBU 的光口外，AAU 还有电源线接口、保护地线接口、监控口、测试口等。

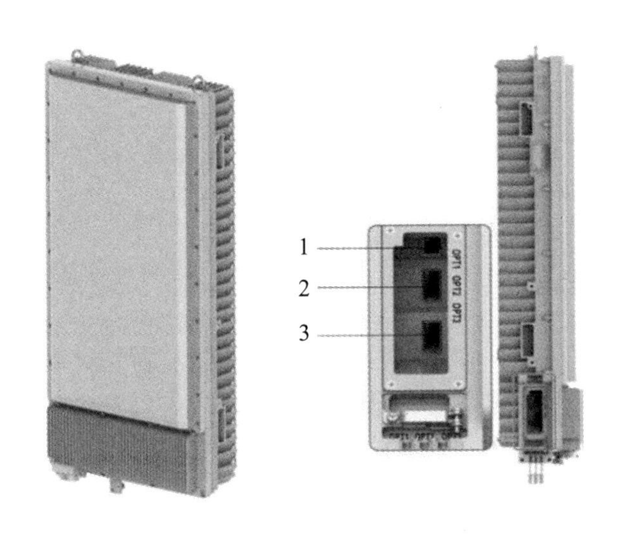

图 3-15　AAU 的正面、侧面以及侧面与 BBU 连接接口的放大图

3.2　基于 Option2 组网的 5G 移动通信网

为完成兴城市 Option2 组网的网络建设，需了解 Option2 组网的 5G 网络架构，熟知 5G 网络中的编号等知识。

3.2.1　Option2 组网架构

如图 3-16 所示，5G 网络主要由 5G 核心网、5G 基站和 UE 组成。其中，5G 基站负责无线信号发送与接收、无线资源管理、无线承载控制、连接性管理、无线准入控制、测量管理、资源调度等，由 BBU 和 AAU 组成，BBU 逻辑上又分为 CU 和 DU。

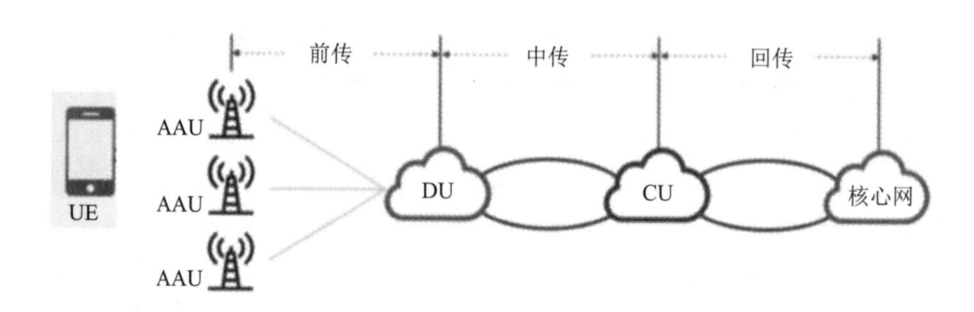

图 3-16　基于 Option2 组网的 5G 网络架构

5G 无线接入网的各个网元(AAU、DU、CU)之间也是由 5G 承载网负责连接的。不同的连接位置名字也不同，AAU 与 DU 之间的承载网叫作前传(Fronthaul)，仿真软件中 AAU 与 DU 全部采用光纤点到点直连组网；DU 与 CU 之间的承载网叫作中传(Midhaul)；CU 到核心网之间的承载网叫作回传(Backhaul)。实际 5G 网络的建设中，DU 与 CU 的位置并不是严格固定的，运营商可以根据环境需要灵活调整。仿真软件中支持 DU 与 CU 合设，也支持 DU 与 CU 分设，中传和回传采用 SPN 技术。

3.2.2　5G 核心网架构

5G 核心网架构

4G 核心网采用整体式网元结构，即一个网元对应一个硬件设备，承担单一的业务功能。这种结构部署运维难度大，业务改动复杂。

5G 核心网采用 SBA(Service Based Architecture，基于服务的架构)。SBA 借鉴了 IT 领域的“微服务”理念，把原来具有多个功能的传统网元分拆为多个具有独自功能的 NF(Network Function，网络功能)，每个 NF 实现自己的微服务。5G 核心网从单体式架构到微服务架构的变化，使网元功能模块大量增加，用户面包括 UPF(User Plane Function，用户面功能)，而控制面包括如下 9 个功能块：AMF(Access and Mobility Management Function，接入和移动性管理功能)、SMF(Session Management Function，会话管理功能)、AUSF(Authentication Server Function，认证服务器功能)、UDM(Unified Data Management，统一数据管理)、NSSF(Network Slice Selection Function，网络切片选择功能)、PCF(Policy Control Function，策略控制功能)、NRF(NF Repository Function，网络仓储功能)、NEF(Network Exposure Function，网络开放功能)和 AF(Application Function，应用功能)。

图 3-17 为 5G 网络架构，其也包括 UE、AN(Access Network，接入网络)和 5G 核心网 3 部分。5G 网络通过 UPF 外接 DN(Data Network，数据网络)。DN 是与 5G 网络连接的外

部网络，如外部的互联网或第三方服务网络。

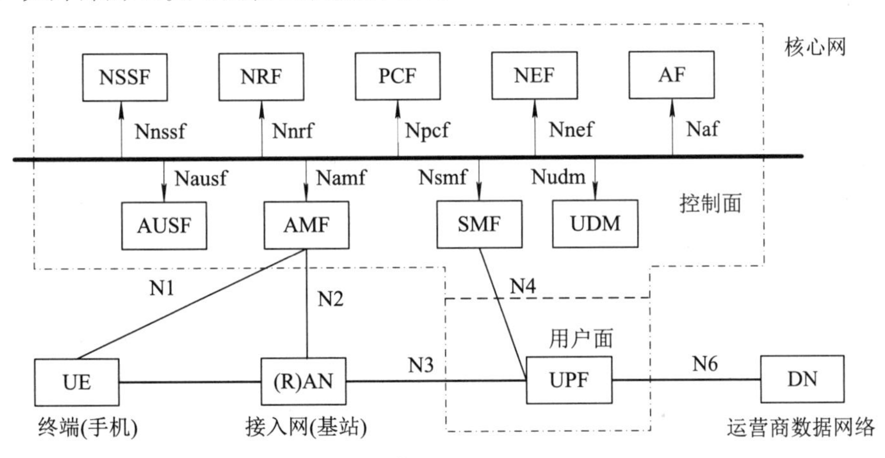

图 3-17　5G 网络逻辑网络架构图

1. 核心网功能块的功能

1) AMF

AMF 负责 NSA 消息的加密与完整性保护、注册管理、可达性管理、移动性管理、合法监听、会话管理信息转发、接入鉴权与认证、安全上下文管理等。

2) SMF

SMF 负责会话管理(会话建立/修改/释放)、终端 IP 地址分配与管理(UE 的 IP 地址还可以由 UPF 或外部数据网络分配)、UPF 选择与控制、路由配置、策略控制、漫游功能、合法监听、计费数据采集等。

3) UDM

UDM 基于网络存储的用户签约数据(包含鉴权数据)实现用户鉴权、事件开放等功能，具体包括管理用户签约，生成鉴权凭据；用户识别处理，如用户 SUPI(Subscription Permanent Identifier，用户永久标识)的存储和管理；基于签约数据的接入授权(如漫游限制)；正在服务 UE 的 NF 的注册管理；支持业务/会话的连续性。

4) AUSF

AUSF 可实现 UE 认证和漫游保护功能。AUSF 支持 5G 系统鉴权功能，支持用户接入 5G 网络时的鉴权。AUSF 通过对鉴权机制的支持，为请求者 NF 验证 UE 的合法性，并向请求者 NF 提供密钥材料。

AUSF 在鉴权过程中充当服务生产者的角色，其向请求者 NF(一般为 AMF)提供针对 UE 的认证服务。鉴权服务发起时，服务请求者 NF 向 AUSF 提供 UE 的 ID(如 SUPI)和服务的网络名称，发起对 UE 的认证；AUSF 检查请求鉴权数据的服务网络名是否有权被用户访问：若未被授权访问，则 AUSF 应拒绝该鉴权请求；若被授权访问，则 AUSF 从 UDM 检索该 UE 的订阅鉴权认证方法并根据 UDM 提供的信息进行认证。

5) NSSF

NSSF 的功能包括选择为 UE 服务的网络切片实例集、确定允许的 NSSAI(Network Slice

Selection Assistance Information，网络切片选择辅助信息)、确定用于服务UE的AMF集。

6) PCF

PCF实现策略管理，包括接入策略、会话策略、后台数据传输策略、策略授权等。

7) NRF

NRF实现NF管理、NF发现、访问令牌功能，维护可用NF实例及其支持服务的NF配置文件。NRF从NF实例接收NF发现请求，并将其发现的NF实例信息提供给NF实例申请者。

8) NEF

NEF是5G核心网中负责安全开放网络能力给外部应用的模块。作为核心网与外部应用的接口，NEF将用户状态、位置服务、QoS策略等功能通过标准化方式提供给外部，并负责认证和授权，确保数据安全。NEF还支持事件订阅与通知，外部应用可通过其获取用户状态变化或网络质量等信息。

9) AF

AF是外部应用的“代理”，将业务需求转化为核心网可执行的操作，确保应用与网络协作。根据业务场景(如高清视频、工业互联网等)，AF可向核心网发起请求，如分配网络切片、优化服务质量或调整带宽，同时通过NEF获取网络状态信息，优化服务体验。

10) UPF

UPF处理PDU会话的用户面路径，支持UE业务数据的转发，通过N4接口接受SMF的控制和管理，依据SMF下发的各种策略执行业务面业务流的处理。其支持的具体功能如下：响应SMF请求，为UE分配IP地址；用户面的QoS处理，如UL/DL速率实施、QoS标记；数据包检测、数据包路由和转发；用户面策略(如门控、重定向、流量导航等)执行。

2. 5G网络架构中的接口

5G网络架构中的接口分为两种：基于服务的接口和基于参考点的功能对等接口(点对点架构下的接口)。

1) 基于服务的接口

核心网控制面内各网络功能之间的接口是基于服务的接口(如Nnssf是NSSF展示的基于服务的接口、Nnrf是NRF展示的基于服务的接口等，所有接口如图3-17所示)，这些接口的命名都是在网络功能块前面加上一个字母N。基于服务的接口是每个网络功能块与总线的接口，是核心网基于服务架构的体现。

2) 基于参考点的功能对等接口

5G核心网与接入网的接口仍采用传统基于参考点的功能对等接口模式，主要参考点列举如下：

(1) N2：AN和AMF之间的参考点；

(2) N3：AN和UPF之间的参考点；

(3) N4：SMF和UPF之间的参考点；

(4) N6：UPF和DN之间的参考点。

3) 服务化接口的优势

服务化接口类似一个总线结构，每个网络功能通过服务化接口接入总线。服务化接口间采用相同的协议栈，传输层统一采用下一代超文本传输协议(Hyper Text Transport Protocol 2.0，HTTP 2.0)，应用层携带不同的服务消息。因为底层的传输方式相同，所以服务化接口可以在同一总线上进行传输，支撑业务灵活上线。在服务化接口方式下，网络部署非常便利，每个网络功能的接入或退出只需要按照规范进行操作即可，不用考虑对其他网络功能的影响。

3. SBA 特征

SBA 是 5G 核心网与 4G 传统核心网的显著差异所在，5G 核心网 SBA 架构的特征如下：

(1) 传统网元被拆分成 NF，如图 3-17 所示，5G 核心网包含 9 个 NF。

(2) 5G 核心网控制面和用户面彻底分离，控制面功能分解成为多个独立的网络服务。这些独立的网络服务可以根据业务需求进行灵活组合，犹如“积木”一样。每个网络服务和其他服务在业务功能上解耦，并且对外提供同一类型的服务化接口，向其他调用者提供服务，将多个耦合接口转变为同一类型的服务化接口，可以有效地减少接口数量，并统一服务调用方式，进而提升网络的灵活性。

(3) 引入 NRF 功能块。NRF 功能块提供各个 NF Service 之间的服务注册、服务发现和服务授权功能。所有的 NF 间服务调用都要首先经过 NRF 认证授权并获取所请求服务的信息等后进行。其他网元主动向 NRF 发起注册并上报自己所负责的业务能力范围[如 SNSSAI (Single-Network Slice Selection Assistance Information，单个网络切片选择辅助信息)、用户号码段、DNN 等]和路由寻址信息[如 FQDN(Fully Qualified Domain Name，全限定域名)、IP 地址等]，由 NRF 提供网络功能和服务的注册、发现、网络服务的授权等服务。NRF 支持的功能如下：

① 网络功能服务的自动注册、更新或去注册：NF 的每个网络功能服务在业务加载时自动向 NRF 注册本服务的 IP 地址、域名、支持的能力等信息，在信息变更后自动同步到 NRF，在关闭时向 NRF 进行去注册。NRF 维护 5G 核心网内所有网络功能服务的实时信息。

② 网络功能服务的自动发现和选择：在 5G 核心网中，每个网络功能服务都会通过 NRF 寻找合适的对端服务，而不是依赖本地配置的方式固化通信对端。NRF 会根据当前信息向请求者返回对应的响应者网络功能服务列表，供请求者自己选择。这种方式类似于 DNS 机制，以实现网络功能服务的自动发现和选择。

③ 网络功能服务的状态检测：NRF 可以与各网络功能服务之间进行双向定期状态检测，当某个网络功能服务异常时，NRF 将异常状态通知与其相关的网络功能服务。

④ 网络功能服务的认证授权：NRF 作为管理类网络功能，需要考虑网络的安全机制，以防止被非法网络功能服务“劫持”业务。

⑤ 通过 NRF 实现 5G 核心网的网络功能服务的自动化管理：通过网络功能服务管理自动化，服务模块可自主注册、发布和发现，提高了功能的重用性。

(4) SBA采用IT化总线，服务接口协议采用TCP/TLS/HTTP 2.0/JSON。SBA提供了基于服务化的调用接口，服务化接口基于TCP/HTTP 2.0进行通信，使用JSON作为应用层通信协议的封装。基于TCP/HTTP 2.0/JSON协议的调用方式，这种轻量化IT技术框架可适应5G网络灵活组网定义、快速开发、动态部署的需求。

TCP/IP协议是互联网通信的工业标准，HTTP是TCP/IP协议中的应用层协议。应用程序通常分为客户端程序和服务器端程序，客户端程序向服务器端程序发送请求，服务器端程序向客户端程序返回响应，提供服务。服务器端程序运行后，会等待客户端的连接请求。

3.2.3　基于Option2组网的5G网络及用户标识

网络和用户相关标识很多，这里选取Option2组网数据配置中需要的部分标识进行介绍。

1. 5G网络相关标识

1) PLMN ID

PLMN ID为网络标识，PLMN ID = MCC + MNC。如果支持4G/5G网络互操作，则建议4G网络和5G网络采用同一个PLMN ID。为了保证PLMN间的DNS翻译，PLMN ID的<MNC>和<MCC>均为3位数字。如果MNC中只有2位有效数字，则在左侧插入一个数字0进行填充。

2) TAI

TAI的编号由3个部分组成：TAI = MCC + MNC + TAC。其中，MCC、MNC与PLMN ID的MCC和MNC相同，均为3位数字。如果MNC只有2位有效数字，则应在左侧插入一个数字0。TAC用于识别PLMN内的跟踪区域，长度为24 bit，为4位十六进制编码。当UE中不存在有效的TAI时，在一些特殊情况下使用0000或FFFF的TAC。另外，为了便于实现4G/5G网络互操作，5G网络的TAC划分与4G保持一致。

TAI的FQDN的构造如下：

tac-lb<TAC-low-byte>.tac-hb<TAC-high-byte>.5gstac.5gc.mnc<MNC>.mcc<MCC>.3gppnetwork.org。

其中，<TAC-high-byte>是TAC中最高有效字节的十六进制字符串，<TAC-low-byte>是最低有效字节的十六进制字符串。如果<TAC-low-byte>或<TAC-high-byte>中的有效位数少于2位，则应在左侧插入数字0进行填充。例如，某网络其TAC为0b21，MCC为460，MNC为01，则此网络的TAI = 4600010b21，TAI的FQDN为tac-lb21.tac-hb0b.5gstac.5gc.mnc001.mcc460.3gppnetwork.org。

3) NCGI

NCGI(New Radio Cell Global Identity，NR小区全球标识)由3个部分组成：NCGI = MCC + MNC + NCI(NR Cell Identity，NR小区标识)。NCI由两个部分组成：NCI = gNB ID + Cell ID，长度为36 bit，采用9位十六进制编码。其中，前24 bit对应该小区的gNB ID，后12 bit为该小区在gNB内的标识(常规称为Cell ID)，分配原则为在gNB内唯一。

4) GUAMI

GUAMI(Global Unique AMF Identifier，全球唯一的 AMF 标识符)的长度与 4G 的 GUMMEI(4G 的 MME 全球标识符)一致。GUAMI 的结构如图 3-18 所示。

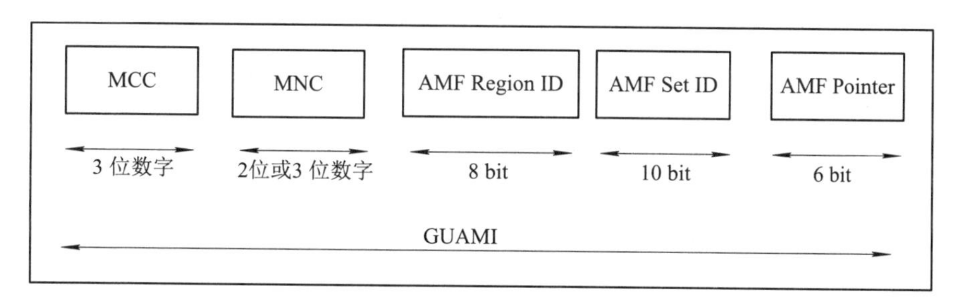

图 3-18　GUAMI 的结构

图 3-18 中，MCC 长度是 3 位数，唯一识别移动用户所属的国家。MNC 长度是 2 位数或 3 位数，识别移动用户归属的移动网络，若其只有 2 位数，则前面加 0。AMF Region ID 长度是 8 bit，标识区域；AMF Set ID 长度是 10 bit，唯一标识 AMF 区域内的 AMF Set；AMF Pointer 长度是 6 bit，唯一标识 AMF Set 内的一个 AMF。

5) DNN

5G 系统中的 DNN 等效于 EPS 系统中的 APN，用于确定用户连接到哪个外部数据网络，从而选择 PDU 会话所需的 SMF 和 UPF，确定应用于此 PDU 会话的策略。也就是说，DNN 指向一个数据网络，5G 通过 DNN 将会话分流汇聚到不同的 SMF/UPF，确定应用于此 PDU 会话的策略。

如果要支持 4G/5G 网络互操作，则 DNN 和 APN 应该相同；如果不需要支持 4G/5G 网络互操作，则可以配置新的 DNN。DNN 格式同 APN(APN = APN 网络标识符 + APN 运营商标识符)。

2. 5G 用户相关标识

1) SUPI

SUPI 用于标识用户。对运营商而言，5G 网络中的 SUPI 一般基于 IMSI，但采用区别于现有网络的新号段，以便在网络中路由。基于 IMSI 的 SUPI = MCC + MNC + MSIN，其中 MCC 是 3 位数字，如中国为 460；MNC 是 2 位数字，标识运营商的网络，如 00 为中国移动；MSIN 标识一个用户。SUPI 在 UDM 中进行配置，其仅在 3GPP 系统内部使用。

2) GPSI

3GPP 的移动网络的用户数据需要与外部不同系统进行信息交换，其中涉及用户部分的就用 GPSI(Generic Public Subscription Identifier，通用的公共用户标识)来标识。一般情况下，3GPP 移动网络的 GPSI 设置为 MSISDN。UDM 内存储 GPSI 和相应 SUPI 之间的关联，可以通过 UDM 实现 GPSI 与 SUPI 的映射。

3.2.4　网络切片

网络切片是一种按需组网方式，可以让运营商在统一的基础设施上切出多个虚拟的端到端网络，每个网络切片从无线接入网到承载网再到核心网在逻辑上隔离，适配各种类型的业务应用。在一个网络切片内，至少包括无线子切片、承载子切片和核心网子切片。对每个网络切片而言，网络带宽、服务质量、安全性等专属资源都可以得到充分保证。由于网络切片之间相互隔离，因此一个网络切片的错误或故障不会影响其他网络切片的通信。

网络切片由 SNSSAI 标识，该标识包括以下两个方面的信息：8 bit 的 SST(Slice Service Type，切片服务类型)与 24 bit 的 SD(Slice Differentiator，切片区分符)，如图 3-19 所示。

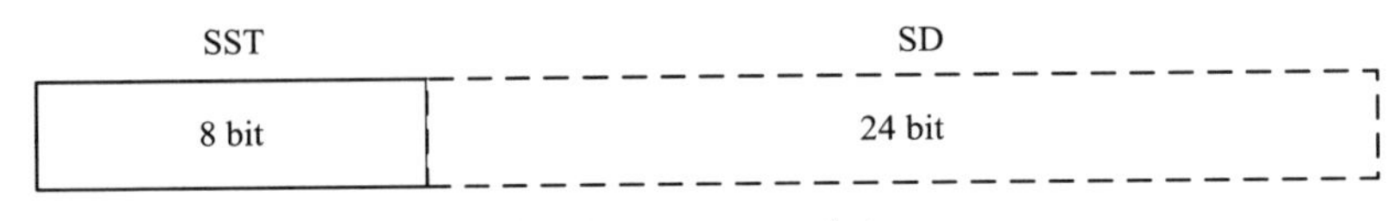

图 3-19　SNSSAI 标识

其中，SST 表征切片特征和业务期待的网络切片行为，5G 标准中 SST = 1、2、3、4，分别代表 eMBB、uRLLC、mMTC、V2X 业务；SD 是对 SST 的补充，以区分同一 SST 下的多个不同切片。SNSSAI 用于识别一个网络切片，一个 UE 最多同时支持 8 个切片。

一个 SNSSAI 对应一个网络切片，包含业务的类型及业务类型的差异因子。具备切片功能的网络可以依据终端提供的 SNSSAI 为终端选择切片。终端通过 SNSSAI 选择和组建切片相关的实例，每个网络切片对应一个网络切片实例。网络切片实例包括网络、存储、计算等资源以及资源相互间的协同连接。

(1) 仿真软件中 SST 的取值：eMBB 中，SST 为 1；uRLLC 中，SST 为 2；mMTC 中，SST 为 3；V2X 中，SST 为 4。

V2X 对时延和速率均有很高要求，是 uRLLC 场景的典型应用。在 R15 协议中，其对应的 SST 为 2；而 R16 协议将其从 uRLLC 中独立出来，单独定义 SST 为 4。

(2) 仿真软件中不同切片的不同参数配置：V2X 自动驾驶业务对应的 QoS 为 83 或 82，切片类型为 V2X，业务承载类型为 delay critical GBR，类型名称为 V2X message；智慧农业与智慧灯杆配置的 QoS 为 8 或 9，切片类型都为 mMTC，业务承载类型均为 Non-GBR；远程医疗的 QoS 为 83，切片类型为 uRLLC，业务承载类型为 delay critical GBR，业务类型名称为 Discrete Automation。

3.3　5G 移动通信网的基础优化和移动性管理

本节介绍 5G 移动通信网的覆盖指标和优化原则，以及重选和切换的定义及判决准则，为完成网络优化和移动性管理配置奠定基础。

3.3.1　覆盖指标与优化原则

良好的覆盖和干扰控制是保障 5G 网络质量的前提。衡量覆盖质量、干扰控制效果的

指标很多，其中较常用的指标是 SSB RSRP(Synchronization Signal Block Reference Signal Receiving Power，同步信号块参考信号接收功率)和 SSB SINR(Synchronization Signal Block Signal to Interference plus Noise Ratio，同步信号块信号与干扰加噪声比)。

SSB RSRP 是 SSB 中携带 SSS 同步信号 RE 的平均功率，用于空闲态和连接态测量，其典型值为 -105～-75 dBm；SSB SINR 是 SSB RSRP 与相同带宽内噪声和干扰功率的比值，小区中心区域一般要求 SSB SINR 大于 15 dB，小区边缘区域一般要求 SSB SINR 大于 0 dB。

优化 5G 无线网络时，宜遵循以下 3 个原则：

(1) 先优化 SSB RSRP，后优化 SSB SINR。

(2) 优先解决弱覆盖(引起原因一般为天线工参、功率、邻区、切换参数、重选参数等设置不合理)和越区覆盖(引起原因一般为小区天线的增益、方位角、下倾角、挂高或者降低小区发射功率等设置不合理)，再解决干扰。

(3) 优先调整天线增益和功率，其次考虑对天线的方位角和倾角进行优化，最后考虑调整天线挂高、基站搬迁或规划新站。

3.3.2　小区选择

小区选择就是选择一个合适的小区驻留(“合适的小区”表示可以让驻留其中的 UE 获得正常服务的小区)。当 UE 开机、脱网后重新进入覆盖区、呼叫重建或从连接态转移到空闲态时需要进行小区选择。

1. UE 小区选择的过程

优先根据 RRC Connection Release(RRC 连接释放)信息中分配的专有频率优先级信息选择合适的小区驻留；若选不到合适的小区，则尝试选择在连接态时所在的最后一个小区作为合适的小区驻留；若仍选不到合适的小区，则尝试采用“利用存储的信息进行小区选择”方式选择小区，寻找合适的小区驻留；若仍选不到合适的小区，则启用“初始小区选择”方式寻找合适的小区驻留，即 UE 会扫描其支持制式上的所有载波频点，搜索合适的小区。

若采用“初始小区选择”方式也选不到合适的小区，UE 将进入任意小区选择状态。处于任意小区选择状态的 UE 会一直尝试搜索可接受的小区，搜索到可接受的小区后，UE 将选择在该小区驻留下来。“可接受的小区”表示可以让驻留其中的 UE 获得限制服务(如紧急呼叫等)的小区。

2. S 准则

UE 根据 S 准则进行小区选择。S 准则的判决条件如下：Srxlev 大于 0 且 Srxlev 小于小区同频测量 RSRP 判决门限。其中：

Srxlev = Qrxlevmeas − (Qrxlevmin + Qrxlevminoffset) − Pcompensation − Qoffsettemp

小区选择参数含义如表 3-2 所示。

表 3-2　小区选择参数含义

参　数	含　　义
Srxlev	小区搜索中的接收功率(dB)
Qrxlevmeas	RSRP 测量平均值，即终端实际测量到的电平，反映当前小区接收的信号强度均值
Qrxlevmin	驻留在该小区要求的最小接收电平值(dBm)，可配置
Qrxlevminoffset	相对于 Qrxlevmin 的偏移量，防止“乒乓”选择，可配置
Pcompensation	测量补偿，其值为 max(Pemax − Pumax，0)(dB)
Pemax	UE 上行发射时，可以采用的最大发射功率(dBm)
Pumax	UE 能发射的最大输出功率(dBm)
Qoffsettemp	临时的偏置值，可配置

由此可见，要想 UE 容易接入某小区，那么该小区要求的最小接收电平值 Qrxlevmin、偏移量 Qrxlevminoffset 等可配置参数取值应尽量低，该小区同频测量 RSRP 判决门限取值应尽量高。UE 根据 S 准则寻找合适的小区，如果找不到合适的小区，则标识一个可接受的小区；如寻找不到合适的小区或处于可接受的小区，则发起小区重选过程。

3.3.3　小区重选

小区重选是指 UE 在空闲模式下通过监测邻区和当前小区的信号质量以选择一个性能更佳的小区提供服务的过程。当 UE 驻留当前小区超过 1 s 后，邻区的信号电平满足 R 准则且满足重选判决门限时，终端将接入该小区驻留。

1. 重选过程

UE 小区重选过程如下：

(1) 当服务小区的 RSRP 测量值低于同频测量启动门限时，启动同频测量，测量其他同频小区的 RSRP 值。

(2) 在满足小区选择规则(S 准则)的同频邻区中，识别出信号质量满足条件的多个邻区作为候选邻区。

(3) 在满足条件的邻区中，选择小区 RSRP 值最高且波束个数最多的小区作为最好的小区。

(4) 若最好的小区满足 R 准则，则 UE 重选到该小区，否则继续驻留在原小区。

2. R 准则

R 准则内容如下：UE 在当前服务小区的驻留时间大于 1 s，并且最好的小区在持续 1 s 的时间内满足如下条件：Rn > Rs。其中，Rn = Qmeas,n − Qoffset，Rs = Qmeas,s + Qhyst。表 3-3 列出了小区重选参数含义。

表 3-3　小区重选参数含义

参数	含　义
Qmeas,n	UE 测量到的邻小区 RSRP 实际值
Qoffset	包括不同小区间的偏移 Qoffsets 和不同频率之间的偏移 Qoffsetfrequency，可配置
Qmeas,s	UE 测量到的服务小区 RSRP 实际值
Qhyst	服务小区的重选迟滞，可配置

由此可见，要想小区重选成功，服务小区的重选迟滞 Qhyst、目标小区的不同小区间的偏移 Qoffset 需取值尽量低。这些参数在仿真软件的“ITBBU/CU/CUCP 功能配置/NR 重选配置”配置界面中的取值说明如图 3-20 所示。

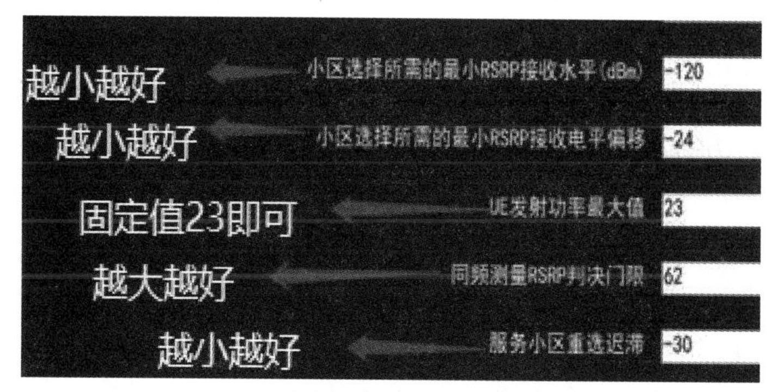

图 3-20　小区重选配置参数取值说明

3.3.4　切换

3GPP 定义了一系列的切换事件，表 3-4 列出了仿真软件支持的部分切换事件。

表 3-4　仿真软件支持的部分切换事件

事件类型	事 件 含 义
A1	服务小区好于绝对门限。该事件可以用来关闭某些小区间的测量
A2	服务小区低于绝对门限。该事件可以用来开启某些小区间的测量，因为该事件发生后可能发生切换等操作
A3	邻区与服务小区的差值高于相对门限，邻居小区好于服务小区。该事件可以用来决定 UE 是否切换到邻居小区
A4	邻区高于绝对门限
A5	邻区高于绝对门限且服务小区低于绝对门限

按照目标小区和服务小区频率是否相同，切换分为同频切换与异频切换。仿真软件中一般进行同频配置，故本书不讲述异频切换。同频切换一般采用 A3 事件，无须启动测量，

满足切换事件的门限即可发生切换。

A3事件要求Mn + Ocn−Hys > Ms + Ocs + Off且维持Time to Trigger时段后上报测量报告。其中，Mn为邻小区测量值；Ocn为邻小区偏置，可配置；Hys为迟滞值(可以理解为考验值)，可配置；Ms为服务小区测量值；Ocs为服务小区偏置，可配置；Off为偏置值，可配置。

由此可见，要想切换成功率高，可配置参数的取值原则如下：邻小区偏置Ocn要高，迟滞值Hys要低；服务小区偏置Ocs要低，偏置值Off也要低。

小　　结

(1) Option3X组网的5G移动通信网中，核心网为4G核心网，无线接入网包括4G和5G基站两部分。

(2) Option2组网的5G移动通信网中，核心网为5G核心网，无线接入网只包括5G基站。

(3) 4G核心网包括MME、HSS、SGW、PGW 4类物理实体设备，5G核心网包括服务器这一类对应的物理实体设备，在服务器上运行不同的软件来实现所有功能块AMF、SMF、AUSF、UPF、PCF、UDM、NRF、NSSF的功能。

(4) 衡量5G移动通信网覆盖质量、干扰控制效果的指标很多，其中较常用的指标是SSB RSRP、SSB SINR。

习　　题

简答题

1. 绘制Option3组网的逻辑网络架构图并注明接口名称。
2. 绘制基于Option2组网的5G网络逻辑网络架构图。
3. 列出衡量覆盖质量、干扰控制较常用指标的两个指标。
4. 结合S准则和R准则分析如何提升小区重选和切换的成功率。
5. 询问同桌同学的SUPI。

下篇　实战演练篇

本篇设计了4个实战模块：Option3 X全网建设之核心网及无线接入网建设、Option3全网建设之承载网建设、Option2全网建设之核心网及无线接入网建设、Option2全网建设之基础优化、移动性管理和切片业务部署。项目参照全国职业院校技能大赛5G全网建设技术赛事要求设计。实战所用软件是IUV公司的“5G全网部署与优化”仿真软件，可以在IUV官网(https://www.iuvtech.com/pro_new_portal/index.html)的产品目录中找到并免费下载，购买账号后即可使用。赛项解读及仿真软件说明见二维码。

5G全网建设技术赛项
解读及仿真软件说明

实战演练 1

Option3X 全网建设之核心网及无线接入网建设

5G 移动通信网络包括无线接入网、承载网和核心网 3 部分。5G 全网建设包括无线接入网、承载网和核心网 3 部分的建设，内容太多，为了方便学习、及时反馈学习效果，仿真软件做了分块处理。其中，业务验证分为两种模式：实验模式和工程模式，区别在于是否建设了承载网。如果没有建设完整承载网，只完成核心网及无线接入网建设，那么验证建设效果叫作实验模式的业务验证；如果建设完成核心网及无线接入网，又完成了完整承载网建设，那么再验证建设效果叫作工程模式的业务验证。

本实战演练以建安市为例，进行 Option3 全网建设，不涉及承载网，所以为实验模式下建安市 Option3 全网建设。核心网及无线接入网的建设(包括设备配置和数据配置)完毕，进行业务验证，保证每个小区联网注册成功。

知识目标

- 理解 Option3X 组网架构中每个功能块的功能。
- 掌握 MCC、MNC、TAC、APN、DNN、TAI、SUPI 的含义，理解其对于网络标识的重要作用。

能力目标

- 能进行 Option3X 组网核心网机房、无线接入网机房设备部署规划及 IP 地址规划。
- 能完成 MME、HSS、SGW、PGW、SW、BBU、ITBBU 设备的数据配置。

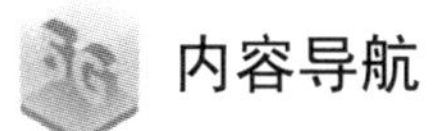

内容导航

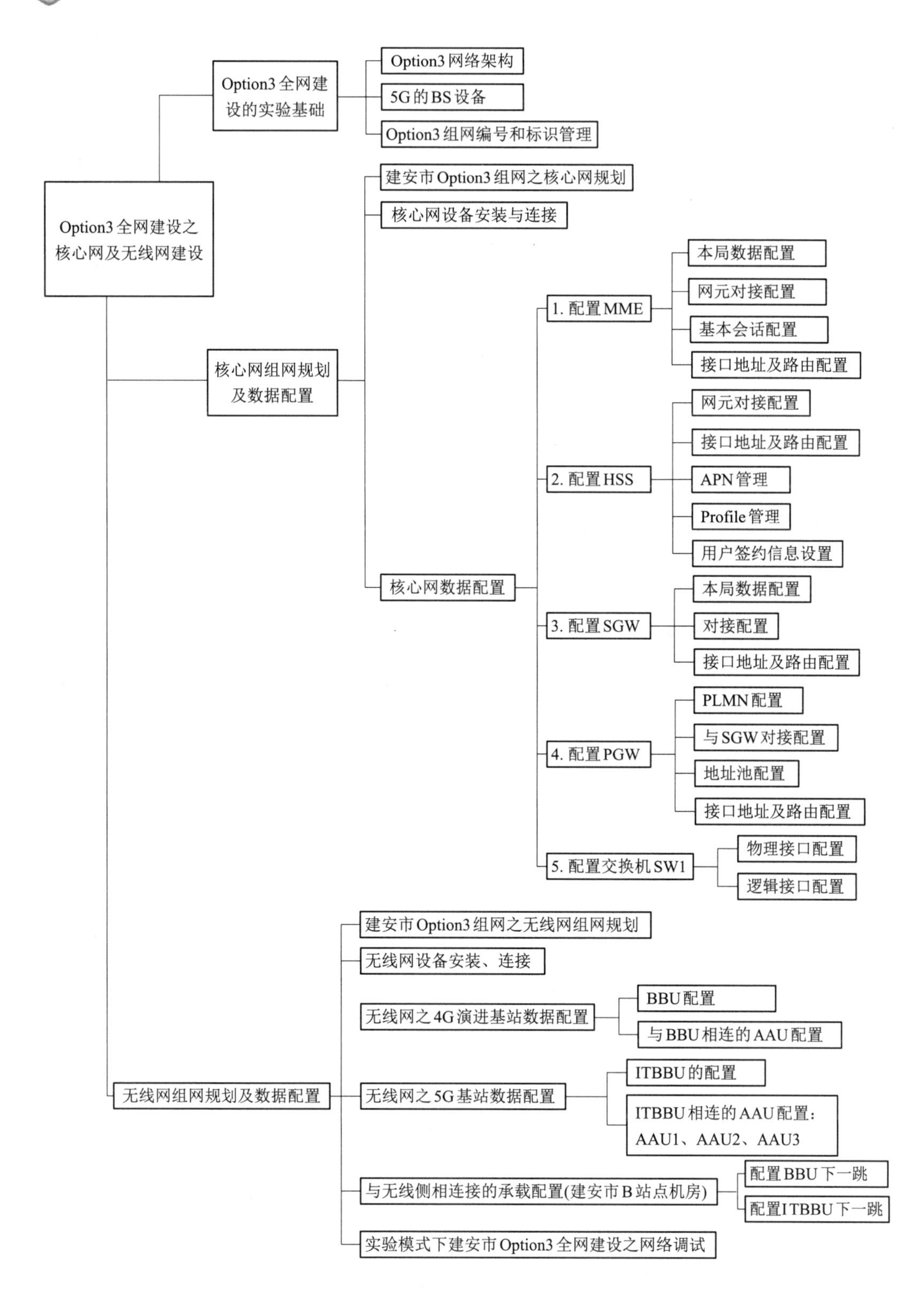

Option3 全网建设之核心网及无线网建设
Option3 全网建设的实验基础
Option3 网络架构
5G 的 BS 设备
Option3 组网编号和标识管理
核心网组网规划及数据配置
建安市 Option3 组网之核心网规划
核心网设备安装与连接
核心网数据配置
1. 配置 MME
本局数据配置
网元对接配置
基本会话配置
接口地址及路由配置
2. 配置 HSS
网元对接配置
接口地址及路由配置
APN 管理
Profile 管理
用户签约信息设置
3. 配置 SGW
本局数据配置
对接配置
接口地址及路由配置
4. 配置 PGW
PLMN 配置
与 SGW 对接配置
地址池配置
接口地址及路由配置
5. 配置交换机 SW1
物理接口配置
逻辑接口配置
无线网组网规划及数据配置
建安市 Option3 组网之无线网组网规划
无线网设备安装、连接
无线网之 4G 演进基站数据配置
BBU 配置
与 BBU 相连的 AAU 配置
无线网之 5G 基站数据配置
ITBBU 的配置
ITBBU 相连的 AAU 配置：
AAU1、AAU2、AAU3
与无线侧相连接的承载配置(建安市 B 站点机房)
配置 BBU 下一跳
配置 ITBBU 下一跳
实验模式下建安市 Option3 全网建设之网络调试

项目 1.1　建安市 Option3 组网之核心网组网规划及建设

以建安市为例，进行 Option3 组网之核心网的规划、设备配置、数据配置和业务验证。

任务 1　建安市 Option3 组网之核心网规划

建安市 Option3 组网的规划架构图(含 IP 地址)

 任务描述

完成建安市核心网机房物理设备部署规划(包括设备的种类、数量和对外连接接口)、核心网机房设备 IP 地址规划、建安市无线接入网机房设备 IP 地址规划以及全局参数规划，为建安市 Option3 组网建设奠定基础。

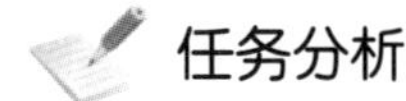 任务分析

建安市 Option3 组网的核心网部署在建安市核心网机房，需规划核心网机房部署的物理设备和设备之间的连接信息(包括所用连线、接口类型、编号、接口速率、IP 地址等)。

任务实施

1. 建安市核心网机房物理设备部署规划

建安市 Option3 组网之核心网机房物理设备及连接拓扑规划如图 S1-1 所示。建安市 Option3 组网之核心网机房安装 4 个主设备，即大型 MME、大型 SGW、大型 PGW 和大型 HSS。

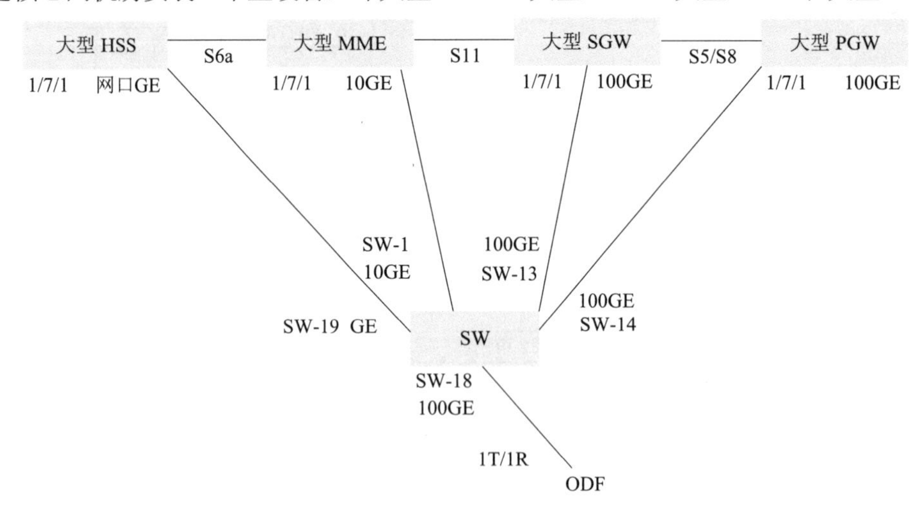

图 S1-1　建安市 Option3 组网之核心网机房物理设备及连接拓扑规划

核心网 4 个主设备之间信息交互频繁，为此在机房规划一台交换机，连接各台主设备，连接接口及速率规划如下：MME、SGW、PGW、HSS 分别连接交换机的端口 1 、端口 13、端口 14、端口 19，速率分别为 10 Gb/s、100 Gb/s、100 Gb/s、1 Gb/s，SW 通过端口 18(速

率为 100 Gb/s)连接 ODF，通过 ODF 连接建安市承载网中心机房。

用作核心网内部网元交互中介以及核心网与外部网络交互中介的交换机面板如图 S1-2 所示，共 24 端口，包括 6 个 10GE 端口、6 个 40GE 端口、6 个 100GE 端口和 6 个 1GE 端口，其中 6 个 1GE 端口为网口，其他端口为光口。核心网机房的交换机可以工作在 2 层，也可以工作在 3 层，本书中交换机全部是三层交换机。

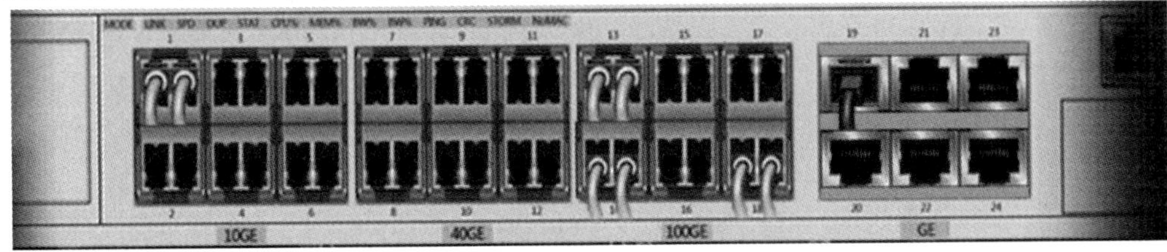

图 S1-2　仿真软件中的交换机面板

2. 建安市核心网机房设备 IP 地址规划

建安市 Option3 组网之核心网机房 IP 地址规划如表 S1-1 所示。

表 S1-1　建安市 Option3 组网之核心网机房 IP 地址规划

设备	接　　口	IP 地址	子网掩码
MME	物理接口 1/7/1	10.1.1.1	255.255.255.0
	S11 GTP-C (MME-SGW)	1.1.1.10	255.255.255.255
	S6a (MME-HSS)	1.1.1.6	255.255.255.255
	S1-MME(eNB-MME)	1.1.1.1	255.255.255.255
HSS	物理接口 1/7/1	10.1.1.2	255.255.255.0
	S6a	2.2.2.6	255.255.255.255
SGW	物理接口 1/7/1	10.1.1.3	255.255.255.0
	S5/S8 GTP-C (SGW-PGW)	3.3.3.5	255.255.255.255
	S5/S8 GTP-U(SGW-PGW)	3.3.3.8	255.255.255.255
	S11 GTP-C	3.3.3.10	255.255.255.255
	S1-U(eNB-SGW 或 gNB-SGW)	3.3.3.1	255.255.255.255
PGW	物理接口 1/7/1	10.1.1.4	255.255.255.0
	S5/S8 GTP-C	4.4.4.5	255.255.255.255
	S5/S8 GTP-U	4.4.4.8	255.255.255.255
SW	物理接口：端口 1、端口 13、端口 14、端口 19	VLAN10：10.1.1.10	255.255.255.0
	物理接口：端口 18	VLAN101：192.168.10.1	255.255.255.252

核心网的 4 个网元设备(MME、SGW、PGW、HSS)都定义了两类 IP 地址：物理接口的 IP 地址和逻辑接口的 IP 地址。

物理接口是设备间连接的真实物理接口，如 MME 设备通过 1/7/1 接口(1/7/1 的含义是 MME 设备编号 1/槽位编号 7/端口编号 1)连接交换机的端口 1。MME 的物理接口 IP 地址就是 1/7/1 接口的 IP 地址 10.1.1.1，子网掩码为 255.255.255.0(见表 S1-1)。

逻辑接口指能够实现数据交换功能但物理上不存在的接口，是需要通过配置建立的接口，包括 Loopback 接口、子接口及虚拟接口等；逻辑接口地址则是为数据交换时建立虚拟链路而分配的 IP 地址，如果设备有 *N* 个对外的逻辑连接，就需配置 *N* 个逻辑接口地址。例如，MME 的逻辑接口有 4 个：S11(MME 与 SGW 之间的接口)、S6a(MME 与 HSS 之间的接口)、S1-MME(eNB 与 MME 之间的接口)和 S10(MME 与 MME 之间的接口，不同核心网之间漫游时用，此项目不涉及漫游，故此处没有配置)，每个逻辑接口需要配置相应的 IP 地址(见表 S1-1)。

核心网 4 个网元不直接进行物理上的连接，它们都与交换机互联，由交换机作为核心网 4 个网元之间互联的中介以及核心网对外连接的网关，如表 S1-1 所示。交换机连接核心网 4 个网元的端口分别为端口 1、端口 13、端口 14 和端口 19，这 4 个端口划归到同一个 VLAN，编号为 VLAN10。VLAN10 关联的 IP 地址 10.1.1.10 属于子网 10.1.1.0/24，相应对端的核心网网元 MME、SGW、PGW、HSS 的物理接口地址也在此网段，如 MME 的物理接口 1/7/1 之 IP 地址 10.1.1.1。

交换机与承载网连接的端口 18 划归到另一个 VLAN，编号为 VLAN101，VLAN101 关联的 IP 地址为 192.168.10.1/30。通过对 VLAN 进行划分，隔离了核心网的内部与外部。

3. 建安市无线接入网机房设备 IP 地址规划

这里之所以同时规划出无线侧的 IP 地址，并非界限不清，而是为了数据配置必须给出，因为核心网与无线接入网虽然没有直接的物理连接，但是二者之间有逻辑连接，核心网需要搭建到无线接入网的路由或 SCTP 链路，以实现核心网与无线接入网互通。因此，在此规划出建安市无线接入网机房 BBU、ITBBU 设备的 IP 地址，如表 S1-2 所示。

表 S1-2　建安市 Option3 组网之无线接入网机房 IP 地址规划

物理单元	逻辑单元	IP 地址	VLAN	在 SPN 侧配置的网关
BBU		11.11.11.11/24		11.11.11.1/24
ITBBU	DU	22.22.22.22/24	30	22.22.22.1/24
	CUCP	33.33.33.33/24	40	33.33.33.1/24
	CUUP	44.44.44.44/24	40	44.44.44.1/24

4. 全局参数规划

MCC、MNC、网络模式、APN、TAC 等信息是全局信息，需配置在核心网每个网元中，故进行提前规划，如表 S1-3 所示。

表 S1-3　全局参数规划

参　　数	规划取值
MCC	460
MNC	11
网络模式	NSA
APN	test
TAC	1122

任务 2　建安市 Option3 组网之核心网设备安装与连接

任务描述

按照图 S1-1 部署建安市核心网机房设备并选择合适的线型进行连接。

核心网设备安装与连线

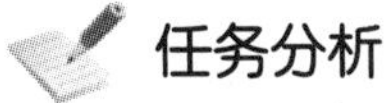

任务分析

仿真软件提供了多种类型的线缆，设备间线缆连接说明如表 S1-4 所示。

表 S1-4　设备间线缆连接说明

名　称	说　　明
成对 LC-LC 光纤	(1) 用于同一机房内光口之间的双纤连接； (2) 核心网侧用于连接交换机与核心网网元或服务器等； (3) 无线接入网侧用于连接 BBU 和 AAU、ITBBU 和 AAU、BBU 和 SPN 以及 ITBBU 和 SPN； (4) 承载网侧用于连接 SPN 和 SPN、SPN 和 OTN
成对 LC-FC 光纤	(1) 专用于 ODF 与其他设备之间的双纤连接； (2) 核心网侧用于连接 SW 与 ODF，承载网侧、无线接入网侧常用于连接 SPN 与 ODF
LC-LC 光纤	(1) 用于同一机房内光口之间的单纤连接； (2) 常用于 OTN 内部板卡之间的连接，如连接 OTU 与 OMU、OMU 与 OBA、OPA 与 ODU、ODU 与 OTU 等
LC-FC 光纤	专用于 OTN 与 ODF 的单纤连接，如连接 OBA 与 ODF、ODF 与 OPA 等
以太网线	用于网口之间的连接，如无线接入网侧常用于连接 SPN 与 BBU，核心网侧可用于连接 SW 与 HSS
天线跳线	1/2 馈线
GPS 跳线	用于 5G 虚拟交换板卡 GNSS 接口和 GPS 防雷器的连接
GPS 馈线	常用于连接 ITBBU 与 GPS

任务实施

1. 登录系统，选择组网模式

输入账号和密码，登录 5G 全网部署与优化仿真教学系统，选择非独立组网的 Option3X NSA 模式，单击“下一步”按钮，如图 S1-3 所示。

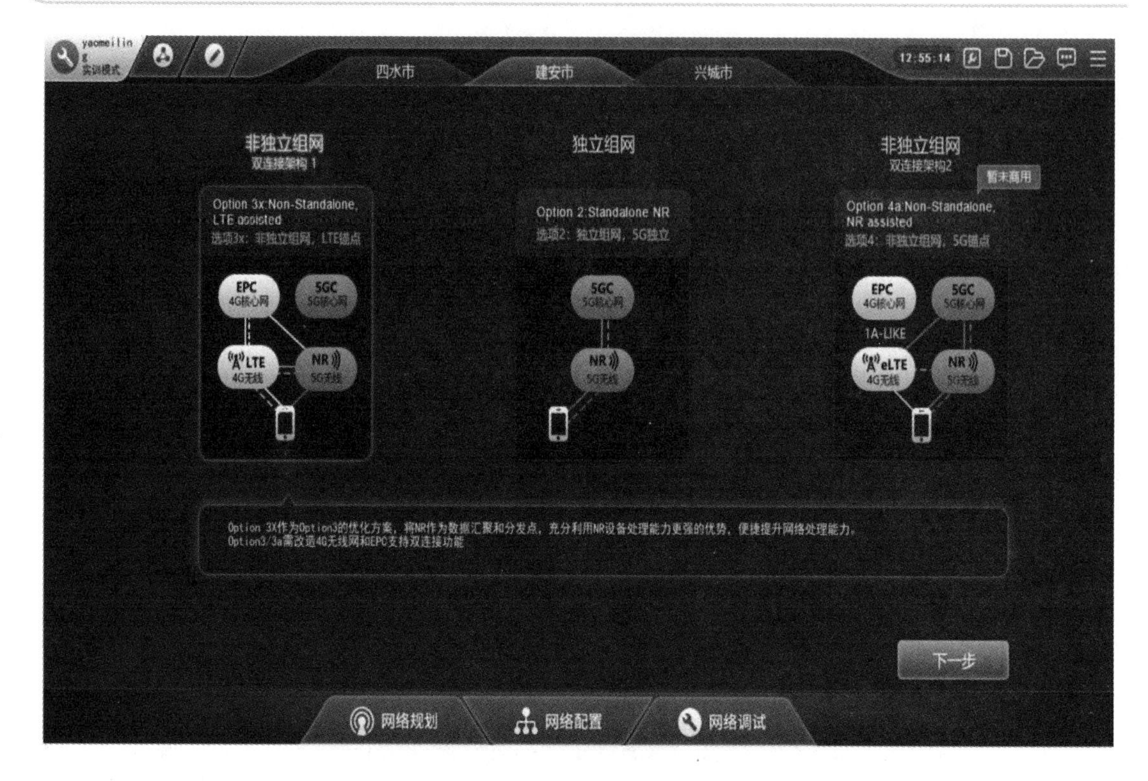

图 S1-3　选择组网模式

2. 进入建安市核心网机房

在仿真软件界面下方任务栏依次选择“网络配置”/“设备配置”选项，进入设备配置界面。在设备配置界面上方菜单栏的“网络选择”下拉菜单中选择“核心网”选项，在“请选择机房”下拉菜单中选择“建安市核心网机房”选项，进入建安市核心网机房设备配置界面。

3. 安装 HSS

在建安市核心网机房有 3 个机柜，其中左侧两个机柜是黑色的，最右侧机柜是灰色的。机柜上方还有黄色高亮提示箭头，提示此区域可以操作。灰色机柜是 ODF 架(配线架)，仿真软件默认已经安装好，无须手动安装。

把鼠标指针放到第一个高亮箭头下方的机柜，单击打开最左侧机柜，可以看到机柜内部示意图；同时，机房界面右下方会呈现一个设备资源池，把鼠标指针放到资源池内的设备上，可以查看设备信息，此时设备资源池内有 3 个 HSS，分别是大型 HSS、中型 HSS 和小型 HSS。建安市是大型城市，核心网需要一个大型 HSS，鼠标指针指向大型 HSS 并按住鼠标左键不放，将大型 HSS 拖放到机柜的红色方框内，松开鼠标即完成 HSS 的安装，界面右上角的设备指示图呈现 HSS 的图标，如图 S1-4 所示。

从设备指示图可见 HSS 下面有两台交换机 SW1、SW2(SW 是仿真软件中交换机的简写)，这两台交换机是仿真软件中内置安装好的，不需要手动安装。本项目按照规划搭建网络时，只使用了 SW1。

图 S1-4　安装 HSS

4. 安装 MME、SGW 和 PGW

单击“返回”按钮，返回机房初始界面，再单击第二个机柜，此时设备资源池里有大型 MME、SGW、PGW，中型 MME、SGW、PGW 以及小型 MME、SGW、PGW 等设备。按照规划选择大型设备，依次拖放一个大型 MME、一个大型 SGW 和一个大型 PGW 放入第二个机柜。拖放设备成功后，界面右上角的设备指示图会呈现 MME、SGW 和 PGW 图标，如图 S1-5 所示。

图 S1-5　安装 MME、SGW 和 PGW

5. 连接 MME 与 SW

(1) 单击设备指示图中的 MME 按钮，MME 的所有板卡中只有中间的 7 号板卡和 8 号板卡是灰色高亮的，其他都是暗的，提示这两块板卡可以操作，如图 S1-6 所示。

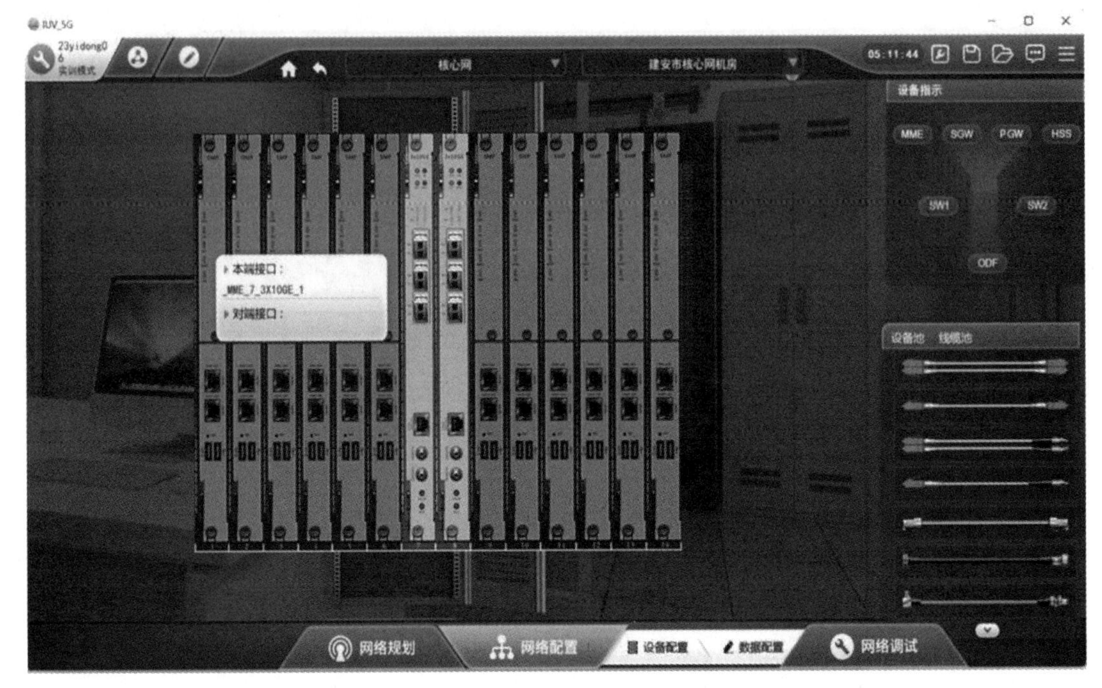

图 S1-6　MME 面板

把鼠标指针放在 7 号板卡最上面的端口上，可以看到本端端口名称为 MME_7_3 × 10GE_1(接口的通用表示为×××_×_×××_×，代表设备名称_槽位号_端口数量 × 速率_端口号)。从端口名称可知，本端口是 MME 的 7 号板卡上的 3 个 10GE 端口中的第一个端口。

(2) 要将 MME 与 SW1 相连，需要先查看 SW1 的端口配置。单击设备指示图中的交换机，打开 SW1 面板(见图 S1-7)，可见 SW 有 24 个端口，从左到右依次为：6 个 10GE 光口、6 个 40GE 光口、6 个 100GE 光口和 6 个 GE 网口。

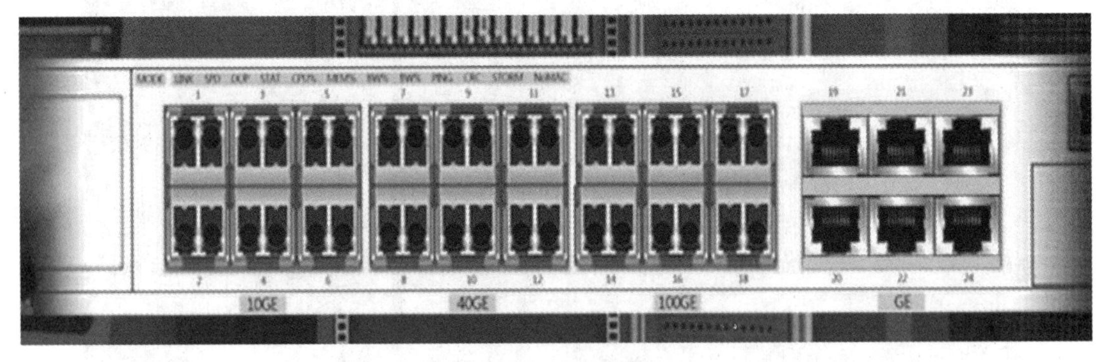

图 S1-7　SW1 面板

(3) 端口 MME_7_3 × 10GE_1 的速率是 10 Gb/s，所以 SW1 侧也应选择 10GE 端口，最左侧 6 个端口都可以选择，这里按照规划选择端口 1。该界面右下角的线缆池有很多线缆供选择，将光标放到线缆上，会提示相应的线缆信息，如图 S1-8 所示。这里需要选择成对 LC-LC 光纤，将鼠标指针移到成对 LC-LC 光纤上单击选中，此时光标下面会跟着一个线缆接头的图标 。

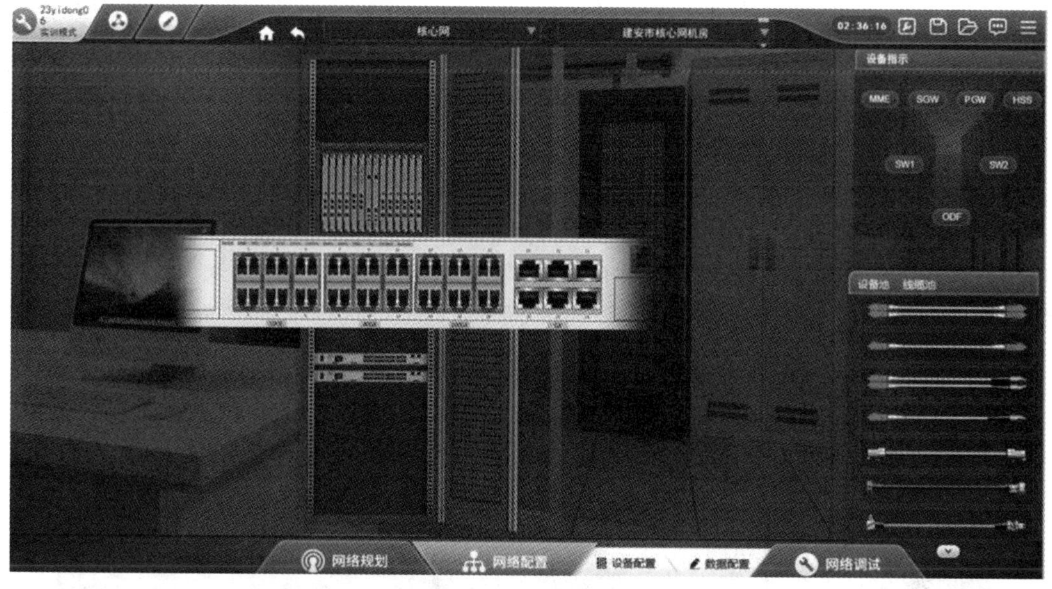

图 S1-8　选择线缆

(4) 单击端口 MME_7_3 × 10GE_1，再单击 SW1 的端口 1，完成连接。此时设备指示图中 MME 与 SW1 之间就会增加一条连线，如图 S1-9 所示。

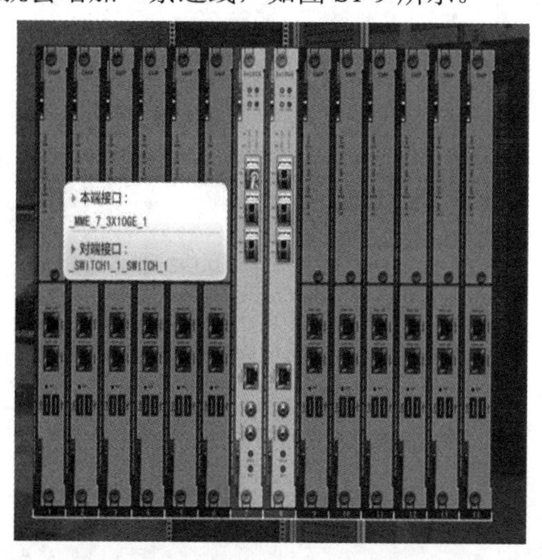

图 S1-9　连接 MME 与 SW1

6. 连接 SGW 与 SW1

连接 SGW 时选用高亮的 7 号板卡或 8 号板卡，把鼠标指针放到 SGW 的 7 号板卡的第一个端口上，可以看到本端口名称为 SGW_7_1 × 100GE_1，表示 SGW 的第 7 号板卡的第一个端口，本板卡上只有一个端口。

注意：SGW 侧选择的是 100GE 的端口，连接 SW1 的端口也需要为 100GE，按照规划选择 SW1 的端口 13；连接线路选择成对的 LC-LC 光纤。连接完毕后，将鼠标指针放到已连接端口上，会提示本端和对端的端口信息，如图 S1-10 所示；SGW 和 SW1 没有连接之前，只显示本端的端口信息。

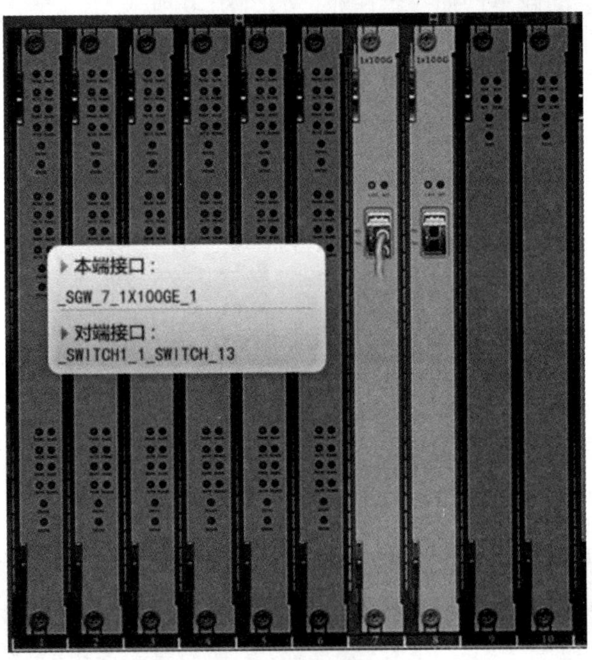

图 S1-10 连接 SGW 与 SW1

7. 连接 PGW 与 SW1

选择 PGW 的 7 号板卡的第一个 100GE 端口，用 LC-LC 光纤连接 SW1 的端口 14。

8. 连接 HSS 与 SW

HSS 的高亮端口是网口，选择 7 号板卡的第一个网口，用以太网线连接 SW1 的端口 19，结果如图 S1-11 所示。

图 S1-11　连接 HSS 与 SW

9. 连接 SW 到承载中心机房

SW1 通过 ODF 架连接到承载中心机房。单击设备指示图中的 ODF 架，可见有两个端口可以连接到承载中心机房，一个是本端端口 1 连接到建安市承载中心机房端口 2，另一个是本端端口 2 连接到建安市承载中心机房端口 3，按照规范优先选择编号小的使用。

与 ODF 连接需要成对 LC-FC 光纤，仿真软件中 ODF 接口速率没做标示，SW1 有 10GE、40GE、100GE 端口可选择。此处按照规划选择 SW1 的端口 18，通过 ODF 连接到承载中心机房的端口 2，如图 S1-12 所示。

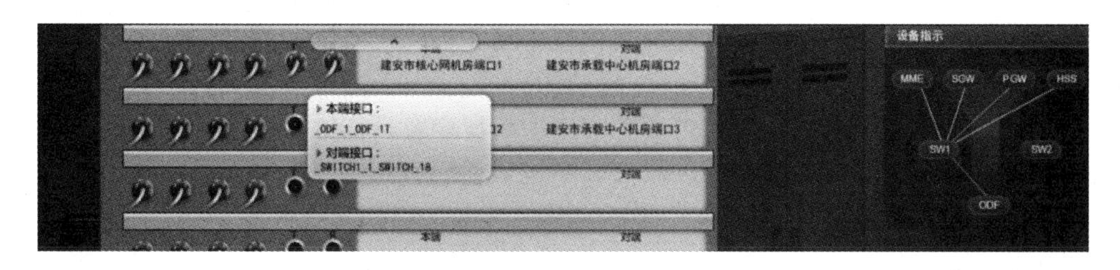

图 S1-12　连接 SW1 到承载中心机房

任务 3　建安市 Option3 组网之核心网数据配置

任务描述

按照任务 1 的规划数据完成建安市核心网机房数据配置，包括 MME 数据配置、HSS

数据配置、SGW 数据配置、PGW 数据配置、SWITCH 数据配置等 5 部分。

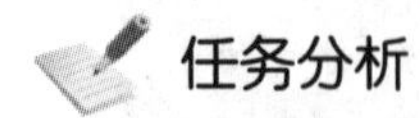

任务分析

在仿真软件界面下方任务栏依次选择“网络配置”/“数据配置”选项，进入数据配置界面。在数据配置界面上方菜单栏的“网络选择”下拉菜单中选择“核心网”选项，在“请选择机房”下拉菜单中选择“建安市核心网机房”选项，进入建安市核心网机房数据配置界面，如图 S1-13 所示。该配置界面由菜单栏、网元配置菜单栏、某网元配置选项菜单栏、参数配置表单区和任务栏 5 个区域组成。

图 S1-13　建安市核心网机房数据配置界面

网元配置菜单栏中显示的是设备配置时已经安装的设备，在其中选择需要配置的设备，界面左下方的网元配置选项菜单栏会呈现此设备相关的配置项。单击任一配置项，右边的参数配置表单区就会以表单形式呈现需要配置的参数。

由网元配置菜单栏可见，建安市核心网机房数据配置包括 5 部分：MME 数据配置、HSS 数据配置、SGW 数据配置、PGW 数据配置和 SWITCH 数据配置。

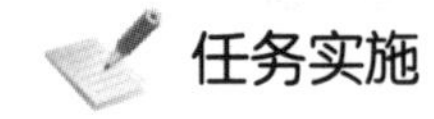

任务实施

MME 配置

1. 配置 MME

1) 全局参数配置

网元 MME 作为核心网控制面的一个重要控制节点，必须与网络中其他节点配合才能完成其功能，因此需配置其全局参数。全局参数包括全局移动参数和 MME 控制面地址。

(1) 配置全局移动参数。在网元配置菜单栏选择“MME”设备，在 MME 配置选项菜

单栏中选择“全局移动参数”选项，在参数配置表单区弹出“全局移动参数”表单，在表单中输入全局参数，如图 S1-14 所示。

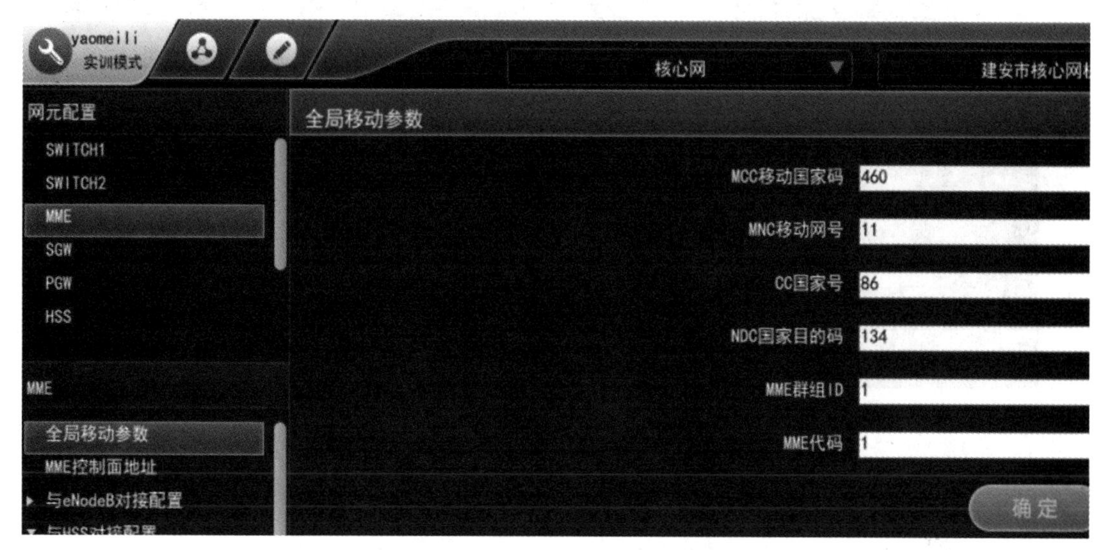

图 S1-14　设置全局移动参数

① MCC 国家移动码、MNC 移动网号：按照规划表分别是 460、11。

② CC 国家号：按照规划表是 86。

③ NDC 国家目的码：也称网络接入号，指手机号码的前 3 位。NDC 国家目的地码在规划表中没有规划，此处临时规划为 134，后面再出现时保持一致即可。

④ MME 群组 ID：标识 MME 归属的群组，仿真软件中最多可出现 2 个 MME。MME 群组 ID 在规划表中没有规划，故此处在其值域范围内取值为 1，后面再出现时保持一致即可。

⑤ MME 代码：标识 MME 的号码，在值域范围内取值，如 1，单击“确定”按钮。

小贴士：

由于 5G 网络参数众多，因此参数规划时只规划了部分参数，还有部分参数并未在规划表中列出。此类参数在配置中需临时规划，需要注意的是这些参数最容易配置出错，因为其一般会在多个配置表单中出现，参数取值在不同的表单中要保持一致。

(2) 配置 MME 控制面地址。在配置选项菜单栏选择“MME 控制面地址”选项，在参数配置表单区输入 MME 控制面地址。

MME 负责接入控制、移动性管理、会话管理和路由选择等功能。SGW 负责用户数据包的路由和转发，相当于数据中转站。SGW 数据的中转受到 MME 的控制，故此处 MME 控制面地址指的是 MME 与 SGW 之间接口的地址(S10 接口的地址 1.1.1.10)，如图 S1-15 所示。

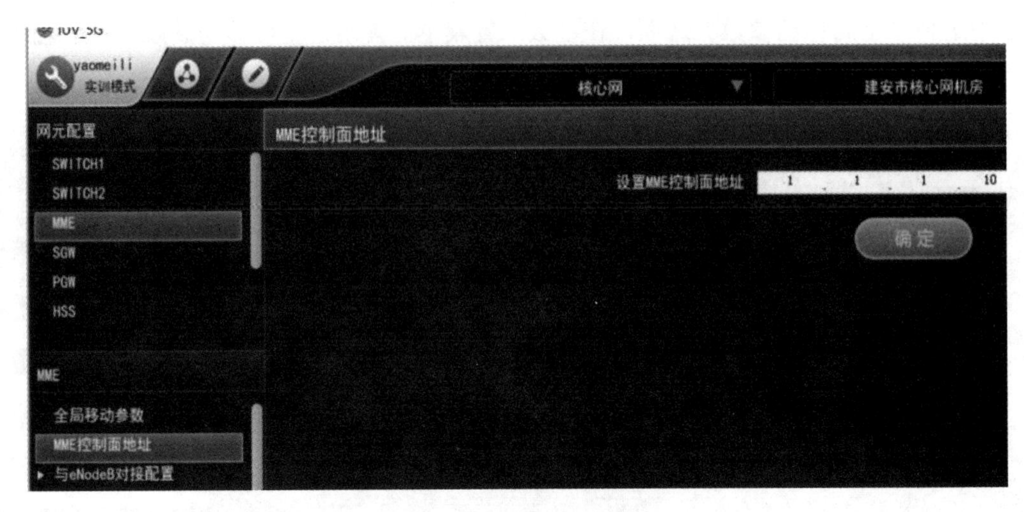

图 S1-15　配置 MME 控制面地址

2) *网元对接配置*

网元对接配置主要是进行 MME 对外逻辑连接配置，包括 MME 与 eNodeB、MME 与 HSS、MME 与 SGW 之间的对接参数配置。

(1) 与 eNodeB 对接配置。

① 在配置选项菜单栏中选择“与 eNodeB 对接配置”选项，打开下一级菜单。

注意：“与 eNodeB 对接配置”选项前面有一个向右的箭头▶，表示下面还有一级菜单。单击该箭头，展开下一级菜单，其中有 2 个选项：eNodeB 偶联配置和 TA 配置。

② 选择“eNodeB 偶联配置”选项，单击参数配置表单区中的“+”按钮，新增一条配置“偶联 1”，偶联数据如图 S1-16 所示。这里需要填写的信息包括 SCTP ID、本地偶联 IP、本地偶联端口号、对端偶联 IP、对端偶联端口号、应用属性以及描述等。

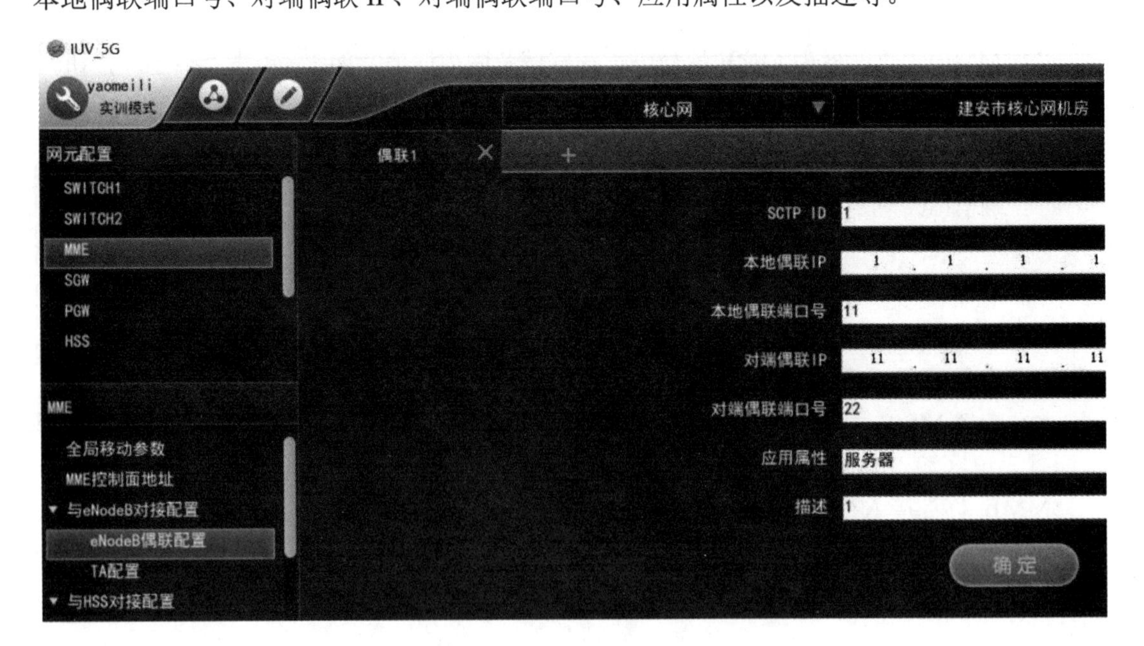

图 S1-16　添加“偶联 1”

a. SCTP ID：在值域范围内取值，此处是 MME 到 eNodeB 的第一条偶联，故取 1。

b. 本地偶联 IP：MME 与 eNodeB 对接的 S1-MME 口上的 IP 地址，按照规划表是 1.1.1.1。

c. 本端偶联端口号、对端偶联端口号：在值域范围内取值，如 11、22。注意，端口号在后面进行 eNodeB 与 MME 对接配置时还需再配置，应保持数据的一致性。

d. 对端偶联 IP：建安市 B 站点机房 eNodeB 的 IP 地址，按照规划表是 11.11.11.11。

e. 应用属性：这里选择“服务器”，因为 MME 相对于 eNodeB 是服务器。

f. 描述：此参数设置的目的旨在对前面所有参数信息进行总结性标注，但是在仿真软件中其取值没有任何限制，为了方便可以填写“1”。仿真软件中的参数配置信息大都以“描述”参数结束，其处理方式均是如此，后面不再赘述。

g. 确定：所有参数输入完毕，单击“确定”按钮以保存配置；如果不单击“确定”按钮，则所有参数配置信息均不生效。

③ 在配置选项菜单栏选择“与 eNodeB 对接配置”/“TA 配置”选项，单击参数配置表单区中的“+”按钮，新增一条配置“TA1”，输入 TA 数据。其参数包括：

a. TA ID：在值域范围内取值，如 1，代表第一个 TA。

b. MCC 和 MNC：按照规划表 MCC 是 460，MNC 为 11。

c. TAC：值域范围为 4 位十六进制数，按照规划表是 1122。

(2) 与 HSS 对接配置。

① 在配置选项菜单栏中选择“与 HSS 对接配置”选项，打开下一级菜单，其中有两项配置：增加 diameter 连接和号码分析配置。

② 选择“增加 diameter 连接”选项，单击参数配置表单区中的“+”按钮，新增一条配置“Diameter 连接 1”，输入参数，如图 S1-17 所示。Diameter 连接是 MME 与 HSS 之间的连接，与 eNodeB 偶联配置类似，都包括连接 ID、偶联本端 IP、偶联对端 IP、偶联本端端口号、偶联对端端口号以及偶联应用属性；但是，Diameter 连接与 eNodeB 偶联配置相比多了 4 项：本端主机名和本端域名、对端主机名和对端域名。

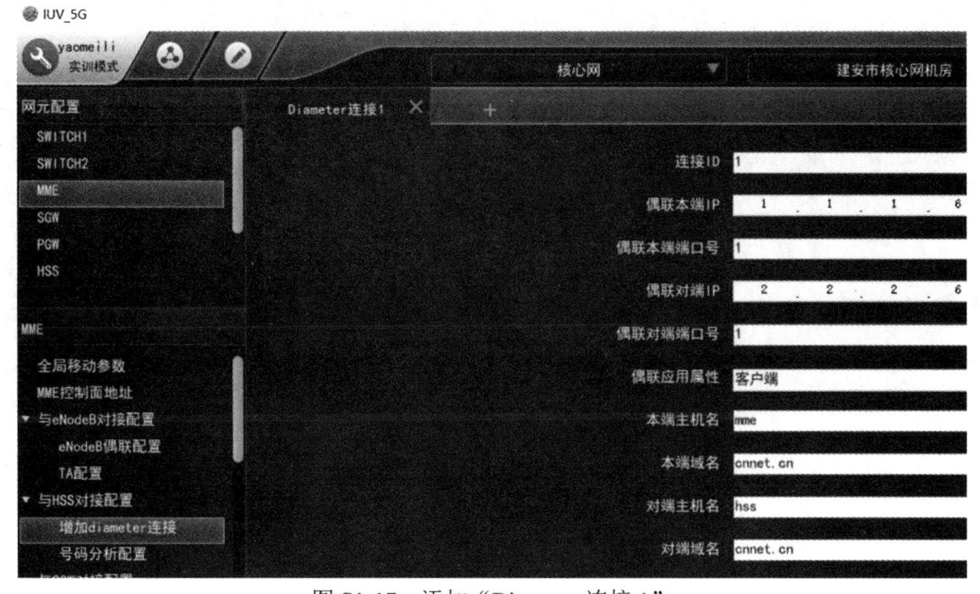

图 S1-17　添加“Diameter 连接 1”

a. 连接 ID：取值范围是 1～63，在值域范围内取值为 1。

b. 偶联本端 IP、偶联对端 IP：偶联本端 IP 是 MME 的 S6a 接口 IP 地址，偶联对端 IP 是 HSS 的 S6a 接口 IP 地址。按照规划表，偶联本端 IP 是 1.1.1.6，偶联对端 IP 是 2.2.2.6。

c. 偶联本端端口号和偶联对端端口号：取值范围是 1～65 535，这里为了方便输入，都取 1。注意，当后面再调用 MME 的本端端口号和对端端口号(HSS 的)时，应确保信息的一致性。

d. 偶联应用属性：MME 与 HSS 互为客户端与服务端，故此处选择客户端和服务器都可以。如果为“客户端”，则 HSS 侧就需要选择“服务器”；如果为“服务器”，则 HSS 侧选择“客户端”，即两边不能同时选择“服务器”或“客户端”。

e. 本端主机名、本端域名、对端主机名、对端域名：仿真软件没有对此进行限制，可以随意取值。为了方便理解，此处本端主机名、本端域名分别为 mme 和 cnnet.cn，对端主机名、对端域名分别为 hss 和 cnnet.cn。这些信息在 HSS 配置的“与 MME 对接”选项中被调用。

③ 在配置选项菜单栏选择“与 HSS 对接配置”/“号码分析配置”选项，单击参数配置表单区中的“+”按钮，新增表单“号码分析 1”，输入分析号码“46011”，即 MCC + MNC，如图 S1-18 所示，其中“连接 ID”在“Diameter 连接 1”中已经配置为“1”，此处为调用。

图 S1-18　新增表单“号码分析 1”

(3) 与 SGW 对接配置。在配置选项菜单栏选择“与 SGW 对接配置”选项，在参数配置表单区输入 SGW 对接数据，如图 S1-19 所示。其中，MME 控制面地址是 MME 与 SGW 连接接口的地址，即 S11 的接口地址，按照规划是 1.1.1.10；选中“SGW 管理的跟踪区 TAID”单选按钮。

图 S1-19　与 SGW 对接配置

3) 基本会话配置

在配置选项菜单栏选择“基本会话业务配置”选项，打开下一级菜单，可见基本会话业务配置包括 4 项：APN 解析配置、EPC 地址解析配置、MME 地址解析配置和 TA 解析配置，这里只需配置前两项，后面两项不用配置(如果有漫游，则需要解析其他城市的 MME 和 TA)。

(1) APN 解析配置。在配置选项菜单栏中选择“基本会话业务配置”/“APN 解析配置”选项，单击参数配置表单区中的“+”按钮，弹出“APN 解析 1”表单，在表单中输入参数，如图 S1-20 所示。

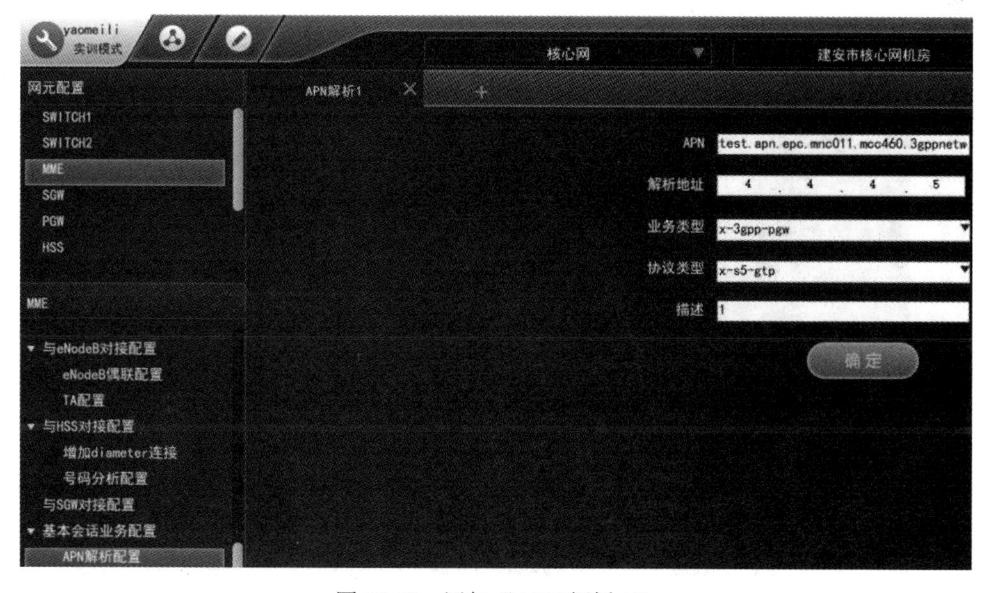

图 S1-20　添加“APN 解析 1”

① APN：把鼠标指针放到“APN”文本框中，会出现 APN 的格式提示字符串：xxxx.apn.epc.mncxxx.mccxxx.3gppnetwork.org。按照 APN 的格式提示和规划表填写 APN，APN 规划为 test，所以字符串前 4 位的“xxxx”替换为 test，mnc 后面 3 位“xxx”替换为 MNC 规划值 11，mcc 后面 3 位“xxx”替换为 MCC 规划值 460。注意，mnc 后面是 3 个×，所以不能只填 2 位规划值 11，需要在前面补充一个 0，即 011。总之，完整的 APN 为 test.apn.mnc011.mcc460.3gppnetwork.org，如图 S1-20 所示。

② 解析地址：APN 解析本质上是解析 PGW 的 IP 地址，通过 DNS 把 APN 转换为 PGW 的 IP 地址，故此处解析地址是 PGW 的地址规划，为 4.4.4.5。

小贴士：

为了清楚协议选择的原因，此处回顾网络接口和协议相关内容。

① S1-MME：eNB 和 MME 之间的接口，协议为 S1-AP/SCTP/IP。

② S1-U：eNB 和 SGW 之间的接口，协议为 GTP-U。

S5 是 SGW 和 PGW 之间的接口，协议为 GTP。GTP 用于进行网络节点之间的隧道的建立。GTP 分为 GTP-C 和 GTP-U，其中 GTP-C 用于核心网承载的建立、维护以及核心网节点之间的其他信息交互，GTP-U 用于无线接入网与核心网之间或核心网节点之间传输用户数据。

③ S10：MME 间接口，协议为 GTP。

④ S11：MME 和 SGW 之间的接口，协议为 GTP。

⑤ S6a：MME 和 HSS 之间的接口，协议为 Diameter/SCTP/IP。

(2) EPC 地址解析配置。在配置选项菜单栏中选择“基本会话业务配置”/“EPC 地址解析配置”选项，单击参数配置表单区中的“+”按钮，弹出“EPC 地址解析 1”表单，输入参数，如图 S1-21 所示。

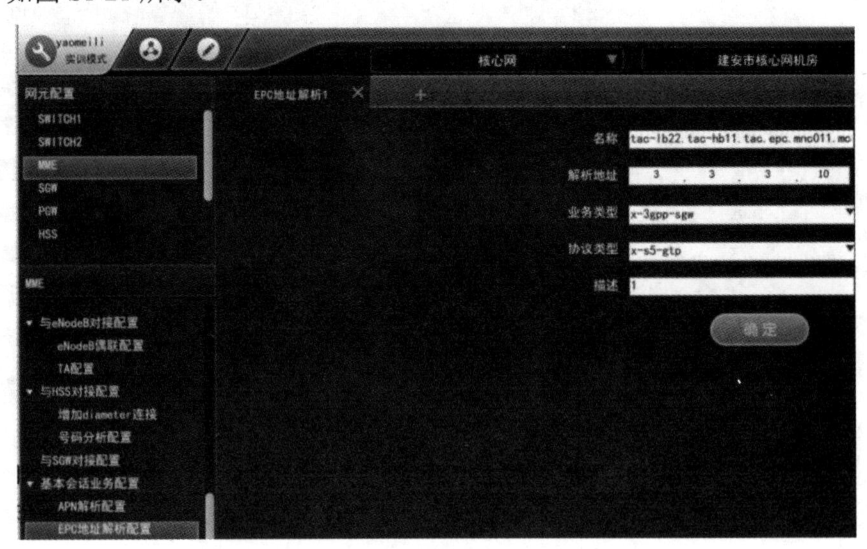

图 S1-21　添加“EPC 地址解析 1”

把鼠标指针放在“名称”文本框中，会给出如下格式提示字符串：tac-lbxx.tac-hbxx.tac.epc.mncxxxx.mccxxx.3gppnetwork.org，这是 SGW 全称域名(用于 MME 选择 SGW)。根据 TAC、MCC 和 MNC 的规划值，完善 SGW 全称域名，为 tac-lb22.tac-hb11.tac.epc.mnc011.mcc460.3gppnetwork.org。注意，tac-lb 表示 TAC 的低位，tac-hb 表示 TAC 的高位(TAC 的规划值为 1122，低位是 22，高位是 11)。EPC 解析地址指的是 SGW 的 S11 地址。

4) 接口地址及路由配置

接口地址指的是设备的物理接口地址，路由配置是配置设备到其他设备的静态路由。配置路由时，不但要考虑物理连接，还需考虑各种逻辑连接，根据逻辑接口的 IP 地址进行路由设置。

(1) 接口 IP 配置。在配置选项菜单栏中选择“接口 IP 配置”，再单击参数配置表单区中的“+”按钮，弹出“接口 1”表单，输入参数，如图 S1-22 所示。按照规划，MME 通过 7 槽位 1 端口同 SW1 进行物理连接。

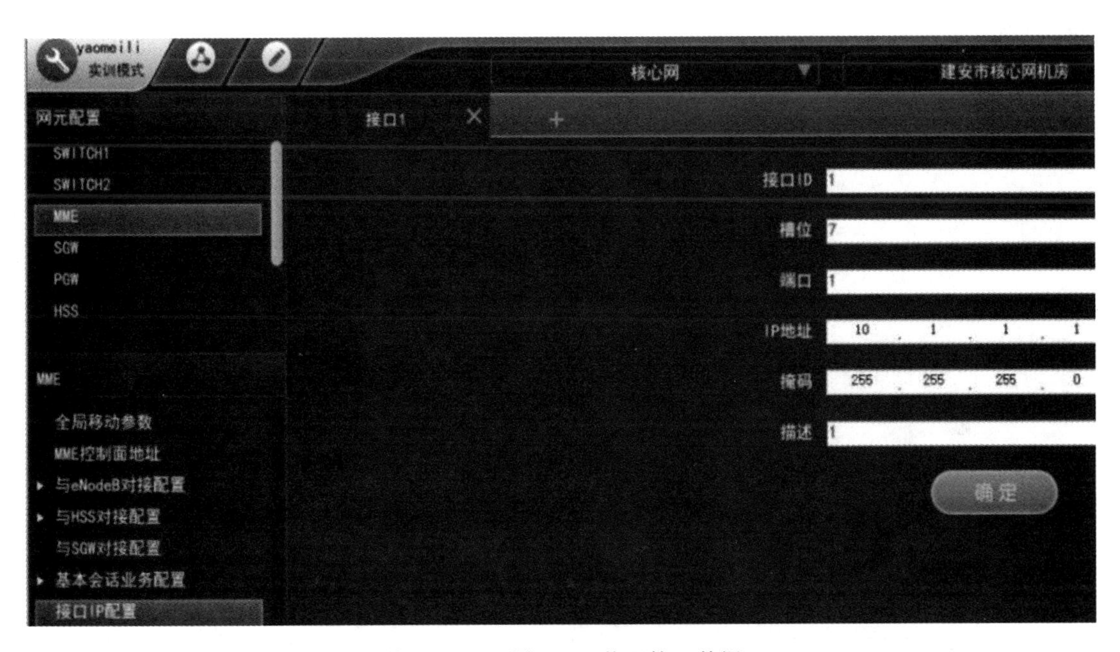

图 S1-22　配置 MME 物理接口数据

① 接口 ID：在 1～5 内取值，如 1。

② IP 地址：按照规划表 IP 地址为 10.1.1.1，掩码是 255.255.255.0。

小贴士：

此处的槽位和端口号指的是设备配置时 MME 与 SW1 连接用的槽位和端口。把鼠标指针放到 MME 的 7 号板卡的端口 1，显示对方连接的是 SW1，故这里槽位号为 7，端口号为 1。选择任务栏中的“网络配置”/“设备配置”选项，进入 MME 设备配置界面，核实设备连接情况，如图 S1-23 所示。

图 S1-23　核实 MME 和 SW1 连接用到的槽位和端口

(2) 路由配置。从网络架构图可知 MME 通过接口 S1-MME、S6a、S11 分别与 BBU、HSS、SGW 连接，如图 S1-24 所示。因此，MME 需要添加 3 条路由，分别到达 BBU、HSS 和 SGW。

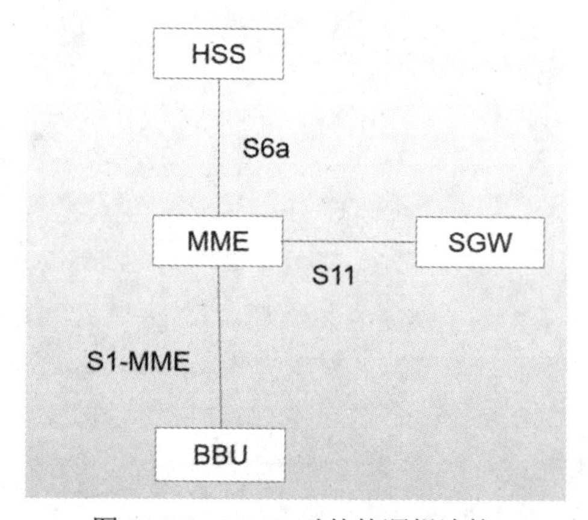

图 S1-24　MME 对外的逻辑连接

建安市 MME 的路由规划参照表 S1-5，其中前 3 条分别为 MME 到达 HSS、SGW 和 BBU 的路由。为了方便，也可以只配置第 4 条默认路由。

表 S1-5　建安市 MME 的路由规划

路由 ID	目的地址	子网掩码	下一跳	优先级	描　述
1	2.2.2.6	255.255.255.255	10.1.1.2	1	HSS S6a
2	3.3.3.10	255.255.255.255	10.1.1.3	1	SGW S11
3	11.11.11.11	255.255.255.0	10.1.1.10	1	eNodeB
4	0.0.0.0	0.0.0.0	10.1.1.10	1	默认路由

第 1 条路由目的地为 HSS，路由 ID 取 1，目的地址是 HSS 的 S6a 地址 2.2.2.6，掩码为 255.255.255.255，下一跳为 HSS 的物理接口地址 10.1.1.2，优先级取值范围为 1～5(取值越小，优先级越高)，如图 S1-25 所示。

同理，可添加另外两条路由。第 2 条路由目的地为 SGW，路由 ID 取值 2，目的地址为 SGW 的 S11 地址 3.3.3.10，掩码为 255.255.255.255，下一跳为 SGW 的物理接口地址

10.1.1.3，优先级取 1。第 3 条路由目的地为 BBU，路由 ID 取值 3(ID 随意选取，但 3 条路由 ID 互不相同)，目的地址是 BBU 的 IP 地址 11.11.11.11，掩码为 255.255.255.0，下一跳是 SW1 与核心网对接接口关联的 IP 地址 10.1.1.10，优先级取 1。

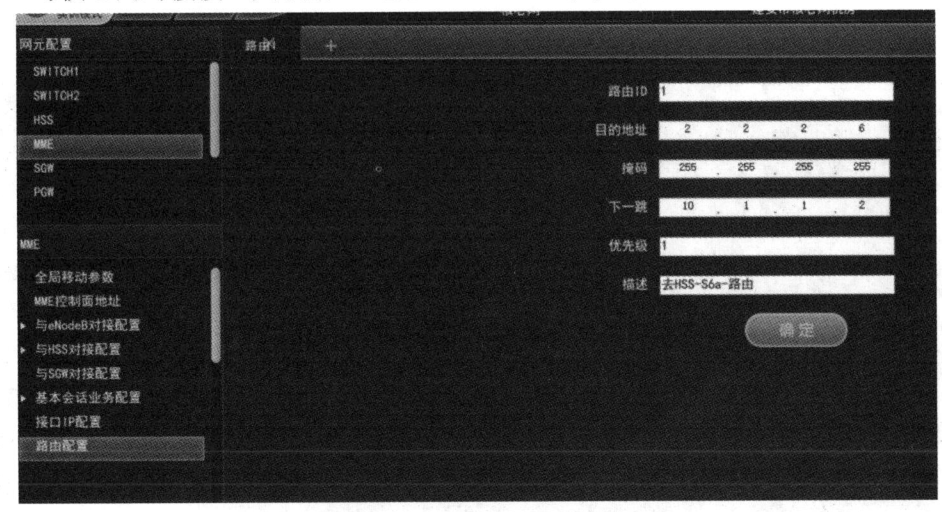

图 S1-25　MME 到达 HSS 的路由

还有一种配置路由的简单方法，即设置默认路由，如图 S1-26 所示。不管 MME 是到达 HSS、SGW 还是 BBU，下一跳均为 SW1 与核心网对接接口关联的 IP 地址 10.1.1.10。

图 S1-26　MME 的默认路由

2. 配置 HSS

配置 HSS 时包括 6 个配置项：与 MME 对接配置、接口 IP 配置、路由配置、APN 管理、Profile 管理和签约用户管理。

HSS 配置

1) *网元对接配置*

从逻辑架构可见 HSS 对外只有一个接口，即与 MME 的 S6a 接口，故网元对接配置只包括 HSS 与 MME 之间的对接配置。

(1) 在网元配置菜单栏中选择“HSS”选项，在配置选项菜单栏中选择“与 MME 对接配置”选项，再单击参数配置表单区中的“+”按钮，弹出“与 MME 对接配置 1”表单，其参数配置如图 S1-27 所示。

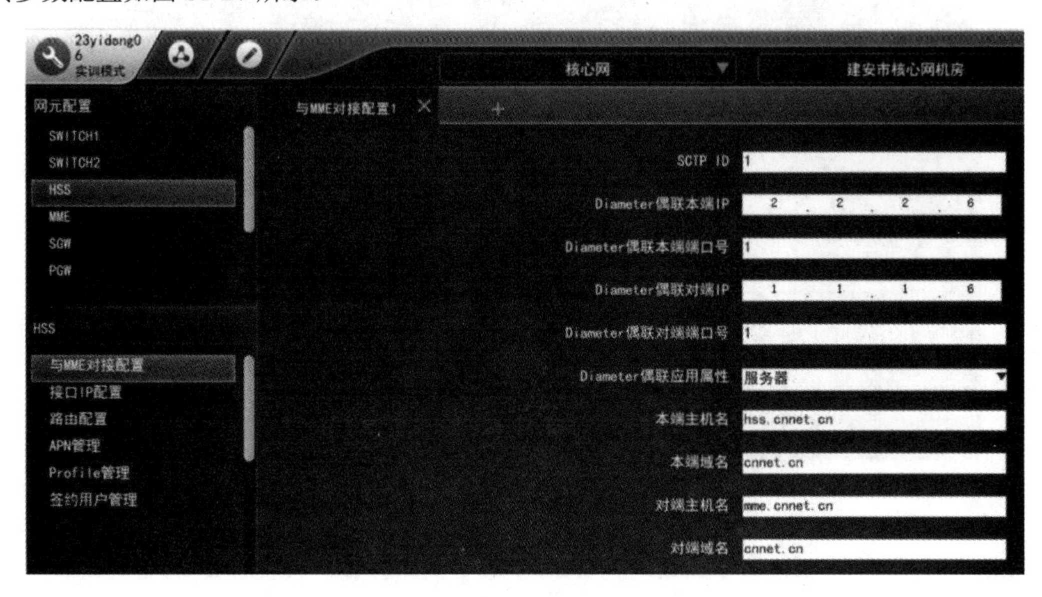

图 S1-27　HSS 与 MME 的对接配置

(2) HSS 的“与 MME 对接配置”和 MME 的“与 HSS 对接配置”/“增加 diameter 连接”二者参数取值保持一致，需要注意 HSS 的本端是 MME 的对端。因此，配置时需要先截取 MME 的“与 HSS 对接配置”/“增加 diameter 连接”进行查看，如图 S1-28 所示。

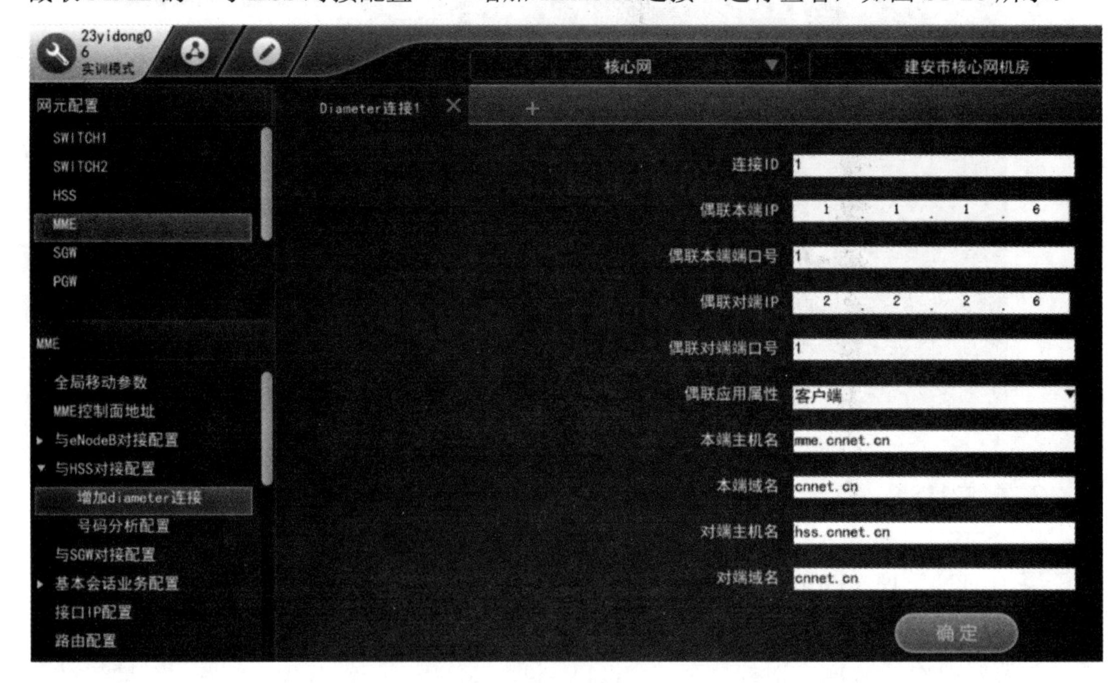

图 S1-28　MME 与 HSS 对接

现在 HSS 作为本端，MME 作为对端，那么偶联本端 IP 就是 HSS 的 S6a 地址 2.2.2.6，偶联对端 IP 就是 MME 的 S6a 地址 1.1.1.1，偶联本端端口号、偶联对端端口号、偶联应用属性都与 MME 中的 Diameter 连接配置相反。MME 是客户端，HSS 是服务器，本端主机名为 hss.cnnet.cn，本端域名为 cnnet.cn，对端主机名为 mme.cnnet.cn，对端域名为 cnnet.cn。

2) 接口 IP 地址配置及路由配置

接口 IP 地址是配置设备的物理接口地址，路由配置是配置到其他设备的静态路由。

(1) 接口 IP 配置。在配置选项菜单栏中选择“接口 IP 配置”选项，单击参数配置表单区中的“+”按钮，弹出“接口 1”表单，输入 HSS 物理接口数据，如图 S1-29 所示。HSS 只与 SW1 有物理连接，故接口 IP 配置是配置 HSS 与 SW1 连接的物理接口。

图 S1-29　输入 HSS 物理接口数据

① 接口 ID：取值范围内任意取值，如 1。

② 槽位和端口：根据设备连接情况填写 HSS 和交换机连接的槽位和端口(7 号板卡的第 1 个端口)。

③ IP 地址：按照规划表为 10.1.1.2，掩码是 255.255.255.0。

(2) 路由配置。查看网络逻辑架构图，HSS 只和 MME 之间有 S6a 接口，故 HSS 只需要配置到 MME 的路由。建安市 HSS 的路由规划如表 S1-6 所示。

表 S1-6　建安市 HSS 的路由规划

路由 ID	目的地址	子网掩码	下一跳	优先级	描 述
1	1.1.1.6	255.255.255.255	10.1.1.1	1	MME
	0.0.0.0	0.0.0.0	10.1.1.10	1	默认路由

与 MME 路由配置一样，可以配置一条路由，输入表 S1-6 中的第 1 条路由。还有一种配置路由的简单方法，即设置默认路由，输入表 S1-6 中的第 2 条路由。不管 HSS 是到 MME 还是到其他地方，下一跳均设为 SW1 与核心网对接接口关联的 IP 地址 10.1.1.10，如图 S1-30 所示。

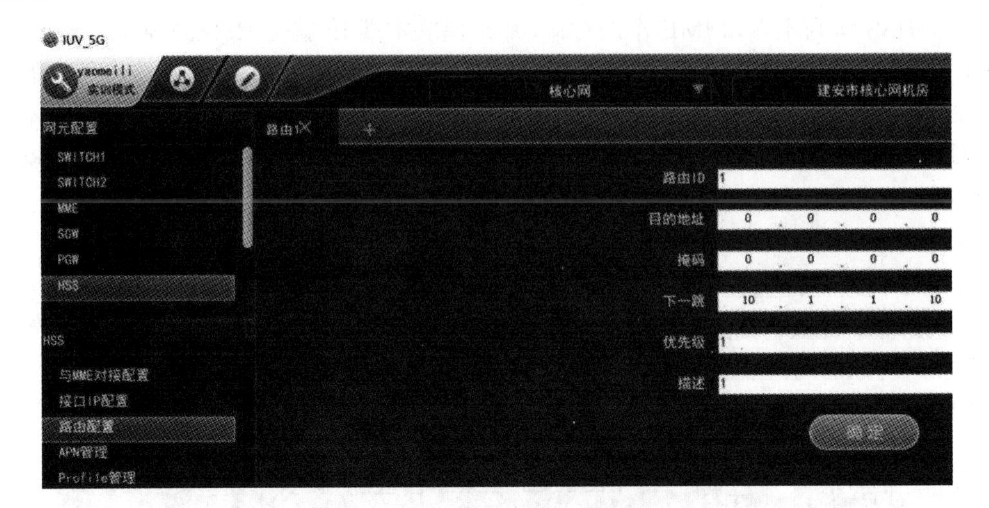

图 S1-30　HSS 默认路由配置

3) APN 管理

选择配置选项菜单栏中的“APN 管理”选项，单击参数配置表单区中的“+”按钮，弹出“APN1”表单，输入参数，如图 S1-31 所示。

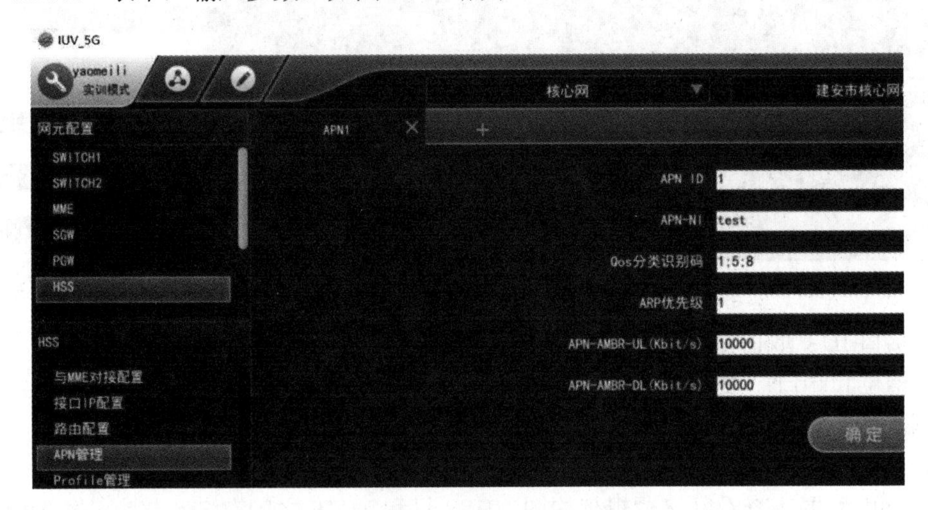

图 S1-31　APN 管理

(1) APN ID：在值域范围 1～100 内取值，如 1。

(2) APN-NI：APN 的名称，查阅规划表，为 test。

(3) QoS 分类识别码：这里需要输入 3 个值，即 1;5;8(中间使用英文分号隔开)，分别代表 3 个业务流：语音、视频和直播。

(4) ARP 优先级：在值域范围内 1 ～15 取值，如 1。

(5) APN-AMBR-UL/DL：速率值域范围是 0～99 999 999，如 10 000。

4) Profile 管理

选择配置选项菜单栏中的“Profile 管理”选项，单击参数配置表单区中的“+”按钮，弹出“profile1”表单，输入参数，如图 S1-32 所示。

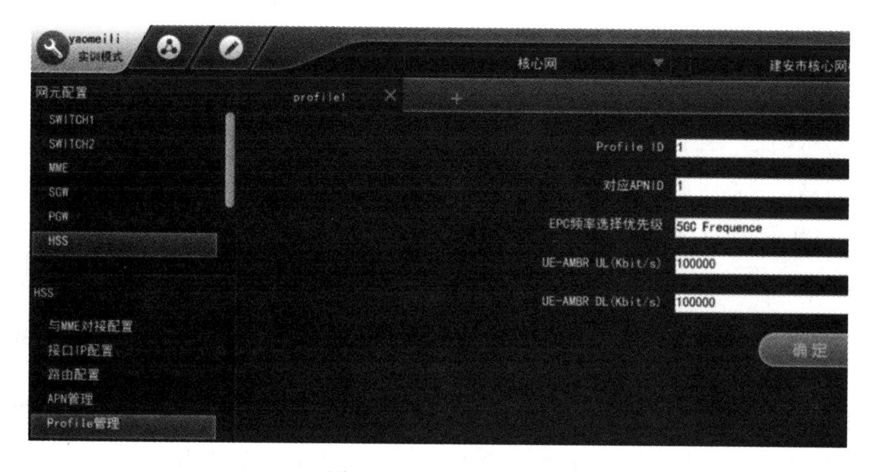

图 S1-32　Profile 管理

(1) Profile ID：在取值范围 1～100 内任意取值，如 1。

(2) 对应 APN ID：需要与“APN 管理”中的 APN ID 取值保持一致，为 1。

(3) EPC 频率选择优先级：选择 5GC Frequency。

(4) UE-AMBR UL/DL：在值域范围内取值。完成基本业务注册对速率没有具体的要求，这里取值为 100 000，后续优化时可以将取值变大，以提升用户速率。

5) 签约用户管理

签约用户管理是在用户业务受理或用户信息维护时录入用户的签约信息、鉴权信息及标识信息。选择配置选项菜单栏中的“签约用户管理”选项，单击参数配置表单区中的“+”按钮，弹出“用户 1”表单，输入参数，如图 S1-33 所示。

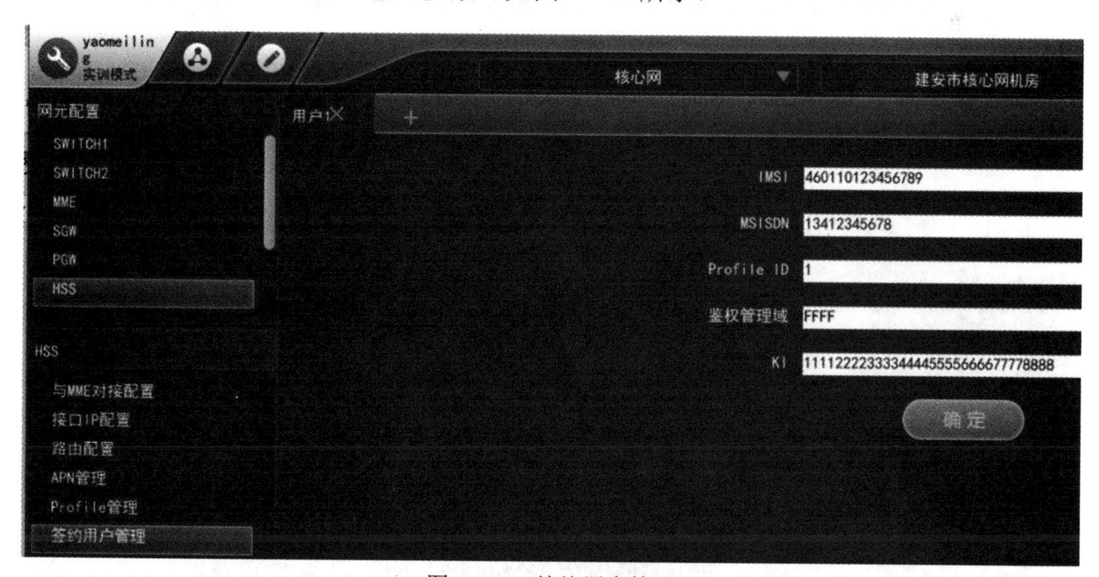

图 S1-33　签约用户管理

(1) IMSI：MCC + MNC + 用户识别号，用户识别号可以随意取 10 个十进制数字，如 0123456789，则 IMSI = 460110123456789。

(2) MSISDN：用户的电话号码，其长度是 11 位十进制数字，可以任意设置一个电话号码，如13412345678。

(3) Profile ID：在前一项“Profile管理”中已经配置为1，此处为调用。仿真软件中的参数配置是一环控制一环的，需注意前后的一致性。

(4) 鉴权管理域：值域范围为4位十六进制数，可以在值域范围内任意取值，如FFFF。

(5) KI：值域范围为32位十六进制数，可以在值域范围内任意取值。为了调用时方便记忆，可以将其设为11112222333344445555666677778888。

3. 配置SGW

SGW配置

SGW包括6项配置：PLMN配置、3项对接配置(MME、eNodeB和PGW)、接口IP配置和路由配置。

1) PLMN配置

在网元配置菜单栏中选择“SGW”选项，在配置选项菜单栏中选择“PLMN配置”选项，在参数配置表单区输入MCC和MNC，按照规划表分别是460和11。

2) 对接配置

(1) 与MME对接配置。与MME对接配置需要填写SGW的S11 IP地址，按照规划表，SGW的S11的IP地址是3.3.3.10，如图S1-34所示。

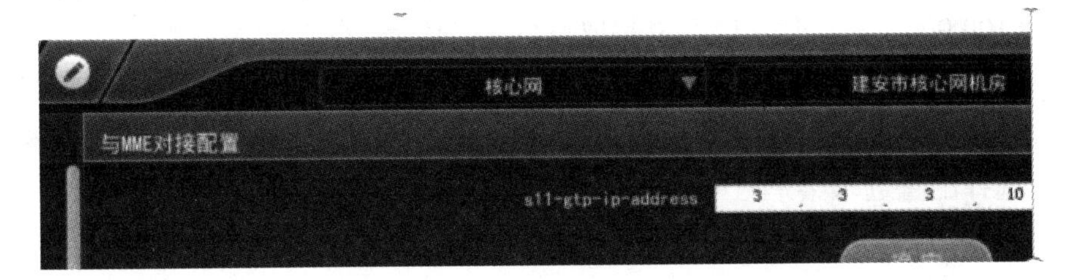

图S1-34　与MME对接配置

(2) 与eNodeB对接配置。与eNodeB对接配置需要填写SGW的S1-U IP地址，按照规划表，SGW的S1-U的IP地址是3.3.3.1，如图S1-35所示。

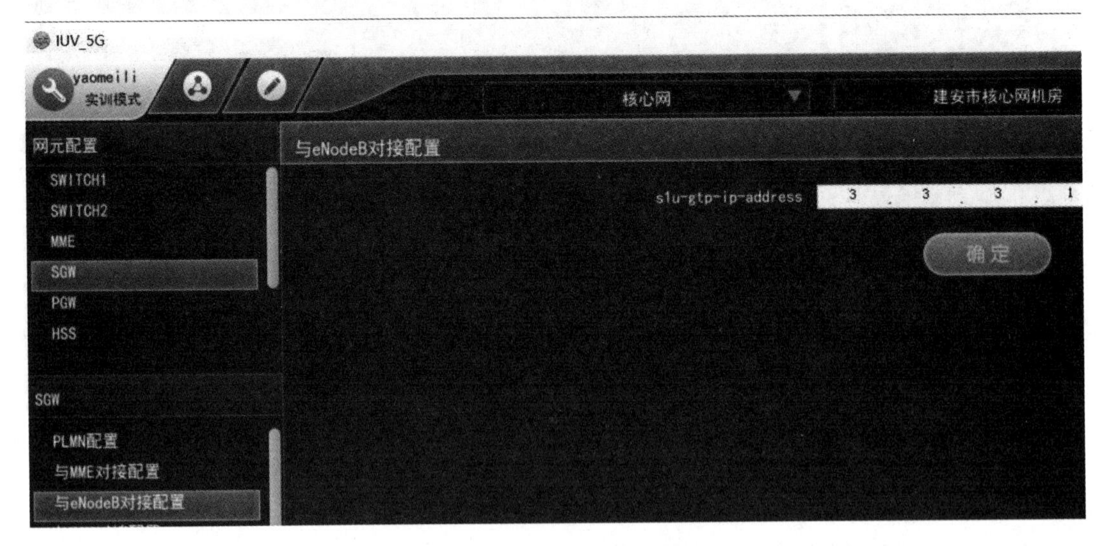

图S1-35　与eNodeB对接配置

(3) 与 PGW 对接配置。与 PGW 对接配置需要填写 S5/S8 GTP-C 的 IP 地址和 S5/S8 GTP-U 的 IP 地址，按照规划表，PGW 的 S5/S8 GTP-C、S5/S8 GTP-U 的 IP 地址分别是 3.3.3.5 和 3.3.3.8，如图 S1-36 所示。

图 S1-36　与 PGW 对接配置

3) 接口 IP 配置和路由配置

(1) 接口 IP 配置。在配置选项菜单栏中选择“接口 IP 配置”选项，单击参数配置表单区中的“+”按钮，弹出“接口 1”表单，输入 SGW 物理接口数据，如图 S1-37 所示。SGW 通过 7 号板卡的第一个端口与交换机连接，物理接口 IP 地址为 10.1.1.3，掩码是 255.255.255.0。

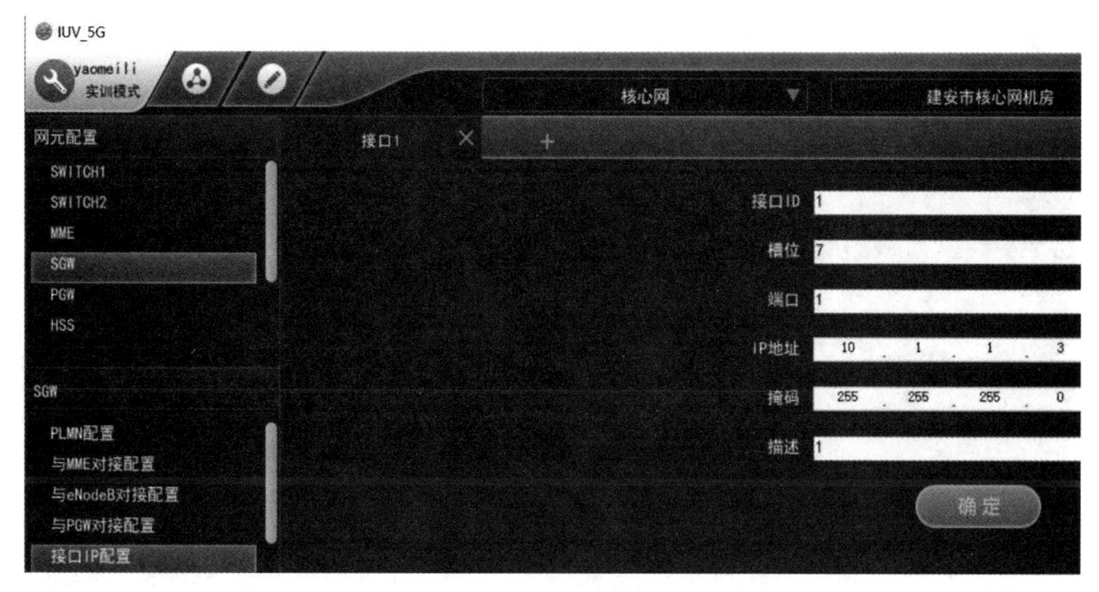

图 S1-37　接口 IP 配置

(2) 路由配置。SGW 有 4 条对外逻辑连接，如图 S1-38 所示。

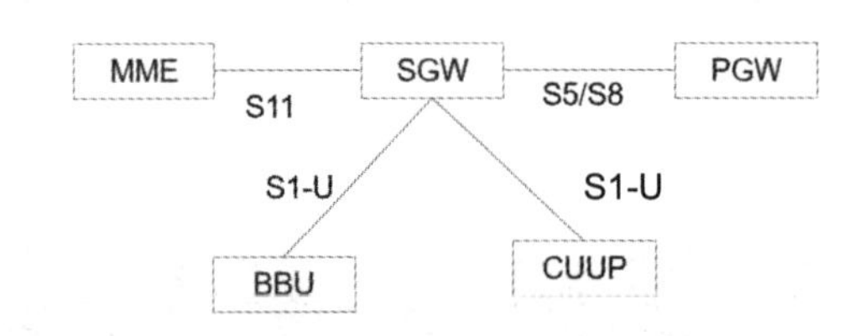

图 S1-38　SGW 的对外逻辑连接

SGW 共需配置 5 条路由，其中 SGW 与 MME 的 S11 接口需要配置 1 条路由；SGW 与 PGW 的 S5/S8 接口分为控制面和用户面，需要配置 2 条路由；SGW 与 BBU 的 S1-U 接口需要配置 1 条路由；SGW 与 CUUP 的 S1-U 接口需要配置 1 条路由。建安市 SGW 的路由规划如表 S1-7 所示，前 5 条路由是 SGW 分别到达 MME、PGW 控制面、PGW 用户面、BBU、CUUP 的路由。

表 S1-7　建安市 SGW 的路由规划

路由 ID	目的地址	子网掩码	下一跳	优先级	描述
1	1.1.1.10	255.255.255.0	10.1.1.1	1	MME
2	4.4.4.5	255.255.255.255	10.1.1.4	1	PGW GTP-C
3	4.4.4.8	255.255.255.255	10.1.1.4	1	PGW GTP-U
4	11.11.11.11	255.255.255.255	10.1.1.10	1	BBU
5	44.44.44.44	255.255.255.255	10.1.1.10	1	CUUP
	0.0.0.0	0.0.0.0	10.1.1.10	1	默认路由

还有一种配置路由的简单方法，即设置默认路由（表 S1-7 中的第 6 条路由为默认路由）。不管 SGW 到达哪里，下一跳均为 SW1 与核心网对接接口关联的 IP 地址 10.1.1.10，如图 S1-39 所示。

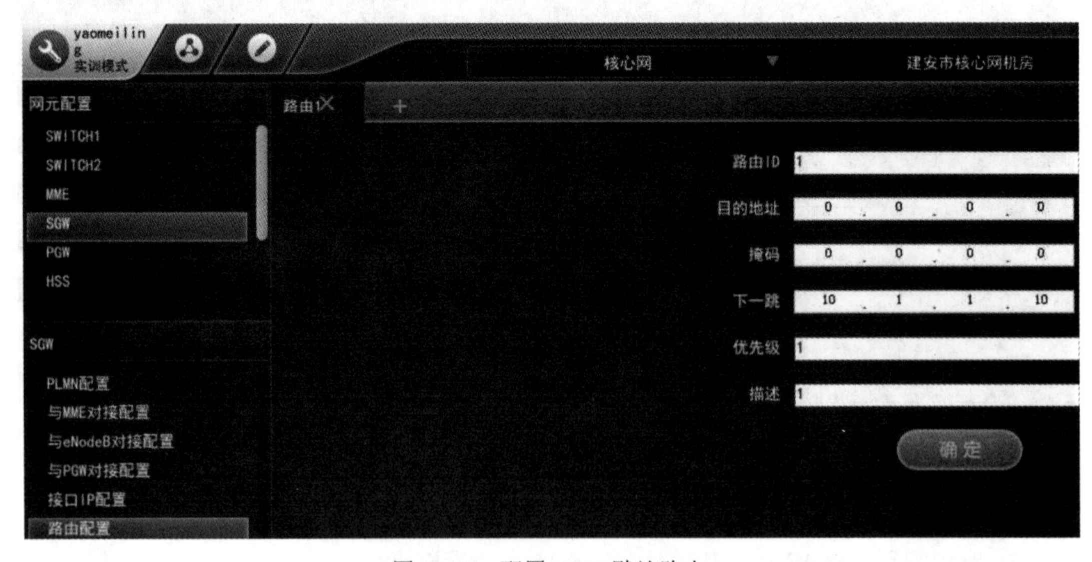

图 S1-39　配置 SGW 默认路由

4. 配置 PGW

PGW 配置

PGW 与 SGW 一样，也包括 PLMN 配置、与 SGW 对接配置、接口 IP 配置、路由配置等，但其新增了地址池配置。

1) PLMN 配置

在网元配置菜单栏中选择“PGW”选项，在配置选项菜单栏选择“PLMN 配置”选项，在参数配置表单区输入 MCC 和 MNC，按照规划表分别是 460 和 11。

2) 与 SGW 对接配置

与 SGW 对接配置需要填写 PGW 侧与 SGW 对接的 S5/S8 GTP-C 和 S5/S8 GTP-U 口的 IP 地址，按照规划表分别是 4.4.4.5 和 4.4.4.8。

3) 地址池配置

在分组数据网络中，用户必须获得一个 IP 地址才能接入 PDN，在现网中一般采用 PGW 为用户分配 IP 地址的方法。如采用 PGW 为用户分配 IP 地址，则 PGW 需要创建一个本地地址池(IP 地址网段)。

在配置选项菜单栏中选择“地址池配置”选项，添加“地址池配置”表单，输入地址池数据，如图 S1-40 所示。地址池 ID 在值域范围内取值为 1；APN 按照规划表为 test；地址池起始地址和终止地址未在规划表中指定，这里可以选用一个没有用过的网段，如 100.1.1.100～100.1.1.254；掩码为 255.255.255.0。

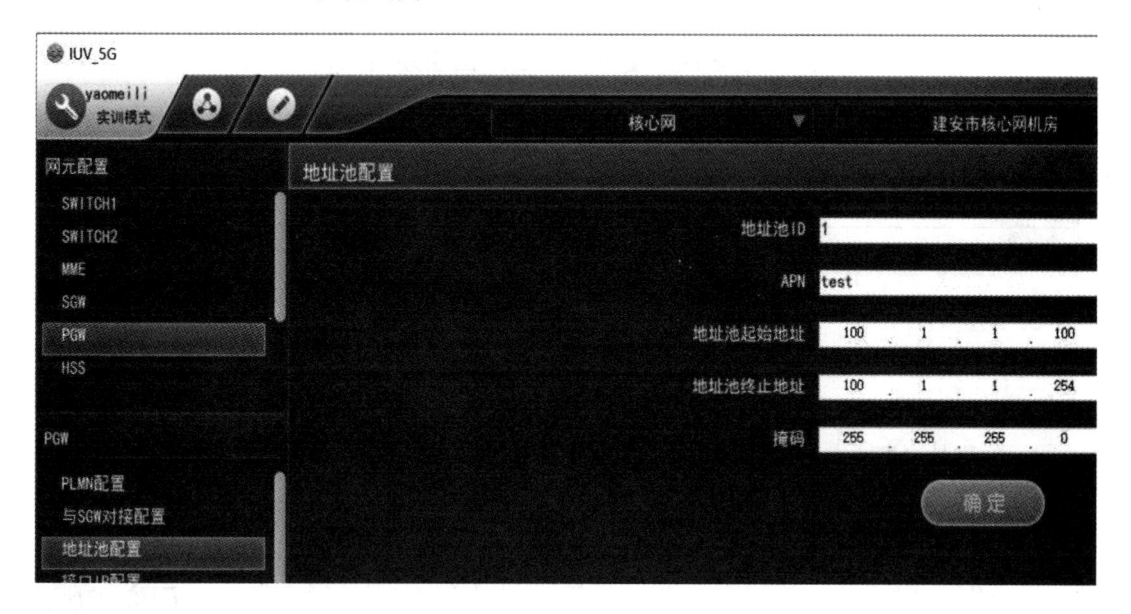

图 S1-40　输入地址池数据

4) 接口 IP 配置及路由配置

(1) 接口 IP 配置。在配置选项菜单栏中选择“接口 IP 配置”选项，再单击参数配置表单区中的“+”按钮，弹出“接口 1”表单，输入 PGW 物理接口数据，如图 S1-41 所示。按照规划表，对接接口为第 7 个槽位的端口 1，也可以在设备配置界面查看对接用的槽位和端口。按照规划表，PGW 的物理接口 IP 地址是 10.1.1.4，掩码为 255.255.255.0。

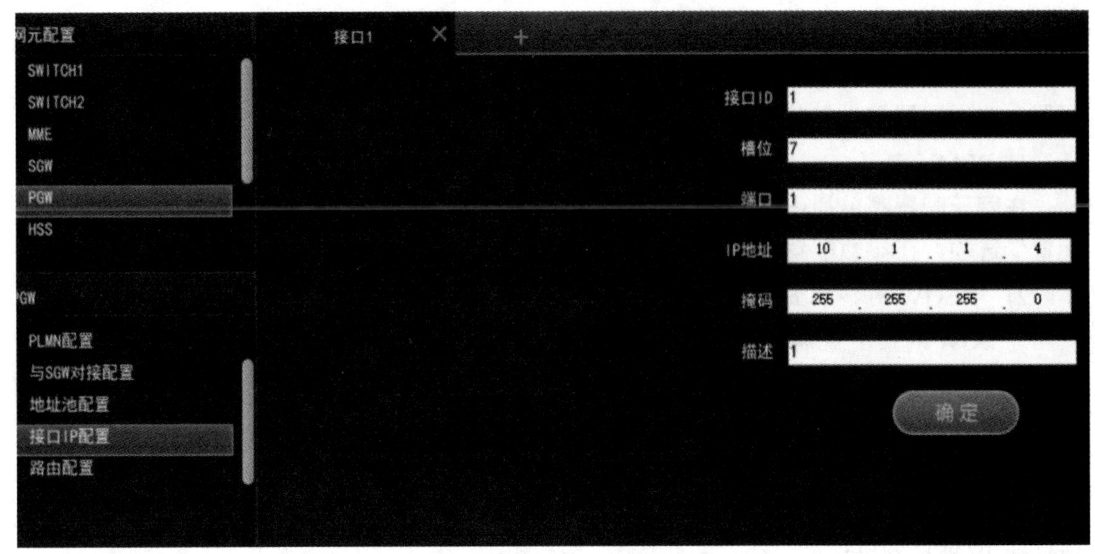

图 S1-41　输入 PGW 物理接口数据

(2) 路由配置。建安市 PGW 通过 S5/S8 接口与 SGW 的控制面和用户面相连。在配置选项菜单栏中选择“路由配置”选项，单击参数配置表单区中的“+”按钮，在添加的表单中输入路由数据。建安市 PGW 路由规划如表 S1-8 所示，可以添加前面 2 条路由，也可以只添加第 3 条默认路由。

表 S1-8　建安市 PGW 路由规划

路由 ID	目的地址	掩码	下一跳	优先级	描述
1	3.3.3.5	255.255.255.255	10.1.1.3	1	SGW GTP-C
2	3.3.3.8	255.255.255.255	10.1.1.3	1	SGW GTP-U
	0.0.0.0	0.0.0.0	10.1.1.10	1	默认路由

5. 配置 SW1

为了基础业务验证通过，需要配置 SW1 的物理接口、VLAN 三层接口、静态路由和 OSPF 路由。

1) *物理接口配置*

(1) 在网元配置菜单栏中选择“SWITCH1”选项，在配置选项菜单栏中选择“物理接口配置”，弹出“物理接口配置”表单，可以看到多列信息：接口 ID、接口状态、端口类型(光口/电口)、VLAN 模式以及端口关联的 VLAN。

交换机配置

(2) 观察物理接口状态，发现有 5 个端口的状态是 up，如图 S1-42 所示。状态为 up 的端口就是已经连接的端口，分别连接 MME、SGW、PGW、HSS 及承载网的 SPN。

(3) 进入“网元配置”/“设备配置”界面查看 5 个状态为 up 的端口连线，如图 S1-43 所示。其中，SW1 的端口 1 连接 MME；端口 13 连接 SGW；端口 14 连接 PGW；端口 18 连接 ODF，进而连接承载网；端口 19 通过以太网线连接 HSS。

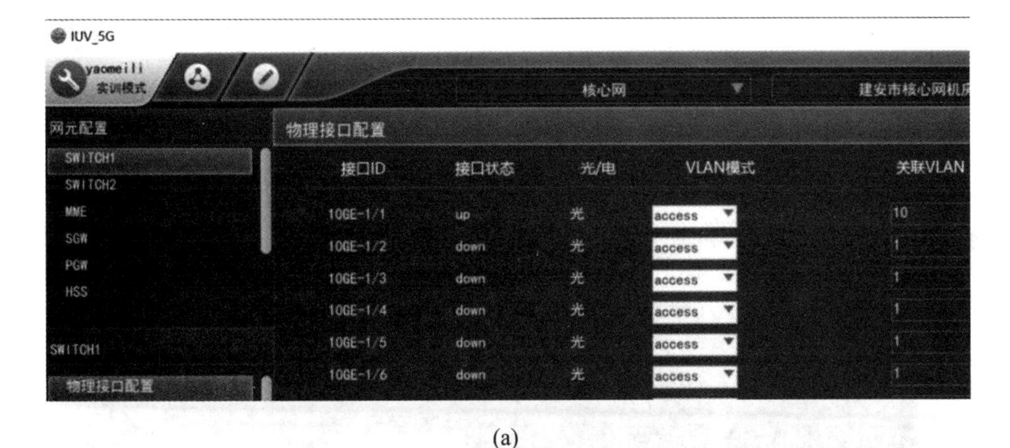

(a)

(b)

图 S1-42　交换机物理接口配置

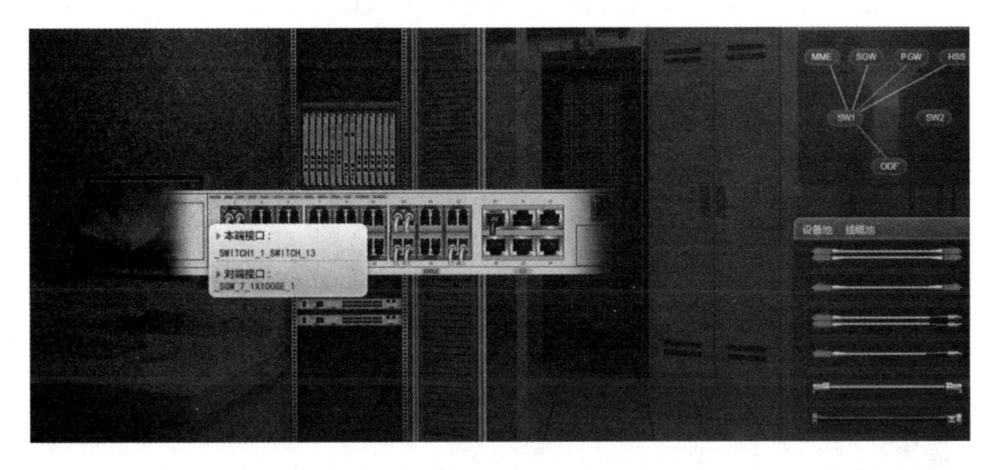

图 S1-43　SW1 的端口连线

(4) 按照规划表，将 SW1 与核心网 4 个网元连接的 4 个接口划分在同一个 IP 网段，因此 4 个接口归属于同一个 VLAN(按照规划表为 VLAN10)。通过 ODF 连接承载网的端口 18

与连接核心网 4 个网元的接口不在同一个 IP 网段，端口 18 归属于另外的 VLAN(按照规划表为 VLAN101)，VLAN 接口模式均为 access。物理接口配置给 5 个状态为 up 的接口关联了 VLAN，若要完成 IP 地址配置，需要进行逻辑接口配置。

2) 逻辑接口配置

选择“逻辑接口配置”/“VLAN 三层接口”选项，弹出“VLAN 三层接口”表单，新增 2 条配置接口，如图 S1-44 所示。

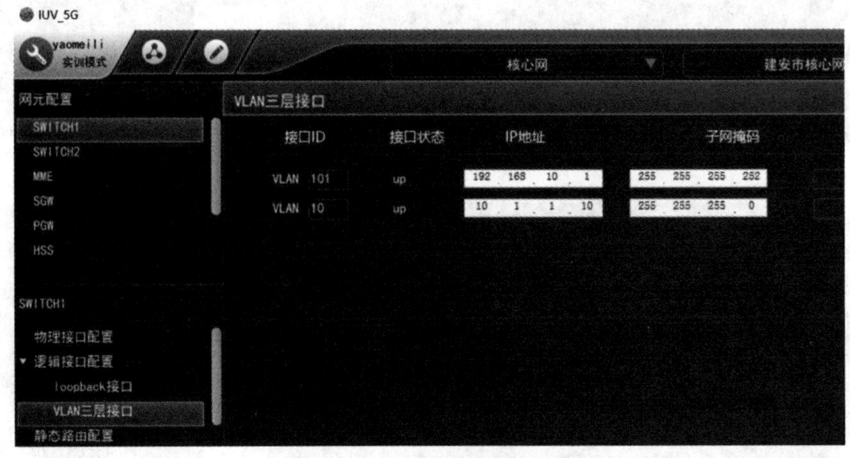

图 S1-44　SW1 的逻辑接口配置

第 1 条配置接口 ID 对应 VLAN101，IP 地址是交换机与承载网对接接口的 IP 地址 192.168.10.1，子网掩码是 255.255.255.252(IP 地址来源参见项目 2.1 任务 1“建安市 Option3 组网之承载网规划”)，信息配置正确接口状态转为 up；第 2 条配置接口 ID 对应 VLAN10，IP 地址是交换机与核心网对接接口的 IP 地址 10.1.1.10，子网掩码是 255.255.255.0，信息配置正确接口状态转为 up。

3) 静态路由配置

核心网包括 4 个网元，每个网元都有多个逻辑接口地址。在 SW1 上配置静态路由，可以保证其能到达核心网网元的每个逻辑接口，进而达到通过 SW1 转发实现核心网网元之间以及核心网网元与无线网或承载网的互通效果。SW1 的静态路由配置如图 S1-45 所示。

图 S1-45　SW1 的静态路由配置

4) OSPF 路由配置

(1) 选择“OSPF 路由配置”/“OSPF 全局配置”选项，弹出“OSPF 全局配置”表单，在表单中输入 OSPF 全局参数，如图 S1-46 所示。其中，全局 OSPF 状态选择“启用”；进程号在值域范围内取值，如 1；在没有配置 Loopback 接口地址的情况下，route-id 可以配置为任意一个 VLAN 三层接口地址，如 10.1.1.10；因为有静态路由，所以静态路由重分发单选按钮需选中。

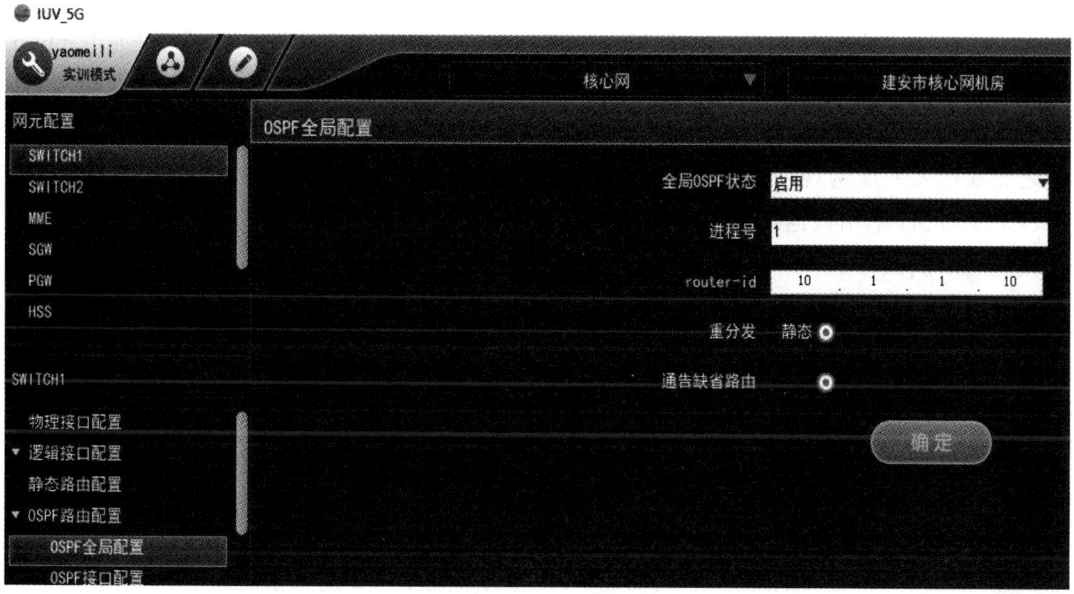

图 S1-46　OSPF 全局配置

(2) 选择“OSPF 路由配置”/“OSPF 接口配置”选项，弹出“OSPF 接口配置”表单，在表单中输入 OSPF 接口信息，如图 S1-47 所示。仿真软件中 VLAN ID、VLAN 三层接口对应的 IP 地址、子网掩码等已经自动关联，故只需将 OSPF 状态全部选择“启用”即可。

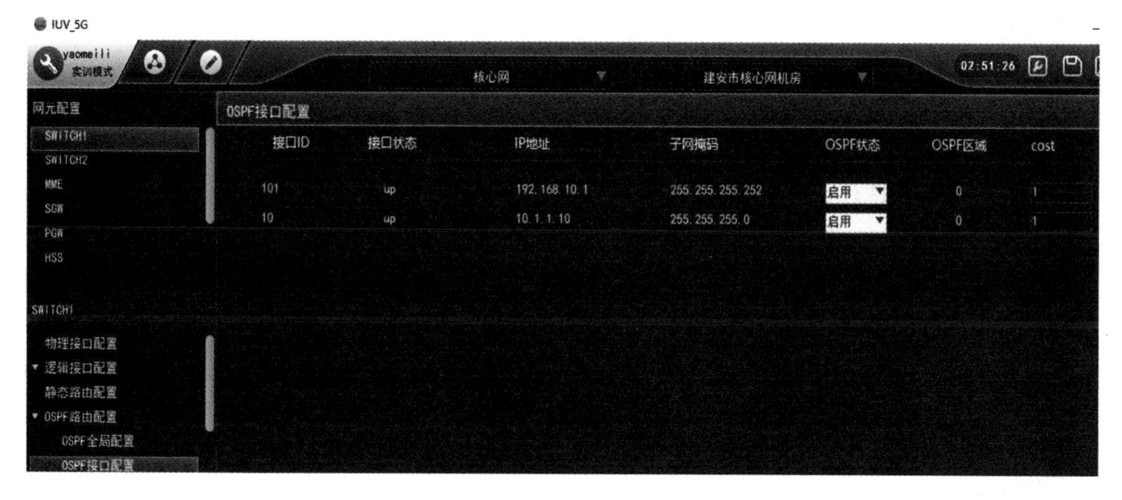

图 S1-47　OSPF 接口配置

项目 1.2　建安市 Option3 组网之无线接入网组网规划及建设

本项目完成建安市 B 站点无线机房的规划、无线机房内 2 个基站的设备安装[Option3 组网的 RAN(Radio Access Network，无线接入网)包括 4G 演进基站和 5G NR 基站两部分]、线缆连接、数据配置以及业务验证。本项目内容较多，分成 6 个任务：建安市 Option3 组网之无线接入网组网规划、无线接入网设备安装与连接、无线接入网 4G 演进基站数据配置、无线网 5G 基站数据配置、与无线侧相连的承载配置、实验模式下建安市 Option3 全网建设之网络调试。

任务 1　建安市 Option3 组网之无线接入网组网规划

任务描述

本任务完成建安市 B 站点无线机房的物理设备部署及连接规划、无线机房 IP 地址规划以及无线接入网参数规划(包括全局信息、5G 基站信息和 4G 基站信息)。

任务分析

建安市 Option3 组网的无线接入网部署在建安市 B 站点无线机房，主要规划无线机房需要部署的物理设备以及设备之间的连接信息。

任务实施

1. 建安市 B 站点无线机房的设备及连接拓扑规划

建安市 Option3 组网之无线机房安装 2 套无线设备、一套 4G 基站设备(包括 1 个 BBU 和 3 个 AAU)和一套 5G 基站设备(包括 1 个 ITBBU 和 3 个 AAU)。为了保证所有的基站有相同的时间基准，还配置了 GPS，GPS 与 ITBBU 连接。基站与核心网并非直接连接，中间需经过多级承载网设备。承载网的接入层机房为建安市 B 站点机房，其中配置了 SPN 设备，SPN 与 BBU、ITBBBU 均需要连接。建安市 B 站点无线机房的设备及连接拓扑如图 S1-48 所示。

5G 基站设备之基带单元 ITBBU 包含 3 个功能单元：CUCP、CUUP 和 DU，3 个功能单元之间以及与相关设备的接口类型如图 S1-49 所示。

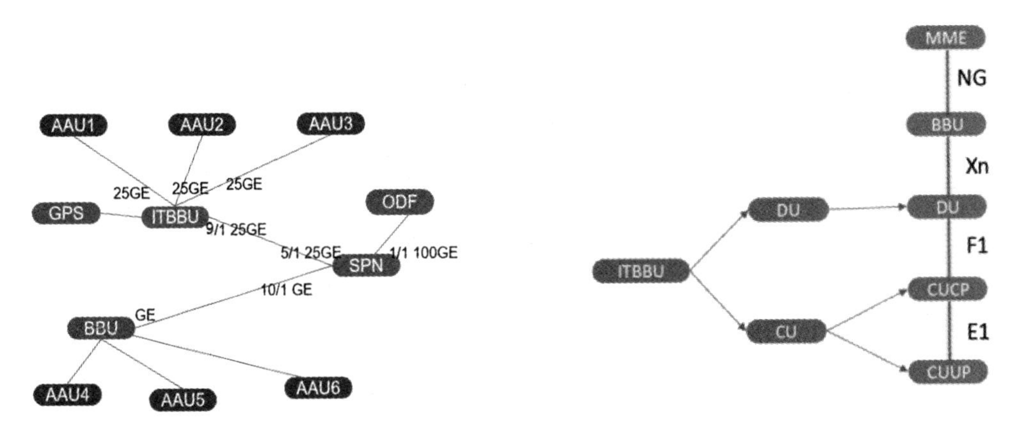

图 S1-48　建安市 B 站点无线机房的设备及连接拓扑

图 S1-49　ITBBU 的 3 个功能单元之间以及与相关设备的接口类型

2. 建安市 B 站点无线机房 IP 地址及无线参数规划

完整的建安市 Option3 组网的具体规划架构图和 IP 地址规划表见 P68 二维码。建安市 B 站点无线机房设备 IP 地址规划如表 S1-9 所示，全局信息如表 S1-10 所示，5G 基站信息如表 S1-11 所示，4G 基站信息如表 S1-12 所示。

表 S1-9　建安市 B 站点无线机房设备 IP 地址规划

设　备	接　口	IP 地址	VLAN	对接的 SPN 设备接口	对接的 SPN 设备接口的 IP 地址
5G 基站之 ITBBU	物理接口 9/1	DU：22.22.22.22/24	22	25GE-5/1.1 (DU 网关)	22.22.22.1/24
		CUCP：33.33.33.33/24	33	25GE-5/1.2 (CUCP 网关)	33.33.33.1/24
		CUUP：44.44.44.44/24	44	25GE-5/1.3 (CUUP 网关)	44.44.44.1/24
4G 基站之 BBU	物理接口 1/1	11.11.11.11/24		RJ45-10/1 BBU 网关	11.11.11.1/24
SPN	物理接口 100GE-1/1	192.168.13.2/30(通过 ODF 上联 3 区汇聚机房)			
	物理接口 25GE-5/1	连接 ITBBU，启用 3 个子接口对接 DU、CUCP、 CUUP			
	物理接口 RJ45-10/1	11.11.11.1/24(连接 BBU)			

表 S1-10　全 局 信 息

参　数	规划取值
MCC	460
MNC	11
网络模式	NSA
APN	test
TAC	1122

表 S1-11　5G 基站信息

参　数	规划值		
DU 小区	小区 1	小区 2	小区 3
小区 ID	1	2	3
TAC	1122	1122	1122
PCI	4	5	6
频段	78	78	78
中心载频	630 000		
下行 Point A	626 724		
上行 Point A	626 724		
系统带宽	273		
SSB 测量	630 000		
子载波间隔	30		
系统子载波间隔	30		
AAU 频段	3400～3800 MHz		
小区 RE 参考功率(0.1 dBm)	156	156	156
UE 最大发射功率	23	23	23
实际频段(NR 邻接小区的中心载频)	3450	3450	3450

表 S1-12　4G 基站信息

参 数	规划值		
小区	小区 1	小区 2	小区 3
小区标识	1	2	3
PCI	1	2	3
频段指示	42	42	42
中心载频	3540	3540	3540
带宽(RB 数量)	20	20	20
小区参考功率	23	23	23
eNodeB 标识	1		
AAU 频段	3400～3800 MHz		

任务 2　建安市 Option3 组网之无线接入网设备安装与连接

任务描述

按照拓扑规划图 S1-48，完成建安市 B 站点机房设备部署与连线。

任务分析

建安市 Option3 组网之无线接入网包括 4G 基站和 5G 基站，一般二者之间没有直接互联，而是通过上联承载网设备 SPN 实现互联。

任务实施

无线网设备安装、连线

1. 进入建安市 B 站点无线机房

在仿真软件界面任务栏中选择“网络配置”/“设备配置”选项，进入设备配置界面。在设备配置界面上方菜单栏中选择“网络选择”/“无线网”选项，在“请选择机房”下拉菜单中选择“建安市 B 站点机房”选项，进入建安市 B 站点机房设备配置界面，如图 S1-50 所示。可见建安市 B 站点无线机房设在楼顶，有铁塔和机房。建安市 B 站点机房设备配置界面中一共有 3 个高亮黄色箭头，指示可以进行单击操作

的区域(铁塔、机房门和 GPS)；界面右上角为设备指示图，其中已有 GPS 标识，表明 GPS 已经安装好。单击机房墙面天线旁边的高亮区域，可以看到 GPS 天线的放大图片。

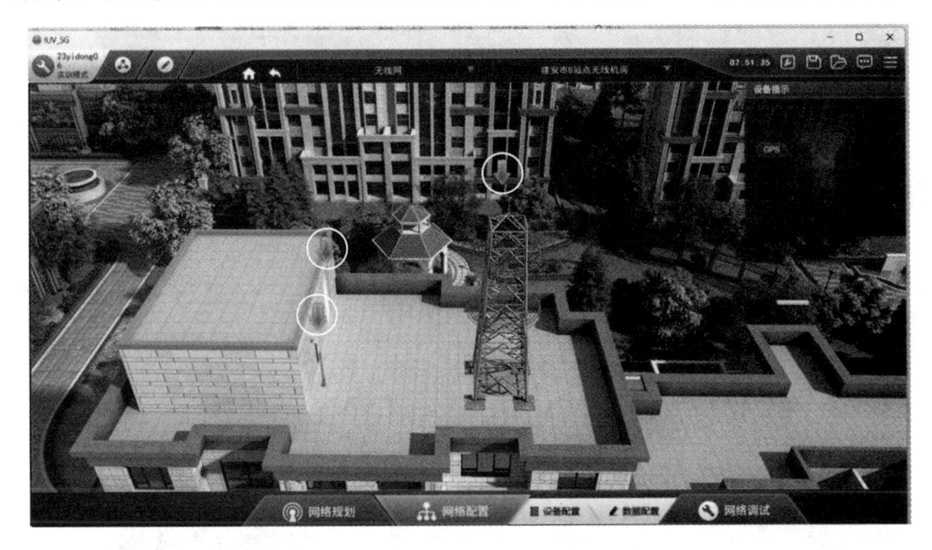

图 S1-50　建安市 B 站点机房设备配置界面

2. 安装 AAU

(1) 单击铁塔，进入 AAU 安装界面，其右下角的设备资源池中有 9 个可以拖放到塔上的有源天线设备：3 个 AAU4G、3 个 AAU5G 低频、3 个 AAU5G 高频。

(2) NSA 组网需要 3 个 AAU4G 和 3 个 AAU5G。将鼠标指针放到 AAU4G 天线上，按住鼠标左键不放，拖动 AAU4G 设备到铁塔上的方框内(在仿真软件中拖放时，通过方框指示设备可以安装的位置)，松开鼠标完成安装。安装 3 个 AAU4G 需要拖动 3 次，安装完毕后，设备指示图会出现相应的设备提示：AAU4、AAU5、AAU6。低频 AAU5G 的安装方法同 AAU4G，设备指示图中的设备提示为 AAU1、AAU2、AAU3。AAU 安装结果如图 S1-51 所示。

图 S1-51　AAU 安装结果

3. 安装 BBU、ITBBU 设备机柜和 SPN 设备

(1) 单击“返回”按钮，将鼠标指针移动至建安市 B 站点机房设备配置界面，再单

击高亮机房门，进入机房内部配置界面。其中有 3 个机柜可以操作，最右边的机柜是 ODF 架，最左侧机柜为 BBU/ITBBU 设备机柜，中间机柜为 SPN 设备机柜，如图 S1-52 所示。

图 S1-52　建安市 B 站点机房内部配置界面

(2) 设备指示图中已有 ODF，表明 ODF 已经安装好，不需要再安装。这里需要安装 BBU、ITBBU 以及 SPN。单击 BBU/ITBBU 设备机柜，打开 BBU/ITBBU 设备机柜的安装界面，界面右下角的设备资源池中可见 BBU 和 ITBBU 设备。将鼠标指针放在 BBU 上，按住鼠标左键不放，将其拖放至机柜内红框提示处，松开鼠标完成安装。采用同样的方法，再安装 1 个 ITBBU。

(3) 单击“返回”按钮，退回机房内部配置界面。单击 SPN 设备机柜，进入 SPN 设备机柜的安装界面，界面右下角设备资源池中有 6 种设备可供选择，分别为大、中、小型的 SPN 和 RT 设备，此处按照规划选择小型 SPN。将鼠标指针指向小型 SPN，按住鼠标左键不放，将小型 SPN 拖放到机柜的方框内，松开鼠标完成安装，如图 S1-53 所示，在右上角的设备指示图中可以见到安装完成的设备。

图 S1-53　SPN 设备机柜的安装界面

4. 安装 ITBBU 板卡

(1) 单击设备指示图中的 ITBBU，进入 ITBBU 内部板卡安装界面，可以发现拖放进机柜的 ITBBU 是一个空机框，没有安装板卡，所以需要先给 ITBBU 安装板卡。ITBBU 内部板卡安装界面右下角为设备池和线缆池，其中设备池中存放的是可以安装的板卡，包括 5G 基带处理板、虚拟通用计算板、虚拟电源分配板、虚拟环境监控板和 5G 虚拟交换板，5 种板卡都需手动安装 1 块。

(2) 安装 5G 基带处理板。将鼠标指针指向设备池中的 5G 基带处理板，按住鼠标左键不放，设备机框中会出现一些红色方框，指示该类型板卡可以放置的位置，选择合适的位置(如机框左上方)，将 5G 基带处理板放到选定的位置后松开鼠标左键，即安装完成。其他板卡的安装方法与此相同，最终结果如图 S1-54 所示。

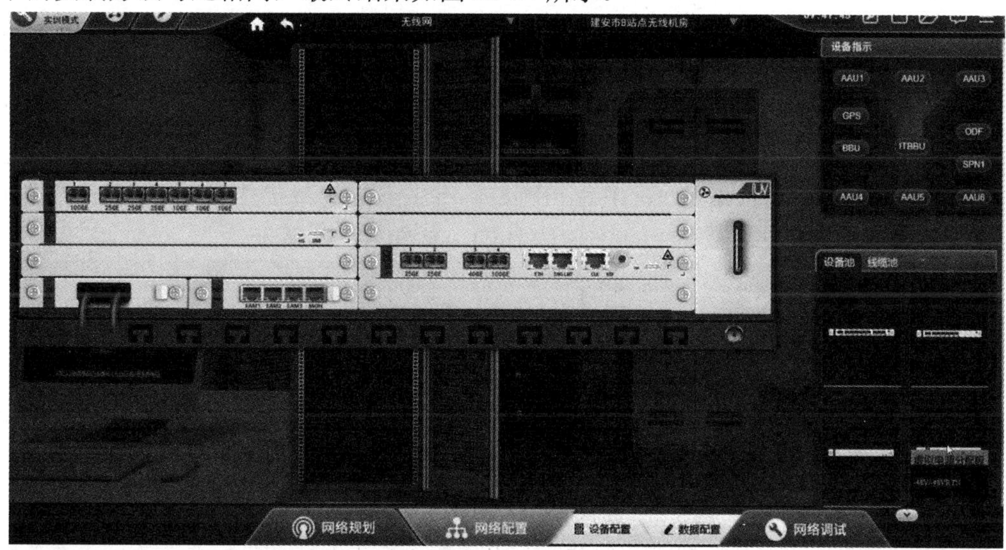

图 S1-54　ITBBU 内部板卡安装结果

需要注意的是，虚拟电源分配板应安装在机框左下角板位的左半边，因为虚拟环境监控板只能安装在机框左下角板位的右半边，如果机框左下角板位的右半边被虚拟电源分配板占用，那么虚拟环境监控板就无法安装(这是仿真软件的板卡安装设定的限制)。

5. 设备连线

所有已经安装的设备均在设备配置界面右上角的设备指示图中呈现，可通过单击设备指示图中的图标实现设备间的切换，从而实现不同设备的连接。设备连线包括 6 段：BBU 与 4G AAU、ITBBU 与 5G AAU、ITBBU 与 GPS、ITBBU 与 SPN、BBU 与 SPN、SPN 与 OFD(从而连接其他承载机房)。

1) 连接 BBU 和 4G AAU

单击设备指示图中的 BBU，进入 BBU 面板界面，BBU 的 3 个光口 TRX0、TRX1、TRX2 用来连接 AAU。单击设备指示图中的 AAU4，进入 AAU4 面板界面，AAU 的 2 个光口 OPT1、OPT2 都用来连接 BBU。为了遵守整洁统一原则，优先选择编号小的 OPT1。选用成对 LC-LC 光纤，将 BBU 的 TRX0、TRX1、TRX2 分别连接 AAU4、AAU5、AAU6 的光口 OPT1，如图 S1-55 所示。

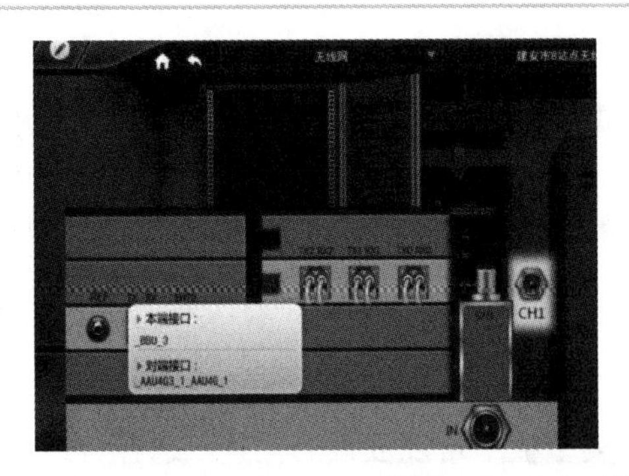

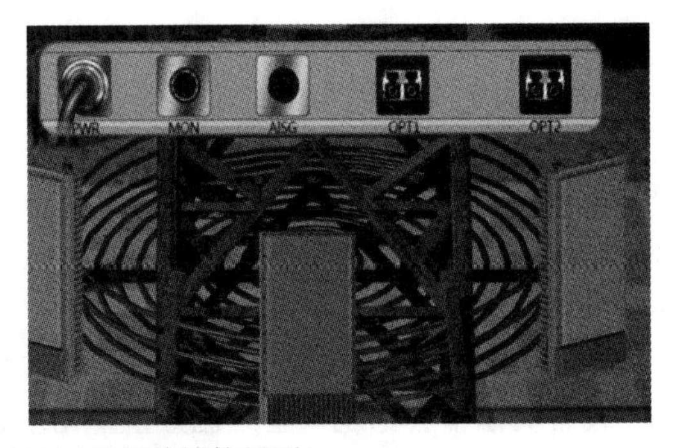

图 S1-55　BBU 和 4G AAU 天线连接界面

2) 连接 ITBBU 和 5G AAU

ITBBU 和 5G AAU 低频天线用成对 LC-LC 光纤连接，ITBBU 侧用的单板为 ITBBU 的 BP5G 板，BP5G 板有 1 个 100GE 端口、3 个 25GE 端口和 3 个 10GE 端口。

5G AAU 天线有 3 个端口，端口 1、端口 2、端口 3 的速率分别为 25GE、10GE、100GE，可知 5G AAU 连接 ITBBU 时可以选择 25GE 或者 10GE 端口(因为收发两端的端口速率必须一致，而且 BP5G 板的 25GE 和 10GE 端口刚好都有 3 个)。这里优选 BP5G 板的 3 个 25GE 端口连接 AAU1、AAU2、AAU3 的 25GE 端口 1，如图 S1-56 所示。

图 S1-56　ITBBU 和 5G AAU 连接界面

3) 连接 ITBBU 与 GPS

ITBBU 与 GPS 使用线缆池中的“GPS 馈线”相连，ITBBU 的连接端口为整个机框右下角的同轴电缆端口。

单击设备指示图的 ITBBU，在线缆池里选择“GPS 馈线”选项；单击 ITBBU 设备的 GPS 端口，将 GPS 馈线的一端连接至 ITBBU 的 GPS 端口；单击设备指示图中的 GPS，再单击 GPS 设备中黄色高亮提示处，将 GPS 馈线的一端连接至 GPS 设备的 GPS 端口，完成连接。

4) 连接 ITBBU 和 SPN

ITBBU 通过 5G 交换板卡连接 SPN，5G 交换板卡有 25GE、40GE、100GE 3 种端口速率。SPN 设备板卡丰富，包括 1 块 100GE 的板卡、1 块 40GE 的板卡、2 块 50GE 的板卡、2 块 25GE 的板卡两块、10GE 以及 1GE 板卡等，每一块板卡均有两个或更多端口。ITBBU 和 SPN 之间用成对的 LC-LC 光纤连接。本着收发两端速率一致的原则，SPN 到 ITBBU 有 3 种端口速率(25GE、40GE、100GE)可以选择。此处选择 ITBBU 的 5G 交换板

第一个 25GE 端口，连接到 SPN 的 5 号板卡的第一个 25GE 端口。

如果鼠标指针靠近连线成功的端口，则会提示本端及对端端口信息。将鼠标指针靠近 SPN 的 5 号板卡第 1 个 25GE 端口，会显示本端及对端端口信息，如图 S1-57 所示。

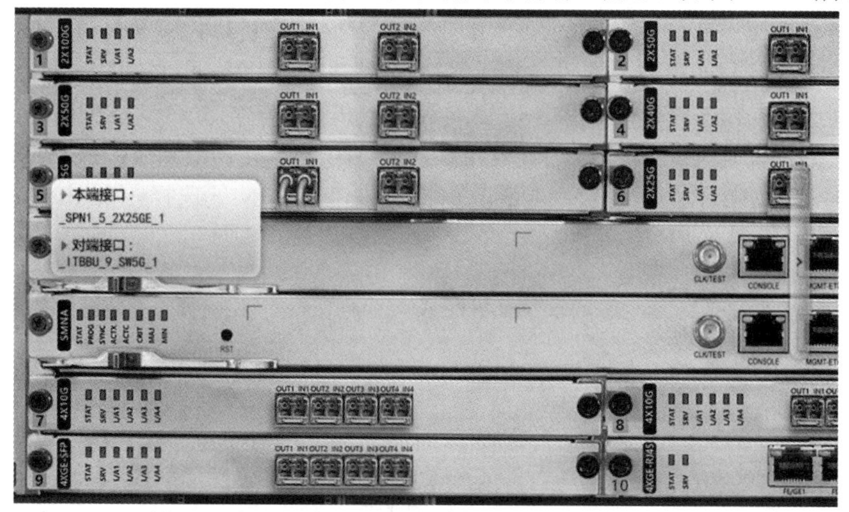

图 S1-57　SPN 和 ITBBU 相连的本端及对端端口信息

5) 连接 BBU 与 SPN

BBU 与 SPN 之间可以选择光口或者网口连接，如果选择光口连接 SPN，则只能选择 SPN 的 1GE 速率端口，连接到其他速率端口将不生效(这是仿真软件的限制)。为了方便连接，这里选择网口。SPN 的板卡(槽位 10)有 4 个网口，可以选择其中任意一个。为了整洁，这里选择最左侧的端口 1。

在设备指示图中单击 BBU，进入 BBU 内部界面，在线缆池中选择“以太网线”，单击 BBU 的 EHT0 接口，完成线缆与 BBU 间的连接；在设备指示图中单击 SPN1，在打开的 SPN 视图中单击第 10 号板卡第一个 GE 端口，完成线缆与 SPN 的连接，如图 S1-58 所示。

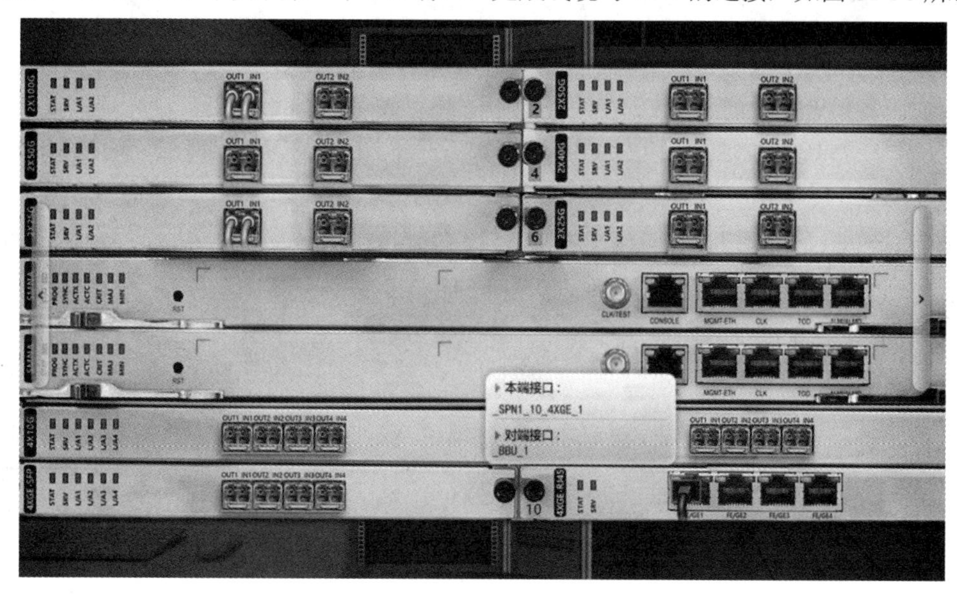

图 S1-58　SPN 与 BBU 连接界面

6) 连接SPN与ODF

注意：此步骤配置是为实战演练2(工程模式下的全网建设)做准备，对实验模式的业务验证没有影响。

跨域机房连接需要经过ODF，即连接建安市3区汇聚机房，需要经过ODF实现无线站点机房与承载网间的对接。在设备指示图中单击ODF，可见通过ODF能到达的对端有多个，如到达建安市3区汇聚机房、建安市A站点机房、建安市C站点机房等。根据实战演练2的规划，需要将SPN连接到建安市3区汇聚机房。使用成对LC-FC光纤，ODF侧没有速率提示，如图S1-59所示，考虑到出口速率，在SPN处选择一个100GE的端口连接ODF。

图S1-59 ODF架的走向

单击设备指示图中的SPN1，在线缆池中选择“成对LC-FC光纤”，一端接在SPN的1号板卡第一个100GE速率接口上；再单击设备指示图中的ODF，将另一端接在ODF机架第一对接口1T1R上，如图S1-60所示。

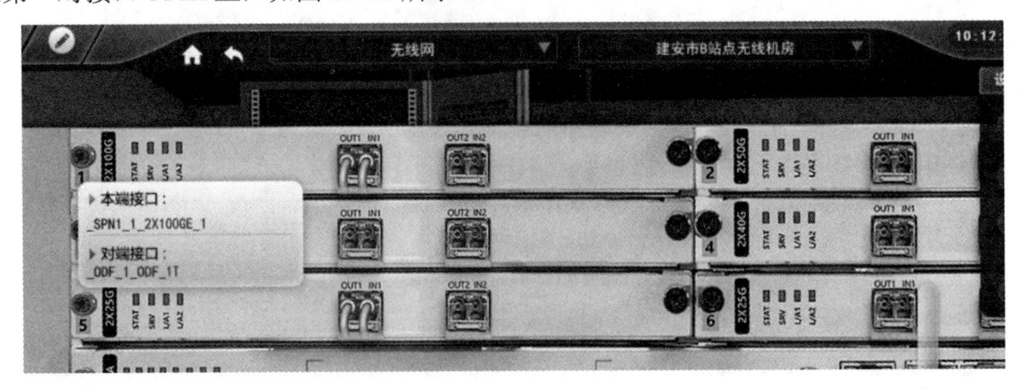

图S1-60 SPN与ODF连接界面

任务 3　建安市 Option3 组网之无线接入网 4G 演进基站数据配置

任务描述

按照规划数据完成 4G 演进基站数据配置，包括 BBU 的配置以及与 BBU 相连的 AAU 配置(AAU4、AAU5、AAU6 配置)。

任务分析

登录仿真软件，在任务栏中选择“网络配置”/“数据配置”选项，进入数据配置界面。在数据配置界面菜单栏中选择“网络选择”/“无线网”选项，在“请选择机房”下拉菜单中选择“建安市 B 站点无线机房”选项，进入建安市 B 站点无线机房数据配置界面，如图 S1-61 所示。该界面左上方为网元配置菜单栏，给出了在“设备配置”中安装过的设备，包括 BBU、ITBBU、AAU4、AAU5、AAU6、AAU1、AAU2、AAU3。所以，NSA 开通无线接入网部分数据配置包括 6 大部分：① BBU 配置；② 与 BBU 相连的 AAU 配置：AAU4、AAU5、AAU6 配置；③ ITBBU 的配置；④ 与 ITBBU 相连的 AAU 配置：AAU1、AAU2、AAU3 配置；⑤ 与无线侧紧密相关的承载配置；⑥ 业务调试。

图 S1-61　建安市 B 站点无线机房数据配置界面

其中，配置①和②是 4G 演进基站配置，配置③和④是 5G 基站配置。因此，建安市 Option3 组网之无线接入网数据配置可整合成 4 个子任务：① 4G 演进基站数据配置；② 5G 基站数据配置；③ 与无线侧紧密相关的承载配置；④ 业务调试。这 4 个子任务分别在后面的任务中完成。

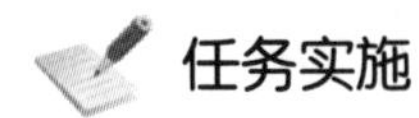

任务实施

1. BBU 配置

打开建安市B站点无线机房数据配置界面，选择网元配置菜单栏中的“BBU”选项，进入 BBU 数据配置界面。该界面左下方的 BBU 配置选项菜单栏中为 BBU 的相关配置项，可见 BBU 一共有 5 大配置项，分别是网元管理、4G 物理参数、IP 配置、对接配置和无线参数，如图 S1-62 所示。

BBU 数据配置(上)　　BBU 数据配置(下)

图 S1-62　BBU 数据配置界面

1) 网元管理

在配置选项菜单栏中选择“网元管理”选项，弹出“网元管理”表单，输入参数，如图 S1-63 所示。

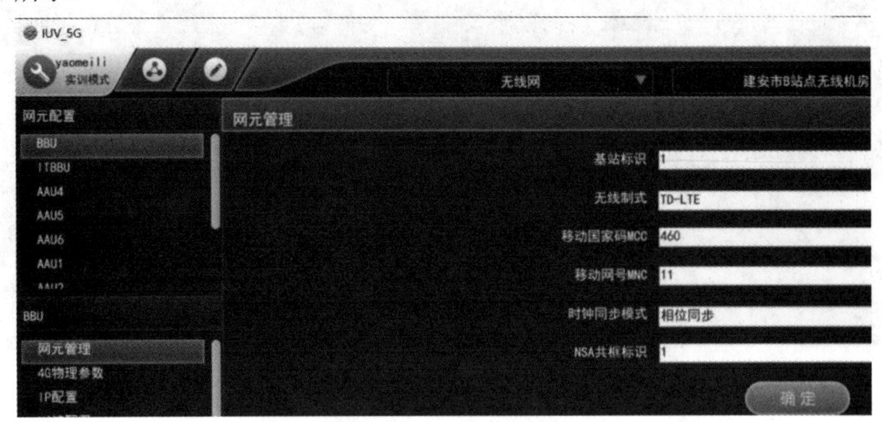

图 S1-63　网元管理

根据数据规划表 S1-12，基站标识(也称 eNodeB 标识)为 1，MCC 为 460，MNC 为 11。无线制式选择“TD-LTE”(现网多为 TDD 模式)，时钟同步选择“相位同步”(因为配置的

是 TDD 小区)，NSA 共框标识在值域范围内取值(如 1)，单击“确定”按钮，保存数据。

2) 4G 物理参数

选择“4G 物理参数”选项，弹出“4G 物理参数”表单，输入参数，如图 S1-64 所示。其中，AAU4、AAU5、AAU6 链路光口使能已经默认选择“使能”，这里保持默认设置即可；承载链路端口有光口和网口两个选项，通过查看建安市 B 站点机房的设备配置，可见 BBU 连接 SPN 的接口为黑色网口，即承载链路端口选择“网口”。

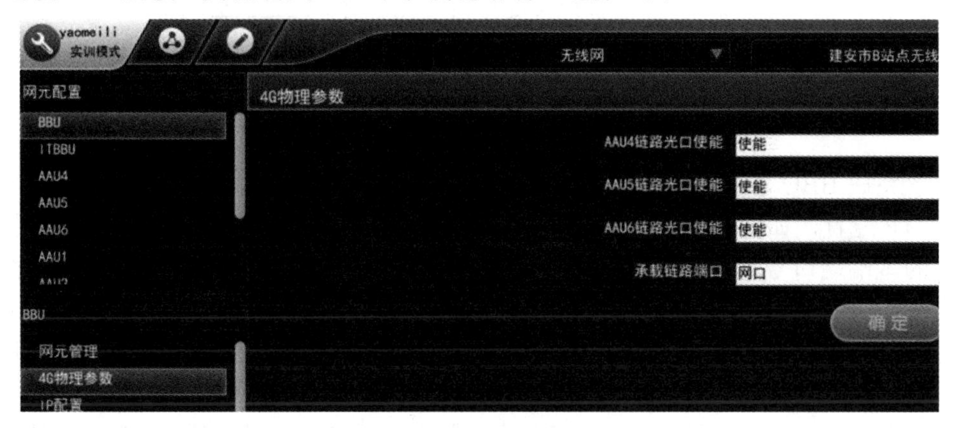

图 S1-64　4G 物理参数

3) IP 配置

选择“IP 配置”选项，弹出“IP 配置”表单，输入参数，如图 S1-65 所示。按照 IP 规划表，BBU 的 IP 地址是 11.11.11.11，掩码是 255.255.255.0，网关是 11.11.11.1。

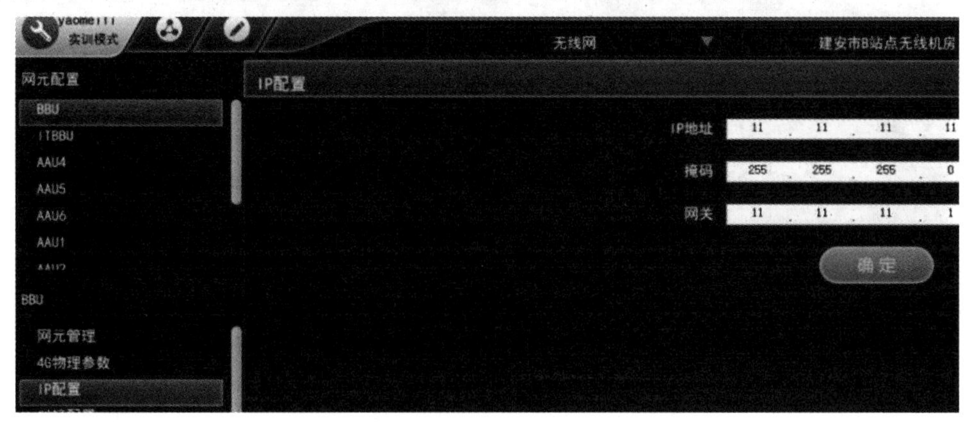

图 S1-65　IP 配置

4) 对接配置

对接配置包括 SCTP 配置和路由配置。

(1) SCTP 配置。由网络架构图可得 BBU 的对外逻辑连接(见图 S1-66)。BBU 通过 S1-MME 接口向上与 MME 互联，需要配置一条 SCTP 链路；BBU 通过 X2-C 接口和 5G 基站的 CUCP 互联，需要配置一条 SCTP 链路；BBU 通过 X2-U 接口和 CUUP 互联、BBU 通过 S1-U 接口与 SGW 互联，这两个接口传输的是业务信号，不需要通过 SCTP 协议(因为业务链路两端之间的信息传输依靠通信路由进行)。因此，BBU 总共需要两条 SCTP 配置：与

MME 对接的 SCTP 链路和与 CUCP 对接的 SCTP 链路。

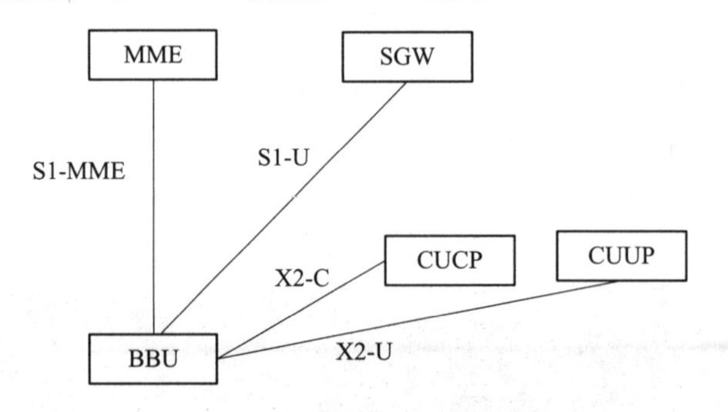

图 S1-66　BBU 的对外逻辑连接

为了完成 BBU 和 MME 对接的 SCTP 配置，首先回顾核心网侧 MME 与 eNodeB 对接的 SCTP 配置，如图 S1-67(a)所示。注意核心网网元 MME 与无线侧 eNodeB 对接的偶联配置的本端端口号和远端端口号的配置，MME 配置中的本端端口号对应 BBU 配置中的远端端口号，MME 配置中的远端端口号对应 BBU 配置中的本端端口号，即从通信两侧看，本端和远端是交叉对应的，如图 S1-67(b)所示。如核心网侧 MME 处本端端口号和远端端口号分别是 11、22，则 BBU 侧本端端口号和远端端口号应该为 22、11。同理，本端 MME 配置中的本端端口号对应 BBU 配置中的远端端口号，偶联 IP 和对端偶联 IP 也是交叉对应的。

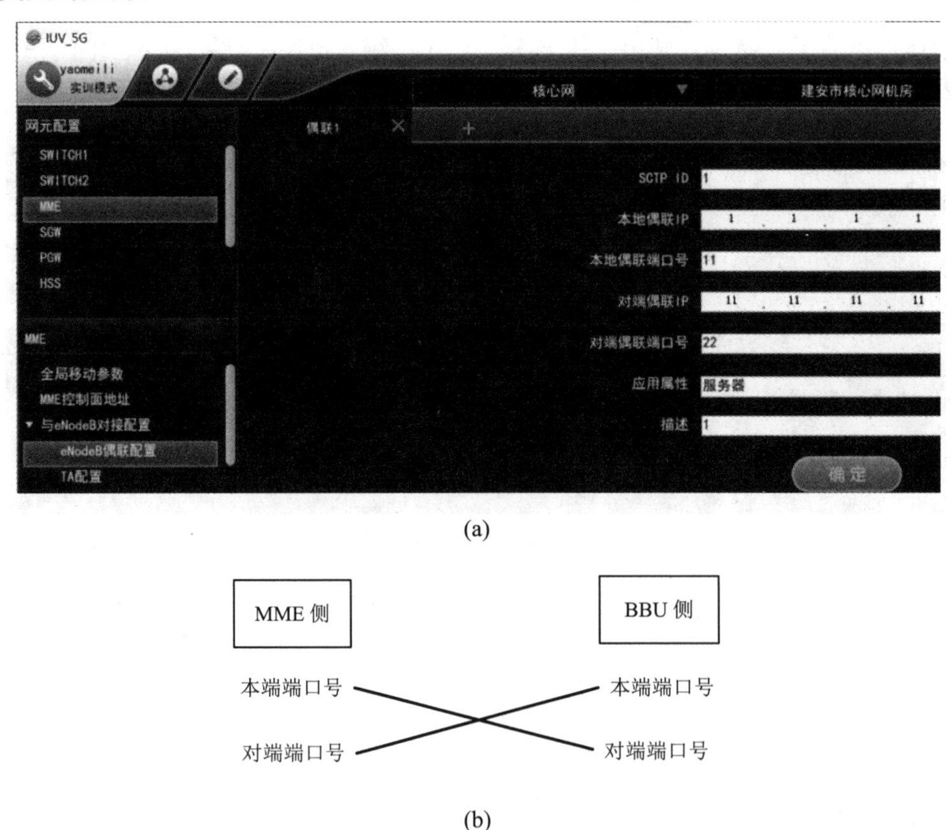

(a)

(b)

图 S1-67　核心网侧 MME 与 eNodeB 对接的 SCTP 配置

选择 BBU 配置选项菜单栏中的“对接配置”/“SCTP 配置”选项，单击“+”按钮，弹出“SCTP1”表单，输入参数，如图 S1-68 所示。偶联 ID 在其值域范围内任意取值，如 1；本端端口号为 22；远端端口号为 11；远端 IP 地址是 MME 的 SI-C 地址 1.1.1.1；出入流个数在值域范围内取值，如 2；链路类型为 NG 偶联。

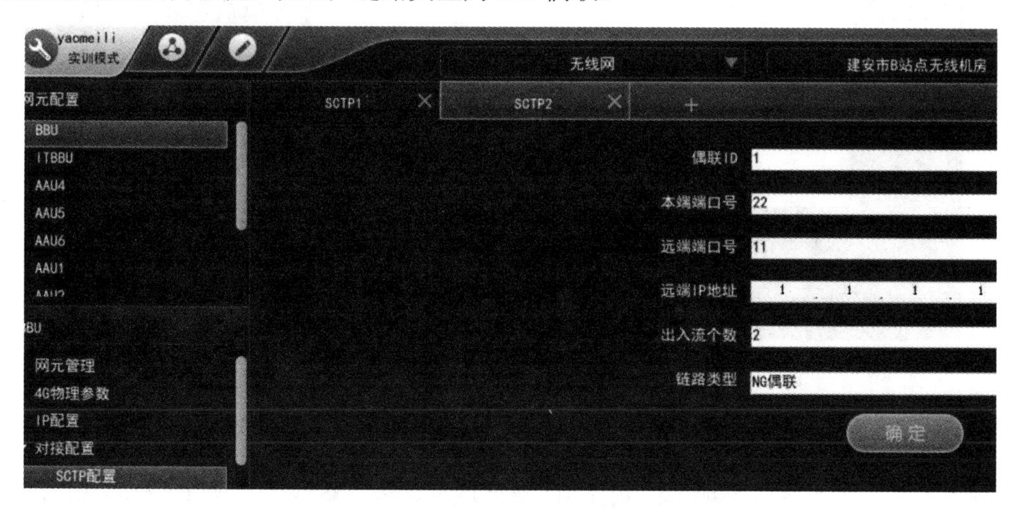

图 S1-68　BBU 和 MME 对接的 SCTP 配置

采用同样的方法添加 BBU 与 CUCP 对接的 SCTP 链路，“SCTP2”表单如图 S1-69 所示。按照规划表，CUCP 的 IP 地址是 33.33.33.33，故远端 IP 地址是 CUCP 的 IP 地址 33.33.33.33；本端端口号和远端端口号设为 3、3(端口号可随意取值，但不可与 SCTP1 的相同，后续再调用时保持一致即可)；出入流个数为 2；链路类型为 XN 偶联。

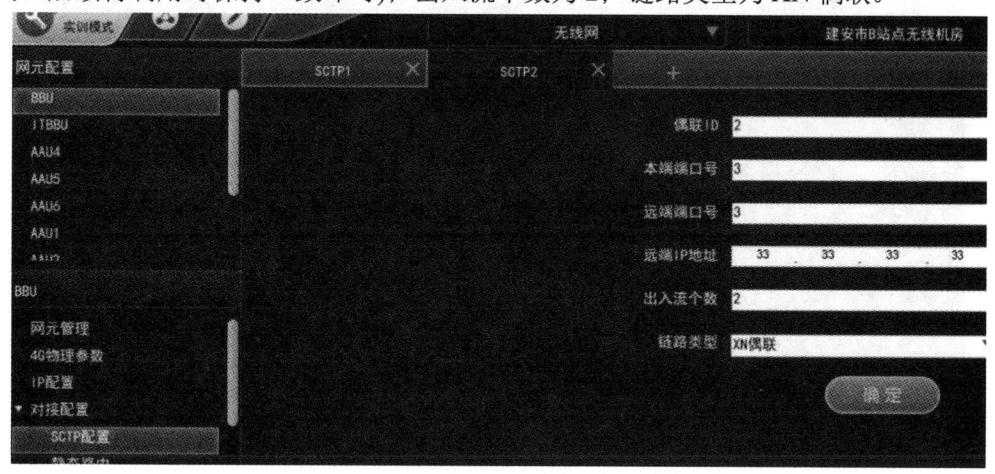

图 S1-69　BBU 和 CUCP 对接的 SCTP 配置

(2) 路由配置。从网络架构图可见，BBU 需要访问 MME、SGW、CUCP 和 CUUP，故需要 4 条路由，但仿真软件内部在此做了特殊处理。选择任务栏中的“网络调试”/“业务调试”选项，进入业务调试界面，在菜单栏中选择“核心网&无线网”选项，单击左侧的“状态查询”按钮，进入查询界面，可看到所有部署机房的设备连接情况。将鼠标指针放在建安市 3 区 B 站点机房的 BBU 上并单击，在弹出的下拉菜单中选择“路由表”选项，可见已经内置了一条默认路由，如图 S1-70 所示，故 BBU 无须配置静态路由。

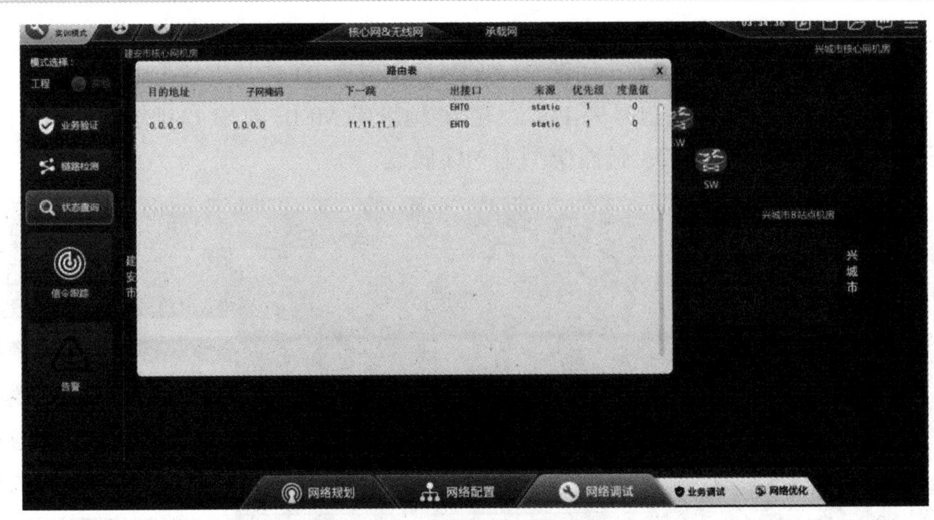

图 S1-70　查看 BBU 默认路由

5) 无线参数

(1) eNodeB 配置。选择“无线参数”/“eNodeB 配置”选项，弹出“eNodeB 配置”表单，输入参数，如图 S1-71 所示。网元 ID 在值域范围内任意取值，如 1；eNodeB 标识规划为 1；业务类型 QCI 编号为 1、5、8 中的任何一个值均可(1、5、8 分别与语音、视频、数据业务对应)；双连接承载类型有 3 种模式，任选一种即可，如 SCG Split 模式。

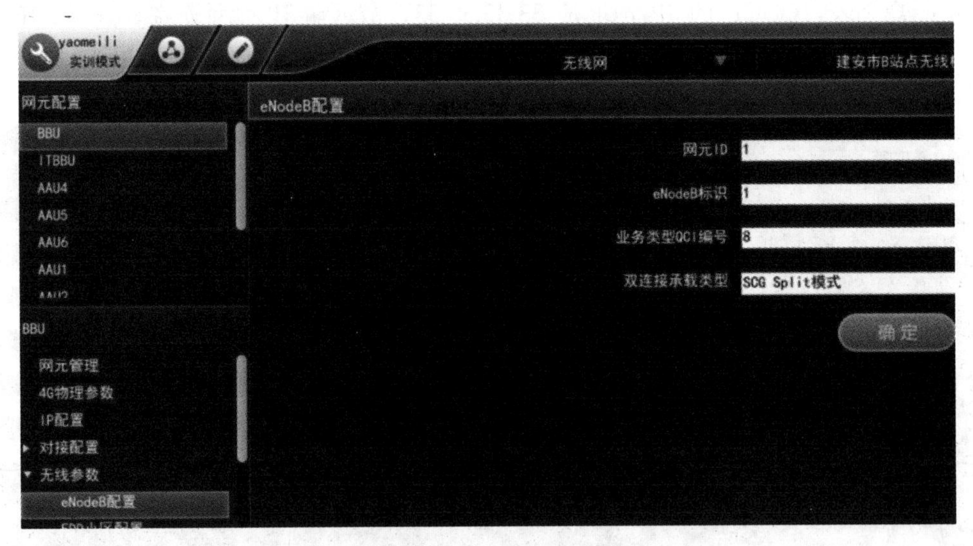

图 S1-71　eNodeB 配置

(2) TDD 小区配置。因为本项目规划的是 TDD 小区，所以 FDD 小区无须配置。建安市 B 站点的 eNodeB 包括 3 个 TDD 小区，故需要增加 3 条 TDD 小区配置。选择“无线参数”/“TDD 小区配置”选项，单击“+”按钮，弹出“TDD 小区 1”表单，输入参数，如图 S1-72 所示。“TDD 小区 1”表单中的参数按照规划填写，小区标识为 1，小区 eNodeB 标识为 1，对应的 AAU 是 4，跟踪区码(TAC)是 1122，物理小区识别码(PCI)是 1，小区参考信号功率是 23，频段指示是 42，中心载频是 3540 MHz，小区的频域带宽是 20 MHz，支持 VOLTE。

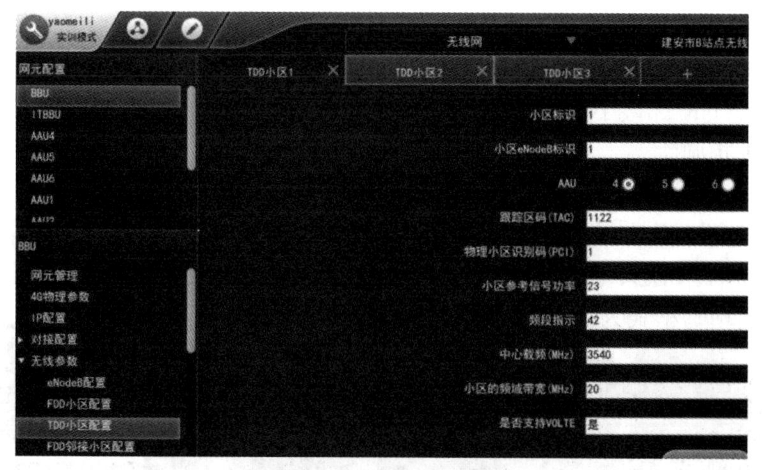

图 S1-72　TDD 小区配置

采用同样的方法增加“TDD 小区 2”“TDD 小区 3”表单。

注意：TDD 小区 2 的小区标识是 2，AAU 是 5，物理小区识别码(PCI)是 2，其他与 TDD 小区 1 相同；TDD 小区 3 的小区标识是 3，AAU 是 6，物理小区识别码(PCI)是 3，其他与 TDD 小区 1 相同。

(3) NR 邻接小区配置。“FDD 邻接小区配置”和“TDD 邻接小区配置”均无须配置，因为建安市 Option3 组网无线侧只建设了建安市 B 站点无线机房(包括一个 4G 的 eNodeB 和一个 5G 的 gNodeB)，所以对于 4G 的 eNodeB 只需要增加 3 条 NR 邻接小区，与 5G 的 gNodeB 的 3 个小区形成邻区关系即可。

选择“无线参数”/“NR 邻接小区配置”选项，单击“+”按钮，弹出“NR 邻接小区 1”表单，输入参数，如图 S1-73 所示。按照 5G 基站规划表 S1-11，邻接 DU 标识是 1，PLMN 是 46011，跟踪区码(TAC)是 1122，物理小区识别码(PCI)是 4，NR 邻接小区频段指示是 78，NR 邻接小区的中心载频是 3450 MHz，邻接小区的频域带宽是 273，添加 NR 辅节点事件选择默认值“B1”。

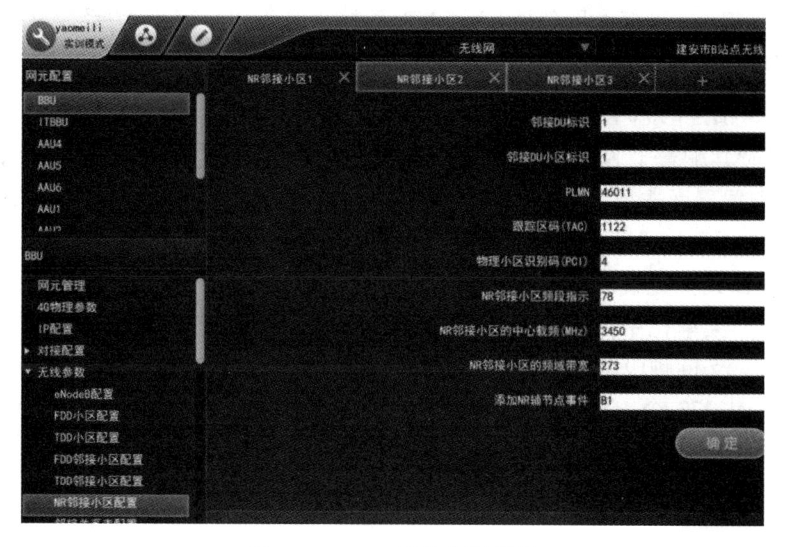

图 S1-73　NR 邻接小区配置

采用同样的方法增加“NR邻接小区2”“NR邻接小区3”表单。

注意：NR邻接小区2的邻接DU标识是2，物理小区识别码(PCI)是5，其他与NR邻接小区1相同；NR邻接小区3的邻接DU标识是3，物理小区识别码(PCI)是6，其他与NR邻接小区1相同。

(4) 邻接关系表配置。邻接关系表配置同样需要添加3个。选择“无线参数”/“邻接关系表配置”选项，单击“+”按钮，弹出“关系表1”表单，输入参数，如图S1-74所示。本地小区标识是1；FDD、TDD邻接小区任意取值均可，如1(因为没有实际小区与之对应)；NR邻接小区的填写格式为“DU标识-DU小区标识”，故这里为“1-1”。

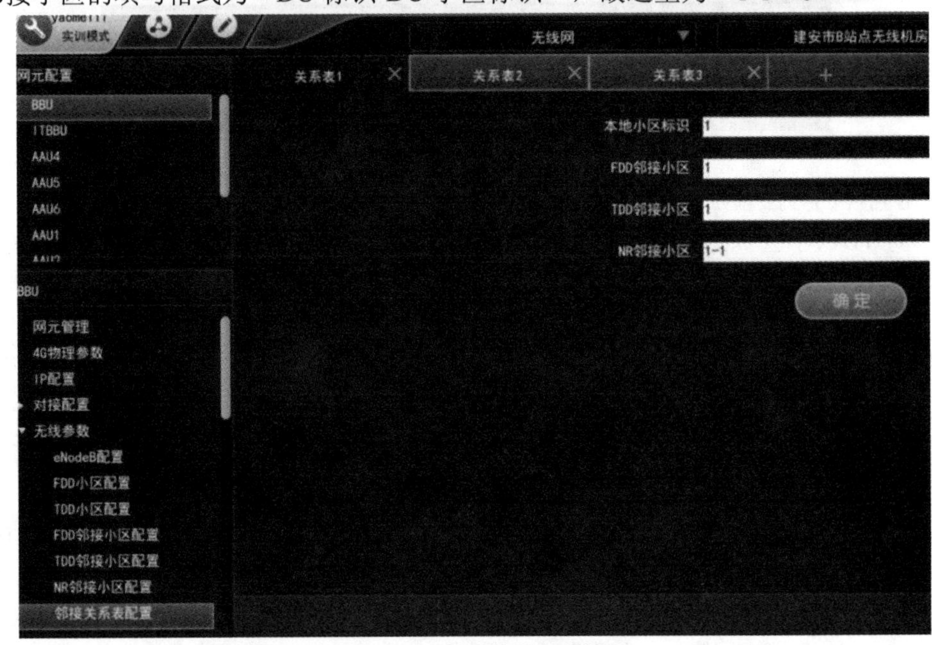

图S1-74　邻接关系表配置

采用同样的方法增加“关系表2”“关系表3”表单。关系表2中的本地小区标识是2，FDD、TDD邻接小区可任意取值(如1)，NR邻接小区为“1-2”；关系表3中的本地小区标识是3，FDD、TDD邻接小区可任意取值(如1)，NR邻接小区为“1-3”。

2. 与BBU相连的AAU配置

设备配置时共配置了6个AAU，其中与BBU相连的AAU是AAU4、AAU5、AAU6。在BBU数据配置界面选择“无线参数”/“TDD小区配置”选项，弹出“TDD小区1”表单，如图S1-75所示，可见中心载频是3540 MHz，对应的AAU是AAU4、AAU5、AAU6。

在建安市B站点无线机房数据配置界面中选择网元配置菜单栏中的“AAU4”选项，再选择配置选项菜单栏中的“射频配置”选项，弹出“射频配置”表单，输入参数，如图S1-76所示。支持频段范围要能将TDD小区的频段包含在内(TDD小区的中心载频是3540MHz，占用273个RB)，故可以选择“3400MHz-3800MHz”选项；AAU收发模式可以从4T4R、8T8R、16T16R、32T32R、64T64R中任选一种，阶数越高用户的速率越高，这里选择16T16R，后续优化需要高速时可以选择64T64R。AAU5、AAU6的射频配置与AAU4完全一致。

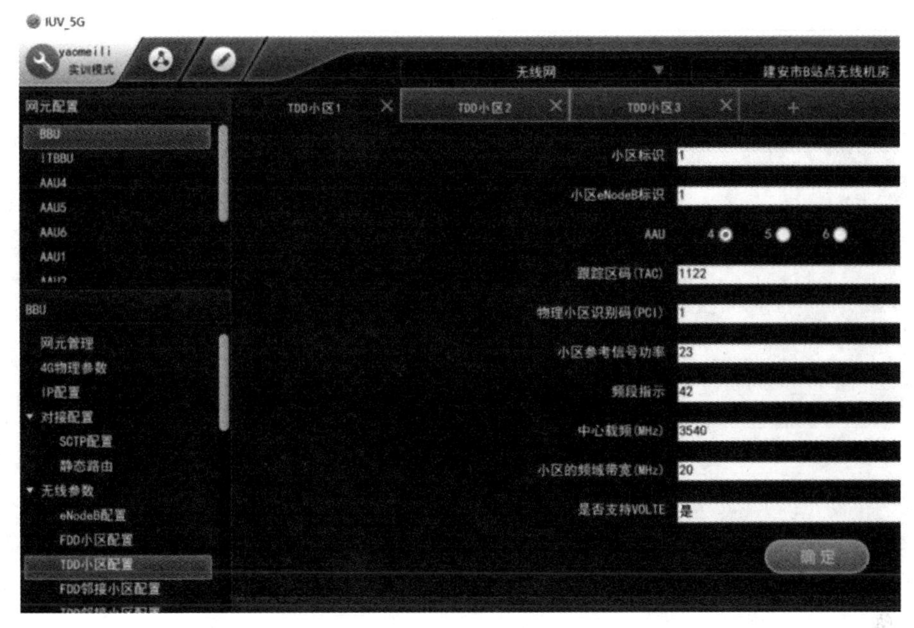

图 S1-75　查看 TDD 小区配置参数

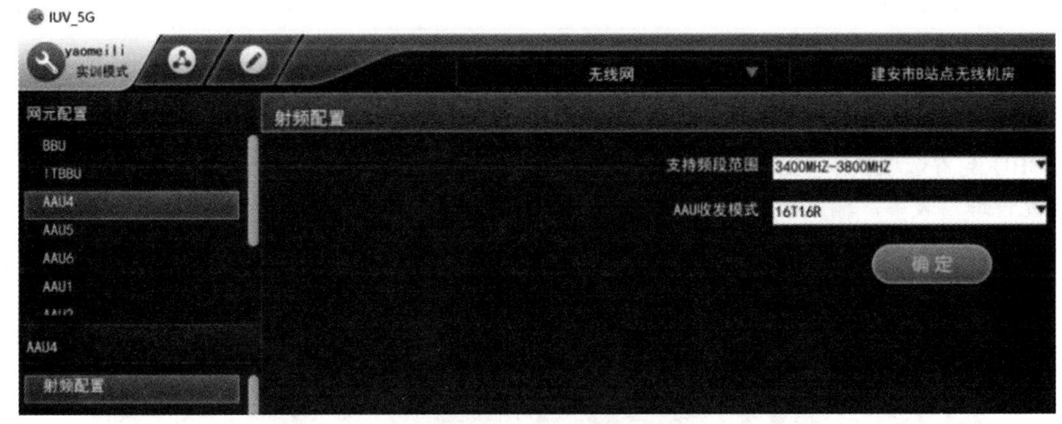

图 S1-76　AAU 射频配置

任务 4　建安市 Option3 组网之无线网 5G 基站数据配置

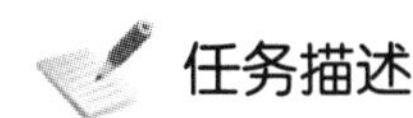

任务描述

按照规划数据完成建安市 B 站点无线机房中 5G 基站的数据配置。

任务分析

登录仿真软件，进入建安市 B 站点无线机房数据配置界面，选择网元配置菜单栏中的“ITBBU”选项，如图 S1-77 所示，可见 5G 基站数据配置内容包括 ITBBU 及其相连的 AAU，其中 ITBBU 的相关配置包括 4 项：NR 网元管理、5G 物理参数、DU 和 CU。因此，可将

5G 基站数据配置分为 5 部分。

图 S1-77　ITBBU 的配置界面

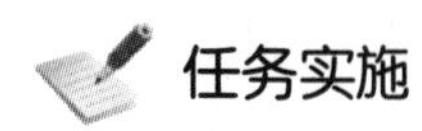

任务实施

1. ITBBU/NR 网元管理配置

在建安市 B 站点无线机房数据配置界面中选择网元配置菜单栏中的“ITBBU”选项，ITBBU 配置选项菜单栏中会显示 ITBBU 的相关配置。选择“NR 网元管理”选项，弹出“NR 网元管理”表单，输入参数，如图 S1-78 所示。

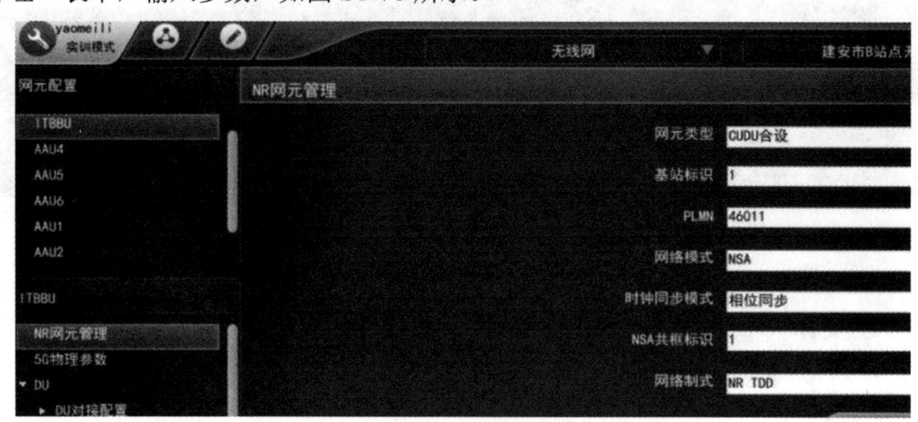

图 S1-78　NR 网元管理

因为 CU 和 DU 在同一个机柜里，所以网元类型选择“CUDU 合设”；基站标识是 eNodeB 标识，规划为 1(参见“NR 邻接小区配置”中的邻接 DU 标识)；PLMN 是 46011；网络模式是 NSA；时钟同步模式和 BBU 相同，是相位同步；NSA 共框标识在值域范围内取值为 1；网络制式是 NR TDD(现网 5G 多选择 TDD 制式)。

2. ITBBU/5G 物理参数配置

选择“5G 物理参数”选项，弹出“5G 物理参数”表单，输入参数，如图 S1-79 所示。

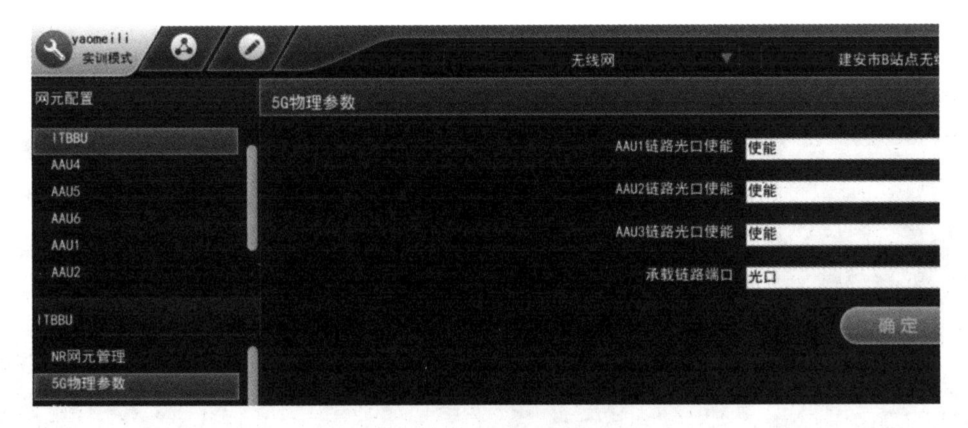

图 S1-79　5G 物理参数

其中，AAU1、AAU2、AAU3 链路光口保持默认选择“使能”；承载链路端口有光口和网口两个选项，需要根据设备配置中 ITBBU 与 SPN 连接用的是光口还是网口来决定。查阅 ITBBU 设备配置，如图 S1-80 所示，可见使用的是光纤，所以承载链路端口选择“光口”。

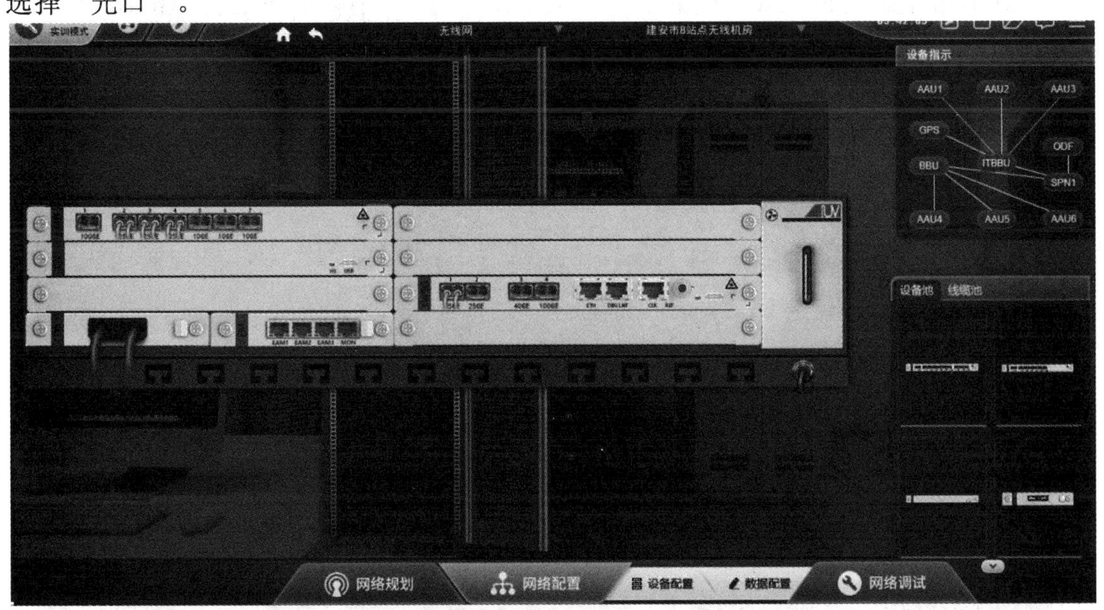

图 S1-80　查阅 ITBBU 与 SPN 连接中所用的端口

3. ITBBU/DU 配置

DU 数据配置(上)

DU 数据配置(下)

DU 配置分为 4 个小项：DU 对接配置、DU 功能配置、物理信道配置和测量与定时器开关。

1) DU 对接配置

DU 对接配置又分为以太网接口、IP 配置、SCTP 配置和静态路由 4 个子项。

(1) 以太网接口。选择“DU 对接配置”/“以太网接口”选项，弹出“以太网接口”表单，输入参数，如图 S1-81 所示。接收带宽、发送带宽在值域范围内取值为 10 000 Mb/s；应用场景的 3 个选项都可以，如选择“超高可靠超低时延通信类型”。

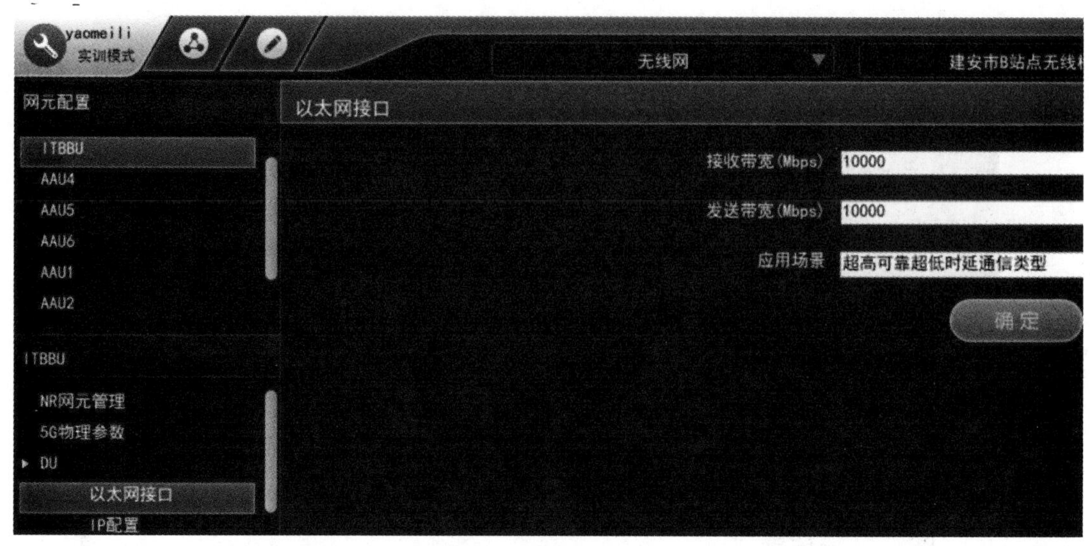

图 S1-81　以太网接口

(2) IP 配置。选择“DU 对接配置”/“IP 配置”选项，弹出“IP 配置”表单，输入参数，如图 S1-82 所示。IP 地址指的是 DU 的物理接口 IP 地址，按照数据规划，DU 的物理接口 IP 地址为 22.22.22.22，网关是 22.22.22.1，掩码是 255.255.255.0。所以，此处 IP 地址是 22.22.22.22；掩码是 255.255.255.0；VLAN ID 可在值域范围内任意取值，如此处为了方便记忆，取值为 22。

图 S1-82　IP 配置

(3) SCTP 配置。从网络架构图可知 DU 对外逻辑连接只有一个接口，即和 CUCP 之间的 F1-C 接口，所以只需在 DU 和 CUCP 之间增加一条 SCTP 配置即可。

选择“SCTP 配置”选项，单击“+”按钮，弹出“SCTP1”表单，输入参数，如图 S1-83 所示。偶联 ID 可在值域范围内任意取值，如 1；本端端口号和远端端口号也可在值域范围内任意取值，但要和对端呼应，这里为了方便记忆，均取值 22；偶联类型选择“F1 偶联”；远端 IP 地址指的是 CUCP 的 IP 地址，为 33.33.33.33。

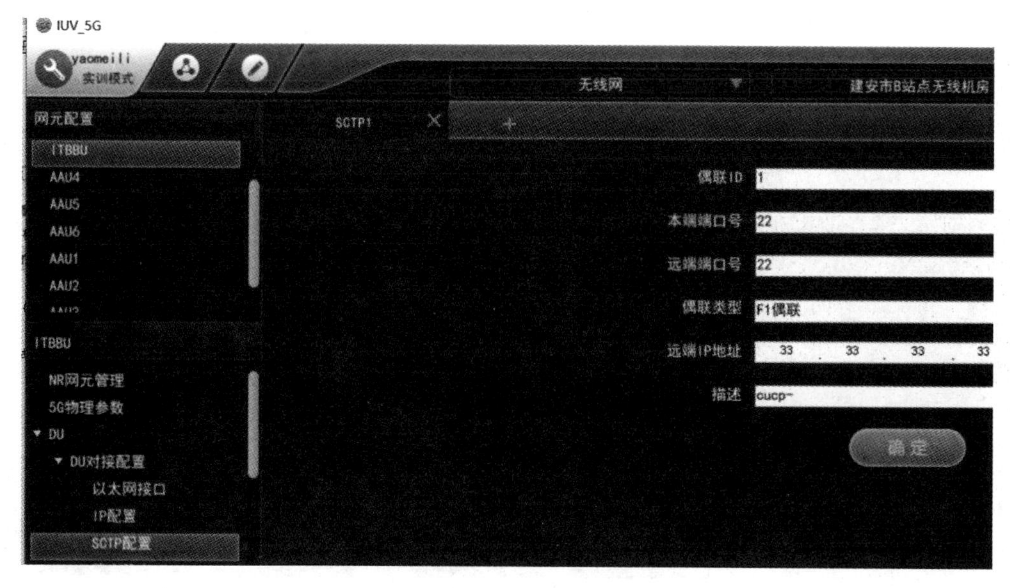

图 S1-83　SCTP 配置

(4) 静态路由。不需要对静态路由进行配置，这是因为在仿真软件中 DU 和 CU 合设，放在了同一个 ITBBU 设备中，它们之间是内部通信，在路由层面默认互通。

2) DU 功能配置

(1) DU 管理。选择“DU 功能配置”/“DU 管理”选项，弹出“DU 管理”表单，输入参数，如图 S1-84 所示。基站标识是 1，DU 标识是 1(参见 BBU/无线参数 NR 邻接小区配置中的 DU 标识)，PLMN 是 46011，CA 支持开关和 BMP 切换策略开关选择默认值“打开”。

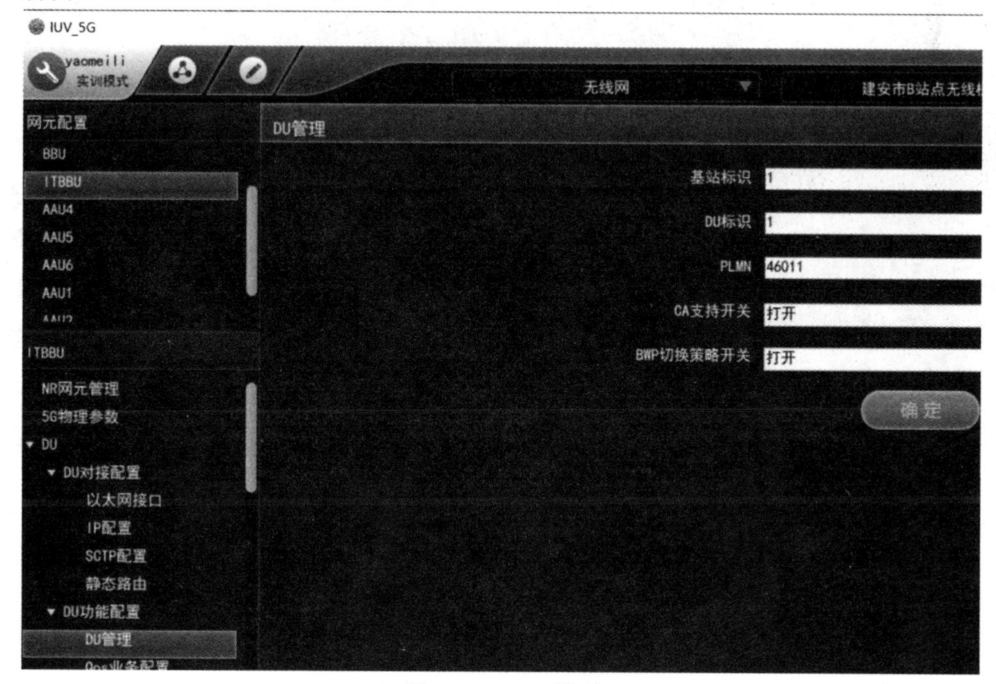

图 S1-84　DU 管理

(2) Qos业务配置。在核心网HSS的APN管理中，Qos分类识别码规划为1;5;8(中间用英文分号间隔)，如图S1-85所示，所以Qos业务配置需要增加3条。

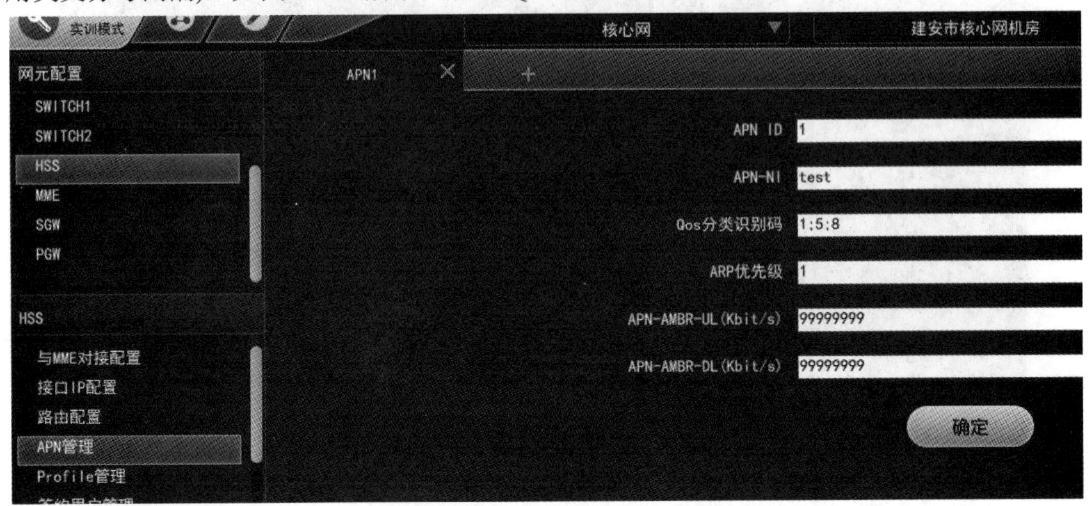

图S1-85 HSS中的Qos业务配置

选择“DU功能配置”/“Qos业务配置”选项，单击“+”按钮，弹出“qos1”表单，输入参数，如图S1-86所示。Qos标识类型为QCI，Qos分类标识为1，业务承载类型对应的是GBR，业务数据包Qos延迟参数、丢包率、业务优先级等参数均在值域范围内取值为1，业务类型名称是VoIP。

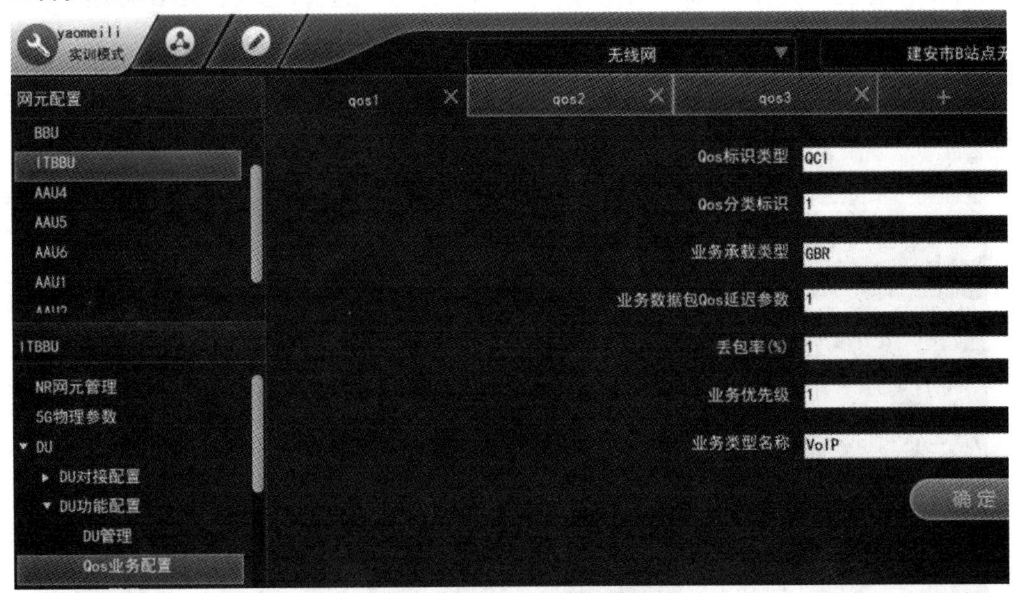

图S1-86 Qos业务配置

采用同样的方法添加“qos2”“qos3”表单。“qos2”表单中，Qos分类标识是5，业务承载类型对应的是Non-GBR，业务类型名称为IMS signaling，其他与“qos1”表单相同；“qos3”表单中，Qos分类标识是8，业务承载类型对应的是Non-GBR，业务类型名称为VIP default bearer，其他与“qos1”表单相同。

RLC配置和网络切片配置暂且不需要。

(3) 扇区载波。扇区载波需要增加 3 条，对应 3 个扇区。扇区载波 1 的小区标识是 1，载波配置功率和载波实际发射功率分别取值 500 和 520，如图 S1-87 所示。3 个小区的扇区载波功率都一样，只是后两个小区标识分别是 2 和 3。

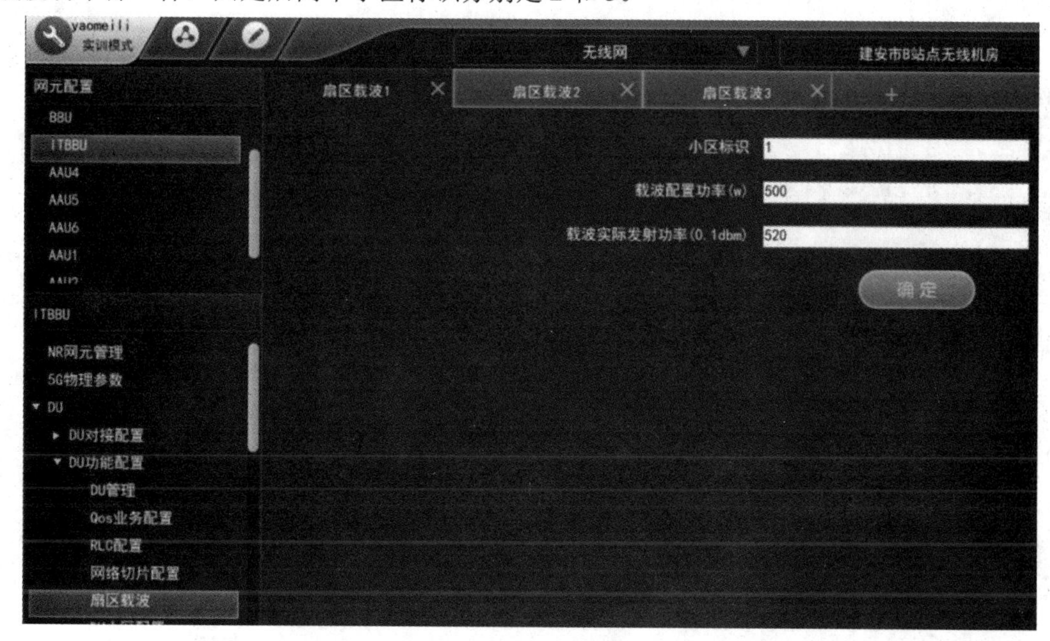

图 S1-87　扇区载波

(4) DU 小区配置。选择“DU 功能配置”/“DU 小区配置”选项，单击“+”按钮，弹出“DU 小区 1”表单，按照规划输入参数，如图 S1-88 所示。

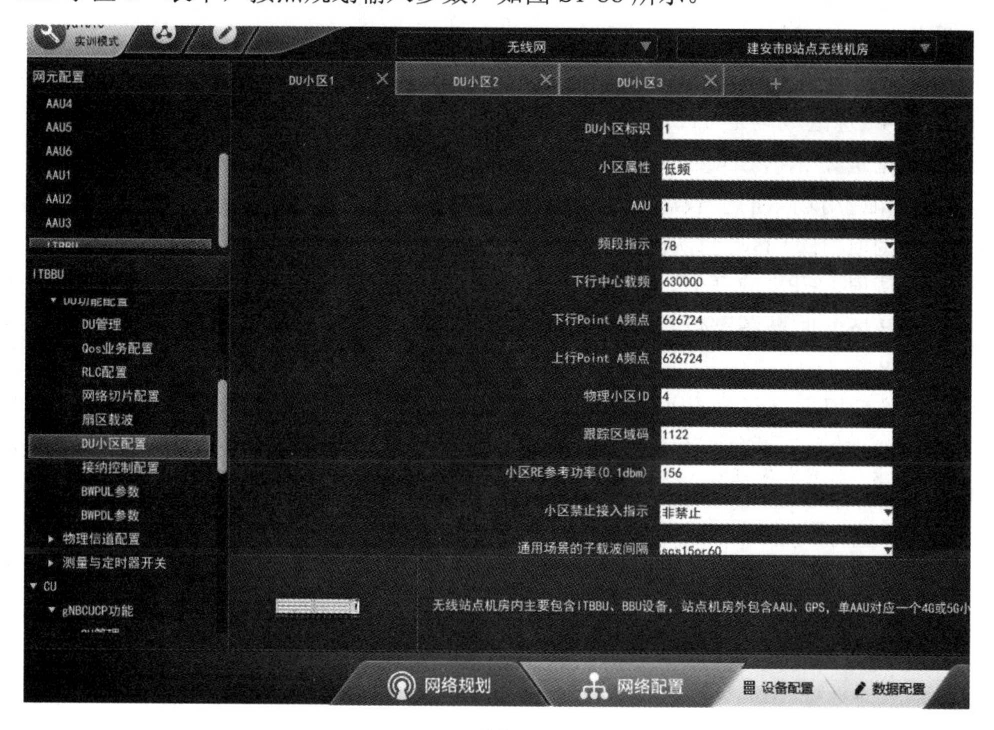

(a)

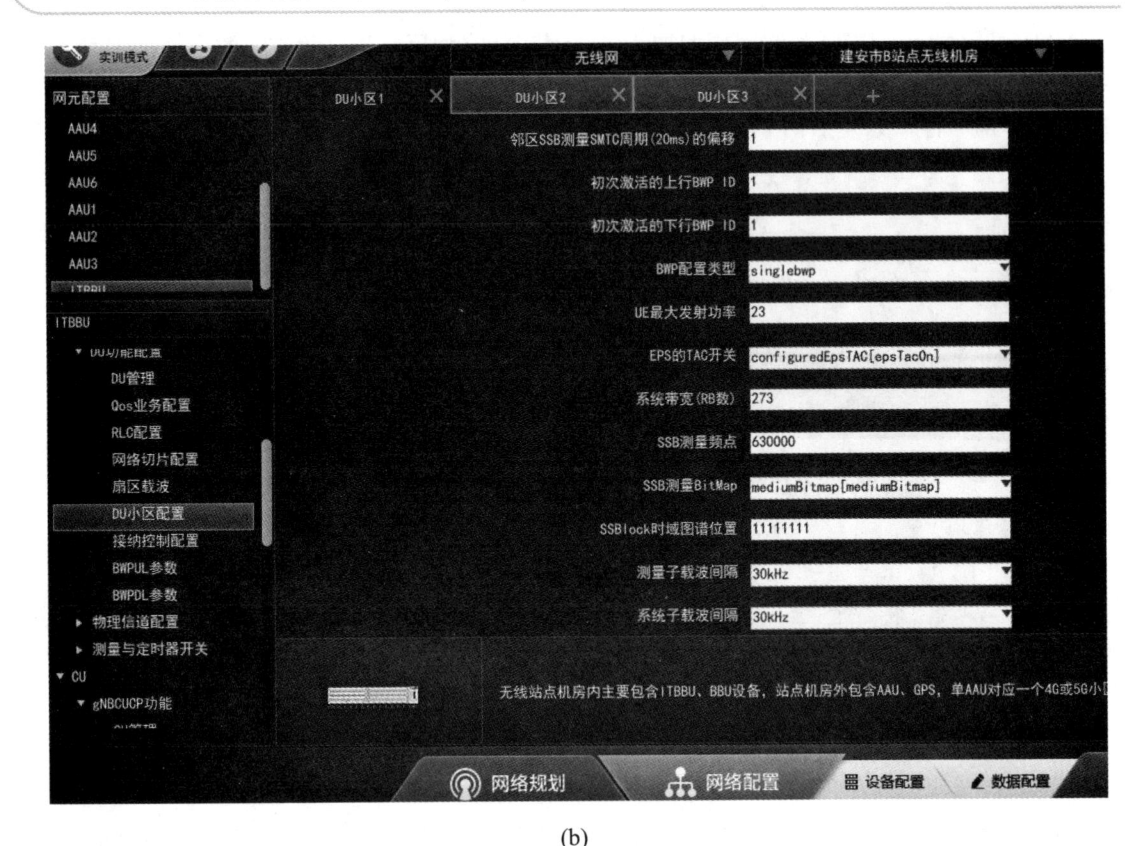

(b)

图 S1-88　DU 小区配置

按照规划，“DU 小区 1”的小区标识是 1，小区属性是低频，AAU 是 1，频段指示是 78，下行中心载频是 630 000，下行 Point A 频点和上行 Point A 频点都是 626 724，物理小区 ID 是 4，跟踪区域码是 1122，小区 RE 参考功率(0.1 dbm)是 156，UE 最大发射功率为 23，系统带宽是 273，SSB 测量频点是 630 000，测量(系统)子载波间隔是 30 kHz，小区禁止接入指示和通用场景的子载波间隔都选择默认值，邻区 SSB 测量 SMTC 周期(20 ms)的偏移在值域范围取值(如 1)，初次激活的上下行 BMP ID 在值域范围内取值(如 1)，BMP 配置类型选择默认值，EPS 的 TAC 开关选择默认值，SSB 测量 BitMap 选择带有“med”标识的选项，SSB lock 时域图谱位置是 11111111(每个 1 代表一个子波束，最多支持 8 个波束，故最多填写 8 个 1)。

单击参数配置表单区中的“复制配置”按钮，复制出“DU 小区 2”“DU 小区 3”表单。“DU 小区 2”“DU 小区 3”在复制“DU 小区 1”的基础上，只需修改 DU 小区标识、AAU 和物理小区 ID 即可。“DU 小区 2”的小区标识是 2，AAU 是 2，物理小区 ID 是 5；“DU 小区 3”的小区标识是 3，AAU 是 3，物理小区 ID 是 6。

(5) 接纳控制配置。接纳控制配置同样增加 3 条，对应 3 个小区。“接纳控制 1”的 DU 小区标识是 1；小区用户数接纳控制门限在值域范围内取值，如 10 000；基于切片用户数的接纳控制开关为关闭；小区用户数接纳控制预留比例在值域范围内取值，如 10，如图 S1-89 所示。“接纳控制 2”“接纳控制 3”与“接纳控制 1”的配置一样，只是 DU 小区标识分别是 2、3。

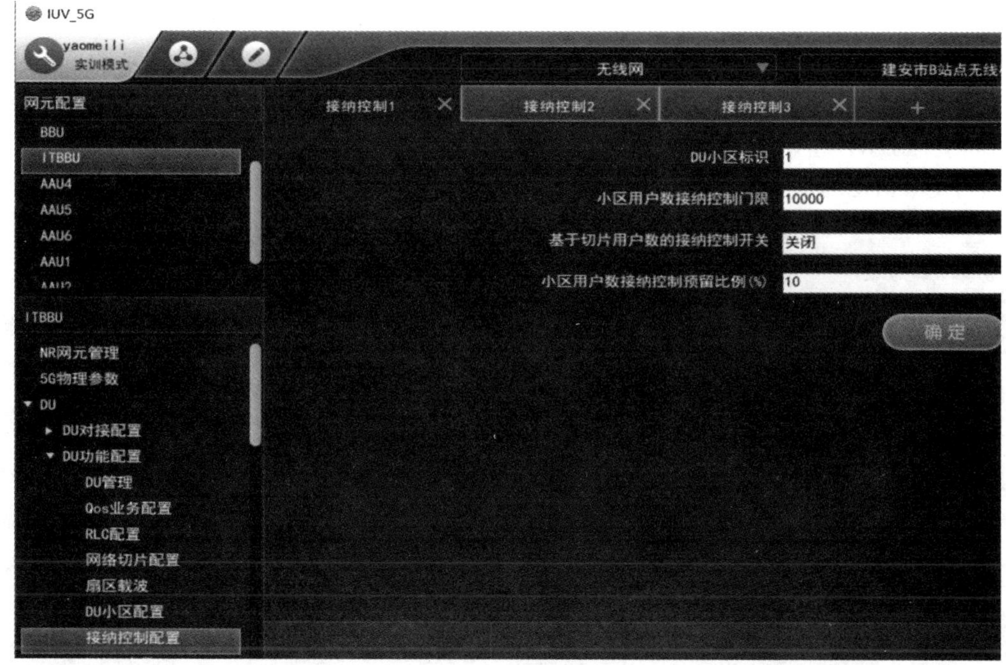

图 S1-89　接纳控制配置

(6) BWPUL 参数。BWPUL 参数也需增加 3 条，对应 3 个小区。选择“DU 功能配置”/“BWPUL 参数”选项，单击“+”按钮，弹出“BWPUL1”表单，输入参数，如图 S1-90 所示。“BWPUL1”表单的 DU 小区标识是 1；上行 BWP 索引和上行 BWP 起始 RB 位置在值域范围内任意取值，如 1；上行 BWP RB 个数不能大于系统带宽 273(RB 数量)，这里取值 270；上行 BWP 子载波间隔是 30 kHz。同时，要保证“RB 起始位置+ RB 个数”不能大于系统带宽。

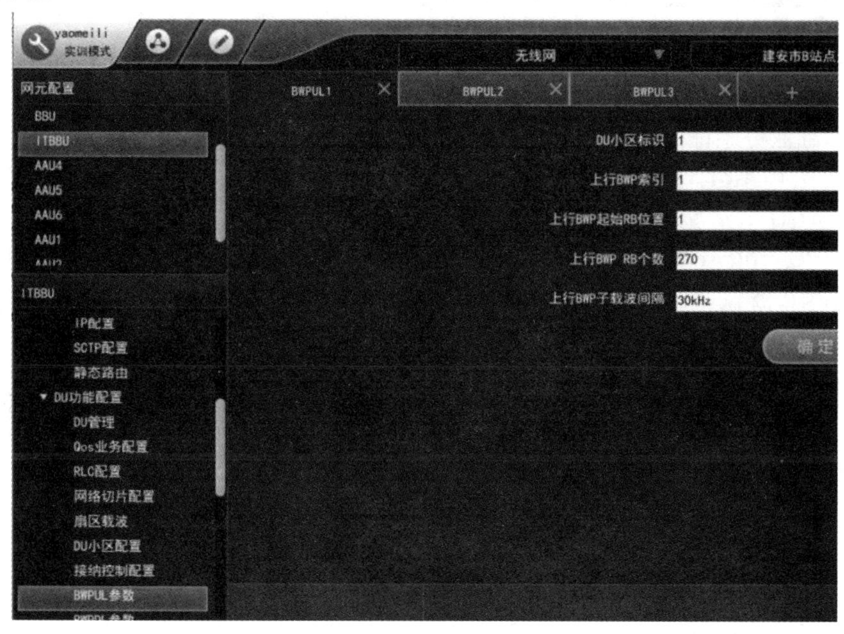

图 S1-90　BWPUL 参数

采用同样的方法添加“BWPUL2”“BWPUL3”表单，3 个表单中的 DU 小区标识、上行 BWP 索引和上行 BWP 起始 RB 位置取值应该不同，如“BWPUL2”的 DU 小区标识、上行 BWP 索引和上行 BWP 起始 RB 位置都是 2，“BWPUL3”的 DU 小区标识、上行 BWP 索引和上行 BWP 起始 RB 位置都是 3。

(7) BWPDL 参数。BWPDL 参数和 BWPUL 参数设置方法相同，如图 S1-91 所示。

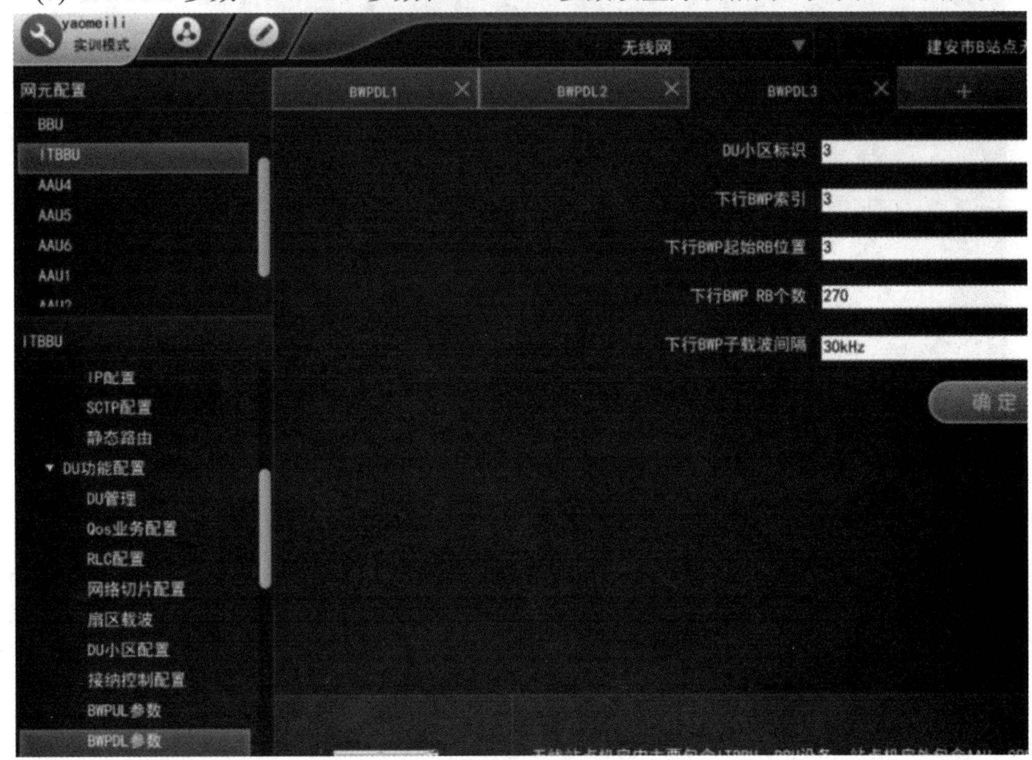

图 S1-91　BWPDL 参数

3) 物理信道配置

对于基础业务验证，“物理信道配置”只需要配置其中的第 3、4 项，即 PRACH 信道配置和 SRS 公用参数。

(1) PRACH 信道配置。PRACH 信道配置同样需要增加 3 条，对应 3 个小区。选择“物理信道配置”/“PRACH 信道配置”选项，单击“+”按钮，弹出“RACH1”表单，输入参数，如图 S1-92 所示。“RACH1”中的大部分参数选择默认值即可，这里列出需要注意的一些参数：DU 小区标识是 1；起始逻辑根序列索引在值域范围内任意取值，如 1；UE 接入和切换可用 preamble 个数为 60；前导码个数取最大值 63；基站期望的前导接收功率取最大值 −74；基于逻辑根序列的循环移位参数(Ncs)是 1；PRACH 时域资源配置索引为 1；GroupA 的竞争前导码个数为 63；Msg3 与 preamble 发送时的功率偏移在值域范围任意取值，如 1。

采用同样的方法增加“RACH2”“RACH3”表单。“RACH2”大部分参数与“RACH1”保持一致，只是 DU 小区标识和起始逻辑根序列索引分别是 2、5；“RACH3”大部分参数与“RACH1”保持一致，只是 DU 小区标识和起始逻辑根序列索引分别是 3、36。

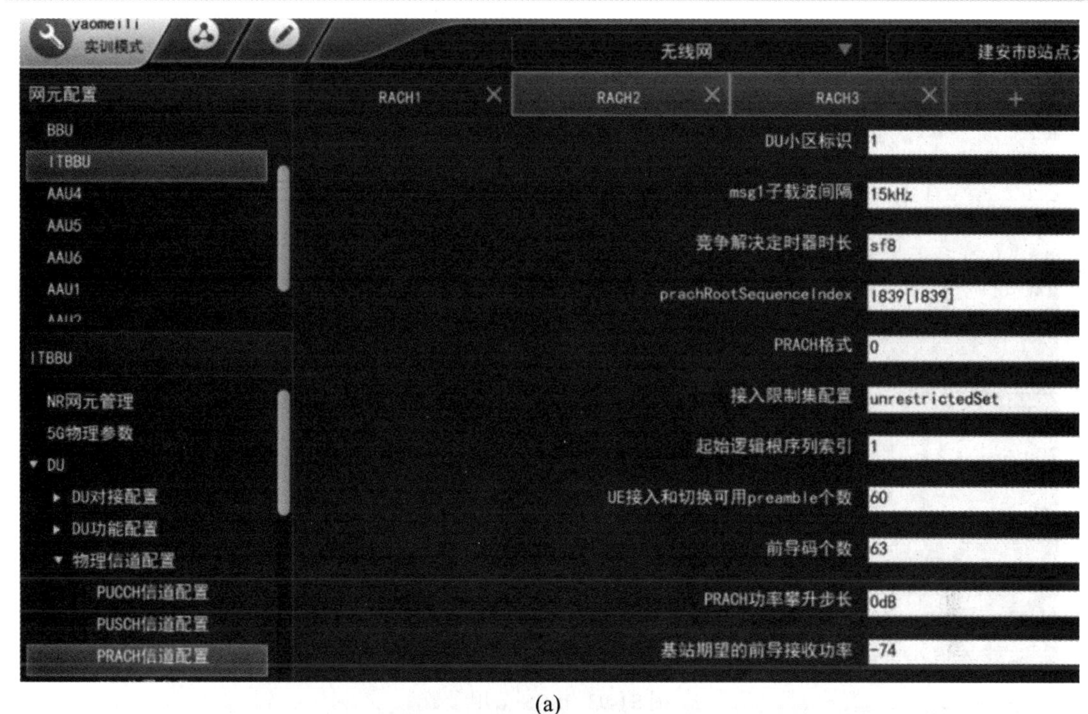

(a)

(b)

图 S1-92　PRACH 信道配置

(2) SRS 公用参数。SRS 公用参数同样增加 3 条，对应 3 个小区。选择“SRS 公用参数”选项，单击“+”按钮，弹出“SRS1”表单，输入参数，如图 S1-93 所示。“SRS1”表单中的 DU 小区标识是 1，SRS 轮发开关选择“打开”，SRS 最大疏分数是 2，SRS 的 slot 序号是 4，其余参数在值域范围内均取值 1，单击“确定”按钮。

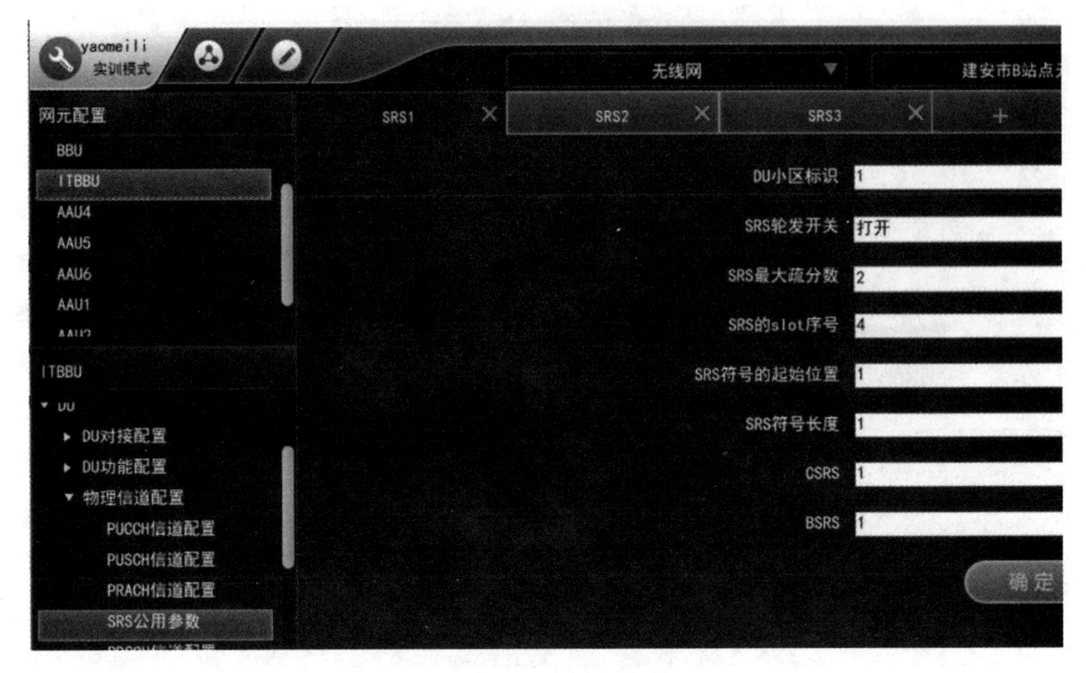

图 S1-93　SRS 公用参数

采用同样的方法增加“SRS2”“SRS3”表单。“SRS2”“SRS3”表单中的 DU 小区标识分别是 2、3，其余参数与“SRS1”表单的取值相同。

小贴士：

按照标准 SRS 承载在第一个上行时隙上，如果帧结构为 DDDSU，则 SRS 的 slot 序号是 4；如果帧结构为 DDDU，则 SRS 的 slot 序号是 3。

4) 测量与定时器开关

在基本的业务验证阶段，只需配置测量与定时器开关中的第二子项——小区业务参数配置。

小区业务参数配置同样配置 3 条，对应 3 个小区。选择“测量与定时器开关”/“小区业务参数配置”选项，单击“+”按钮，添加“小区业务参数配置 1”表单，输入参数，如图 S1-94 所示。DU 小区标识是 1；下行 MIMO 类型选择默认值；下行空分组内单用户最大流数限制和下行空分组最大流数限制分别在值域范围内取值，如 1、2；上行 MIMO 类型选择默认值；上行空分组内单用户最大流数限制和上行空分组最大流数限制分别在值域范围内取值，如 1、2；单 UE 上下行最大支持层数限制在值域范围内取值，如 1；PUSCH 256QAM 使能开关和 PDSCH　256QAM 使能开关选择默认值“打开”，波束配置可以等到优化时再配置；帧结构第一个周期的时间是 2.5，帧结构第一个周期的帧类型是 11 120，第一个周期 S slot 上的 GP 符号数、上下行符号数加起来等于 14 即可，所以可以分别填 2、5、7；因为一般只用一个帧周期，所以帧结构第二个周期帧类型是否配置填“否”；下方的参数内容不生效，故可在值域范围内任意取值。

(a)

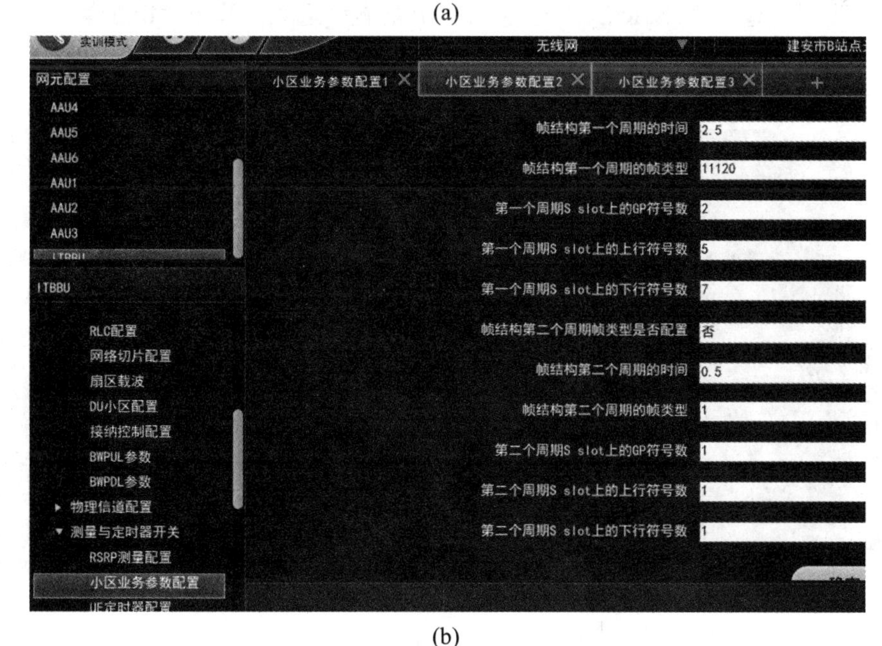

(b)

图 S1-94　小区业务参数配置

单击参数配置表单区的“复制配置”按钮，可以复制出“小区业务参数配置 2”“小区业务参数配置 3”表单。3 个小区的小区业务参数配置基本相同，DU 小区标识分别是 1、2、3。

4. ITBBU/CU 配置

gNBCUCP 数据配置

CU 配置包括 gNBCUCP 功能和 gNBCUUP 功能两项。

1) gNBCUCP 功能

gNBCUCP 功能配置包括很多项，注册会话等基本业务验证需要配置如下 5 项。

(1) CU 管理。选择“gNBCUCP 功能”/“CU 管理”选项，弹出“CU 管理”表单，输入参数，如图 S1-95 所示。基站标识是 1，CU 标识是 1，基站 CU 名称是 1，PLMN 是 46011，CU 承载链路端口是光口。

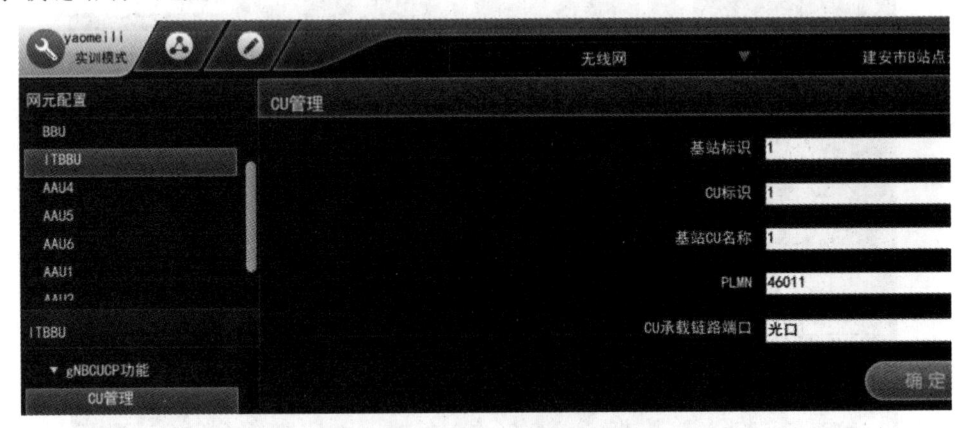

图 S1-95　CU 管理

(2) IP 配置。选择“gNBCUCP 功能”/“IP 配置”选项，弹出“IP 配置”表单，输入参数，如图 S1-96 所示。IP 地址是 CUCP 的 IP 地址，按照规划表是 33.33.33.33；子网掩码是 255.255.255.0；VLAN ID 是 33。

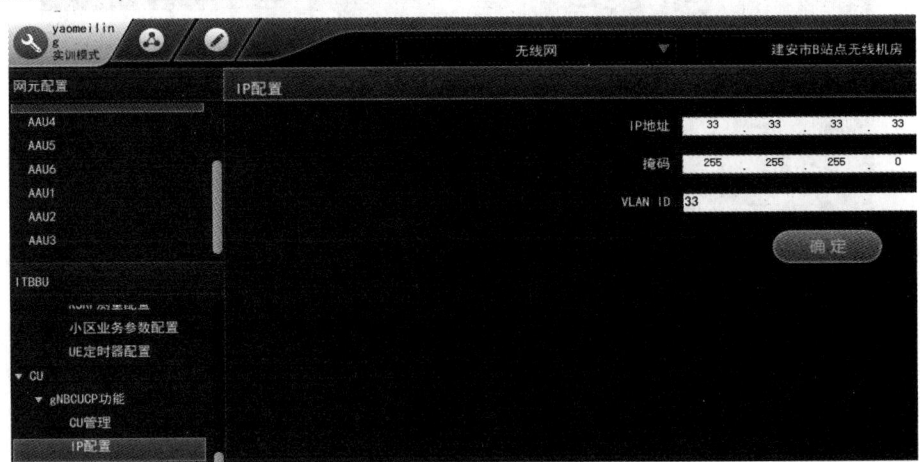

图 S1-96　IP 配置

(3) SCTP 配置。CUCP 对外逻辑连接如图 S1-97 所示，CUCP 和 BBU 之间为 X2-C 接口，和 DU 之间为 F1-C 接口，和 CUUP 之间为 E1 接口，3 个控制面接口需要添加 3 条 SCTP 链路与之对应。

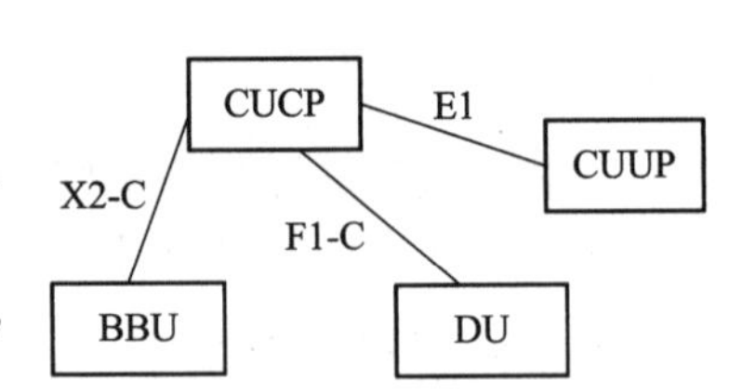

图 S1-97　CUCP 对外逻辑连接

选择“gNBCUCP 功能”/“SCTP 配置”选项，单击“+”按钮，弹出“SCTP1”表单，输入参数，如图 S1-98 所示。“SCTP1”表单中，SCTP 链路是到达 DU 的链路，偶联 ID 是 1，本端端口号和远端端口号均为 22，偶联类型是 F1 偶联，远端 IP 地址是 22.22.22.22。注意，应与 DU 数据配置中的与 CUCP 之间的 SCTP 配置数据保持一致。

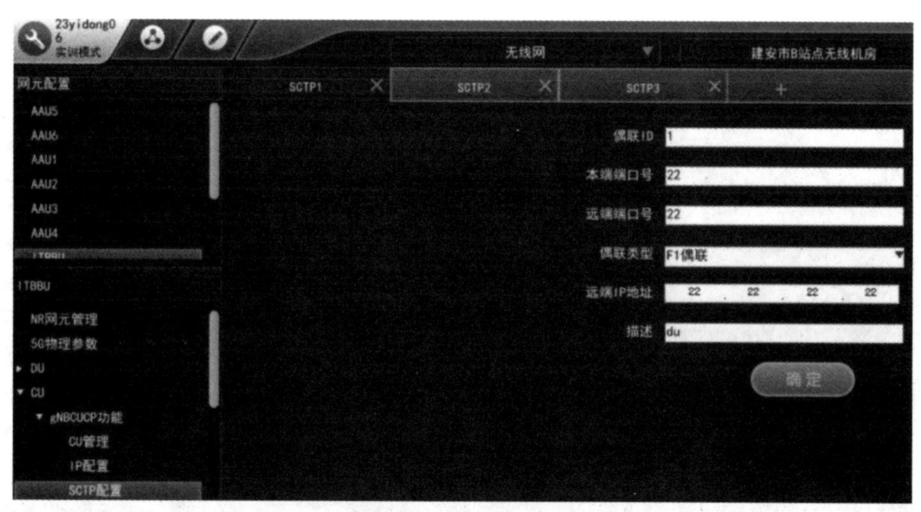

图 S1-98　SCTP 配置

用同样的方法添加“SCTP2”“SCTP3”表单。其中，“SCTP2”表单中的 SCTP 链路是到达 CUUP 的链路，偶联 ID 是 4，本端端口号和远端端口号均为 44，偶联类型是 E1 偶联，远端 IP 地址是 44.44.44.44；“SCTP3”表单中的 SCTP 链路是到达 BBU 的链路，偶联 ID 是 3，本端端口号和远端端口号均为 3，偶联类型是 XN 偶联，远端 IP 地址是 11.11.11.11。

(4) 静态路由。CUCP 的静态路由只需配置一条到 BBU 的路由即可(因为 CU 和 DU 合设，ITBBU 内部功能块默认互通，所以 CUCP 到达 DU 和 CUUP 的路由无须配置)。

选择“gNBCUCP 功能”/“静态路由”选项，单击“+”按钮，弹出“路由 1”表单，输入参数，如图 S1-99 所示。静态路由编号是 1，目的 IP 地址是 BBU 的物理 IP 地址 11.11.11.11，网络掩码是 255.255.255.0，下一跳 IP 地址是 CUCP 的网关地址 33.33.33.1。

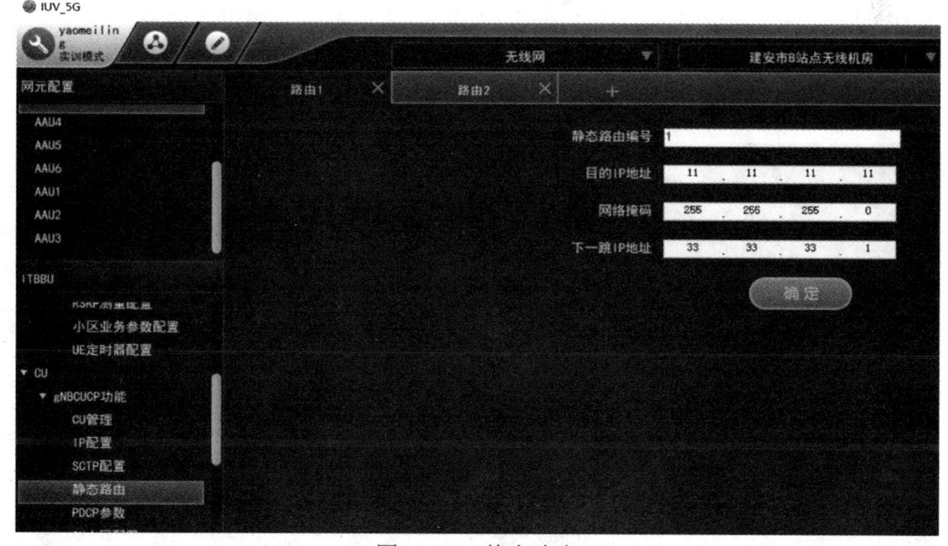

图 S1-99　静态路由

(5) CU 小区配置。需要新增 3 条 CU 小区配置，对应 B 站点的 3 个小区。选择“gNBCUCP 功能”/“CU 小区配置”选项，单击“+”按钮，弹出“CU 小区 1”表单，输入参数，如图 S1-100 所示。“CU 小区 1”表单中的 CU 小区标识是 1，小区属性是低频，小区类型是宏小区，对应 DU 小区 ID 是 1，NR 语音开关和负载均衡开关均选择默认值“打开”。

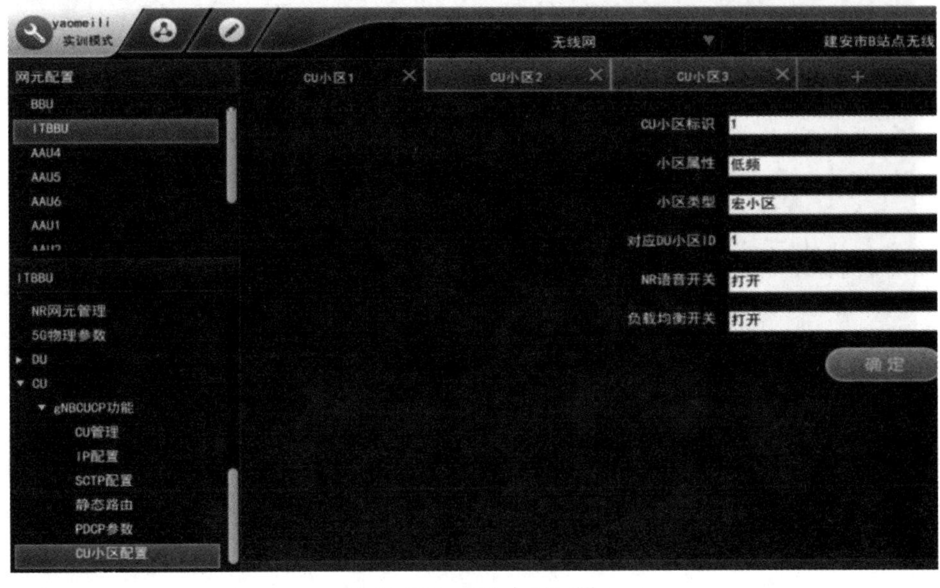

图 S1-100　CU 小区配置

采用同样的方法添加“CU 小区 2”“CU 小区 3”表单。“CU 小区 2”“CU 小区 3”表单中的参数配置与“CU 小区 1”表单参数基本相同，只是 CU 小区标识分别是 2、3，对应 DU 小区 ID 也分别是 2、3。

其余的配置项目此阶段都不需要配置，可在优化或切换时再配置。

gNBCUUP 数据配置

2) gNBCUUP 功能

gNBCUUP 功能包括以下几项。

(1) IP 配置。选择“gNBCUUP 功能”/“IP 配置”选项，弹出“IP 配置”表单，输入参数，如图 S1-101 所示。按照规划表，CUUP 的 IP 地址是 44.44.44.44，掩码是 255.255.255.0，VLAN ID 是 44。

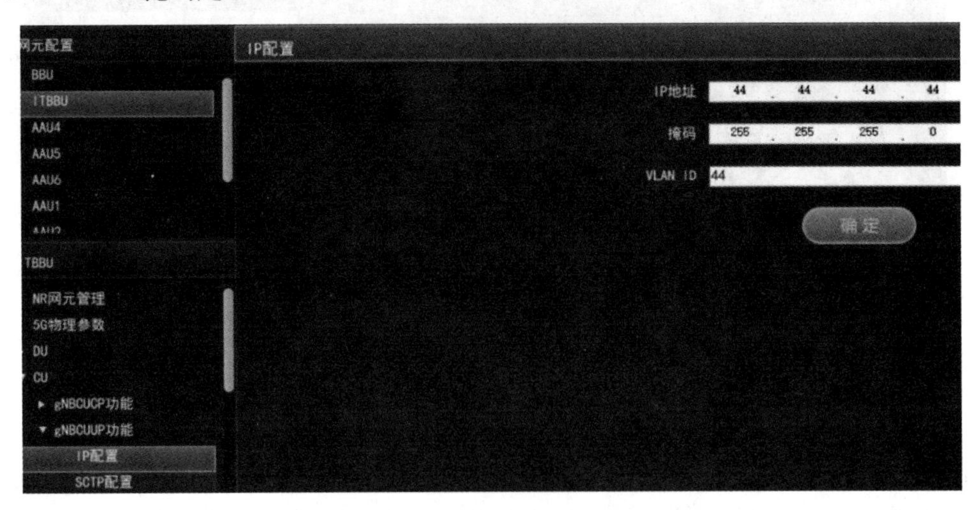

图 S1-101　IP 配置

(2) SCTP 配置。CUUP 对外逻辑连接如图 S1-102 所示。CUUP 和 CUCP 之间的 E1 链路传输的是控制信号，需要 SCTP 协议；另外 3 条链路(到达 SGW 的链路、到达 BBU 的链路、到达 DU 的链路)传输的是业务信号，不需 SCTP 协议。所以，这里只需添加 1 条 SCTP 配置。

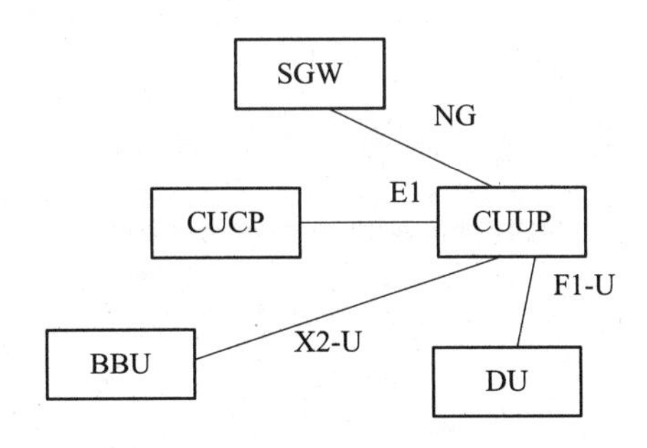

图 S1-102　CUUP 对外逻辑连接

选择“gNBCUUP 功能”/“SCTP 配置”选项，单击“+”按钮，弹出“SCTP1”表单，输入参数，如图 S1-103 所示。“SCTP1”表单中，偶联 ID 在值域范围内随意取值，如 4；本端端口号和远端端口号均为 44(与 CUCP 中与 CUUP 对接时的 SCTP 配置数据保持一致)，偶联类型是 E1 偶联，远端 IP 地址是 33.33.33.33。

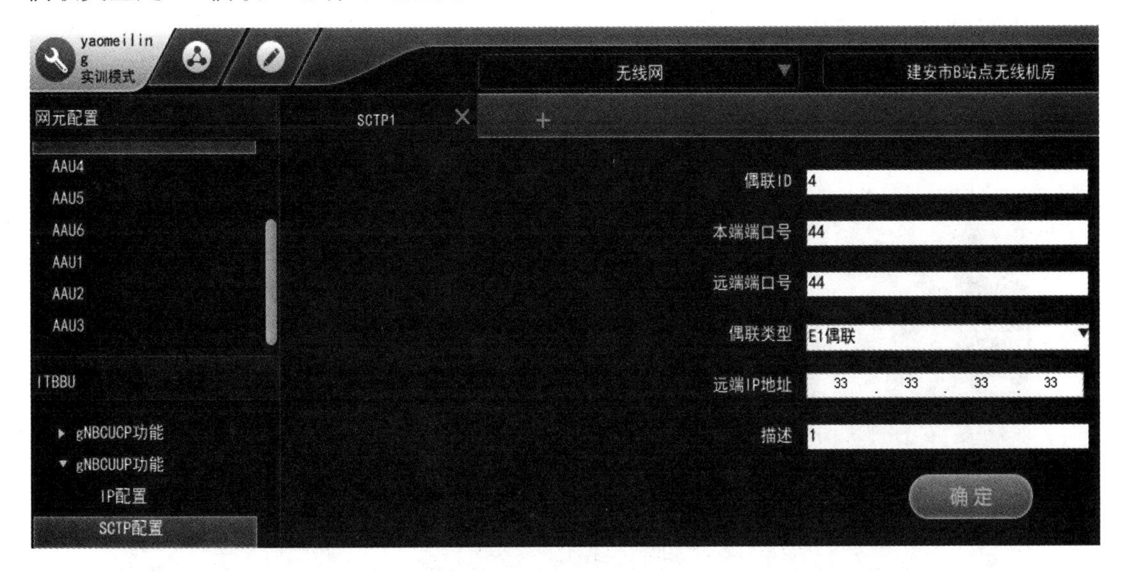

图 S1-103　SCTP 配置

(3) 静态路由。根据 CUUP 对外逻辑连接可知，需要两条静态路由分别到达 BBU 和 SGW(因为 CUUP 与 DU、CUCP 之间是内部通信，仿真软件中它们默认互通，所以无须配置路由)。

选择“gNBCUUP 功能”/“静态路由”选项，单击“+”按钮，弹出“路由 1”表单，输入参数，如图 S1-104 所示。“SCTP 配置”表单中的通路是到达 BBU 的通路，静态路由编号是 1，目的 IP 地址是 11.11.11.11，网络掩码是 255.255.255.255，下一跳 IP 地址是 44.44.44.1。

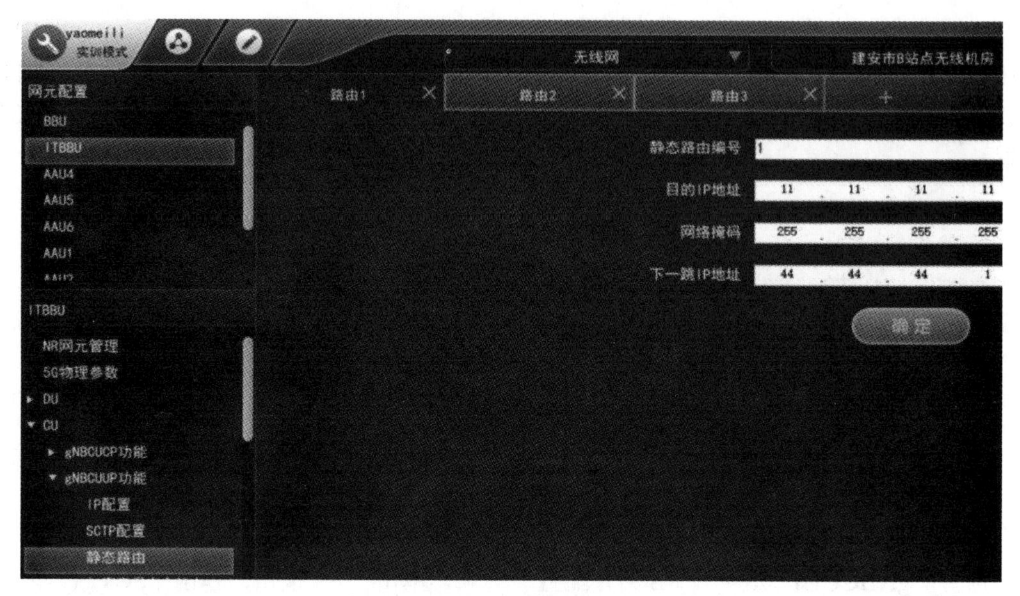

图 S1-104　静态路由

采用同样的方法增加表单“SCTP2 配置”(到达 SGW 的链路)和到达 SGW 的路由。其中到达 SGW 的静态路由编号是 2，目的 IP 地址是 SGW 的 S1-U 接口地址 3.3.3.1，掩码是 255.255.255.0，下一跳 IP 地址是 44.44.44.1。

5. 与 ITBBU 相连的 AAU 配置：AAU1、AAU2、AAU3

查看 ITBBU 的 5G 物理参数，可见与 ITBBU 相连的 AAU 为 AAU1、AAU2、AAU3，如图 S1-105 所示。

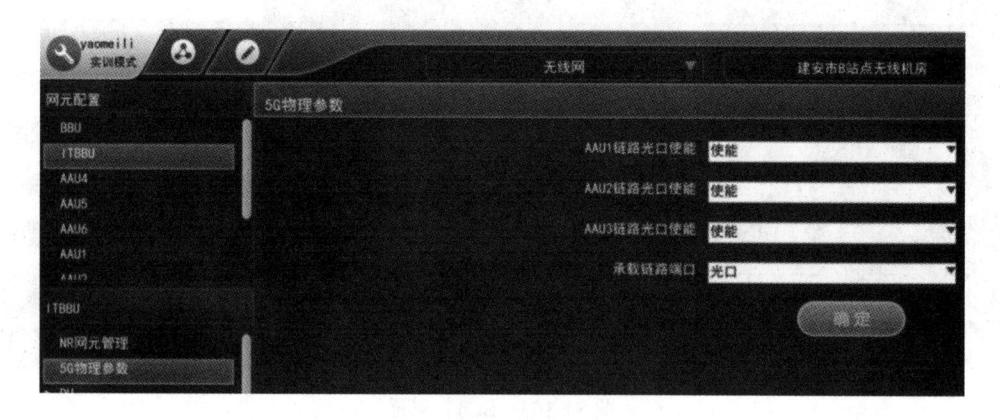

图 S1-105　查看与 ITBBU 相连的 AAU

在建安市 B 站点无线机房数据配置界面的网元配置菜单栏中选择“AAU1”选项，再选择配置选项菜单栏中的“射频配置”选项，弹出“射频配置”表单，输入参数，如图 S1-106 所示。由于只需将 5G 规划的中心频点 3450 MHz 所在的频道包含在内，因此支持频段范围选择“3400 MHz-3800 MHz”选项；AAU 收发模式包括 4T4R、8T8R、16T16R、32T32R、64T64R，可以任意选择，不会影响业务验证，这里选择 16T16R，单击“确定”按钮。优化时如果速率不足，可以选择高阶的收发模式，如 64T64R。AAU2 和 AAU3 的配置与 AAU1

完全相同。

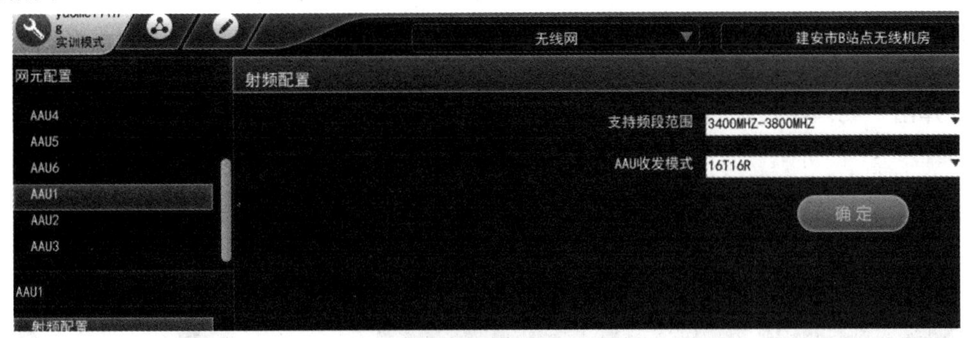

图 S1-106　AAU 射频配置

任务 5　与无线侧相连的承载配置

与无线相关的承载配置、实验模式下业务验证

 任务描述

在建安市 B 站点承载网机房的设备 SPN 中配置 BBU 下一跳、ITBBU 下一跳，为建安市 B 站点中的基站信息到达相邻 SPN，进而到达核心网奠定通路基础。

任务分析

无线侧设备之间的物理连接如图 S1-107 所示，可见与基站直接相连的设备是承载网的 SPN，基站发出的数据穿过多个承载网机房才能到达核心网。因此，要想实现与核心网的通信，需要在基站相邻的 SPN 上设置无线接入网的网关。

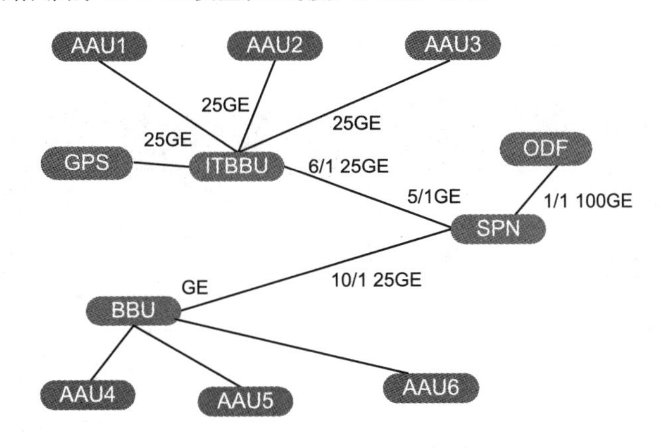

图 S1-107　无线侧设备之间的物理连接

任务实施

1. 配置 BBU 下一跳

在仿真软件数据配置界面的菜单栏中选择网络为“承载网”，机房选择为“建安市 B

站点机房”，进入建安市 B 站点承载网机房数据配置界面，在网元配置菜单栏中可见机房内只有一个设备 SPN1。选择网元配置菜单栏中的“SPN1”选项，进入 SPN1 数据配置界面，左下方的 SPN1 配置选项菜单栏中会显示 SPN1 的相关配置项。选择“物理接口配置”选项，弹出“物理接口配置”表单，输入参数，如图 S1-108 所示。

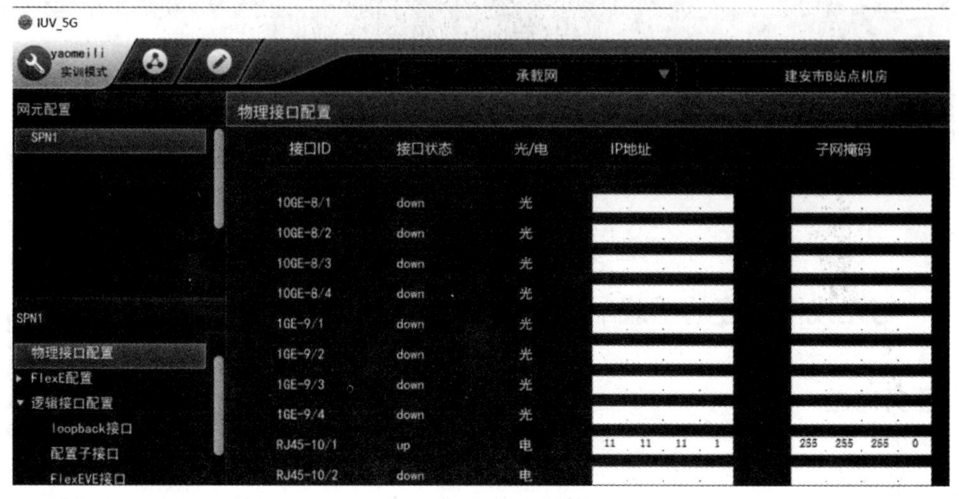

图 S1-108　物理接口配置

“物理接口配置”表单中给出了所有的物理接口信息，其中 RJ45-10/1 的接口状态是 up，通过查阅设备配置，可知此接口用于连接 BBU 的物理接口，故此接口配置为 BBU 的下一跳，按照规划下一跳的 IP 地址为 11.11.11.1，子网掩码是 255.255.255.0。

2. 配置 ITBBU 下一跳

在 SPN1 的物理接口配置中也需要确定和 ITBBU 相连的端口。在建安市 B 站点机房的设备配置界面中查看 SPN 设备连线情况，将鼠标指针放到 SPN 1 第五槽位的第一端口，可以看到本端是 SPN 1 的 25GE-5/1 端口，对端是 ITBBU，如图 S1-109 所示。

图 S1-109　查看 SPN 和 ITBBU 相连的端口

ITBBU 包含 DU、CUCP 和 CUUP 3 个功能块，查阅 IP 规划可知，这 3 个功能块的 IP

地址属于不同的子网，故 SPN1 连接 ITBBU 的物理接口 25GE-5/1 虽然是 up 状态，但是无法在物理接口配置界面配置 DU、CUCP 和 CUUP 的 IP 地址。需要在 SPN1 的逻辑接口配置的子接口配置中添加 3 个子接口，分别与 DU、CUCP 和 CUUP 对接。

选择“逻辑接口配置”/“配置子接口”选项，弹出“逻辑子接口”表单。单击 3 次“+”按钮，添加 3 条到无线站点机房的网关地址，如图 S1-110 所示。

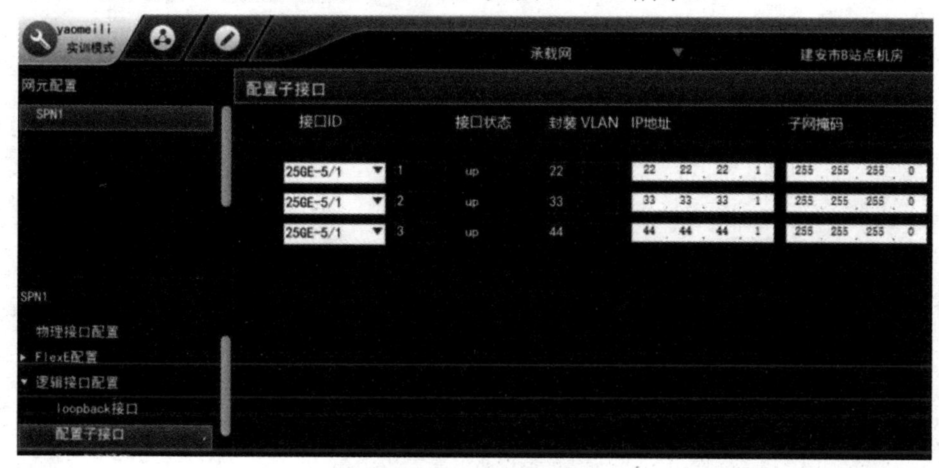

图 S1-110　配置子接口

第 1 条：接口 ID 是 SPN1 连接 ITBBU 的物理接口 25GE-5/1，子接口为 1，按照规划封装 VLAN 为 22，IP 地址是 22.22.22.1，子网掩码是 255.255.255.0。

第 2 条：接口 ID 是 25GE-5/1，子接口为 2，封装 VLAN 为 33，IP 地址是 33.33.33.1，子网掩码是 255.255.255.0。

第 3 条：接口 ID 是 25GE-5/1，子接口为 3，封装 VLAN 为 44，IP 地址是 44.44.44.1，子网掩码是 255.255.255.0。

任务 6　实验模式下建安市 Option3 全网建设之网络调试

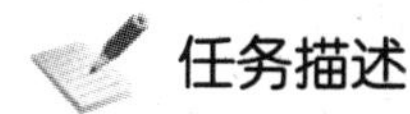

任务描述

在实验模式下完成建安市 B 站点机房业务验证，使得手机在建安市 B 站点的 3 小区 JAB1、JAB2 和 JAB3 都能注册成功。

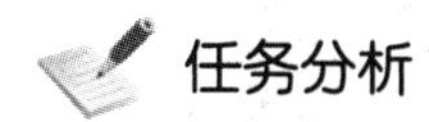

任务分析

核心网和无线接入网设备安装、数据配置完毕后，通过业务验证检查其安装及配置的正确性。

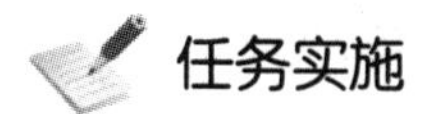

任务实施

1. 进入业务验证界面

选择仿真软件任务栏中的“网络调试”/“业务调试”选项，进入业务调试界面；在菜单栏中选择“核心网&无线网”选项，再单击“业务验证”按钮，进入核心网&无线网业务验证界面；选中“模式选择”单选按钮，进入实验模式，如图 S1-111 所示。

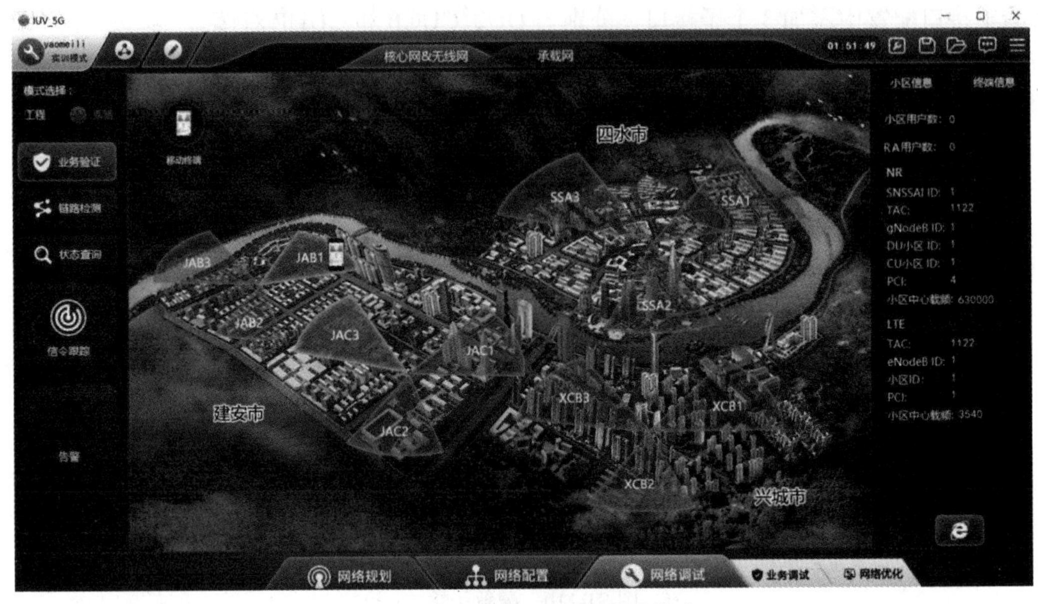

图 S1-111　业务验证界面(实验模式)

2. 配置终端信息

单击业务验证界面左上方的移动终端图标，并将其拖曳至建安 B 站点机房任意一个小区内，如 JAB1；选择“终端信息”选项，弹出终端信息的表单，填入相应的参数，具体如下：MCC 是 460，MNC 为 11，SUPI/IMSI 是 460110123456789，频段是“0 MHz-4000 MHz”，APN/DNN 是 test，KI 是 11112222333344445555666677778888，鉴权方式是 Milenage。这些参数应与核心网 HSS 中的配置参数保持一致，如图 S1-112 所示。

图 S1-112　终端信息

3. 联网注册验证

单击业务验证界面左上方移动终端图标，将其拖拽至建安 B 站点机房的 JAB1，单

击右下角联网按钮“e”，进行联网注册。如果有手机图标呈现彩色，且信号强度指示高亮显示，则说明验证成功，如图 S1-113 所示。如果手机和信号强度指示图片还是灰色，则需要单击左侧告警按钮，根据告警提示查找配置错误；也可以参阅小结中的“排障宝典”。

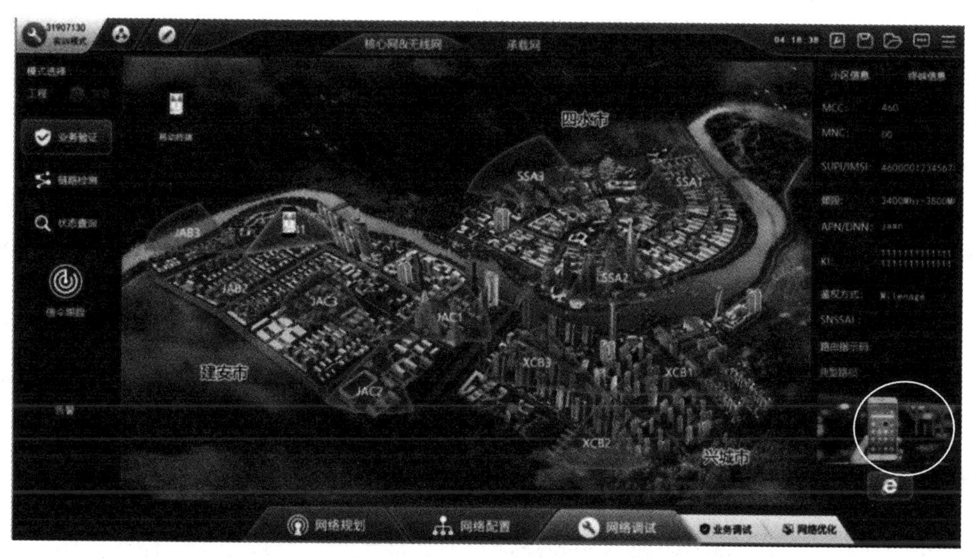

图 S1-113　联网注册验证

采用同样的方法将终端拖到建安 B 站点 JAB2 和 JAB3，验证终端在 JAB2 和 JAB3 能否联网成功。如果 3 个小区都能验证成功，则说明 Option3 全网建设开通配置都成功完成。

小　　结

1. 规划宝典

实验模式下的建安市 Option3 全网建设包括核心网及无线接入网建设，无线接入网包括 4G 基站和 5G 基站，核心网包括 4 个网元：MME、HSS、SGW 和 PGW。建安市 Option3X 组网的核心网机房包括 5 台实体设备，4 个大型网元设备 MME、HSS、SGW 和 PGW 连接到一台交换机上，交换机作为各个网元之间交互信息以及与外承载网连接的中介。核心网 4 大网元连接交换机的不同物理端口，此项目为了配置简单，所有物理端口划归同一个 VLAN，属于同一个子网。设备除了物理接口配置 IP 地址外，还要配置逻辑 IP 地址，用以标识设备(如 Loopback 地址)或标识虚拟接口(如子接口地址、数据业务接口地址、信令链接接口地址)。

2. 排障宝典 1

在设备连线过程中，设备之间的端口非常多，只有选择正确的端口才能保证设备间互通；如果连线两端的端口速率不同、接口类型不同等，都会导致连接错误，影响设备间的通信。在进行 BBU 和 ITBBU 数据配置时，需注意网关或下一跳地址都是与之相邻的 SPN 的地址。

3. 排障宝典2

数据配置时参数众多，同一个参数，尤其是全局参数，可能反复出现很多次。应谨记同一个参数在不同的配置项出现时，取值应一致。可以将此理解为参数第一次配置时是按照规划配置，后面配置时是在引用前面的配置值。例如，KI 的值域范围为 32 位十六进制数，其可以在值域范围内任意取值，为了调用时方便记忆，KI 第一次出现时可以设为 11112222333344445555666677778888，建安市 Option3 全网建设的其他地方出现 KI 时仍保持不变。

4. 排障宝典3

端口号一般只有本地意义，可随意取值，后续再调用时保持一致即可。但是，需注意本端和对端的关系，从通信两侧看，本端和对端是交叉对应的。例如，核心网网元 MME 与无线侧 eNodeB 对接的偶联配置中，MME 配置中的本端端口号对应 BBU 配置中的对端端口号，MME 配置中的对端端口号对应 BBU 配置中的本端端口号。如果核心网侧 MME 处本端端口号和对端端口号分别是 11、22，那么 BBU 侧本端端口号和对端端口号就是 22、11。同理，本端 IP 和对端 IP 也是交叉对应的。

5. 工匠精神

学到的东西不能停留在书本上，不能只装在脑袋里，而应该落实到行动上，做到知行合一。5G 全网的规划、建设实践是非常严谨、专业的工作，工程浩大，投资巨额，只有经过专业规划才能合理布局基站、线路等设施，以确保通信网络互连互通；只有专业地施工才能保障网络质量，实现真正畅通。只有身怀服务社会的意识，具备追求卓越、精益求精的品质，坚持对精品、细节和个性化的执着追求，一点点装，一步步测，一段段调试，方能建设完善的网络造福民众。本课程中虽使用仿真软件完成网络建设，但是学生毕业之后走上工作岗位，将面对真实的网络，开展实际的工程，容不得半点失误。通信人需要有高度的职业认同、高超的专业技能、高尚的事业追求，请以“工匠精神助力中国梦”为题，从“怀匠心、铸匠魂、守匠情、践匠行”4 个方面，结合自身实际谈谈如何提高自己对工匠精神的自觉意识，如何在实际行动中不断弘扬新时代工匠精神。

习　　题

一、单选题

1. SSB 块在低频时最多支持的波束个数是(　　)。

A. 8　　B. 6　　C. 2　　D. 4

2. ITBBU 机框中完成 CU 功能的是(　　)。

A. 虚拟环境监控板　　B. 5G 虚拟交换机

C. 5G 基带处理板　　D. 虚拟通用计算板

3. 系统带宽为 100 MHz，系统子载波间隔为 30 kHz，则系统的 RB 数为(　　)。

A. 270　　B. 64　　C. 256　　D. 273

4. 如果帧结构配置为 11120，则有(　　)个下行时隙。

A. 2　　B. 1　　C. 3　　D. 4

5. IPv4 地址是(　　)位二进制数。

A. 8　　B. 128　　C. 32　　D. 48

6. 两台 SPN 设备之间为点到点相连，则对应接口的子网掩码一般设为(　　)。

A. 255.0.0.0　　B. 255.255.255.255.0

C. 255.255.0.0　　D. 255.255.255.252

7. Loopback 地址的网络号为(　　)位。

A. 48　　B. 128　　C. 32　　D. 8

8. 在 IP 网络中，默认路由的目的地址和子网掩码是(　　)。

A. 255.255.255.255　0.0.0.0.　　B. 0.0.0.0.　255.255.255.255

C. 255.255.255.255　255.255.255.255　　D. 0.0.0.0.　0.0.0.0

9. IP 地址后加了“/24”，表示(　　)。

A. 掩码是 8 个 1　　B. IP 地址是 24 bit

C. 网络号为 24 bit　　D. 主机号为 24 bit

10. 在仿真软件中，(　　)中配置了交换机。

A. 承载中心机房　　B. 无线站点机房

C. 汇聚机房　　D. 核心网机房

11. CUCP 不需要配置的偶联有(　　)。

A. NF 偶联　　B. F1 偶联　　C. N4 偶联　　D. E1 偶联

二、判断题

1. 高频 AAU 可以使用较多的天线数量。　(　　)

2. DU 小区的中心载频应该包含在 AAU 支持的频段范围内。　(　　)

3. 语音通信时须配置 QoS 标识类型为 5。　(　　)

4. 相邻小区的起始逻辑根序列索引不能相同，相邻小区的 PCI 不能相同。　(　　)

三、简答题

1. 在进行 BBU、ITBBU 与核心网的对接过程中，为什么下一跳的地址不是核心网的物理接口地址？

2. SW 上的数据根据核心网 4 个网元的数据规划进行配置，若核心网 4 个网元都在同一个网段，则交换机可以只配置一个 VLAN。若是 4 个网元配置 4 个不同的网段，则交换机要分别配置几个 VLAN 与其对应？交换机上一共要配置多少条静态路由？

实战演练 2

Option3 全网建设之承载网建设

本实战演练是在实战演练 1 的基础上进行建安市承载网的建设，涉及承载中心机房、骨干汇聚机房、建安 3 区汇聚机房、建安市 B 站点机房等 4 个机房，建设内容包括承载网设备部署与线缆连接和承载网设备数据配置，并在工程模式下进行全网建设验证。工程模式的全网建设实际是仿真软件中的说法，就是在实验模式验证成功的基础上，完成承载网的建设并进行业务验证。建设好承载网，再进行业务验证，这时就可以选择业务验证界面左上方的工程模式，如果承载网配置正确，而且与实验模式下的核心网、无线接入网正确对接，则表明验证成功。

知识目标

- 理解承载网的层次结构。
- 理解接口 IP 地址规划的原则。
- 掌握 SPN、OTN 的数据配置方法。
- 熟练运用链路检测和光路检测等方法检验承载网建设中存在的问题。

能力目标

- 在 5G 全网建设技术竞赛中，核心网的四大网元(或 Option2 组网中的服务器)、核心网机房中的交换机设备、承载网机房中的承载设备功能不同，路由配置也不同，应能够明确哪一个设备需启用 OSPF 动态路由协议，哪一个设备可以只配置静态路由，哪一个设备既需要启用 OSPF 动态路由协议也需要配置静态路由。
- 能说明仿真软件中 2 个相邻机房的 SPN 经过 ODF、OTN 连接，中间需要连多少根线缆及线缆的类型。
- 在工程模式下能进行建安市 Option3 业务验证，完成无线接入网、承载网、核心网的对接，实现终端注册联网业务。

内容导航

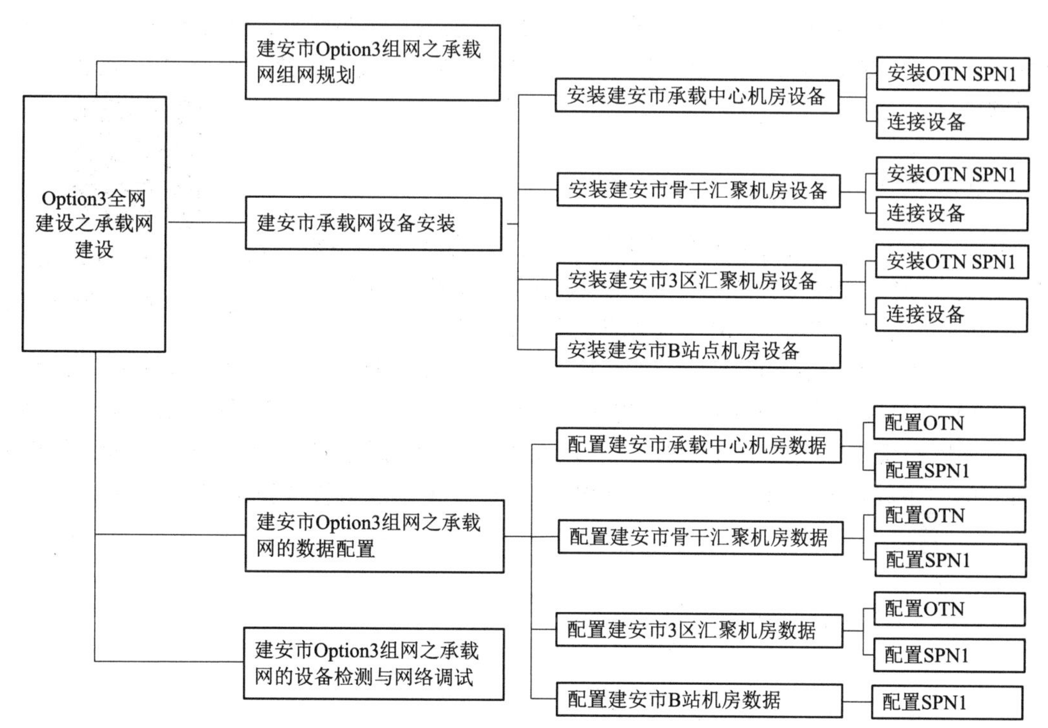

项目 2.1　建安市 Option3 组网之承载网规划及设备部署

以建安市为例，进行 Option3 组网之承载网的规划和设备配置部署。承载网上联核心网机房的交换机，下联无线站点机房的 BBU 和 ITBBU，是核心网和无线接入网之间的中介。仿真软件中，从核心网机房到建安市 B 站点无线机房中间有 4 层承载设备，分别是建安市承载中心机房、建安市骨干汇聚机房、建安市 3 区汇聚机房和建安市 B 站点承载机房(与建安市 B 站点无线机房联合设置)。因此，规划图中为 4 个承载机房，但是本项目不进行建安市 B 站点承载机房的设备部署(在实战演练 1 已经完成)。可将 3 个机房设备部署分解为 3 个任务：建安市承载中心机房、建安市骨干汇聚机房、建安市 3 区汇聚机房的设备安装及连线。

任务 1　建安市 Option3 组网之承载网规划

任务描述

完成建安市承载网机房的物理设备部署及连接规划、承载网机房的 SPN 设备的接口 IP 地址规划、SPN 与 SPN 连接接口规划，以及 OTN 与 SPN 连接接口规划。

任务分析

建安市承载中心机房属于承载网的核心层，一般安装大型设备；建安市骨干汇聚机房、建安市 3 区汇聚机房属于承载网的汇聚层，一般安装中型设备；建安市 B 站点承载机房属于承载网的接入层，一般安装小型设备。

任务实施

建安市承载网设备连线以及各物理接口的 IP 地址规划如图 S2-1 所示，清晰大图请扫描二维码。建安市承载中心机房安装大型 SPN 和大型 OTN，其 SPN 上联核心网的 SW，通过 OTN 下联建安市骨干汇聚机房的 SPN；建安市骨干汇聚机房安装中型 SPN 和中型 OTN，其 SPN 通过 OTN 上联建安市承载中心机房的 SPN，通过 OTN 下联建安市 3 区汇聚机房的 SPN；建安市 3 区汇聚机房安装中型 SPN 和中型 OTN，其 SPN 通过 OTN 上联建安市骨干汇聚机房的 SPN，下联建安市 B 站点机房的 SPN；建安市 B 站点承载机房安装小型 SPN。

建安市承载网设备连线以及各物理接口的 IP 地址规划

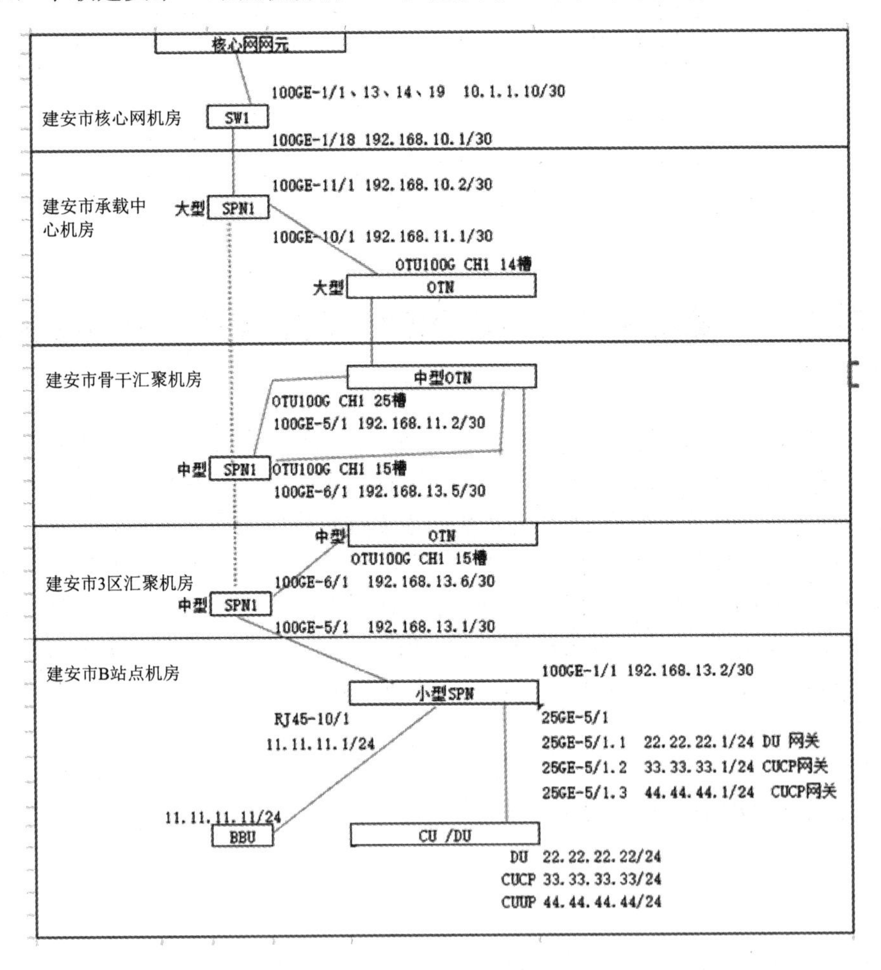

图 S2-1 建安市承载网设备连线以及各物理接口的 IP 地址规划

SPN 之间的连接为三层设备之间的连接，需要为连接端口规划 IP 地址。一条线路两端的 2 个端口为直连端口，IP 地址应如何规划呢？网络位 30 的子网，其主机位是 2 位，2 位主机地址取值有 4 种可能：00、01、10、11，故有 4 个地址。但主机位全 0 是网络地址，主机位全 1 是广播地址，不可分配给某个端口，故可用的 IP 地址就只有 2 个(主机地址取值 01、10)，这 2 个地址适合分配给直连的 2 个端口(没有地址空间浪费)，子网掩码是 255.255.255.252。

OTN 提供的物理层连接无须 IP 地址，图 S2-1 中标识了连接 SPN 所用的 OTU 板卡类型、速率、所在槽位，以及所用的波编号(如 CH1 表示波分系统的第一个波)。

小贴士：

设备连接时须谨记，一条线路两端接口速率应一致，IP 地址规划时保证一条线路两端接口的 IP 地址在同一个网段。例如，建安市 3 区汇聚机房的 SPN 的 5/1 端口通过一条 100GE 线路连接建安市 B 站点机房的 SPN 的 1/1 端口，2 个端口速率均为 100GE(见图 S2-1)，IP 地址分别为 192.168.13.1/30、192.168.13.2/30，属于同一子网 192.168.13.0/30。

任务 2　承载网核心层之建安市承载中心机房设备安装与连接

任务描述

按照拓扑规划图 S2-1，完成建安市承载中心机房设备安装与连接。

任务分析

建安市承载中心机房安装大型 SPN 和大型 OTN，其 SPN 上联核心网的 SW，通过 OTN 下联建安市骨干汇聚机房的 SPN。

任务实施

1. 安装建安市承载中心机房设备

1) 进入建安市承载中心机房

在仿真软件任务栏中选择“网络配置”/“设备配置”选项，进入设备配置界面。在设备配置界面菜单栏中选择“网络选择”/“承载网”选项，在“请选择机房”下拉菜单中选择“建安市承载中心机房”选项，进入建安市承载中心机房设备配置初始界面，如图 S2-2 所示。建安市承载中心机房内部场景中，左侧机柜上有箭头指示区域，第 1 个箭头指示区域指向灰色的 ODF 架，第 2 个箭头指示区域的机柜用于安装 OTN 设备，第 3 个箭头指示区域的机柜用于安装 SPN 设备。

承载网建设 承载中心机房设备安装

图 S2-2　建安市承载中心机房设备配置初始界面

2) 安装 SPN

单击建安市承载中心机房中第 3 个箭头指示的机柜，进入 SPN 安装界面。建安市承载中心机房负责建安市所有承载业务转发，故选择大型 SPN 设备。从设备资源池中拖动 1 个大型 SPN 到机柜中进行安装，安装成功后，设备指示图中会出现 SPN1 的图标，如图 S2-3 所示。

图 S2-3　SPN 安装界面

3) 安装 OTN

单击 SPN 安装界面左上方的返回箭头，返回建安市承载中心机房设备配置初始界面。单击建安市承载中心机房中第 2 个箭头指示的机柜，进入 OTN 安装界面，选用大型 OTN 设备。从设备资源池中拖动大型 OTN 到机柜中进行安装，安装成功后，设备指示图中会出现 OTN 的图标，如图 S2-4 所示。

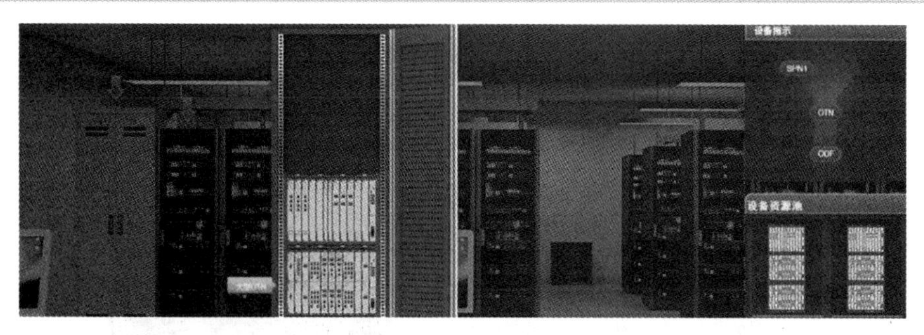

图 S2-4　OTN 安装界面

2. 连接建安市承载中心机房设备

建安市承载中心机房设备连接规划如图 S2-5 所示。

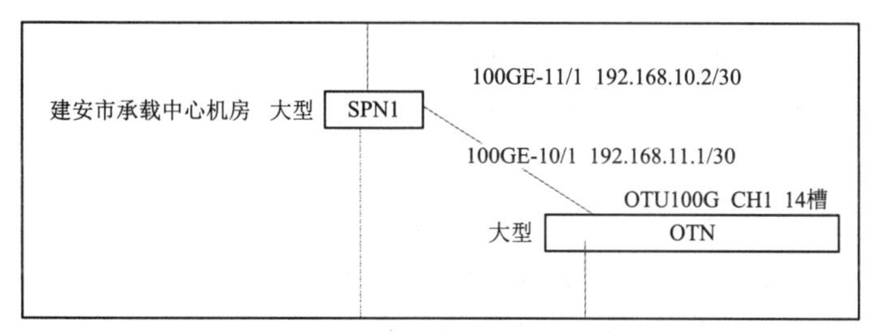

图 S2-5　建安市承载中心机房设备连接规划

1) SPN1 通过 ODF 连接建安市核心网机房的 SW1

SPN1 与建安市核心网机房的 SW1 不在同一机房中，不可直接相连，需要通过 ODF 进行连接。单击设备指示图中的任一图标，会显示线缆池，从线缆池中选择成对 LC-FC 光纤。单击设备指示图中的 SPN1 图标，打开 SPN1 面板，单击选中 11 槽位板卡的 100GE 光纤端口 1，完成光纤一端的连接；单击设备指示图中的 ODF 图标，打开 ODF 面板，单击选中对端是核心网机房的 ODF-2T/2R 端口，完成光纤另一端的连接。最终结果如图 S2-6 所示。

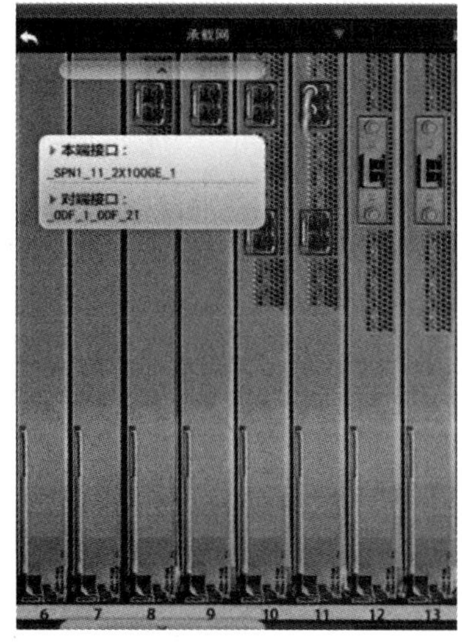

(a)

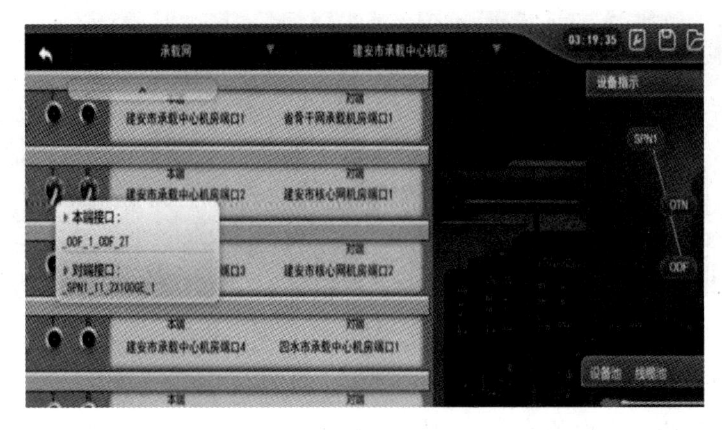

(b)

图 S2-6　SPN1 通过 ODF 连接建安市核心网机房的 SW1

小贴士：

2 个不同机房的 SPN 之间的连接是通过 ODF 架进行的，即物理的连接如下：A 机房的 SPN 连接到 A 机房的 ODF，B 机房的 SPN 连接到 B 机房的 ODF，A 机房的 ODF 连接到 B 机房的 ODF(ODF 之间的连接在仿真软件中已经内置好，无须操作)。仿真软件中，SPN 与 ODF 之间是通过 LC-FC 光纤连接的。

2) SPN1 通过 OTN 和 ODF 连接建安市骨干汇聚机房

按照规划图 S2-5，将 SPN1 通过 OTN 和 ODF 连接到建安市骨干汇聚机房。

(1) 从线缆池中选择成对 LC-LC 光纤，单击设备指示图中的 SPN1 图标，打开 SPN1 面板，单击 10 槽位板卡的 100GE 光纤端口 1，完成光纤一端的连接；单击设备指示图中的 OTN 图标，打开 OTN 面板，单击 14 槽位 OTU 板卡的 C1T/C1R 端口，完成光纤另一端的连接。

(2) 从线缆池中选择单根 LC-LC 光纤，单击 OTN 面板 14 槽位 OTU 板卡的 L1T 端口，完成光纤一端的连接；单击 OTN 面板 17、18 槽位 OMU 板卡的 CH1 端口，完成光纤另一端的连接。

(3) 从线缆池中选择单根 LC-LC 光纤，单击 OTN 面板 17、18 槽位 OMU 板卡的 OUT 端口，完成光纤一端的连接；单击 OTN 面板 20 槽位 OBA 板卡的 IN 端口，完成光纤另一端的连接。

(4) 从线缆池中选择单根 LC-FC 光纤，单击 OTN 面板 20 槽位 OBA 板卡的 OUT 端口，完成光纤一端的连接；单击设备指示图中的 ODF 图标，打开 ODF 配线架，单击连接建安市骨干汇聚机房的 T 端口，完成光纤另一端的连接。

(5) 从线缆池中选择单根 LC-FC 光纤，单击 ODF 配线架中连接建安市骨干汇聚机房的 R 端口，完成光纤一端的连接；单击设备指示图中的 OTN 图标，打开 OTN 面板，单击 21 槽位 OPA 板卡的 IN 端口，完成光纤另一端的连接。

(6) 从线缆池中选择单根 LC-LC 光纤，单击 OTN 面板 30 槽位 OPA 板卡的 OUT 端口，

完成光纤一端的连接；单击 OTN 面板 27、28 槽位 ODU 板卡的 IN 端口，完成光纤另一端的连接。

(7) 从线缆池中选择单根 LC-LC 光纤，单击 OTN 面板 27、28 槽位 ODU 板卡的 CH1 端口，完成光纤一端的连接；单击 OTN 面板 14 槽位 OTU 板卡的 L1R 端口，完成光纤另一端的连接。

连接结果如图 S2-7 所示。至此，建安市承载中心机房的设备安装和连接完毕，在操作界面右上方的设备指示图中会显示机房的设备连接情况。

(a) OTN 连线

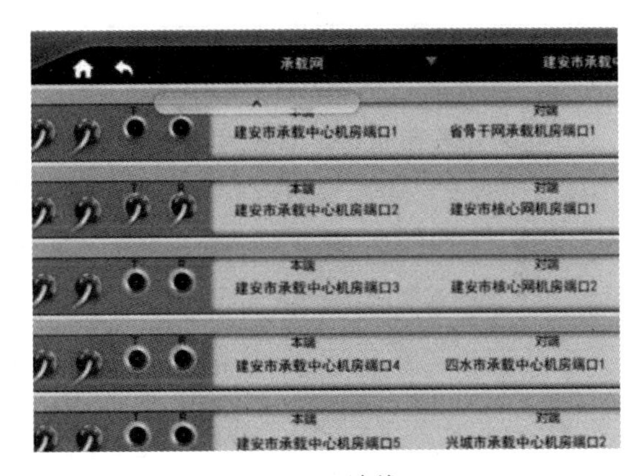

(b) ODF 连线

图 S2-7　建安市承载中心机房 SPN1 通过 OTN 和 ODF 连接建安市骨干汇聚机房

任务 3　承载网骨干汇聚层之建安市骨干汇聚机房设备安装与连接

任务描述

按照拓扑规划图 S2-1，完成建安市骨干汇聚机房设备安装与连接。

任务分析

建安市骨干汇聚中心机房安装中型 SPN 和中型 OTN，其 SPN 通过 OTN 上联建安市承载中心机房的 SPN，通过 OTN 下联建安市 3 区汇聚机房的 SPN。

任务实施

1. 安装建安市骨干汇聚机房设备

承载网建设　骨干汇聚机房设备安装

1) 进入建安市骨干汇聚机房

在设备配置界面的菜单栏中选择“网络选择”/“承载网”选项，在“请选择机房”下拉菜单中选择“建安市骨干汇聚机房”选项，进入建安市骨干汇聚机房设备配置初始界面。建安市骨干汇聚机房布局与建安市承载中心机房布局类似，机房内部场景中的左侧机柜上也有3个黄色箭头指示区域，第1个指向ODF架，第2个指示区域用于安装SPN等设备，第3个指示区域用于安装OTN设备。

2) 安装SPN

单击建安市骨干汇聚机房中的SPN安装机柜(第2个黄色箭头指示区域)，进入SPN安装界面。建安市骨干汇聚机房采用中型设备，故可从设备资源池中拖动1个中型SPN到机柜中并完成安装。单击SPN安装界面左上方的返回箭头，返回建安市骨干汇聚机房设备配置初始界面。

3) 安装OTN

单击建安市骨干汇聚机房内部场景中的OTN安装机柜(第3个黄色箭头指示区域)，进入OTN安装界面，从设备资源池中拖动中型OTN到机柜中，完成安装。

2. 连接建安市骨干汇聚机房设备

建安市骨干汇聚机房内部以及与上下游机房连接规划如图S2-8所示。

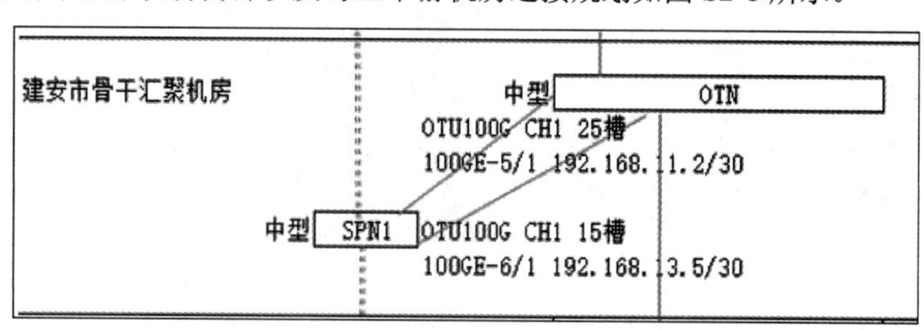

图S2-8　建安市骨干汇聚机房内部以及与上下游机房连接规划

1) SPN1通过OTN和ODF上联建安市承载中心机房

(1) 从线缆池中选择成对LC-LC光纤，单击设备指示图中的SPN1图标，打开SPN1面板，单击5槽位板卡的100GE光纤端口1，完成光纤一端的连接；单击设备指示图中的OTN图标，打开OTN面板，单击25槽位OTU板卡的C1T/C1R端口，完成光纤另一端的连接。

(2) 从线缆池中选择单根LC-LC光纤，单击OTN面板25槽位OTU板卡的L1T端口，完成光纤一端的连接；单击OTN面板12、13槽位OMU板卡的CH1端口，完成光纤另一端的连接。

(3) 从线缆池中选择单根LC-LC光纤，单击OTN面板12、13槽位OMU板卡的OUT端口，完成光纤一端的连接；单击OTN面板11槽位OBA板卡的IN端口，完成光纤另一端的连接。

(4) 从线缆池中选择单根LC-FC光纤，单击OTN面板11槽位OBA板卡的OUT端口，完成光纤一端的连接；单击设备指示图中的ODF图标，打开ODF配线架，单击连接建安市承载中心机房的T端口，完成光纤另一端的连接。

(5) 从线缆池中选择单根LC-FC光纤，单击ODF配线架中连接建安市承载中心机房的R端口，完成光纤一端的连接；单击设备指示图中的OTN图标，打开OTN面板，单击21槽位OPA板卡的IN端口，完成光纤另一端的连接。

(6) 从线缆池中选择单根 LC-LC 光纤，单击 OTN 面板 21 槽位 OPA 板卡的 OUT 端口，完成光纤一端的连接；单击 OTN 面板 22、23 槽位 ODU 板卡的 IN 端口，完成光纤另一端的连接。

(7) 从线缆池中选择单根 LC-LC 光纤，单击 OTN 面板 22、23 槽位 ODU 板卡的 CH1 端口，完成光纤一端的连接；单击 OTN 面板 25 槽位 OTU 板卡的 L1R 端口，完成光纤另一端的连接。

2) SPN1 通过 OTN 和 ODF 下联建安市 3 区汇聚机房

(1) 从线缆池中选择成对 LC-LC 光纤，单击设备指示图中的 SPN1 图标，打开 SPN1 面板，单击 6 槽位板卡的 100GE 光纤端口 1，完成光纤一端的连接；单击设备指示图中的 OTN 图标，打开 OTN 面板，单击 15 槽位 OTU 板卡的 C1T/C1R 端口，完成光纤另一端的连接。

(2) 从线缆池中选择单根 LC-LC 光纤，单击 OTN 面板 15 槽位 OTU 板卡的 L1T 端口，完成光纤一端的连接；单击 OTN 面板 17、18 槽位 OMU 板卡的 CH1 端口，完成光纤另一端的连接。

(3) 从线缆池中选择单根 LC-LC 光纤，单击 OTN 面板 17、18 槽位 OMU 板卡的 OUT 端口，完成光纤一端的连接；单击 OTN 面板 20 槽位 OBA 板卡的 IN 端口，完成光纤另一端的连接。

(4) 从线缆池中选择单根 LC-FC 光纤，单击 OTN 面板 20 槽位 OBA 板卡的 OUT 端口，完成光纤一端的连接；单击设备指示图中的 ODF 图标，打开 ODF 配线架，单击连接建安市 3 区汇聚机房的 T 端口，完成光纤另一端的连接。

(5) 从线缆池中选择单根 LC-FC 光纤，单击 ODF 配线架中连接建安市 3 区汇聚机房的 R 端口，完成光纤一端的连接；单击设备指示图中的 OTN 图标，打开 OTN 面板，单击 30 槽位 OPA 板卡的 IN 端口，完成光纤另一端的连接。

(6) 从线缆池中选择单根 LC-LC 光纤，单击 OTN 面板 30 槽位 OPA 板卡的 OUT 端口，完成光纤一端的连接；单击 OTN 面板 27、28 槽位 ODU 板卡的 IN 端口，完成光纤另一端的连接。

(7) 从线缆池中选择单根 LC-LC 光纤，单击 OTN 面板 27、28 槽位 ODU 板卡的 CH1 端口，完成光纤一端的连接；单击 OTN 面板 15 槽位 OTU 板卡的 L1R 端口，完成光纤另一端的连接。

任务 4　承载网汇聚层之建安市 3 区汇聚机房设备安装与连接

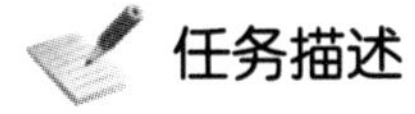

任务描述

按照拓扑规划图 S2-1，完成建安市 3 区汇聚机房设备安装与连接。

承载网建设　3 区汇聚机房设备安装

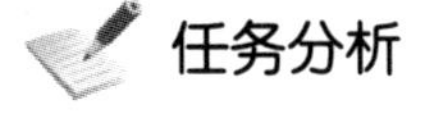

任务分析

建安市 3 区汇聚机房安装中型 SPN 和中型 OTN，其 SPN 通过

OTN 上联建安市骨干汇聚机房的 SPN，下联建安市 B 站点机房的 SPN。

任务实施

1. 安装建安市 3 区汇聚机房设备

1) 进入设备初始配置界面

在设备配置界面的菜单栏选择“网络选择”/“承载网”选项，在“请选择机房”下拉菜单中选择“建安市 3 区汇聚机房”选项，进入建安市 3 区汇聚机房设备配置初始界面，如图 S2-9 所示。机房右侧机柜上有 4 个箭头指示区域，第 1 个指示区域机柜用于安装 CU 设备，第 2 个指示区域机柜用于安装 SPN 设备，第 3 个指示区域机柜用于安装 OTN 设备，第 4 个指示区域机柜用于安装灰色的 ODF 配线架。仿真系统默认已安装 ODF 配线架。

图 S2-9　建安市 3 区汇聚机房设备配置初始界面

2) 安装 SPN

单击建安市 3 区汇聚机房内部场景中第 2 个箭头指示机柜，进入 SPN 安装界面，从设备资源池中拖动中型 SPN 到机柜，完成安装。单击 SPN 安装界面左上方的返回箭头，返回建安市 3 区汇聚机房设备配置初始界面。

3) 安装 OTN

单击建安市 3 区汇聚机房内部场景中的第 3 个箭头指示机柜，进入 OTN 安装界面，从设备资源池中拖动中型 OTN 到机柜，完成安装。

2. 连接建安市 3 区汇聚机房设备

建安市 3 区汇聚机房内部以及与上下游机房连接规划如图 S2-10 所示。

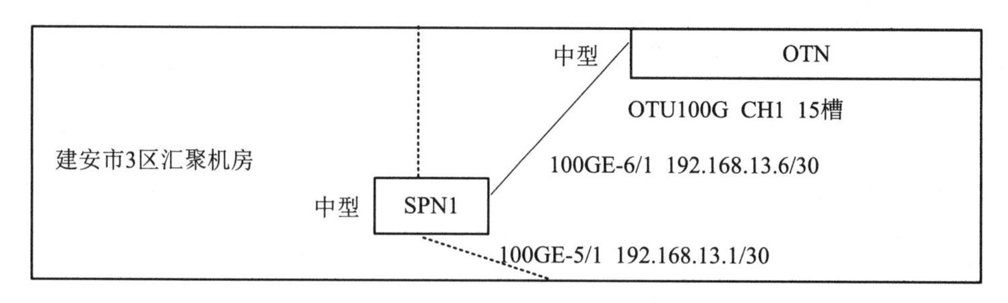

图 S2-10　建安市 3 区汇聚机房内部以及与上下游机房连接规划

1) 连接建安市骨干汇聚机房

SPN1 通过 OTN 和 ODF 连接建安市骨干汇聚机房。

(1) 从线缆池中选择成对 LC-LC 光纤，单击 SPN1 图标，打开 SPN1 面板，单击 6 槽位板卡的 100GE 光纤端口 1，完成光纤一端的连接；单击设备指示图中的 OTN 图标，打开 OTN 面板，单击 15 槽位 OTU 板卡的 C1T/C1R 端口，完成光纤另一端的连接。

(2) 从线缆池中选择单根 LC-LC 光纤，单击 OTN 面板 15 槽位 OTU 板卡的 L1T 端口，完成光纤一端的连接；单击 OTN 面板 17、18 槽位 OMU 板卡的 CH1 端口，完成光纤另一端的连接。

(3) 从线缆池中选择单根 LC-LC 光纤，单击 OTN 面板 17、18 槽位 OMU 板卡的 OUT 端口，完成光纤一端的连接；单击 OTN 面板 20 槽位 OBA 板卡的 IN 端口，完成光纤另一端的连接。

(4) 从线缆池中选择单根 LC-FC 光纤，单击 OTN 面板 20 槽位 OBA 板卡的 OUT 端口，完成光纤一端的连接；单击设备指示图中的 ODF 图标，打开 ODF 配线架，单击连接建安市骨干汇聚机房的 1T 端口，完成光纤另一端的连接。

(5) 从线缆池中选择单根 LC-FC 光纤，单击 ODF 配线架中连接建安市骨干汇聚机房的 1R 端口，完成光纤一端的连接；单击设备指示图中的 OTN 图标，打开 OTN 面板，单击 30 槽位 OPA 板卡的 IN 端口，完成光纤另一端的连接。

(6) 从线缆池中选择单根 LC-LC 光纤，单击 OTN 面板 30 槽位 OPA 板卡的 OUT 端口，完成光纤一端的连接；单击 OTN 面板 27、28 槽位 ODU 板卡的 IN 端口，完成光纤另一端的连接。

(7) 从线缆池中选择单根 LC-LC 光纤，单击 OTN 面板 27、28 槽位 ODU 板卡的 CH1 端口，完成光纤一端的连接；单击 OTN 面板 15 槽位 OTU 板卡的 L1R 端口，完成光纤另一端的连接。

2) 连接建安市 B 站点机房

建安市 B 站点机房没有配置 OTN 设备，SPN1 通过 ODF 配线架连接建安市 B 站点机房。

从线缆池中选择成对 LC-FC 光纤，单击设备指示图中的 SPN1 图标，打开 SPN1 面板，单击 5 槽位板卡的 100GE 光纤端口 1，完成光纤一端的连接；单击设备指示图中的 ODF 图标，打开 ODF 配线架，单击连接建安市 B 站点机房的 T/R 端口，完成光纤另一端的连接。

承载网接入层——建安市B站点机房设备安装及连接已经完成，参见实战演练1项目1.2任务2相关内容(建安市Option3组网之无线接入网设备安装与连接)中的SPN连接。

项目2.2　建安市Option3组网之承载网的数据配置

按照规划图S2-1对建安市承载网4个机房(建安市承载中心机房、建安市骨干汇聚机房、建安市3区汇聚机房、建安市B站点机房)的设备进行数据配置。

承载网是核心网和无线接入网之间的中介，上联核心网机房的交换机，下联无线站点机房的BBU和ITBBU。在实战演练1的建安市B站点承载机房的部分配置中，已经完成核心网和无线接入网的配置，与承载网直接连接的两个设备(核心网机房的交换机、建安市B站点无线机房的BBU和ITBBU)已经完成了与承载网的对接配置。另外，考虑到配置的整体性，对建安市B站点承载机房也完成了设备部署和部分数据配置。

因此，本项目包括4个任务：建安市承载中心机房、建安市骨干汇聚机房、建安市3区汇聚机房等3个机房的完整数据配置和建安市B站点机房的部分数据配置。

任务1　承载网核心层之建安市承载中心机房数据配置

任务描述

按照规划图S2-1，完成建安市承载中心机房SPN和OTN的数据配置。

任务分析

OTN的数据配置只有频率配置一项，SPN的数据配置包括物理接口配置、逻辑接口配置及OSPF路由配置。

任务实施

承载网建设　承载中心、骨干汇聚机房数据配置

1. 进入建安市承载中心机房数据配置界面

打开仿真软件，在仿真软件界面的任务栏中选择“网络配置”/“数据配置”选项，进入数据配置界面。在数据配置界面的菜单栏中选择“网络选择”/“承载网”选项，在“请选择机房”中选择“建安市承载中心机房”选项，进入建安市承载中心机房数据配置界面。该配置界面主要由网元配置菜单栏、配置选项菜单栏和参数配置表单区3个区域组成，如图S2-11所示。在网元配置菜单栏中进行网元类别的选择，在配置选项菜单栏呈现已选择网元的配置选项，在参数配置表单区呈现已选中配置选项需要输入的参数列表。

图 S2-11　建安市承载中心机房数据配置界面

2. 配置建安市承载中心机房中的 OTN

在网元配置菜单栏中选择“OTN”选项，在配置选项菜单栏中选择“频率配置”选项，弹出“频率配置”空白表单。单击该表单中的“+”按钮，弹出一行文本框，依据规划及设备配置，在文本框中输入 SPN1 连接的 OTU 板卡类型、所在槽位号、占用的接口号以及频率(须与 OMU 中占用的信道一致，按照规划图此处为 CH1)等参数，如图 S2-12 所示。

图 S2-12　建安市承载中心机房中的 OTN 频率配置

3. 配置建安市承载中心机房中的 SPN1

1) 物理接口配置

在网元配置菜单栏中选择“SPN1”选项，在配置选项菜单栏中选择“物理接口配置”选项，弹出“物理接口配置”表单，输入参数，如图 S2-13 所示。

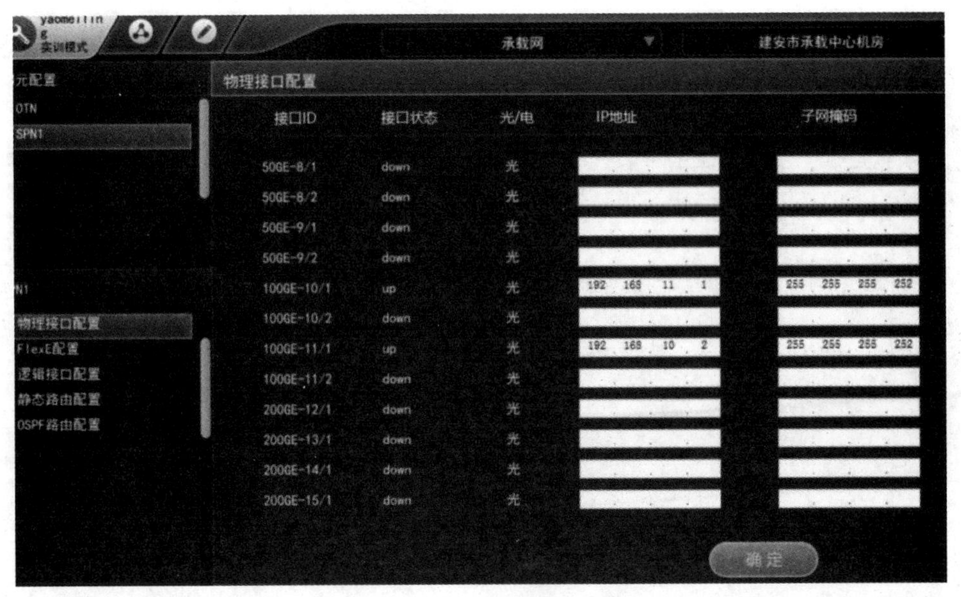

图 S2-13　SPN1 物理接口配置

小贴士：

设备配置中正确连线的接口状态为 up，对 up 状态的接口按照规划图 S2-1 输入 IP 地址和掩码，对 down 状态的接口(没有连线或连线错误的接口)无须配置数据。

2) 逻辑接口配置

在配置选项菜单栏中选择“逻辑接口配置”/“loopback 接口”选项，弹出“loopback 接口”表单。单击该表单中的“+”按钮，弹出一行文本框，在其中输入 Loopback 地址。Loopback 地址可配置为 SPN1 任意一个物理接口地址，如此处 IP 地址为 192.168.11.1，子网掩码为 255.255.255.255，如图 S2-14 所示。

图 S2-14　SPN1 Loopback 接口配置

3) OSPF 路由配置

(1) OSPF 全局配置。在配置选项菜单栏中选择“OSPF 路由配置”/“OSPF 全局配置”选项，弹出“OSPF 全局配置”表单，输入 OSPF 全局参数，如图 S2-15 所示。其中，全局 OSPF 状态应设置为“启用”；进程号在值域范围内可随意取值，如 1；Router-ID 选择 Loopback 地址；如果有静态路由，则选中“静态”单选按钮；如果有默认路由，则选中“通告缺省路由”单选按钮。

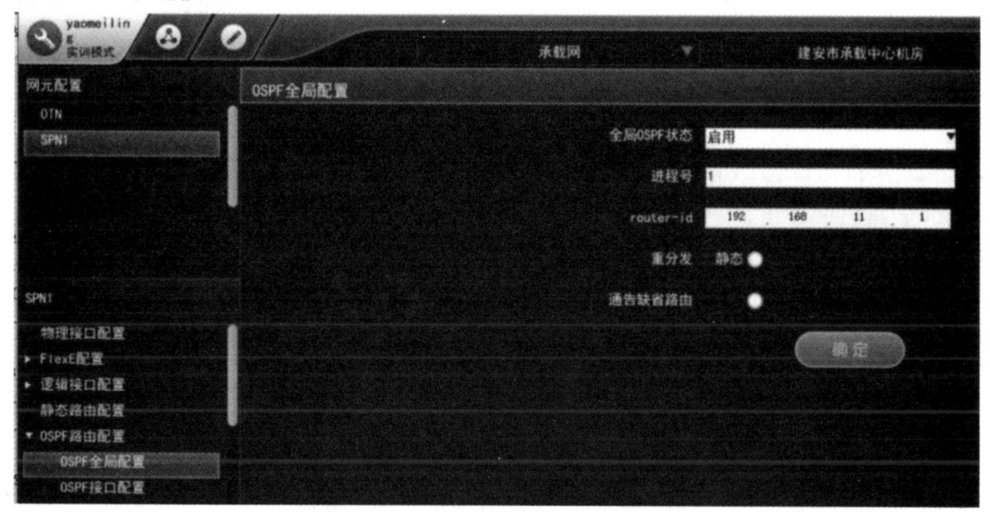

图 S2-15　SPN1 OSPF 全局配置

(2) OSPF 接口配置。在配置选项菜单栏中选择“OSPF 路由配置”/“OSPF 接口配置”选项，弹出“OSPF 接口配置”表单。其中，接口 ID、IP 地址会自动完成配置，只需将接口的 OSPF 状态均设置为“启用”，则接口状态会从 down 变为 up，如图 S2-16 所示。

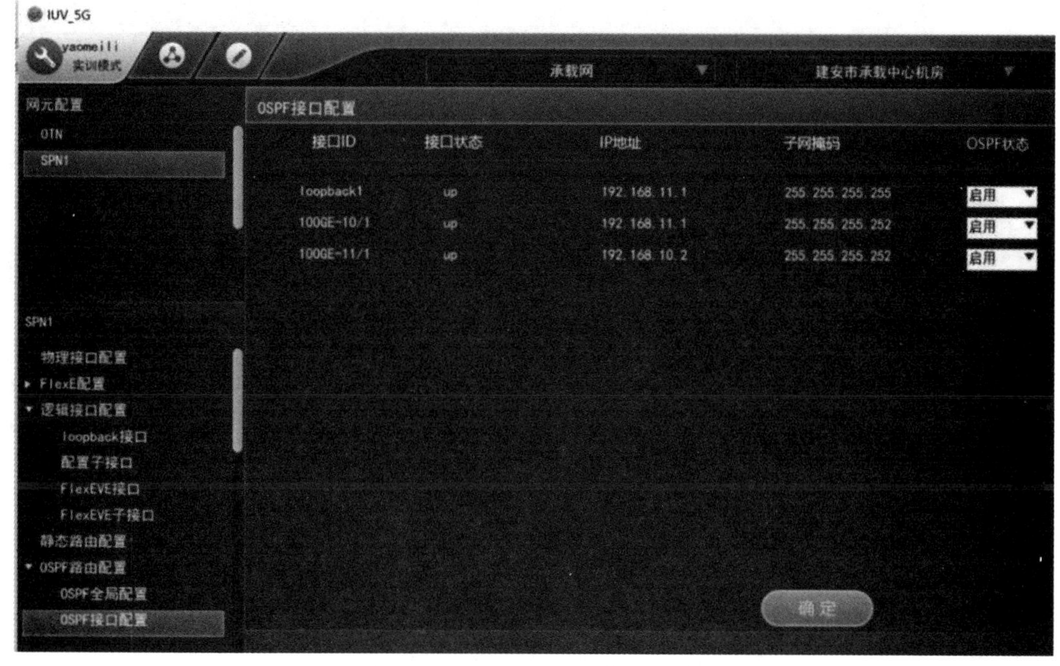

图 S2-16　SPN1 OSPF 接口配置

任务 2　承载网骨干汇聚层之建安市骨干汇聚机房数据配置

任务描述

按照规划图 S2-1，完成建安市骨干汇聚机房 SPN 和 OTN 的数据配置。

任务分析

骨干汇聚机房数据配置方法同承载中心机房，在数据配置界面的菜单栏中选择“网络选择”/“承载网”选项，在“请选择机房”下拉菜单中选择“建安市骨干汇聚机房”选项，即可进入建安市骨干汇聚机房数据配置界面。

任务实施

1. 配置建安市骨干汇聚机房中的 OTN

在网元配置菜单栏中选择“OTN”选项，在配置选项菜单栏中选择“频率配置”选项，弹出“频率配置”表单。单击 2 次该表单中的“+”按钮，弹出 2 行文本框，依据规划及设备配置，在其中输入 SPN1 连接的 OTU 板卡类型、所在槽位号、占用的接口号以及频率等参数，如图 S2-17 所示。因此机房与上下游机房的连接都用 OTN，故此处要配置 2 条信息。

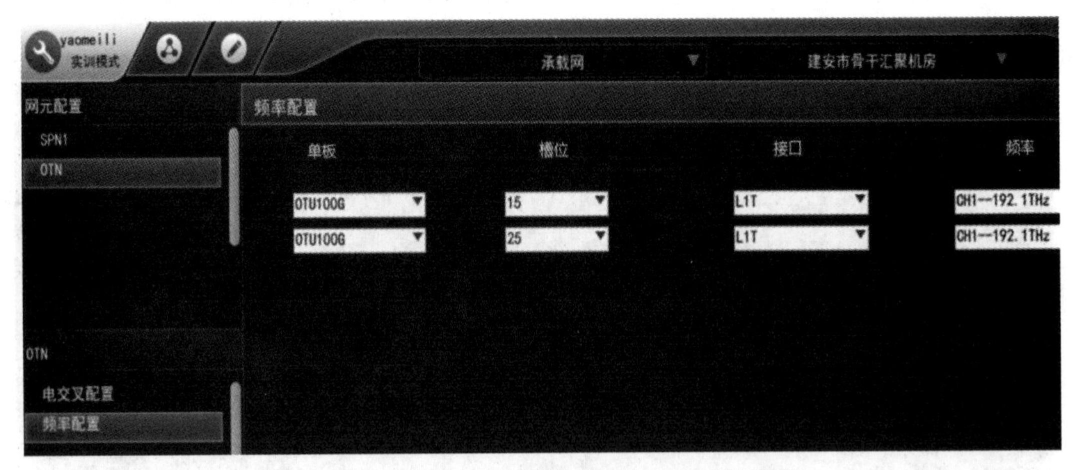

图 S2-17　建安市骨干汇聚机房中的 OTN 频率配置

2. 配置建安市骨干汇聚机房中的 SPN1

1) 物理接口配置

在网元配置菜单栏中选择“SPN1”选项，在配置选项菜单栏中选择“物理接口配置”选项，按照规划在参数配置表单区输入物理接口地址，如图 S2-18 所示。

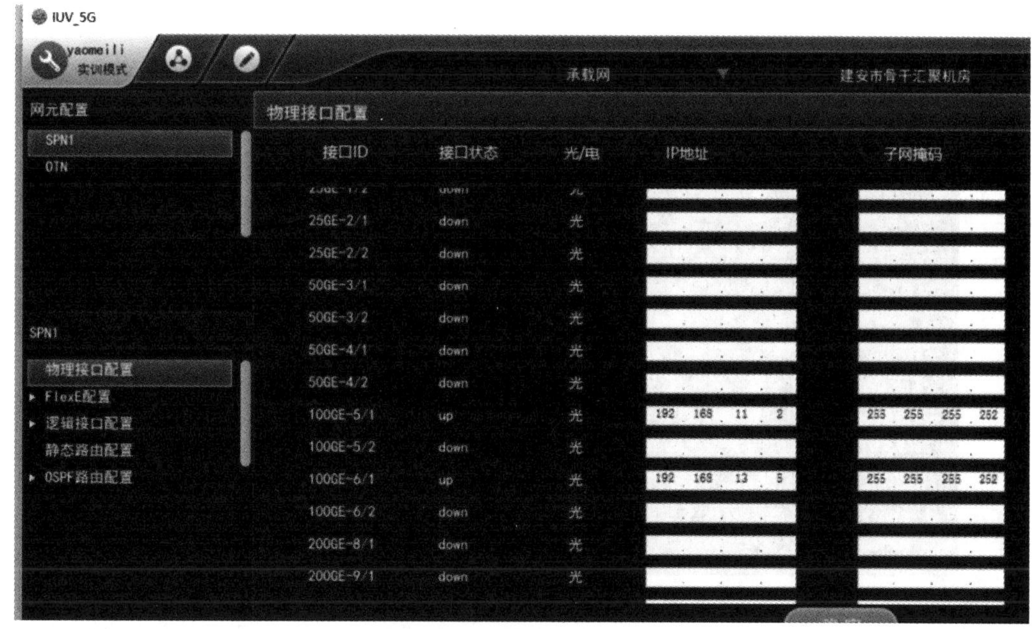

图 S2-18　SPN1 物理接口配置

2) 逻辑接口配置

在配置选项菜单栏中选择“逻辑接口配置”/“loopback 接口”选项，在参数配置表单区输入 Loopback 地址，如图 S2-19 所示。

图 S2-19　SPN1Loopback 接口配置

3) OSPF 路由配置

(1) OSPF 全局配置。在配置选项菜单栏中选择“OSPF 路由配置”/“OSPF 全局配置”选项，在参数配置表单区输入 OSPF 全局参数，如图 S2-20 所示。其中，全局 OSPF 状态应设置为“启用”，Router-ID 选择 Loopback 地址。

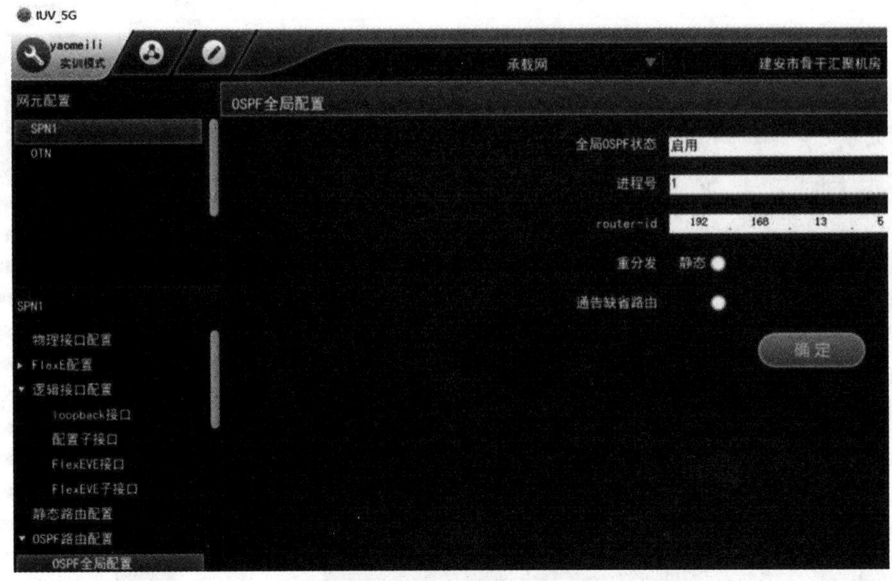

图 S2-20　SPN1 OSPF 全局配置

(2) OSPF 接口配置。在配置选项菜单栏中选择“OSPF 路由配置”/“OSPF 接口配置”选项，在参数配置表单区输入 OSPF 接口参数，如图 S2-21 所示，所有接口的 OSPF 状态均应设置为“启用”。

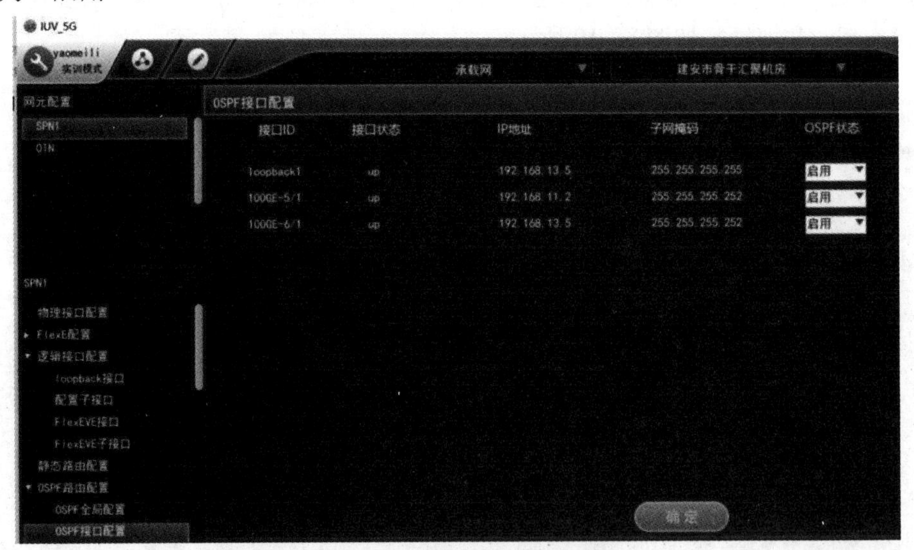

图 S2-21　SPN1 OSPF 接口配置

任务 3　承载网汇聚层之建安市 3 区汇聚机房数据配置

3 区汇聚、B 站点机房数据配置及网络调试(工程模式)

 任务描述

按照规划图 S2-1，完成建安市 3 区汇聚机房 SPN 和 OTN 的数据配置。

任务分析

建安市 3 区汇聚机房的数据配置方法同承载中心机房，在数据配置界面的菜单栏中选择“网络选择”/“承载网”选项，在“请选择机房”下拉菜单中选择“建安市 3 区汇聚机房”选项，即可进入建安市 3 区汇聚机房数据配置界面。

任务实施

1. 配置建安市 3 区汇聚机房中的 OTN

在网元配置菜单栏中选择“OTN”选项，在配置选项菜单栏中选择“频率配置”选项，弹出“频率配置”表单。单击该表单中的“+”按钮，弹出一行文本框，依据规划及设备配置，在其中输入 SPN1 连接的 OTU 板卡类型、所在槽位号、占用的接口号以及频率等参数，如图 S2-22 所示。

图 S2-22　建安市 3 区汇聚机房中的 OTN 频率配置

2. 配置建安市 3 区汇聚机房中的 SPN1

1) *物理接口配置*

在网元配置菜单栏中选择“SPN1”选项，在配置选项菜单栏中选择“物理接口配置”选项，在参数配置表单区中为 up 状态的端口进行 IP 地址配置，如图 S2-23 所示。

接口ID	接口状态	光/电	IP地址	子网掩码
25GE-1/2	down	光		
25GE-2/1	down	光		
25GE-2/2	down	光		
50GE-3/1	down	光		
50GE-3/2	down	光		
50GE-4/1	down	光		
50GE-4/2	down	光		
100GE-5/1	up	光	192 168 13 1	255 255 255 252
100GE-5/2	down	光		
100GE-6/1	up	光	192 168 13 6	255 255 255 252

图 S2-23　SPN1 物理接口配置

2) 逻辑接口配置

在配置选项菜单栏中选择“逻辑接口配置”/“loopback接口”选项，在参数配置表单区输入Loopback地址，如图S2-24所示。

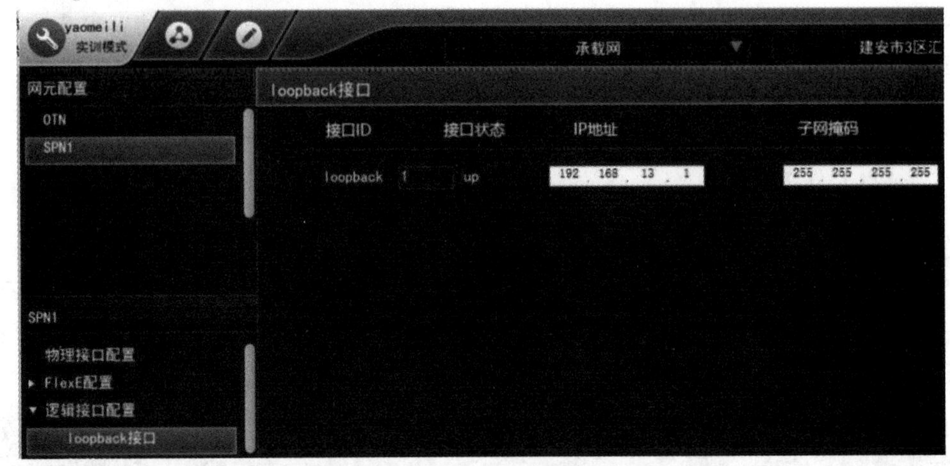

图S2-24　SPN1 Loopback接口配置

3) OSPF路由配置

(1) OSPF全局配置。在配置选项菜单栏中选择“OSPF路由配置”/“OSPF全局配置”选项，在参数配置表单区输入OSPF全局配置参数，如图S2-25所示。其中，全局OSPF状态应设置为“启用”，Router-ID选择Loopback地址。

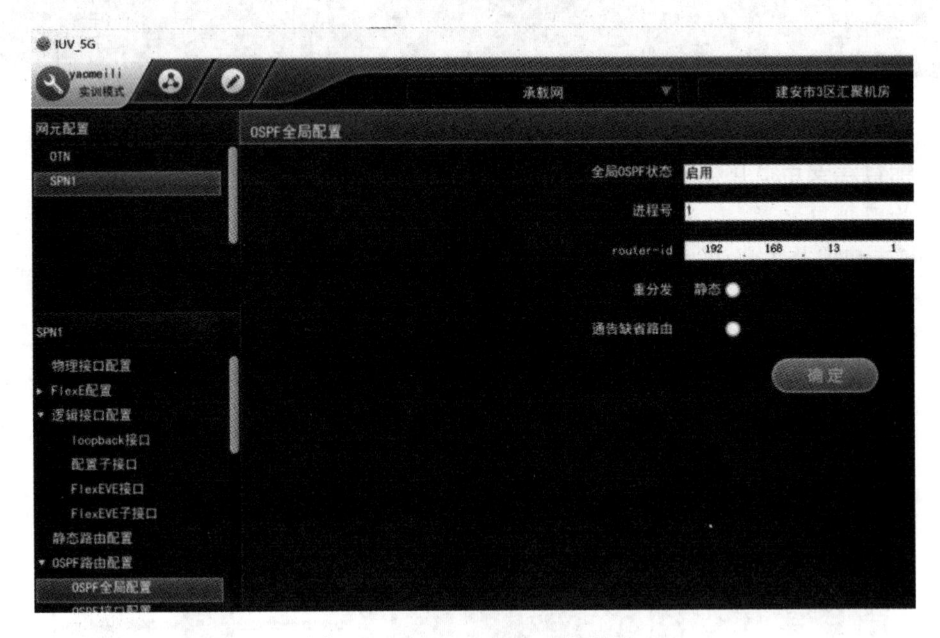

图S2-25　SPN1 OSPF全局配置

(2) OSPF接口配置。在配置选项菜单栏中选择“OSPF路由配置”/“OSPF接口配置”选项，在参数配置表单区输入OSPF接口参数，如图S2-26所示，所有接口的OSPF状态均应设置为“启用”。

图 S2-26　SPN1 OSPF 接口配置

任务 4　承载网接入层之建安市 B 站点机房数据配置

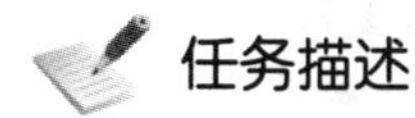

任务描述

按照规划图 S2-1，建安市 B 站点机房没有 OTN，故只须完成 SPN 的数据配置即可。

任务分析

建安市 B 站点机房设备部署参见实战演练 1 项目 1.2 任务 2“建安市 Option3 组网之无线网设备安装与连接”中的 SPN 部分内容。建安市 B 站点机房中的 SPN 下联 BBU 和 ITBBU，向上通过 ODF 配线架连接建安市 3 区汇聚机房，如图 S2-27 所示。

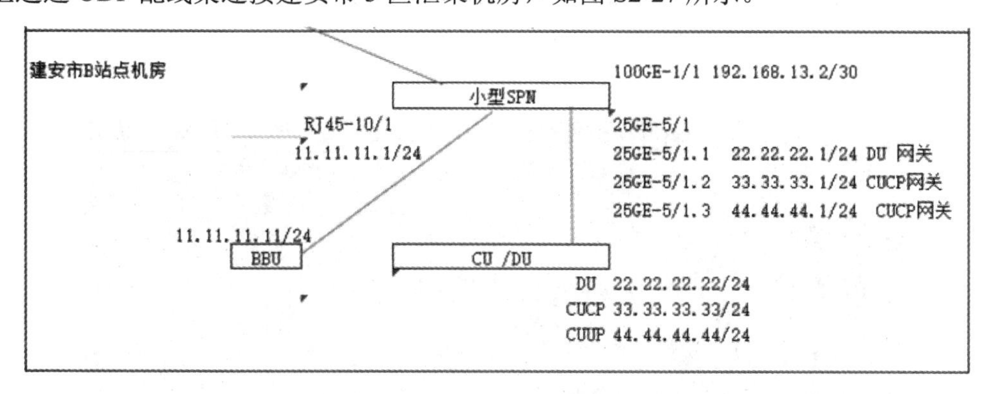

图 S2-27　建安市 B 站点机房规划图

实战演练 1 项目 1.2 任务 5(与无线侧相连的承载配置)(建安市 B 站点机房)中已经完成了 SPN 与 BBU、ITBBU 的连接和配置(在 SPN 配置了 BBU、ITBBU 的网关)，即下联工作已经完成，故本任务只需完成上联工作(连接建安市 3 区汇聚机房)即可。

任务实施

建安市 B 站点机房 SPN 上联工作包括以下内容：

(1) 为上联接口配置 IP 地址，SPN 用 100GE 1/1 接口向上通过 ODF 配线架连接建安市 3 区汇聚机房，具体配置如图 S2-28 所示。

图 S2-28　为 SPN 上联接口 100GE 1/1 配置 IP 地址

(2) 完成 OSPF 全局配置，具体配置如图 S2-29 所示，将 Router-ID 设为上联接口 100GE 1/1 IP 地址。

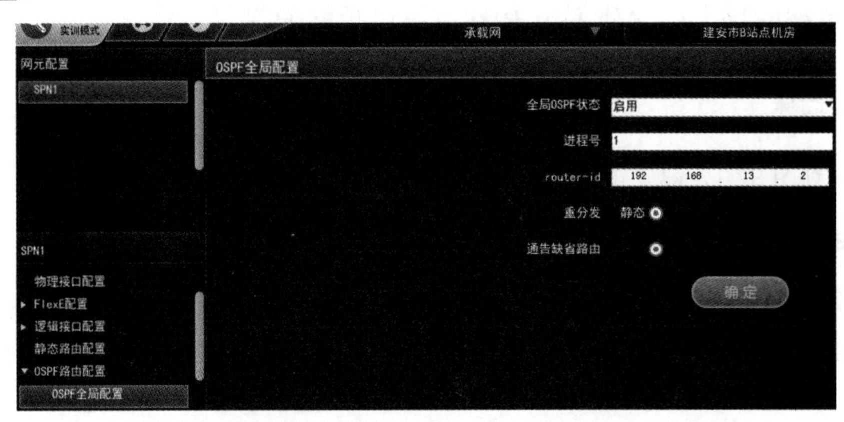

图 S2-29　为 SPN 进行 OSPF 全局配置

(3) 启用配置的 OSPF 接口，具体配置如图 S2-30 所示，启用所有端口的 OSPF 状态。

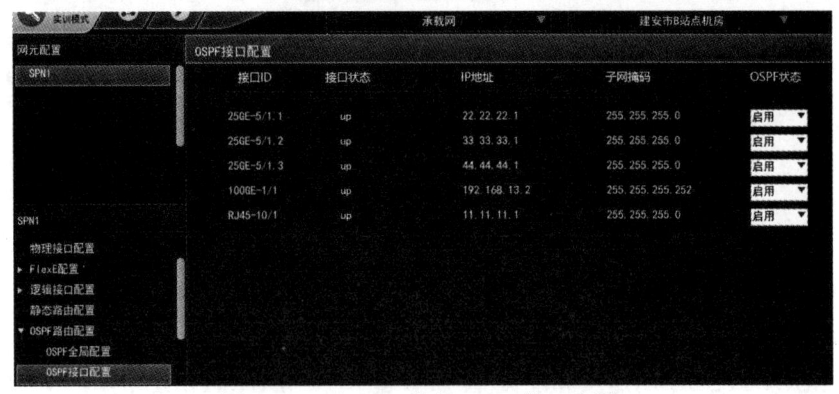

图 S2-30　为 SPN 进行 OSPF 接口配置

项目 2.3　建安市 Option3 组网之承载网的检测与调试

通过实战演练 1 和实战演练 2，完成了核心网、无线接入网以及中间承载网各个机房的设备配置以及数据配置。本项目旨在完成承载网的链路检测和光路检测，进而验证核心网、无线接入网以及中间承载网三者是否对接成功(在仿真软件中对接成功的标志是在工程模式下能实现 5G 业务)。

任务　承载网的链路、光路检测与网络调试

任务描述

使用链路检测、光路检测、状态查询等工具，完成建安市承载网的链路检测和光路检测，保证核心网网元能 Ping 通无线网 BBU 与 ITBBU，并在工程模式下能顺利通过业务验证。

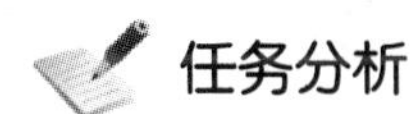

任务分析

5G 全网由核心网、无线接入网以及中间承载网 3 个子网构成，或者说由前面配置的各个机房共同构成，故只有硬件之间连接正确、参数配置全网协调一致，才能通过业务验证。

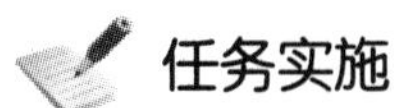

任务实施

1. 打开业务调试界面

登录 IUV-5G 全网部署与优化仿真软件，选择任务栏中的“网络调试”/“业务调试”选项，进入业务调试界面。在业务调试界面的菜单栏中选择“承载网”选项，进入承载网业务调试界面，将“模式选择”设置为“工程”模式，如图 S2-31 所示。

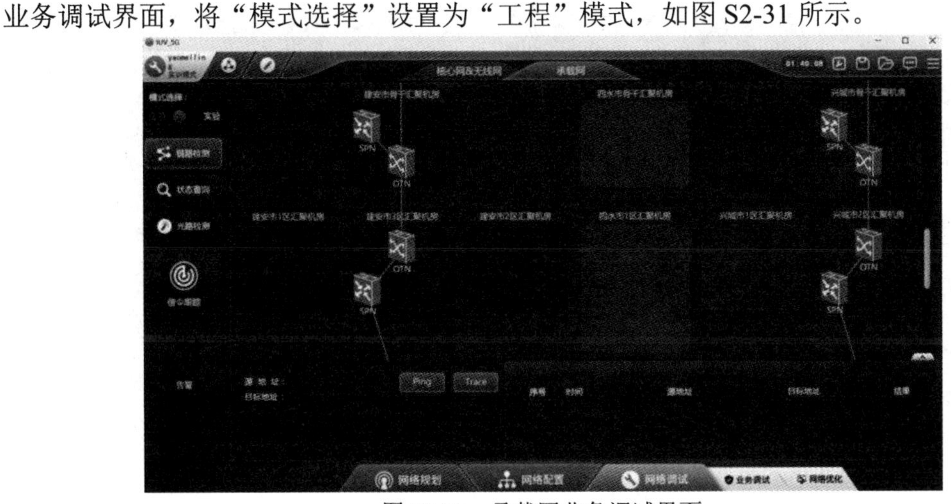

图 S2-31　承载网业务调试界面

2. 建安市承载中心机房至建安市骨干汇聚机房的光路检测

单击承载网业务调试界面左侧的“光路检测”按钮，将鼠标指针移动至建安市承载中心机房 OTN 设备上，根据设备线缆连接情况选择测试端口，如将 OTU100GE(slot14)-C1T/C1R 设为源；再将鼠标指针移动至建安市骨干汇聚机房 OTN 设备上，根据设备线缆连接情况选择测试端口，如将 OTU100GE(slot25)C1T/C1R 设为目的。单击“执行”按钮，右下角显示光路检测“成功”提示信息，如图 S2-32 所示，即表示两机房的 OTN 设备连线与数据配置正确。

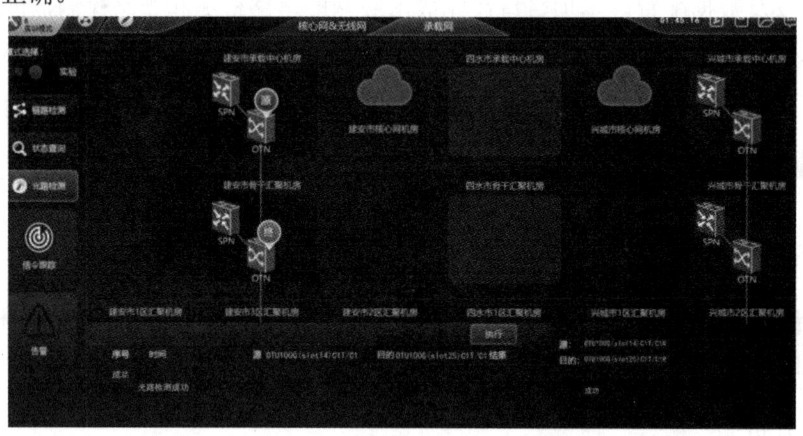

图 S2-32　建安市承载中心机房至建安市骨干汇聚机房的光路检测调试

3. 建安市骨干汇聚机房至建安市 3 区汇聚机房的光路检测

单击承载网业务调试界面左侧的“光路检测”按钮，将鼠标指针移动至建安市骨干汇聚机房 OTN 设备上，根据设备线缆连接情况选择测试端口，如将 OTU100GE(slot15)-C1T/C1R 设为源；再将鼠标指针移动至建安市 3 区汇聚机房 OTN 设备上，根据设备线缆连接情况选择测试端口，如将 OTU100GE(slot15)-C1T/C1R 设为目的。单击“执行”按钮，显示“光路检测成功”提示信息，如图 S2-33 所示，表示两机房的 OTN 设备连线与数据配置正确。

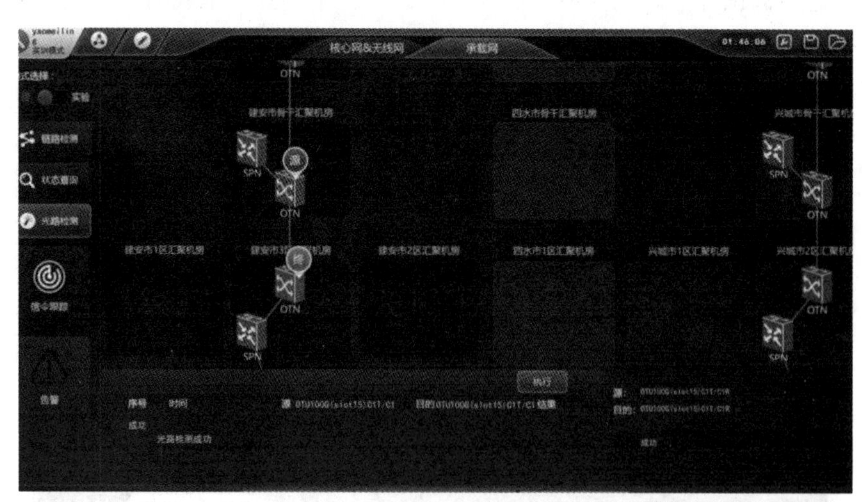

图 S2-33　建安市骨干汇聚机房至建安市 3 区汇聚机房的光路检测调试

仿真软件中，光路检测只能逐段进行，不能实现跨机房的 OTN 之间的光路验证。每一段光路检测完毕，还需进行链路检测，以查验 SPN 之间能否正常收发数据。链路检测可以跨机房进行。

4. 建安市承载中心机房到建安市 3 区 B 站点机房的链路检测

单击承载网业务调试界面左侧的“链路检测”按钮，将鼠标指针移动至建安市承载中心机房 SPN 设备上，任意选择地址，如将 192.168.11.1/30 设为源地址；再将鼠标指针移动至建安市 3 区 B 站点机房 SPN 设备上，任意选择地址，如将 192.168.13.1/30 设为目的地址。单击“Ping”按钮，显示“成功”，如图 S2-34 所示。链路检测成功，表示两个 SPN 间通路上的所有设备数据配置正确。

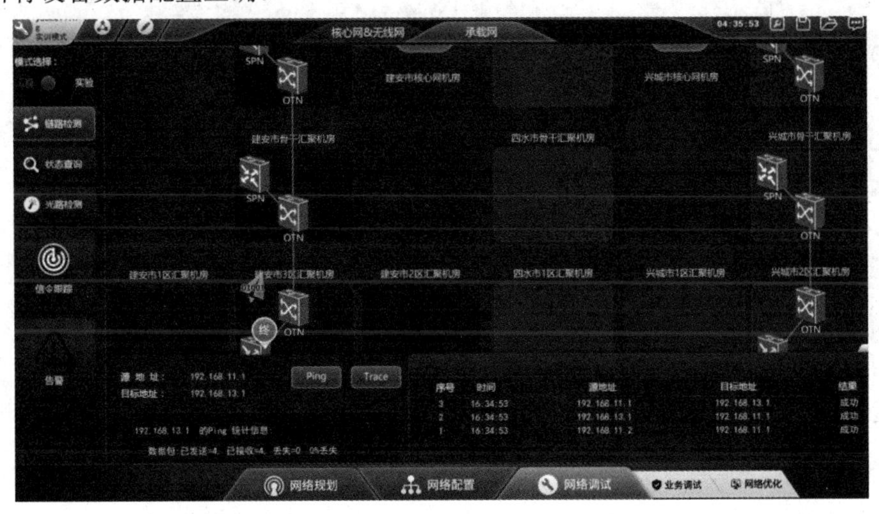

图 S2-34　建安市承载中心机房到建安市 3 区 B 站点机房的链路检测调试

5. 链路检测不成功时的问题查询

如果链路检测不成功，可单击业务调试界面左侧的“状态查询”按钮，通过状态查询信息可以找到链路中存在的问题。将鼠标指针移动到 SPN 设备上，可以查看物理接口、路由表、OSPF 邻居等信息，如图 S2-35 所示。

图 S2-35　状态查询信息

6. 工程模式下进行建安市 Option3 全网业务验证

选择“网络调试”/“业务调试”选项，进入业务调试界面。在业务调试界面的菜单栏中选择“核心网&无线网”选项，单击“业务验证”按钮，进入核心网&无线网业务验证界面。设置“模式选择”为“工程”模式，将“移动终端”拖曳至建安市 3 区 B 站点机房的任意一个小区内，如 JAB1，再单击界面右下角的“e”按钮。如果有彩色手机图标出现，且信号强度指示图片高亮，则说明验证成功，如图 S2-36 所示；如果手机图标和信号强度指示图片仍为灰色，则需要检查设备数据配置。

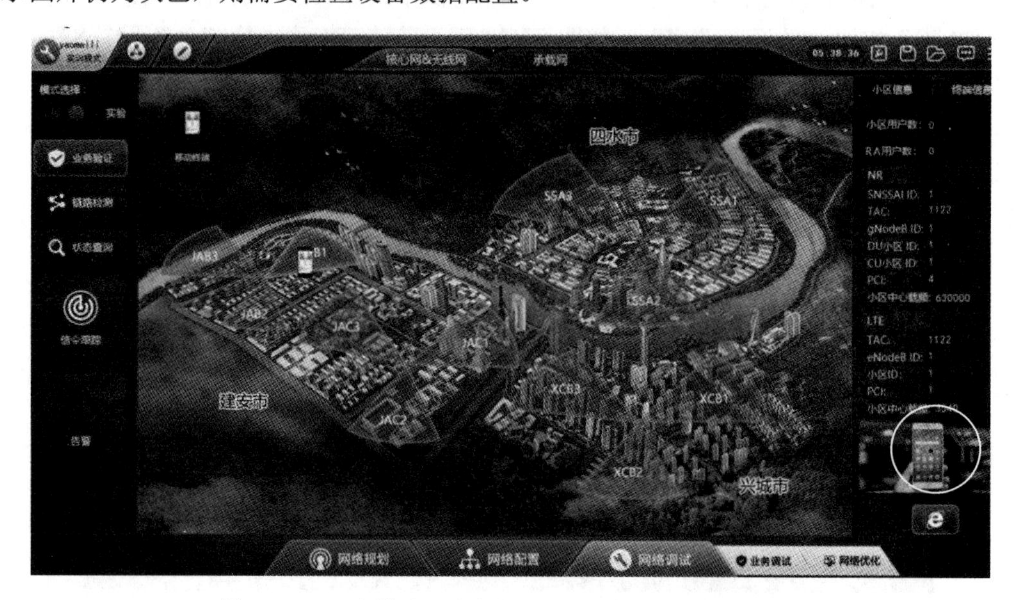

图 S2-36　工程模式下建安市 Option3 全网组网业务验证

小　　结

(1) 工程模式下的建安市 Option3 全网建设，其实就是在核心网及无线接入网建设完成的情况下进行承载网的建设。承载网机房分为接入、汇聚和核心 3 个层次。

(2) 承载网机房内的设备包括 SPN 和 OTN(远距离时配置)。

(3) SPN 在机房内直接连线；如果跨越机房，需借助 ODF 实现 SPN 间的连接；如果跨越机房，SPN 间距离非常远且容量较大，则需借助 OTN 和 ODF 实现 SPN 间的连接。SPN 与 OTN 连接时两端端口类型与速率需保持一致，OTN 间互联需借助 ODF 打通，不同机房的 ODF 间的互通在仿真软件中已经内置。

(4) 一条连线两端 SPN 端口配置的 IP 地址应属于同一个子网，为了节约 IP 地址，网络地址一般为 30 位，子网掩码一般为 255.255.255.252。

(5) 从 PTN 到 SPN、从传统的 WDM 迭代到 OTN，业务带宽从 25 Gb/S 到 400 Gb/S 甚至更高数量级，承载网技术一路向前发展，推陈出新是常态。作为通信从业人员，身处科技飞速发展的时代，需具备终生学习的意识和能力，方能适应专业和岗位的需求。结合专业谈谈终生学习的重要性及学习方法，以迎接信息时代的挑战。

习　　题

一、单选题

1. 在 IUV 5G 承载网中，(　　)线路是系统已经配置好的。

A. SW 和 ODF 之间　　B. SPN 和 ODF 之间

C. ODF 之间　　D. ODF 之内

2. 同一机房内部两台 SPN 之间(　　)。

A. 经过 OTN－ODF 相连　　B. 经过 OTN 相连

C. 直接相连　　D. 经过 ODF 相连

3. 在 IUV 5G 承载网中，汇聚机房 SPN1 和站点机房 SPN1 之间(　　)。

A. 经过 OTN 相连　　B. 直接相连

C. 经过 OTN－ODF 相连　　D. 经过 ODF 相连

4. 当两个机房之间距离较远、业务量较大时，SPN 之间(　　)。

A. 经过 ODF 相连　　B. 直接相连

C. 经过 OTN 相连　　D. 经过 OTN－ODF 相连

5. 在仿真软件中，检查 OTN 设备之间的光路是否通畅的方式是(　　)。

A. 链路检测中使用 Ping 测试　　B. 光路检测

C. 切换和漫游检测　　D. 业务验证

6. 在仿真软件中，检查 SPN 设备之间数据转发是否正确的方式是(　　)。

A. 切换和漫游检测　　B. 光路检测

C. 业务验证　　D. 链路检测中使用 Ping 测试

7. 如果两个机房之间需要长距离传输，则需要在两个 SPN 设备之间加入(　　)设备。

A. OTN　　B. SPN　　C. RT　　D. SW

8. 在 OTN 设备中，(　　)模块的功能是完成光的波长转换。

A. OPA　　B. OMU　　C. ODU　　D. OTU

9. 在 OTN 设备中，(　　)模块的功能是将 OTU 接收到的各个波长的光复用在一起，从出口输出。

A. OBA　　B. OPA　　C. ODU　　D. OMU

10. 在 OTN 设备中，(　　)模块的功能是将光功率放大到合理范围，并将信号发送到 ODF。

A. OPA　　B. OTU　　C. OBA　　D. OMU

11. 在 OTN 设备中，(　　)模块的功能是接收 ODF 配线架上的合波信号，放大后再发送到 ODU 解复用。

A. OMU　　B. OPA　　C. OBA　　D. ODU

二、简答题

1. 建安市从核心到无线的承载网络有几层？经过了几个机房？

2. 空间上距离远、容量大的两个 SPN 是如何通过 OTN 设备连接的？

实战演练 3

Option2 全网建设之核心网及无线接入网建设

本实战演练以兴城市为例，进行 Option2 全网建设，并在实验模式下进行业务验证。本实战演练包括 3 项内容：Option2 组网之规划；核心网、无线接入网设备的安装部署与连线；兴城市 Option2 组网之数据配置，包括核心网、无线接入网、相关的承载网数据配置以及网络调试。

知识目标

- 理解 Option2 网络架构。
- 了解 Option2 网络架构中的接口类型及协议。
- 理解 SBA 架构的特征及 NRF 网元的功能。

能力目标

- 能进行 Option2 组网之核心网机房、无线接入网机房的设备部署规划及 IP 地址规划。
- 能完成兴城市核心网、无线接入网机房的设备安装和连接。
- 能完成 AMF、SMF、UPF 等功能块的数据配置。

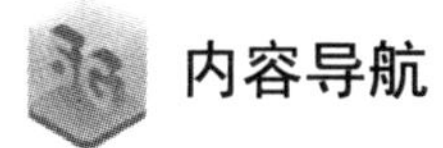

内容导航

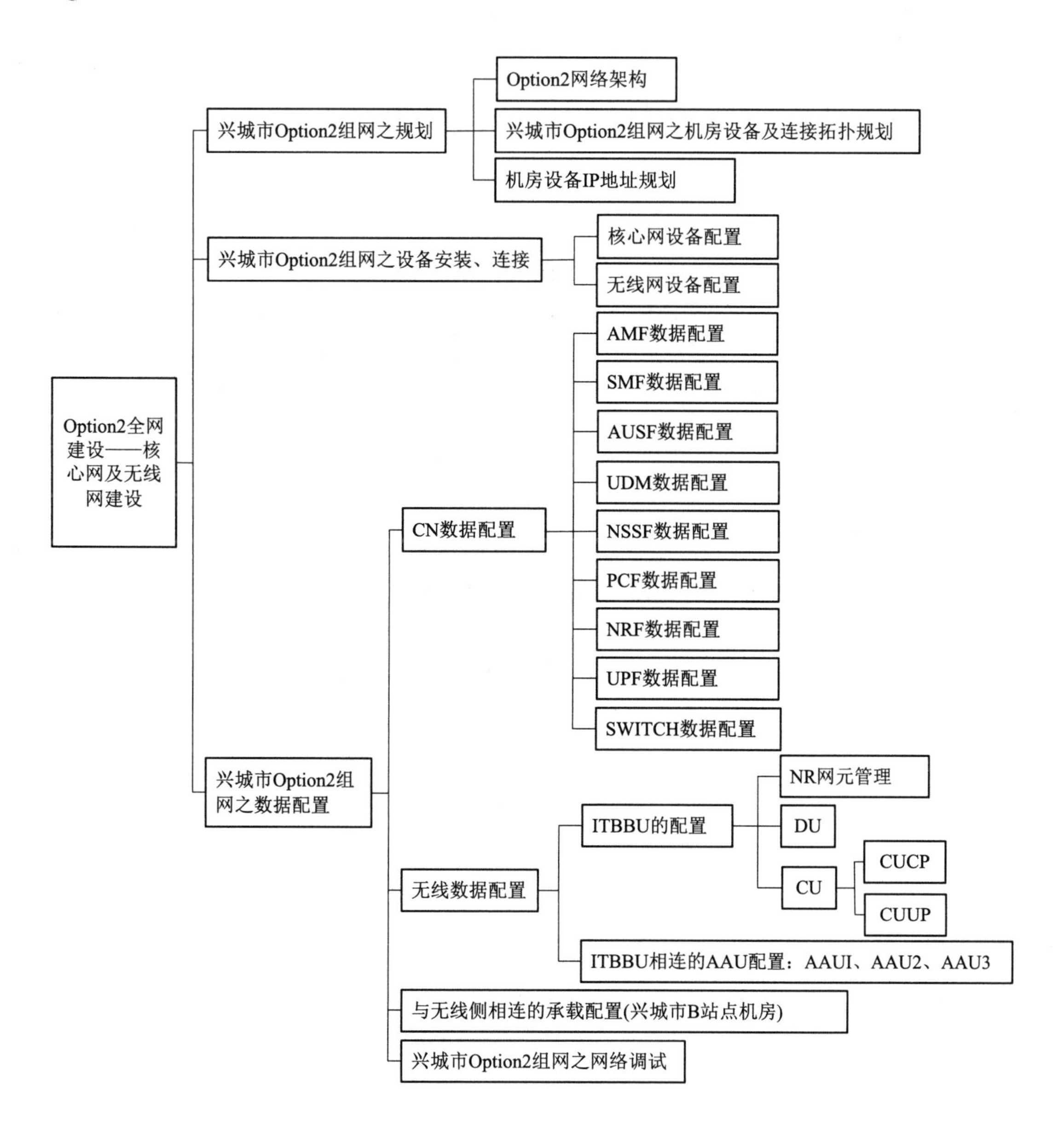

项目 3.1　兴城市 Option2 组网之规划

以兴城市为例，进行 Option2 组网的规划。

任务　兴城市 Option2 组网——设备部署及参数规划

任务描述

本任务包括两部分：① 兴城市核心网机房物理设备部署规划和设备 IP 地址规划；② 无线接入网机房物理设备部署规划、设备 IP 地址规划以及无线接入网参数规划，为网络建设奠基。

任务分析

Option2 组网之核心网为 5G 核心网，5G 核心网采用 SBA 架构，通过 SDN(Software Defined Network，软件定义网络)/NFV(Network Function Virtualization，网络功能虚拟化)技术，使其所有功能块集成在一个设备实体(一般为服务器)，以软件形式实现。因此，Option2 的核心网只需一台通用的服务器，完成所有 NF 的统一处理(不同于 Option3 组网之 4G 核心网需要部署 4 个独立的网元设备)。

Option2 组网之无线接入网只有 5G 基站，不需要添加 4G 基站。

任务实施

1. 兴城市 Option2 组网——机房设备及连接拓扑规划

核心网机房只有一台服务器和一台交换机。无线接入网机房只有 5G NR，5G NR 基站包括一台 ITBBU 和与其连接的 3 个 AAU 以及 GPS 天线，如图 S3-1 所示。

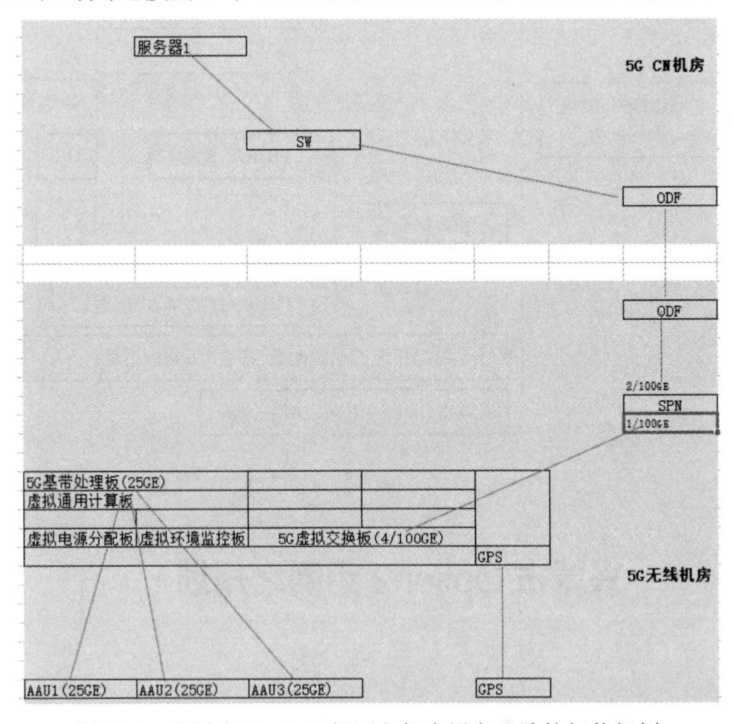

图 S3-1　兴城市 Option2 组网之机房设备及连接拓扑规划

2. 机房设备 IP 地址规划

兴城市 Option2 组网的规划架构图(含 IP 地址)

完整的兴城市 Option2 组网的具体规划架构图和 IP 地址规划表请扫描二维码获取。核心网与无线接入网 IP 地址规划分别如表 S3-1 和 S3-2 所示。由于数据众多，为了减少配置时记忆的工作量，VLAN ID 的取值规划为 IP 地址的第一个字段。

表 S3-1　核心网机房 IP 地址规划

NF	接　口	IP 地址及掩码	VLAN ID	交换机侧配置的相应网关
AMF	客户端、服务端地址/XGEI 接口地址	10.1.1.1/24	10	10.1.1.2/24
	Loopback/N2 接口地址	30.1.1.1/24	30	30.1.1.2/24
UPF	Loopback/N3 接口地址	40.1.1.1/24	40	40.1.1.2/24
	Loopback/N4 接口地址	50.1.1.1/24	50	50.1.1.2/24
SMF	Loopback/N4 接口地址	60.1.1.1/24	60	60.1.1.2/24
	客户端、服务端地址/XGEI 接口地址	70.1.1.1/24	70	70.1.1.2/24
AUSF	客户端、服务端地址/XGEI 接口地址	90.1.1.1/24	90	90.1.1.2/24
NSSF	客户端、服务端地址/XGEI 接口地址	101.1.1.1/24	101	101.1.1.2/24
UDM	客户端、服务端地址/XGEI 接口地址	103.1.1.1/24	103	103.1.1.2/24
NRF	客户端、服务端地址/XGEI 接口地址	105.1.1.1/24	105	105.1.1.2/24
PCF	客户端、服务端地址/XGEI 接口地址	107.1.1.1/24	107	107.1.1.2/24

表 S3-2　无线网机房 IP 地址规划

物理单元	逻辑单元	IP 地址	VLAN	在 SPN 侧配置的网关
ITBBU	DU	30.30.30.30/24	30	30.30.30.1/24
	CUCP	40.40.40.40/24	40	40.40.40.1/24
	CUUP	50.50.50.50/24	40	50.50.50.1/24

小贴士：

之所以有这么多 IP 地址，其实源于 Option2 组网时复杂的逻辑网络架构。基于 Option2 组网的 5G 网络逻辑网络架构如图 S3-2 所示，其核心网为 5G 核心网，其无线接入网只有 5G NR 基站。但是，5G 核心网包括一系列功能块[图 S3-2 中的控制面包含 9 个功能块，仿真软件中简化为 7 个(NEF 和 AF 被省略)]，这些功能块之间基于 SBI 接口，通过 HTTP 协议通信；5G NR 基站从逻辑上分成 CU 和 DU 两个功能块，CU 从逻辑上分成 CUCP 和 CUUP 两个功能块。这些功能块之间交互信息需要建立逻辑连接，逻辑连接的建立需要 IP 地址。另外，5G 核心网内包含的控制面功能块通过 HTTP 协议通信，为了实现控制面内功能块之间的通信，还需为每个控制面功能块规划客户端和服务端地址。UPF 无需规划客户端和服务端地址。

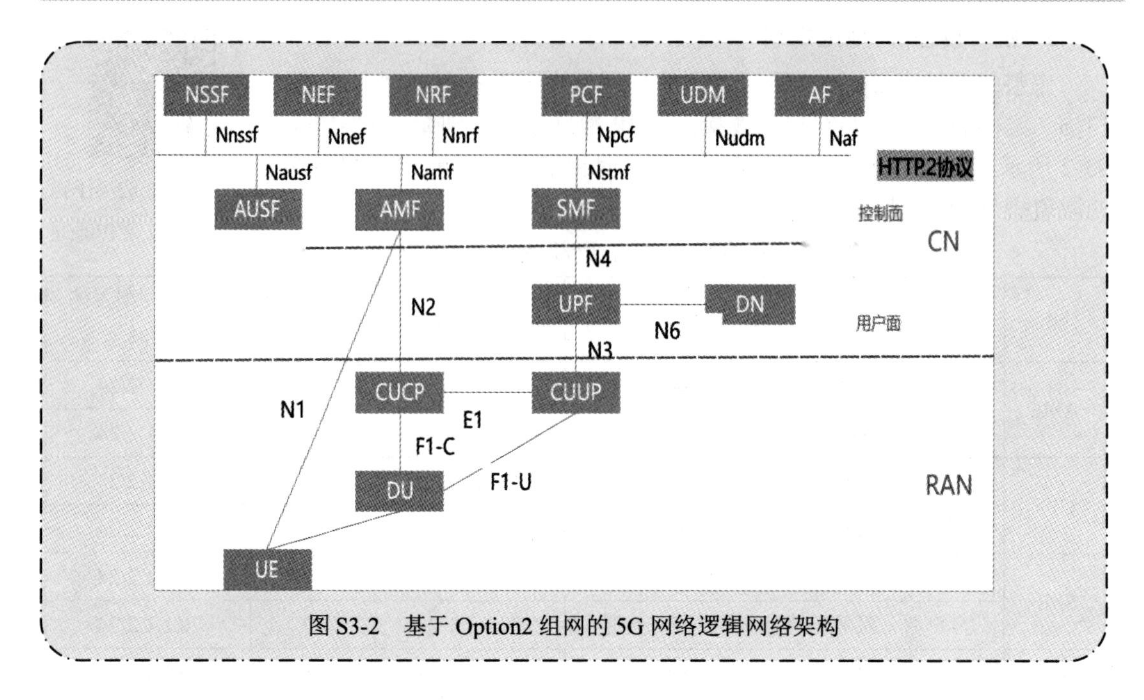

图 S3-2　基于 Option2 组网的 5G 网络逻辑网络架构

3. 全局信息、切片参数及 5G 基站信息规划

全局信息、切片参数、5G 基站信息规划如表 S3-3～S3-5 所示。仿真软件中，兴城市支持远程医疗切片业务，故在此也规划了切片参数。本项目只建设一个 BS(兴城市 B 站点无线机房)并配置 3 个小区，故规划出了 3 个小区的无线参数。

表 S3-3　全局信息规划

参数名称	取值示例
MCC	460
MNC	00
网络模式	SA
DNN	1
TAC	6677

表 S3-4　切片参数规划

参数名称	取值示例
业务 SNSSAI	1
默认 SNSSAI	1
业务 SST	uRLLC
业务 SD	远程医疗
DN 属性	医疗本地云

表 S3-5　5G 基站信息规划

DU 小区	小区 1	小区 2	小区 3
小区 ID	1	2	3
PCI	7	8	9
eNodeB 标识	5		
AAU 频段	3400～3800 MHz		
频段编号	78		
频道中心载频	3450 MHz		
中心载频频点编号	630 000		
下行 Point A	626 724		
上行 Point A	626 724		
SSB 测量	630 000		
系统带宽(频道宽带)	273 个 RB		
子载波间隔	30		
子载波间隔	30		
系统子载波间隔	30		
小区 RE 参考功率(0.1 dBm)	156		
UE 最大发射功率	23		

项目 3.2　兴城市 Option2 组网的设备安装与连接

按照兴城市 Option2 组网之机房设备及连接拓扑规划(图 S3-1)，选择适当型号的设备完成设备部署，选择正确的线型对设备进行连接。本项目分为两个任务，分别对应核心网机房设备配置与无线接入网机房设备配置。

任务 1　核心网机房设备安装与连接

任务描述

按照规划图 S3-1，完成兴城市核心网机房设备安装及连线。

任务分析

兴城市 Option2 组网设备安装、连接

Option2 组网的核心网机房的设备资源池中只有一种设备：通用服务器。其原因是 Option2 组网采用了 SDN/NFV 技术，可以用一台或多台通用服务器虚拟实现所有的网络功能，所以在部署设备时，只

需要部署一台通用服务器。

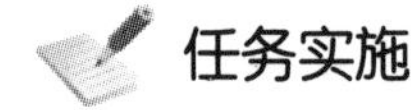

任务实施

1. 选择独立组网模式

输入账号密码，登录仿真软件，进入独立组网模式选择界面，如图 S3-3 所示。选择“独立组网”选项，单击“下一步”按钮，进入独立组网模式配置界面。

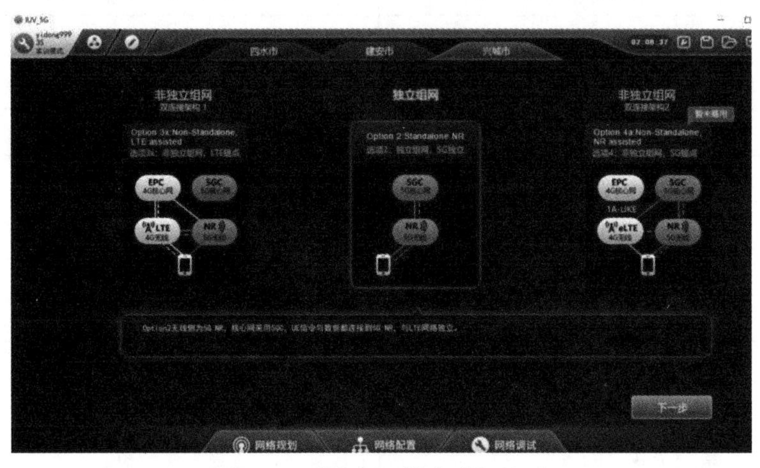

图 S3-3　独立组网模式选择界面

2. 添加兴城市核心网机房设备

在独立组网模式配置界面的任务栏中选择“网络配置”/“设备配置”选项，进入设备配置界面。在设备配置界面的菜单栏中选择“网络选择”/“核心网”选项，在“请选择机房”下拉菜单中选择“兴城市核心网机房”选项，进入兴城市核心网机房设备配置界面。从该界面中可见机房有 3 个机柜，左侧机柜已经内置 2 台交换机，中间机柜是空的，右侧灰色机柜是 ODF 架。单击打开中间机柜，放置一台通用服务器，设备指示图会呈现“服务器 1”图标，如图 S3-4 所示。交换机、ODF 架在仿真软件中已经预制，无须再部署。

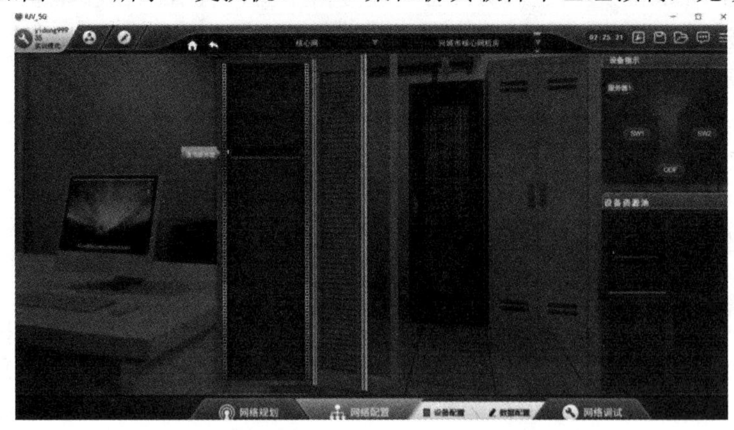

图 S3-4　为兴城市核心网机房添加通用服务器

3. 连接兴城市核心网机房设备

连线必须遵守的原则是连线两端的设备端口类型一致、速率一致。

1) 连接服务器 1 和 SW1

服务器 1 可用的光纤端口为两个 10GE 的光口，这里选择第一个 10GE 接口连接 SW1 第一个 10GE 接口(端口 1)，连接线路为 LC-LC 双纤，如图 S3-5 所示。

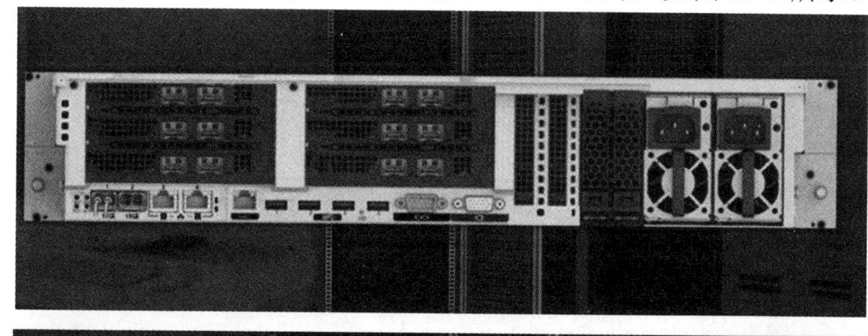

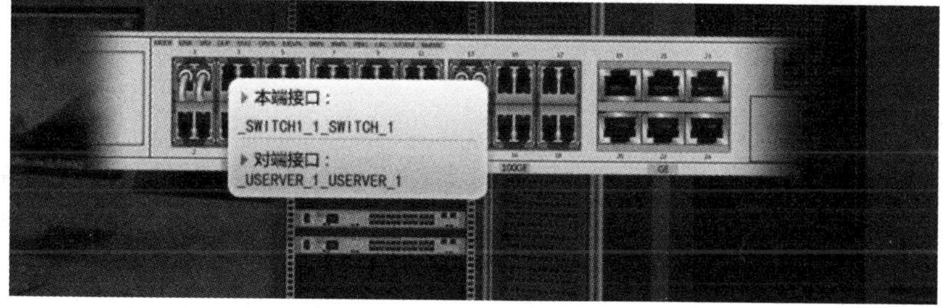

图 S3-5　连接服务器和 SW1

2) 连接 SW1 和承载网

选用 SW1 的第一个 100GE 端口(端口 13)连接 ODF 架，借助 ODF 架到达兴城市承载中心机房，连接线路为 LC-FC 双纤。到兴城市承载中心机房的连线有两条，分别是到兴城市承载中心机房的端口 4 和到兴城市承载中心机房的端口 5，任选一条均可，一般选择编号较小的第一条，如图 S3-6 所示。

图 S3-6　连接兴城市核心网机房与兴城市承载中心机房

任务 2　无线接入网机房设备安装与连接

 任务描述

按照规划图 S3-1，完成兴城市无线接入网机房设备安装及连线。

 任务分析

Option2 组网的无线网接入机房只有 5G 基站，5G 基站包括一台 ITBBU 和与其连接的 3 个 AAU 以及 GPS 天线。

 任务实施

1. 添加兴城市无线网机房设备

在仿真软件界面的任务栏中选择“网络配置”/“设备配置”选项，进入设备配置界面。在设备配置界面的菜单栏中选择“网络选择”/“无线网”选项，在“请选择机房”下拉菜单中选择“兴城市 B 站点无线机房”选项，进入兴城市 B 站点无线机房设备配置界面，如图 S3-7 所示。从图 S3-7 可见机房在楼顶，有 3 处高亮区域：高亮的铁塔、机房门处的高亮指示和门左侧的高亮指示。高亮区域是可以操作的区域，这 3 处高亮区域分别表示楼顶铁塔区放置了天线、从机房门能进入机房内部、门左侧放置了 GPS 天线。界面右上角的设备指示图中有 GPS 天线图标，意味着仿真软件已经内置 GPS 天线，无须手工安装。

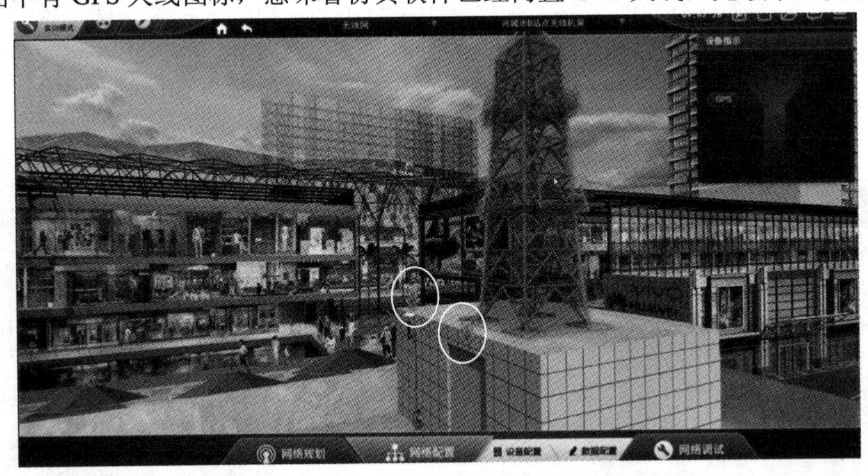

图 S3-7　兴城市 B 站点无线机房设备配置界面

1) 添加室外 AAU

在兴城市 B 站点无线机房设备配置界面单击铁塔，配置 AAU。铁塔上只需要放置 5G 的 AAU，AAU 有高频和低频可以选择，此处选择低频的 AAU(因为无线侧参数配置中的频率为低频，小于 6 GHz)；若无线侧参数配置中的频率配置为高频，则此处选择高频 AAU。按照规划这里配置 3 个低频 AAU，分别对应 3 个扇区。安装完毕后，单击“返回”按钮，返回兴城市 B 站点无线机房设备配置界面。

2) 在机房内部添加 5G 基站的 ITBBU(5G 的基带处理单元)

SA 组网无线侧的设备只有 5G 基站设备。在兴城市 B 站点无线机房设备配置界面单击机房门，进入机房内部，即无线机房内部设备配置界面。机房内部同样有 3 个机柜可以操作，从左往右分别为基站设备机柜、承载 SPN 设备机柜以及 ODF 架(最右边的灰色机柜是 ODF 架)。设备指示图中已有 ODF，表明 ODF 架在仿真软件中已经预制，无须再部署。

这里需要安装 5G 的基带处理单元。单击机房左侧第一个机柜，从右下角的设备资源池中选择“5G 的基带处理单元”，将其拖放至机柜内对应红框提示处，松开鼠标左键。安装成功后，设备指示图中会呈现 5G 的基带处理单元 ITBBU 的图标。

单击设备指示图中 5G 的基带处理单元“ITBBU”，弹出 5G 基带处理单元面板，发现其没有安装板卡。参照前面非独立组网设备部署，从界面右下角的设备资源池中选择 5G 基带处理板、虚拟通用计算板、虚拟电源分配板、虚拟环境监控板、5G 虚拟交换板等 5 种板卡并手动安装，每类板卡各安装一块。

3) 在机房内部添加 SPN

单击“返回”按钮，返回无线机房内部设备配置界面，在中间机柜添加一台小型的 SPN 设备，以转发处理承载侧数据。在界面右下角的设备资源池中选择小型 SPN，将其拖放至主界面机柜内对应红框提示处。5G 的基站 Option2 架构无线侧设备整体部署完成，如图 S3-8 所示。

图 S3-8　兴城市 B 站点无线机房设备部署完成

2. 连接兴城市无线网机房设备

1) ITBBU 连接 AAU

单击打开设备指示图中的 ITBBU，选择成对的 LC-LC 光纤，一端连接 5G 基带处理板的 25GE 端口，另一端连接 AAU 的 25GE 端口。5G 的基带处理板的 3 个 25GE 端口，分别连接 AAU1、AAU2、AAU3 的 25GE 端口。

2) ITBBU 连接 SPN

单击打开设备指示图中的 ITBBU，通过 ITBBU 的 5G 虚拟交换板的 100GE 端口连接 SPN 设备第一块板卡的第一个 100GE 端口，如图 S3-9 所示，注意两边端口速率应保持一致。

图 S3-9　ITBBU 连接 SPN

3) SPN 连接 ODF

单击打开设备指示图中的 SPN，选用 SPN 设备第二板块卡的第一个 50GE 端口连接 ODF，以便连接到更远处的承载机房——兴城市 2 区汇聚机房，如图 S3-10 所示。

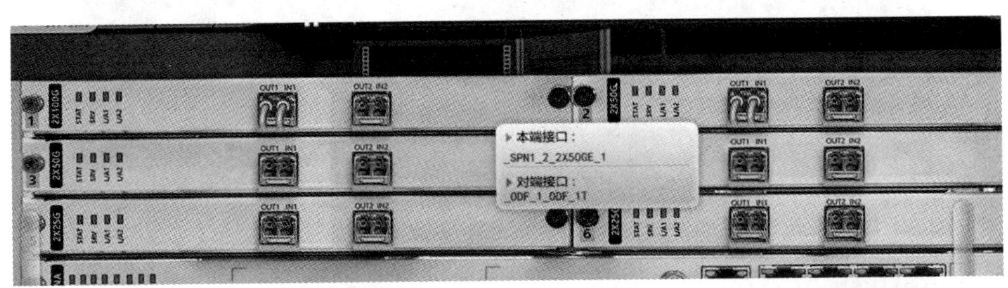

图 S3-10　SPN 连接 ODF

4) ITBBU 连接 GPS

与 GPS 相连使用的是线缆池中的“GPS 馈线”，ITBBU 的连接端口为机框右下角的同轴电缆端口。

单击设备指示图中的“ITBBU”设备，在线缆池里选择“GPS 馈线”，单击 ITBBU 设备的 GPS 端口，将 GPS 馈线的一端连接至 ITBBU 的 GPS 端口；单击设备指示图中“GPS”设备，单击 GPS 设备中高亮提示处，将 GPS 馈线的一端连接至 GPS 设备的 GPS 端口，完成连接。

项目 3.3　兴城市 Option2 组网之数据配置

兴城市 Option2 组网数据配置包含 4 个任务：① 核心网数据配置；② 无线接入网数据配置；③ 与无线侧相连的承载配置(兴城市 B 站点机房)；④ 兴城市 Option2 组网之网络调试。

任务 1　核心网数据配置

任务描述

按照规划数据，完成兴城市核心网机房数据配置。核心网数据配置包括 9 部分：AMF 数据配置、SMF 数据配置、AUSF 数据配置、UDM 数据配置、NSSF 数据配置、PCF 数据配置、NRF 数据配置、UPF1 数据配置、SWITCH1 数据配置。

任务分析

Option2 组网属于独立组网，其核心网为 5G 核心网，Option3 组网的核心网为 4G 核心网，二者硬件设备不同，数据配置也不同。

Option2 组网的核心网机房物理设备只包括一台通用服务器，核心网中 8 个功能块是逻辑概念，以软件形式实现，其是否已经添加了或如何添加呢？打开 IUV-5G 全网部署与优化仿真软件，组网模式选择“独立组网”，选择任务栏中的“网络配置”/“数据配置”选项，进入数据配置界面。在数据配置界面的菜单栏中选择“网络选择”/“核心网”选项，在“请选择机房”下拉菜单中选择“兴城市核心网机房”选项，进入兴城市核心网机房数据配置界面，如图 S3-11 所示。在网元配置菜单栏中可见只有 2 台交换机和 1 个 UPF，没有其他网络功能块，故需要手动添加功能块。

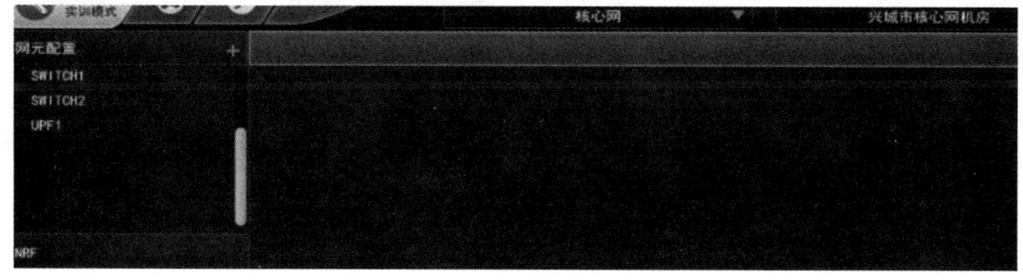

图 S3-11　兴城市核心网机房

单击网元配置菜单栏右侧的“+”按钮，依次添加 AMF、SMF、AUSF、UDM、NSSF、PCF、NRF、UPF，如图 S3-12 所示(注意：添加没有先后次序之分，可以按照业务处理流程 AMF、SMF、UDM、AUSF 等顺序添加，也可以依据软件列表提示依次添加)。

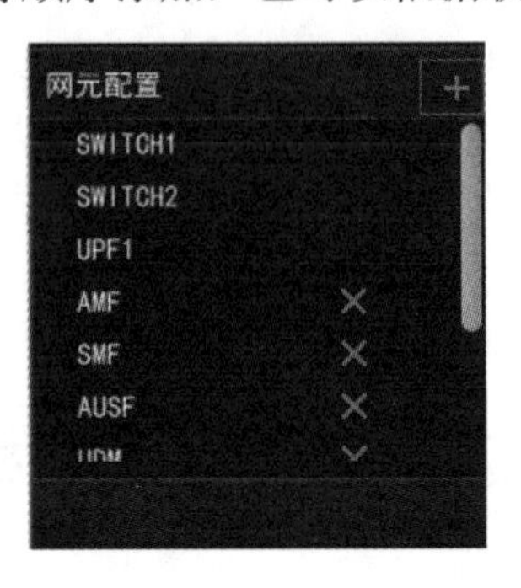

图 S3-12　在网元配置菜单栏中添加 5G 核心网功能块

之所以网元配置 2 个 UPF(UPF1、UPF2)，是因为仿真软件中一个 UPF 只支持一个切片，所以当在一个核心网需要做 2 个切片业务时，就需要 2 个 UPF。因为本项目只支持一个切片，所以只用 UPF1。

功能块添加完之后，就可以进行网络功能的数据配置。由网元配置菜单栏可见，核心网数据配置包括以下 9 部分：AMF 数据配置、SMF 数据配置、AUSF 数据配置、UDM 数据配置、NSSF 数据配置、PCF 数据配置、NRF 数据配置、UPF1 数据配置、SWITCH1 数据配置。

分析 AMF、SMF、UPF、UDM、NSSF、AUSF、PCF(NRF 除外)数据配置的共同之处，可以发现每个网络功能都有多项信息配置，但是前 4 项都是虚拟接口配置、虚拟路由配置、HTTP 配置和 NRF 地址配置，如图 S3-13 所示。因此，每个网络功能的配置流程大致相似，概况为如下 5 项。

(a) AMF 配置界面

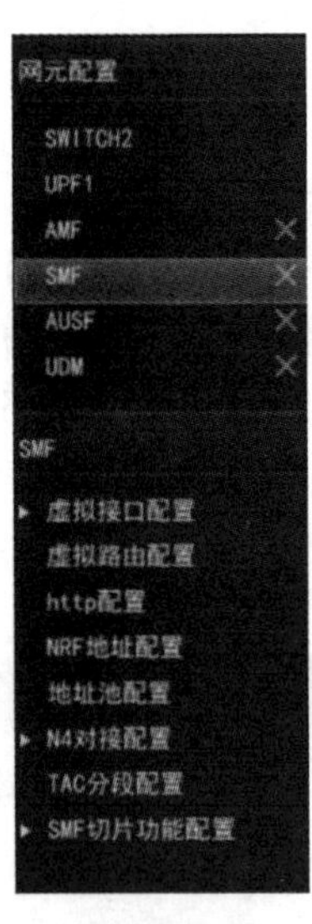

(b) SMF 配置界面

(c) AUSF 配置界面

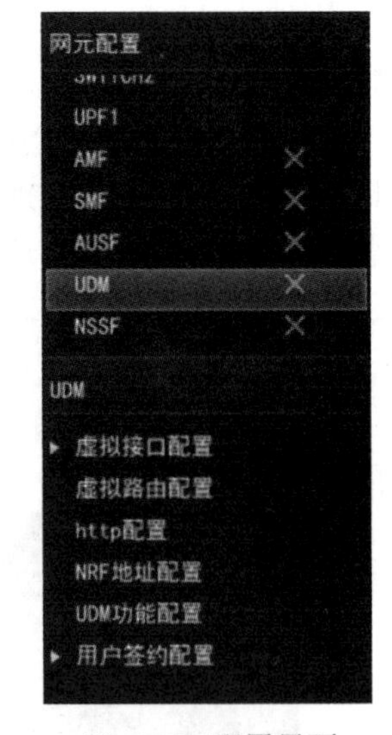

(d) UDM 配置界面

图 S3-13　AMF、SMF、AUSF、UDM 数据配置对比

(1) HTTP 配置：配置网络功能块面向客户端或服务端的虚拟化的接口地址，接口协议

为 HTTP 2。

(2) 虚拟接口配置：配置虚拟化 XGEI 接口(包括客户端、服务端接口，也包括 N2、N3、N4 等逻辑接口)的地址信息等。

(3) 交换机侧互联网关配置：在交换机中配置 NF 虚拟化接口对应的网关信息(IP 地址、掩码以及对应的 VLAN ID)，实现网络功能块之间的交互以及 NF 与核心网之外的网元交互(交换机是 NF 之间，以及 NF 与核心网之外的网元的交互中介)。

(4) 链路搭建：基于网络架构建立对接关系，搭建完成信令和数据的传输通路(既包括核心网内部的通路，也包括到达无线侧的通路)。

(5) 其他移动参数配置：各功能块特有的功能参数配置，如 AMF 中配置 NF 的发现策略、NSSF 中配置切片信息、UDM 中配置用户数据信息等。

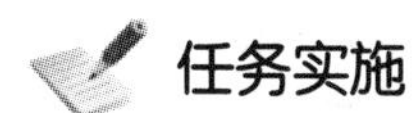

任务实施

AMF 的数据配置

1. AMF 数据配置

1) HTTP 配置

Option2 组网时，核心网控制面内的网络功能块之间互通是基于服务的接口(简称服务化接口)，服务化接口间采用 HTTP 协议，故网络功能块需要在服务化接口上配置客户端和服务端地址。打开 IP 地址规划表，可见 AMF 面向客户端和服务端采用了相同的地址 10.1.1.1。

在网元配置菜单栏选择“AMF”选项，在配置选项菜单栏中选择“http 配置”选项，弹出“http 配置”表单，输入参数，如图 S3-14 所示。这里需要定义服务端的端口号，端口号在值域范围内取值即可，如定义成 3(注意：服务端的端口号在所有控制面网络功能中需要保持一致，故核心网控制面的其他网络功能块的服务端的端口号也必须定义成 3)。

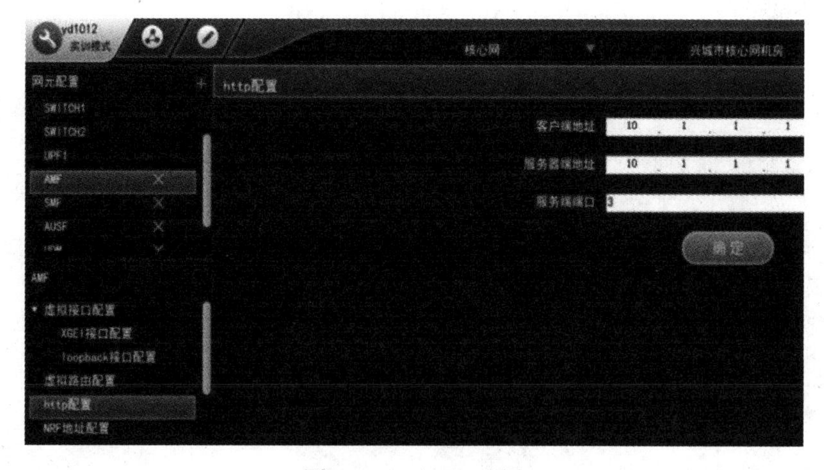

图 S3-14　HTTP 配置

2) AMF 客户端或服务端对应的虚拟接口配置

按照规划表，AMF 的客户端和服务端的地址是相同的，所以在 XGEI 虚拟接口配置中只需要配置一个 XGEI 接口。如果客户端、服务端采用的是不同的地址，则在 XGEI 接口配置中需要配置两个 XGEI 接口。

在网元配置菜单栏中选择“AMF”选项，在配置选项菜单栏中选择“虚拟接口配置”/“XGEI 接口配置”选项，单击参数配置表单区中的“+”按钮，弹出“XGEI 接口 1”表单，输入参数，如图 S3-15 所示。XGEI 接口需关联 VLAN，VLAN ID 可自定义，为了方便记忆，将 VLAN ID 规划成 IP 地址的第一个字段，如此处接口地址为 10.1.1.1，则 VLAN ID 定义为 10，IP 地址掩码是 255.255.255.0。

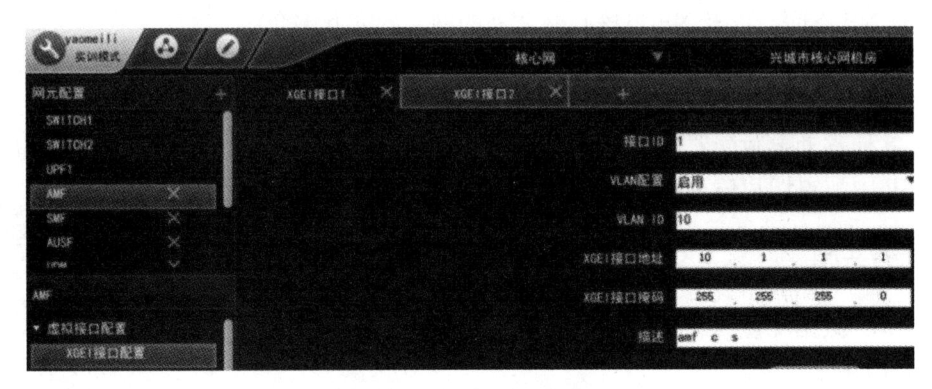

图 S3-15　虚拟接口配置

3) *在交换机侧为 AMF 客户端或服务端配置网关地址*

(1) 在网元配置菜单栏中选择“SWITCH1”选项，在配置选项菜单栏中选择“物理接口配置”选项，可见 10GE-1/1 接口状态为 up，如图 S3-16 所示。SWITCH1 的物理接口 10GE-1/1 是与通用服务器互联的接口，但该通用服务器以软件形式承载了 8 个网络功能块的功能，而且每个网络功能块有多个逻辑功能，需要多个逻辑接口，按照规划不同的逻辑接口属于不同的 VLAN，故 SWITCH1 上与通用服务器互联的这个物理接口的模式应该为 Trunk，Trunk 模式可保证所有 NF 关联的 VLAN 都能通过。这里为了保险，将 VLAN 定义成一个夸张的区间 1～4000(涵盖所有 NF 关联的 VLAN)。

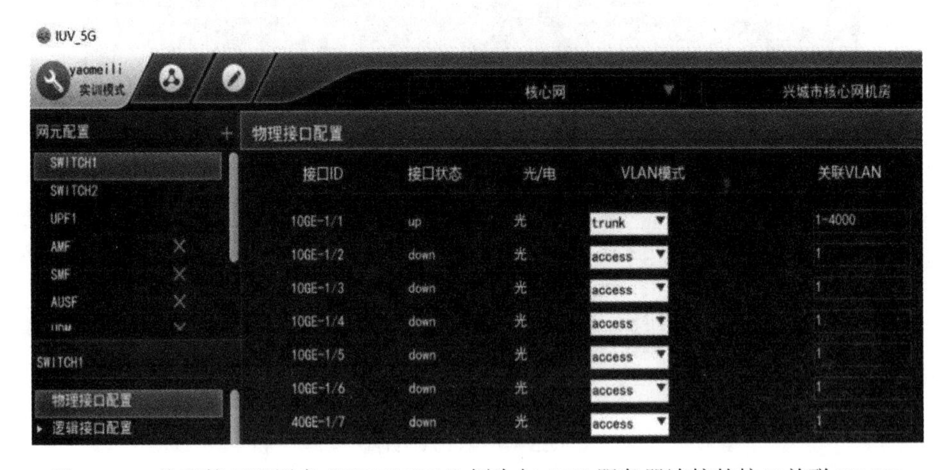

图 S3-16　物理接口配置在“SWITCH1”侧为与 5GC 服务器连接的接口关联 VLAN

(2) 在配置选项菜单栏中选择 SWITCH1 的“逻辑接口配置”/“VLAN 三层接口”选项，弹出“VLAN 三层接口”表单，单击“+”按钮新增配置，如图 S3-17 所示。因为 AMF 客户端、服务端对应的 XGEI 接口地址为 10.1.1.1，VLAN ID 为 10，所以此处为 AMF 的客

户端、服务端对应的 XGEI 接口规划的网关地址，按照规划为 10.1.1.2(10.1.1.2～10.1.1.254 都可以，只要确保与 AMF 的客户端、服务端的 IP 地址在同一个网段即可)，子网掩码为 255.255.255.0；VLAN ID 也为 10。

图 S3-17　VLAN 三层接口配置

小贴士：

核心网机房的物理设备实体包括一台通用服务器和一台交换机，通用服务器与交换机之间通过物理接口互联，交换机是核心网内部以及核心网对外连接的中介。核心网所有 NF 都基于通用服务器以软件形式实现，意味着所有的 NF 都需要与交换机进行逻辑上的互联。因此，在交换机侧需要为每个 NF 的所有虚拟接口定义网关，在交换机侧为网关设定 IP 地址，该 IP 地址就是网络功能块对外互通的网关地址，故两侧应该有相同的 VLAN ID。

4) 链路搭建

从 Option2 组网的网络架构可得到 AMF 对外逻辑连接，如图 S3-18 所示。由图 S3-18 可见 AMF 需要搭建两条对外逻辑连接，一是核心网内部通信，主要是到 NRF 功能块注册；二是 AMF 和无线侧通信的链路，AMF 通过 N2 接口和 CUCP 搭建控制面信令通道(此链路基于 SCTP 协议)。注意，链路都是双向通路。

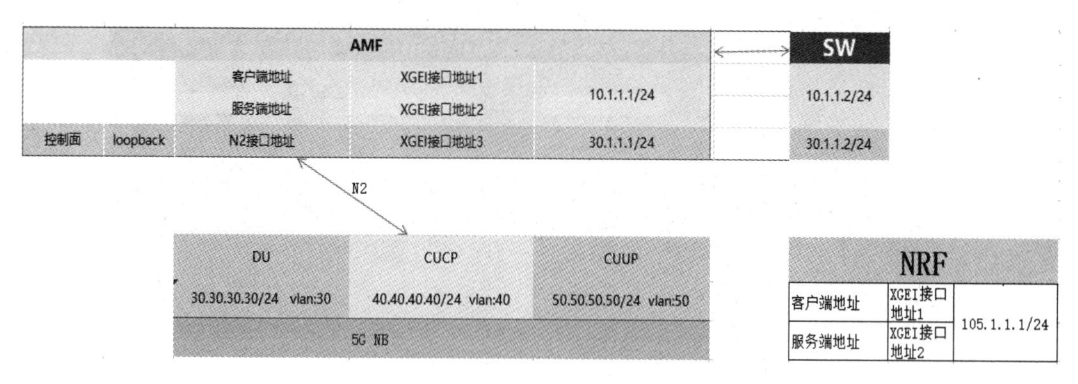

图 S3-18　AMF 对外逻辑接口

(1) AMF 与 NRF 之间链路搭建。AMF 与 NRF 之间链路搭建需要如下 3 步。

步骤 1：配置 NRF 地址。

AMF 到 NRF 注册，需要根据 NRF 的地址寻找 NRF。按照 IP 地址规划表，NRF 的 IP 地址为 105.1.1.1，NRF 端口是 3。在网元配置菜单栏中选择“AMF”选项，在配置选项菜单栏中选择“NRF 地址配置”选项，单击参数配置表单区中的“+”按钮，弹出“NRF 地址 1”表单，输入参数，如图 S3-19 所示。

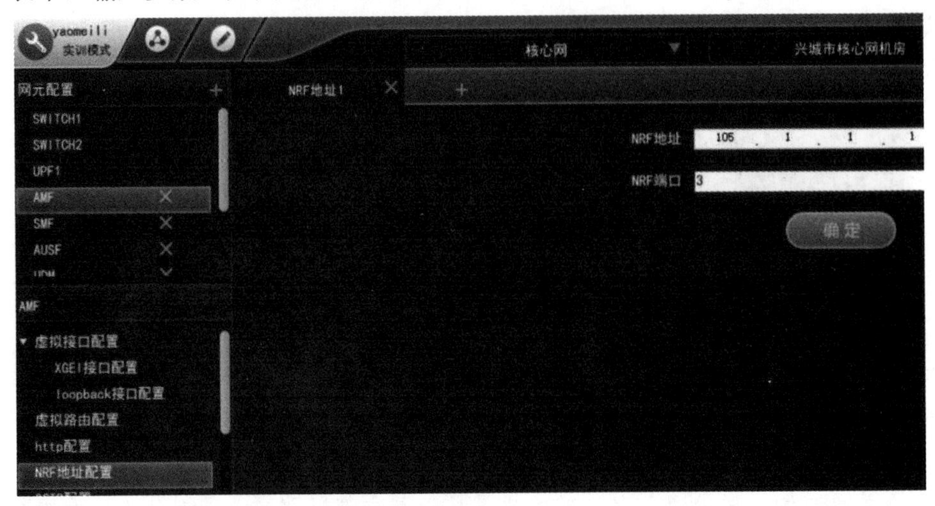

图 S3-19　配置 NRF 地址

注意：如果 NRF 客户端和服务端采用了不同的地址，则这里需要配置两条 NRF 地址，分别面向客户端和服务端。因为本项目规划的 NRF 客户端和服务端相同，所以只配置一条 NRF 地址。

步骤 2：配置 AMF 到 NRF 注册的路由。

在网元配置菜单栏中选择“AMF”选项，在配置选项菜单栏中选择“虚拟路由配置”选项，弹出“虚拟路由配置”表单。单击“+”按钮，增加 1 条路由，如图 S3-20 所示。其目的地址是 NRF 地址 105.1.1.1，掩码为 255.255.255.255，下一跳是 AMF 的 HTTP 客户端、服务端接口对应的网关。

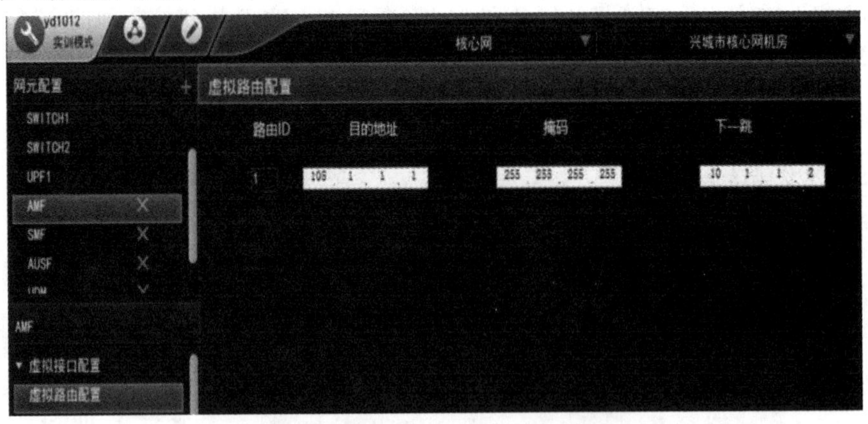

图 S3-20　配置 AMF 到 NRF 注册的路由

步骤 3：配置 NRF 到 AMF 的路由。

AMF 到 NRF 注册需要双向路由，因为 NRF 需要反馈信息告知 AMF 是否注册成功，故需要在 NRF 处添加一条到 AMF 客户端、服务端的路由。在网元配置菜单栏中选择“NRF”选项，在配置选项菜单栏中选择“虚拟路由配置”选项，弹出“虚拟路由配置”表单。单击“+”按钮，增加 1 条路由，如图 S3-21 所示。其目的地址是 AMF 的客户端、服务端的接口地址 10.1.1.1，掩码为 255.255.255.255，下一跳是 NRF 的客户端、服务端

的网关地址 105.1.1.2。

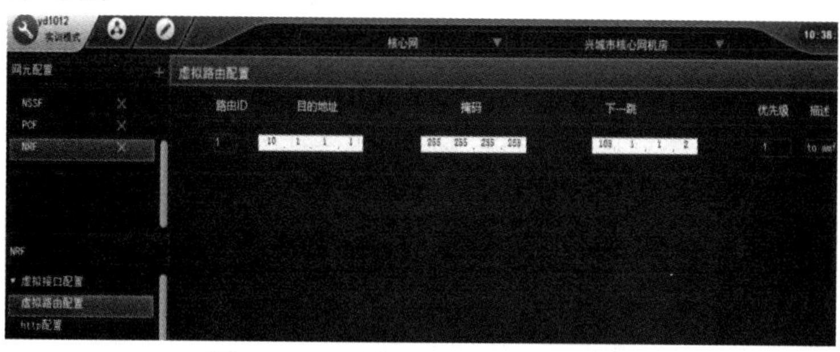

图 S3-21　配置 NRF 到 AMF 的路由

(2) AMF 和无线网之间的 SCTP 链路搭建。AMF 通过 N2 接口和 CUCP 搭建控制面信令的双向通道，信令通道基于 SCTP 协议。查阅 AMF 的地址规划(图 S3-22)，N2 接口本端地址为 30.1.1.1，远端设备是 CUCP。

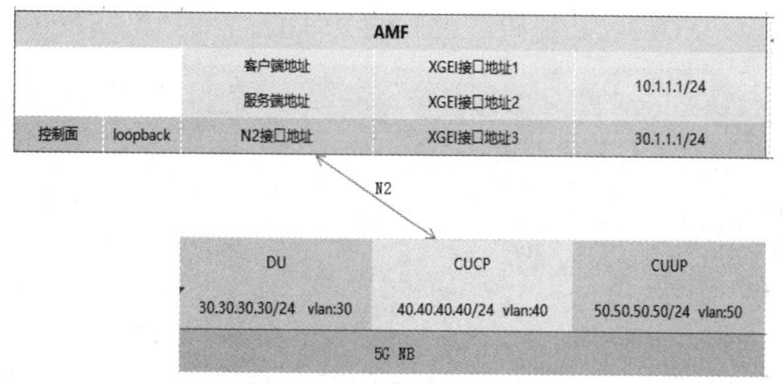

图 S3-22　AMF 的地址规划

在网元配置菜单栏中选择“AMF”选项，在配置选项菜单栏中选择“SCTP 配置”选项，单击“+”按钮，弹出“SCTP1”表单，输入参数，如图 S3-23 所示。偶联 ID 在值域范围内任意取值，如 1，同一个网元的多个偶联 ID 取值不同即可；本端端口号和远端端口号在取值范围内任意取值，如 6、6。

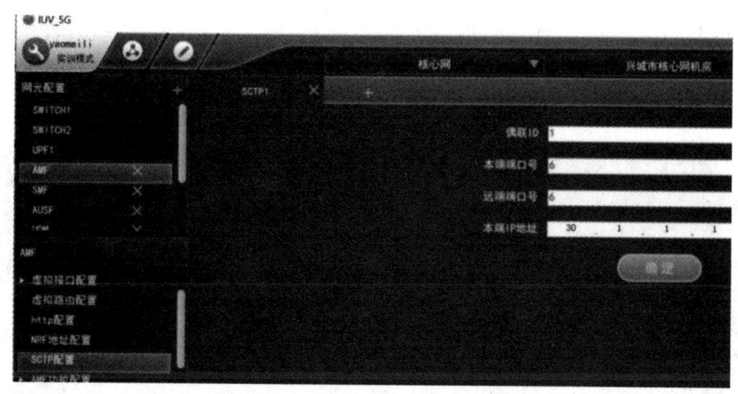

图 S3-23　AMF 之 SCTP 配置

CUCP 到 AMF 方向的链路在进行“CUCP 配置”时再添加。

5) N2 接口配置

N2 接口配置包括如下 4 项内容：Loopback 接口配置、N2 接口对应的虚拟 XGEI 接口

配置、在 SWITCH1 侧为 N2 接口建立互联网关、创建 AMF 到无线侧 CUCP 的虚拟路由。(控制面内部的 SBI 接口不需要配置 Loopback 地址，但是 N2、N3、N4 等接口需要配置 Loopback 地址)。

(1) Loopback 接口配置。在网元配置菜单栏中选择“AMF”选项，在配置选项菜单栏中选择“虚拟接口配置”/“loopback 接口配置”选项，在参数配置表单区单击“+”按钮，弹出“loopback 接口 1”表单，输入参数。接口 ID 在值域范围内任意取值，如 1；Loopback 地址为 N2 接口地址 30.1.1.1；Loopback 掩码是 255.255.255.0(Loopback 掩码也可以是 255.255.255.255)。

(2) N2 接口对应的虚拟 XGEI 接口配置。在网元配置菜单栏中选择“AMF”选项，在配置选项菜单栏中选择“虚拟接口配置”/“XGEI 接口配置”选项，单击参数配置表单区中的“+”按钮，弹出“XGEI 接口 2”表单，输入参数，如图 S3-24 所示。接口 ID 在值域范围内取值，如 2；VLAN 配置选择“启用”选项，VLAN ID 按照规划为 30，对应的 XGEI 接口地址是 30.1.1.1，XGEI 接口掩码是 255.255.255.0。

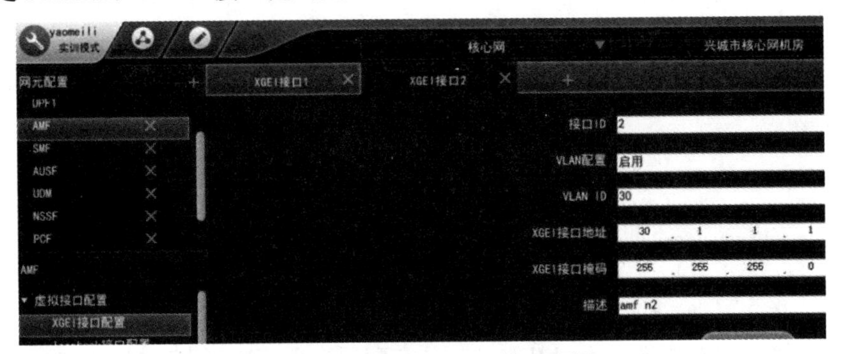

图 S3-24　AMF 之 XGEI 接口配置

(3) 在 SWITCH1 侧为 N2 接口建立互联网关。在网元配置菜单栏中选择“SWITCH1”选项，在配置选项菜单栏中选择“逻辑接口配置”/“VLAN 三层接口”选项，弹出“VLAN 三层接口”表单，单击“+”按钮，为 AMF 的 N2 接口添加 VLAN 三层接口配置，如图 S3-25 所示。VLAN ID 按照规划为 30；根据 N2 接口地址 30.1.1.1，在“SWITCH1”处配置与之相匹配的网关地址 30.1.1.2，二者需属于同一个网段；当关联关系配置生效之后，接口状态显示为 up。

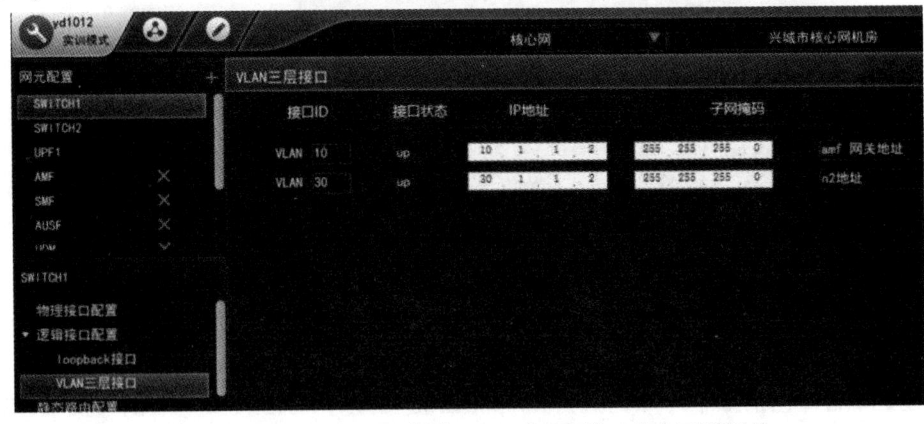

图 S3-25　在 SWITCH1 侧为 AMF 之 N2 接口建立互联网关

(4) 创建 AMF 到无线侧 CUCP 的虚拟路由。核心侧与无线侧通信除了搭建双向信令通道(建立 SCTP 的通道)外，还要建立双向传输路由，即需要配置虚拟路由。在网元配置菜单栏中选择“AMF”选项，在配置选项菜单栏中选择“虚拟路由配置”选项，添加一条访问无线侧 CUCP 的路由，如图 S3-26 所示。其目的地址是 40.40.40.40(CUCP 的地址)，掩码是 255.255.255.255，下一跳是 AMF 侧 N2 的接口网关 30.1.1.2。由于路由是双向的，因此在无线侧 CUCP 配置时也要配置一条返回 AMF 的路由。

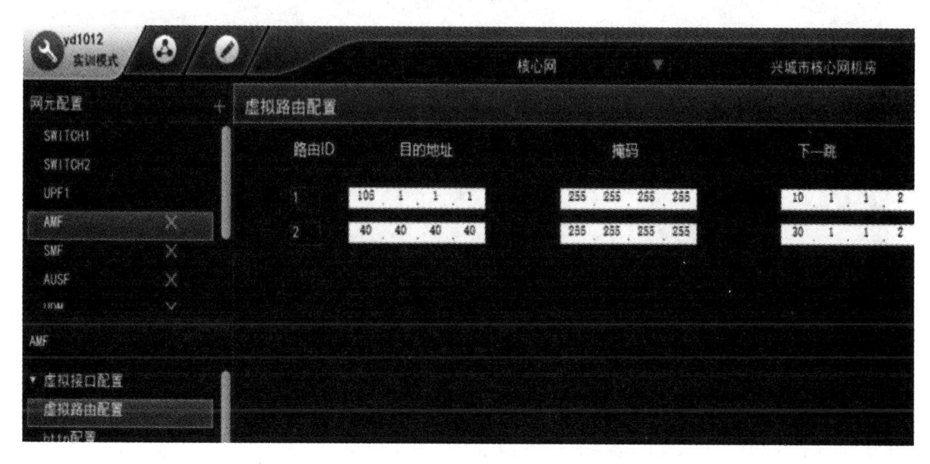

图 S3-26　AMF 的虚拟路由配置

关于路由的配置，仿真软件中做了一个整体上的简化，支持默认路由。从核心网到承载网再到无线侧的数据通路用一条默认路由代替，目的地址是 0.0.0.0，掩码是 0.0.0.0，下一跳是 AMF 侧 N2 的接口网关 30.1.1.2，如图 S3-27 所示。

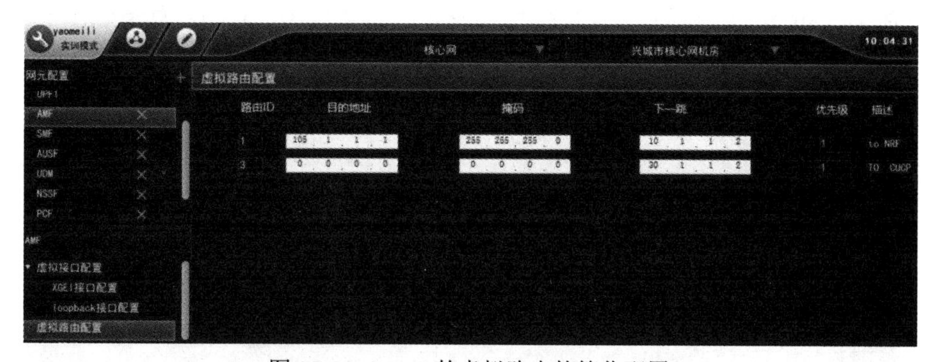

图 S3-27　AMF 的虚拟路由的简化配置

6) *移动参数配置*

AMF 相关的移动参数配置包括 3 个子项：AMF 功能配置、切片策略配置和 NF 发现策略。

(1) AMF 功能配置。AMF 功能配置包括两项：本局配置和 AMF 跟踪区配置。

① 本局配置。在网元配置菜单栏中选择“AMF”选项，在配置选项菜单栏中选择“AMF 功能配置”/“本局配置”选项，弹出“本局配置”表单，输入参数，如图 S3-28 所示。AMF 编号、名称等参数在值域范围内自定义，如 1；携带 PCF 信息策略一般选择“携带 PCF”选项。

图 S3-28　本局配置

② 跟踪区配置。在网元配置菜单栏中选择“AMF”选项，在配置选项菜单栏中选择“AMF 功能配置”/“AMF 跟踪区配置”选项，弹出“AMF 跟踪区 1”表单，输入参数。跟踪区域标识在取值区间自定义，如 1；MCC 或者 MNC 根据规划填写，MCC 为 460，MNC 为 00；TAC 规划为 6677；跟踪区域名称自定义为 111。

(2) 切片策略配置。切片策略配置就是在 AMF 与 NSSF 之间进行切片映射。切片策略配置包括 NSSF 地址配置和 SNSSAI 配置两项。

① NSSF 地址配置。在网元配置菜单栏中选择“AMF”选项，在配置选项菜单栏中选择“切片策略配置”/“NSSF 地址配置”选项，弹出“NSSF 地址 1”表单，输入参数，如图 S3-29 所示。NSSF 客户端和服务端采用的是相同的地址 101.1.1.1，NSSF 端口号定义成 3(核心网控制面所有的服务端口统一配置为 3)。

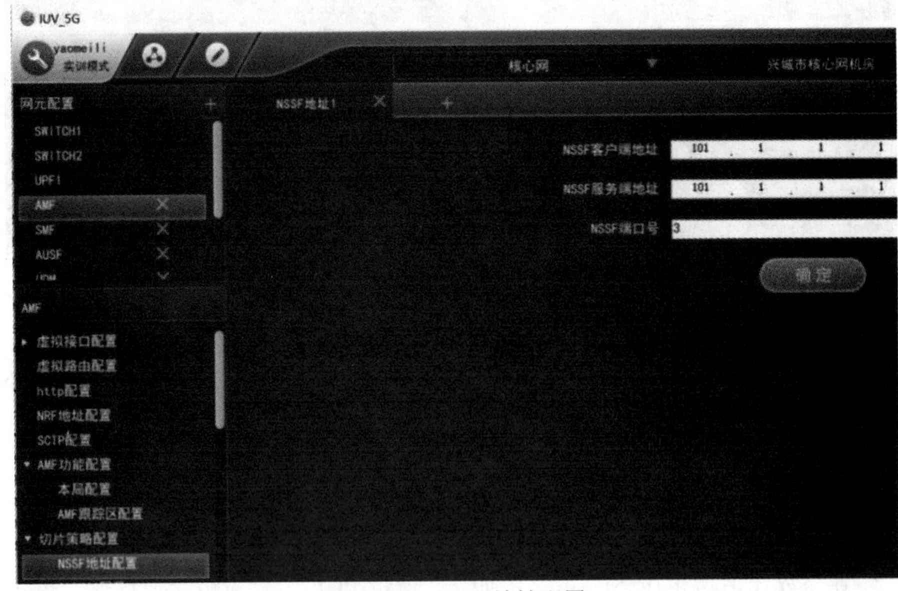

图 S3-29　NSSF 地址配置

② SNSSAI 配置。SNSSAI 配置是对切片标识进行定义。在网元配置菜单栏中选择

“AMF”选项，在配置选项菜单栏中选择“切片策略配置”/“SNSSAI 配置”选项，弹出“SNSSAI1”表单，在表单中按照规划输入如下参数：SNSSAI 标识为 1、SST 为 uRLLC、SD 为远程医疗。

小贴士：

SNSSAI 标识如果没有规划，可以自定义，只是在其他地方再出现此标识时信息需保持一致。SST 为切片类型，其取值应该与仿真软件中支持的切片相对应。仿真软件支持的切片有哪些？在仿真软件的任务栏中选择“网络调试”/“网络优化”选项，进入网络优化界面。在网络优化界面中单击“网络切片编排”按钮，进入网络切片编排界面，可以看到此仿真软件支持 3 个城市，这 3 个城市共支持 4 种切片业务(注意，这是仿真软件的设定限制，实际网络中支持的切片数量没有限制)。

四水市模仿的是郊区场景，支持的切片业务是智慧农业，切片业务类型是海量物联 mMTC，如图 S3-30 所示。建安市支持 2 种切片业务，分别是自动驾驶和智慧灯杆，自动驾驶对应的切片业务类型是 V2X，智慧灯杆对应的切片业务类型是海量物联 mMTC。兴城市支持远程医疗，对应的切片业务类型是 uRLLC，属性选择“医疗本地云”。仿真软件中切片类型的定义要与核心网所在城市支持的切片业务类型保持一致，如兴城支持的是远程医疗业务，故切片服务类型为 uRLLC；切片区分符 SD 在值域范围内任意取值，如远程医疗。

图 S3-30　在网络切片编排界面查看支持的切片

(3) NF 发现策略。在配置选项菜单栏中选择“NF 发现策略”选项，弹出“NF 发现策略”表单，输入参数，如图 S3-31 所示。各种方式选择默认值“支持”；发现 AUSF 方式、发现 UDM 方式可以选择“路由指示码优先”选项。

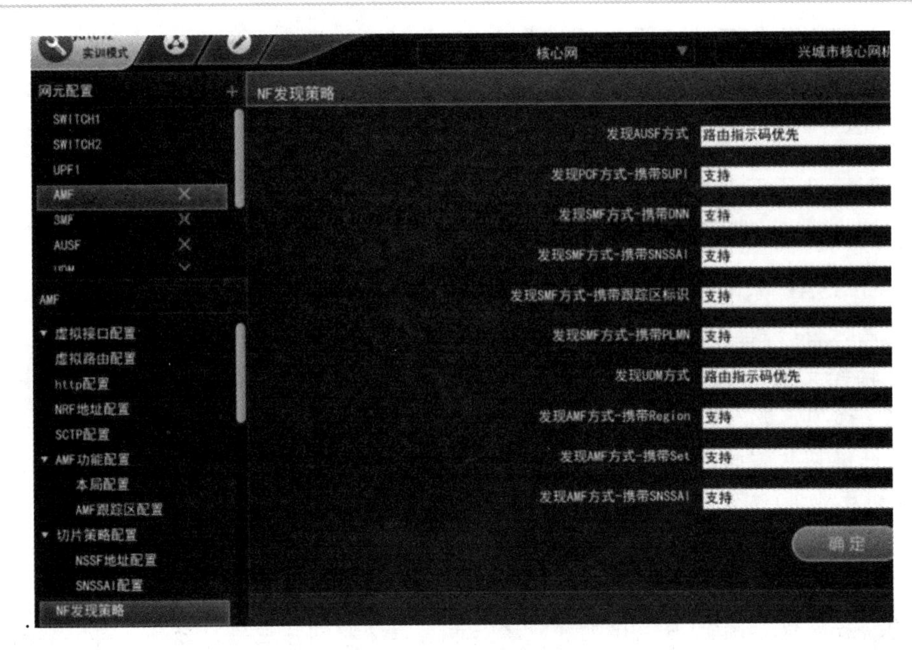

图 S3-31　NF 发现策略

2. SMF数据配置

SMF数据配置

SMF及后续功能块的数据配置方法与AMF数据配置基本相同，受篇幅限制，部分内容这里采取简单写法。

1) HTTP配置

SMF客户端、服务端的IP地址按照规划为70.1.1.1；服务端端口号和AMF中的规划保持一致，均为3。

2) 配置SMF客户端、服务端对应的虚拟接口

在网元配置菜单栏中选择“SMF”选项，在配置选项菜单栏中选择“虚拟接口配置”/“XGEI接口配置”选项，单击参数配置表单区中的“+”按钮，弹出“XGEI接口1”表单，输入参数，如图S3-32所示。接口ID在值域范围内取值，如1；VLAN配置为“启用”；VLAN ID在值域范围内取值，此处按规划取值70(SMF客户端、服务端IP地址70.1.1.1的第一字段)；XGEI接口掩码为255.255.255.0。

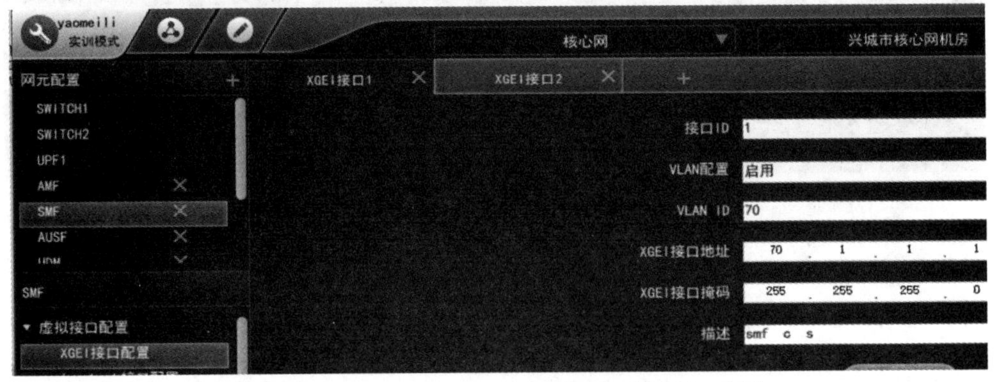

图 S3-32　SMF客户端或服务端对应的虚拟接口配置

3) Loopback 接口配置

SMF 通过 N4 接口和 UPF 进行对接，故需要 SMF 进行 Loopback 接口配置。Loopback 地址配置为 SMF 侧 N4 接口的 IP 地址 60.1.1.1，对应的掩码是 255.255.255.0。

4) 配置 N4 接口对应的虚拟 XGEI 接口

在网元配置菜单栏中选择“SMF”选项，在配置选项菜单栏中选择“虚拟接口配置”/“XGEI 接口配置”选项，单击参数配置表单区中的“+”按钮，弹出“XGEI 接口 1”表单，输入参数。接口 ID 在值域范围内取值，如 2；VLAN 配置为“启用”；VLAN ID 在值域范围内取值，此处按规划取值 60(IP 地址的第一字段)；对应接口地址是 N4 的接口地址 60.1.1.1，掩码是 255.255.255.0。

5) 在交换机侧为 SMF 设置网关

在网元配置菜单栏中选择“SWITCH1”选项，在配置选项菜单栏中选择“逻辑接口配置”/“VLAN 三层接口”选项，弹出“VLAN 三层接口”表单，单击“+”按钮 2 次，新增 2 项配置，如图 S3-33 所示。

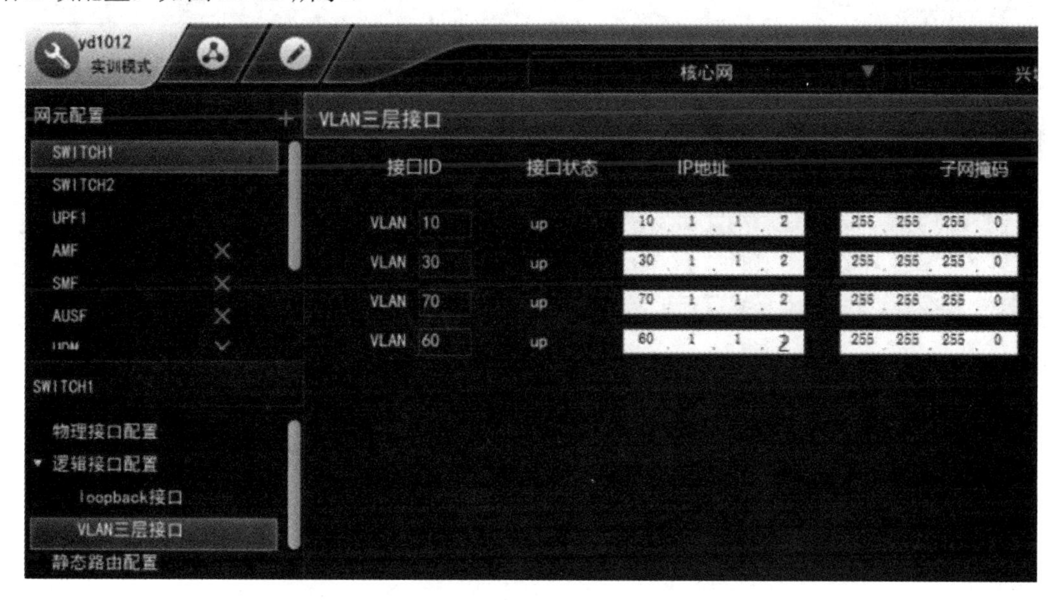

图 S3-33　为 SMF 增加 2 条 VLAN 三层接口信息

第 1 条是为 SMF 客户端与服务端所对应的接口配置的网关地址(客户端和服务端采用相同的地址)，VLAN ID 按照规划为 70，IP 地址为 70.1.1.2(70.1.1.2 与 SMF 客户端、服务端地址 70.1.1.1 在同一个网段)，子网掩码是 255.255.255.0。

第 2 条是为 SMF 和 UPF 之间对接的 N4 接口配置的网关地址，VLAN ID 按照规划为 60，IP 地址为 60.1.1.2(与 SMF 和 UPF 之间对接的一个 N4 接口地址 60.1.1.1 在同一个网段)，子网掩码是 255.255.255.0。

6) 链路搭建

(1) SMF 与 NRF 之间链路搭建。

① NRF 地址配置。SMF 向 NRF 注册，需要知道 NRF 的地址。在网元配置菜单栏中选择“SMF”选项，在配置选项菜单栏中选择“NRF 地址配置”选项，弹出“NRF 地

址 1”表单，输入参数。其中，NRF 地址配置为 105.1.1.1；对应的端口地址全网保持一致，为 3。

② 配置 SMF 到 NRF 注册的路由。在网元配置菜单栏中选择“SMF”选项，在配置选项菜单栏中选择“虚拟路由配置”选项，弹出“虚拟路由配置”表单，单击“+”按钮，增加 1 条路由。目的地址是 NRF 的地址 105.1.1.1，掩码为 255.255.255.255，下一跳为 SMF 客户端、服务端的网关地址 70.1.1.2。

③ 配置 NRF 到 SMF 的路由。SMF 向 NRF 注册，NRF 要返回相应的信息到 SMF，故在 NRF 的虚拟路由配置中增加到 SMF 路由。在网元配置菜单栏中选择“NRF”选项，在配置选项菜单栏中选择“虚拟路由配置”选项，弹出“虚拟路由配置”表单，单击“+”按钮，增加 1 条路由，如图 S3-34 所示。路由 ID 为 2，目的地址是 SMF 客户端、服务端的地址 70.1.1.1，掩码为 255.255.255.255，下一跳为 NRF 的网关 105.1.1.2。

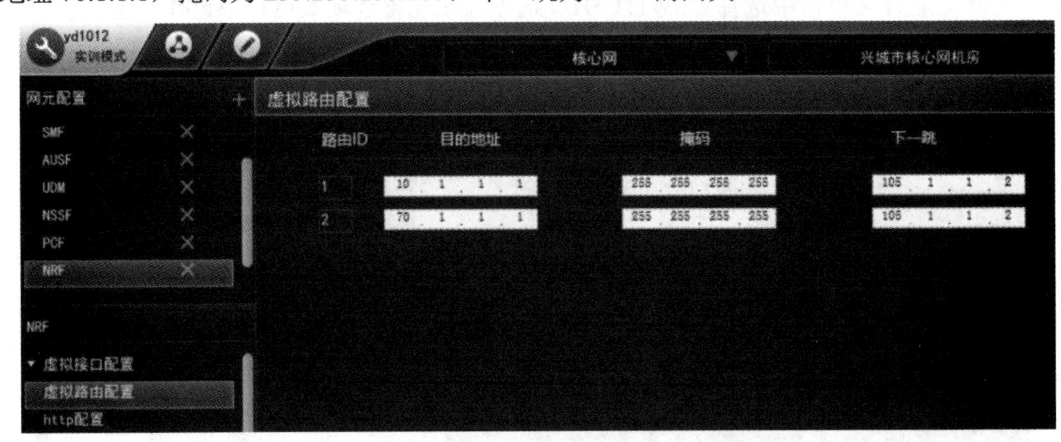

图 S3-34　配置 NRF 到 SMF 客户端、服务端的虚拟路由

(2) SMF 与 UPF 之间链路搭建。

① SMF N4 接口配置。在网元配置菜单栏中选择“SMF”选项，在配置选项菜单栏中选择“N4 接口配置”/“SMF N4 接口配置”选项，弹出“SMF N4 接口配置”表单，设置 SMF 侧 N4 接口的地址为 60.1.1.1。

② UPF N4 接口配置。在网元配置菜单栏中选择“SMF”选项，在配置选项菜单栏中选择“N4 接口配置”/“UPFN4 接口配置”选项，弹出“UPFN4 接口 1”表单，进行 UPF N4 接口配置，如图 S3-35 所示。此处 IP 地址为 UPF 侧 N4 接口的地址 50.1.1.1，用户面 ID 为 1。此处要注意端口的配置，此处端口指的是用户面功能块 UPF 的端口，其与前面控制面网络功能块的 HTTP 配置中定义的服务端端口号不同。5G 核心网控制面所有功能块服务端端口号统一，但 UPF 是用户面的实体，不需要到 NRF 注册，故 UPF 端口在值域范围内取值即可，如 5。

③ 配置 SMF 到 UPF 的路由。SMF 与 UPF 的 N4 接口地址配置完成之后，还需要搭建 SMF 到 UPF 路由。在网元配置菜单栏中选择“SMF”选项，在配置选项菜单栏中选择“虚拟路由配置”选项，添加 SMF 到 UPF 的路由。路由 ID 为 2，路由的目的地址应该为 UPF 的 N4 接口地址 50.1.1.1(因为 SMF 通过 N4 接口对接 UPF)，下一跳应该为 SMF 的 N4 接口的网关地址 60.1.1.2，如图 S3-36 所示。

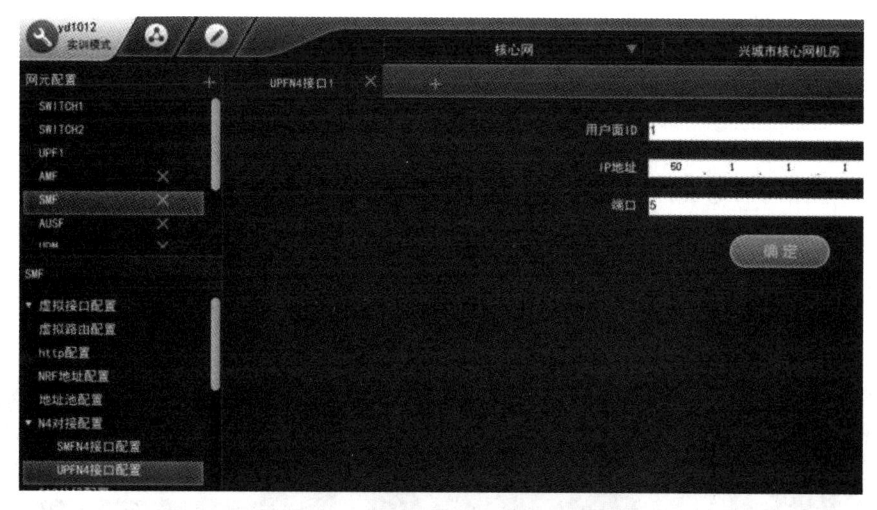

图 S3-35　SMF 之 UPF N4 接口配置

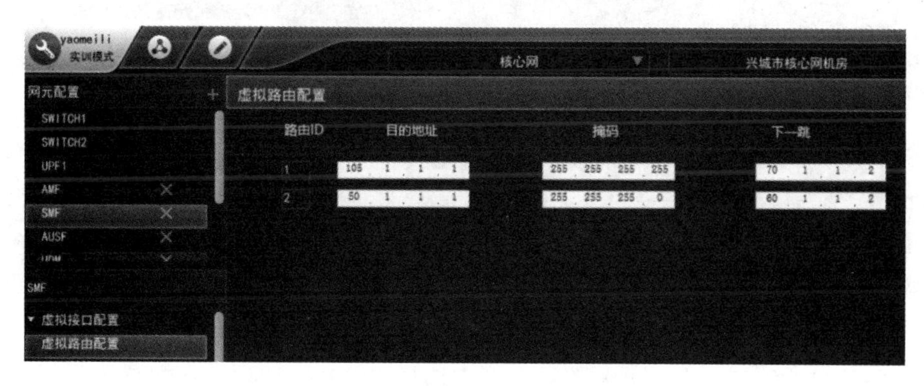

图 S3-36　配置 SMF 到 UPF 的路由

④ 配置 UPF 到 SMF 的路由。路由是双向的，SMF 到 UPF 的路由配置完毕，UPF 需配置一条到 SMF 的路由，目的地址是 SMF 的 N4 接口地址。在网元配置菜单栏中选择“UPF1”选项，在配置选项菜单栏中选择“虚拟路由配置”选项，弹出“虚拟路由配置”表单，单击“+”按钮，为 UPF 添加到 SMF 的路由。路由 ID 为 2，目的地址是 SMF 的 N4 接口地址 60.1.1.1(因为 UPF 通过 N4 接口对接 SMF)，下一跳是 UPF 的 N4 接口的网关地址 50.1.1.2，如图 S3-37 所示。

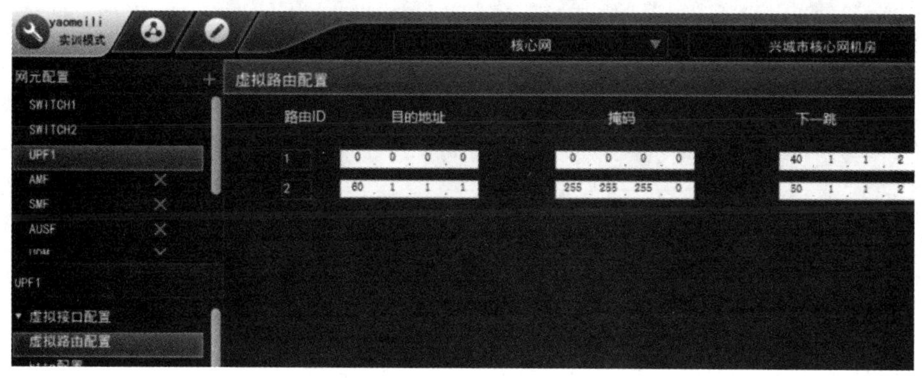

图 S3-37　配置 UPF 到 SMF 的路由

7) 移动参数配置

SMF 移动参数配置包括地址池配置、TAC 分段配置和 SMF 切片功能配置 3 项。

(1) 地址池配置。在网元配置菜单栏中选择“SMF”选项，在配置选项菜单栏中选择“地址池配置”选项，弹出“IP 地址池 1 ”表单，进行参数配置，如图 S3-38 所示。DNN 名称在值域范围内自定义，如 1；地址池名称在值域范围内自定义，如“xingch”；地址池优先级在值域范围内任意取值，如 1(值越小，优先级越高)；地址池地址是准备分配给入网终端的地址，一般情况下配置一个不常用的网段，如地址池起始地址～地址池终止地址规划为 100.1.1.1～100.1.1.254，掩码是 255.255.255.0，如图 S3-38 所示。

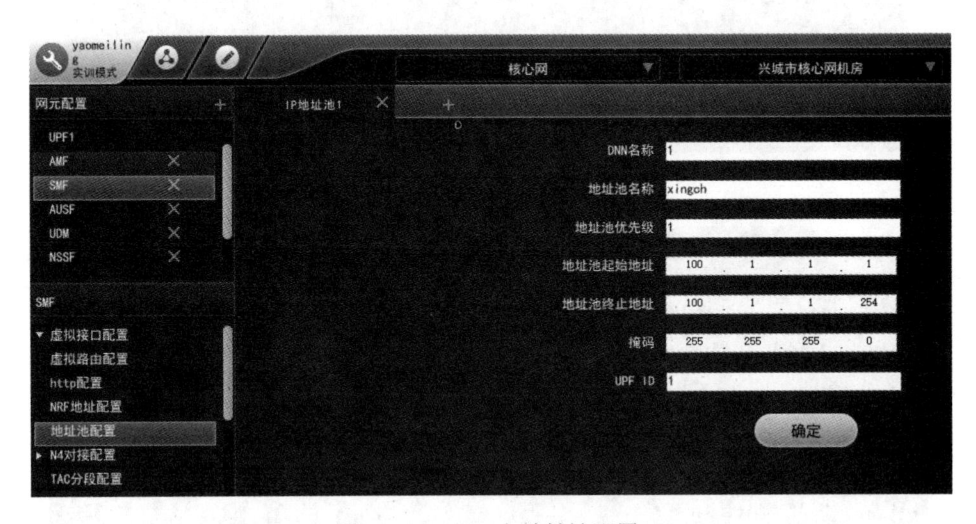

图 S3-38　SMF 之地址池配置

(2) TAC 分段配置。在网元配置菜单栏中选择“SMF”选项，在配置选项菜单栏中选择“TAC 分段配置”选项，弹出“TAC 分段 1 ”表单，进行参数配置，如图 S3-39 所示。

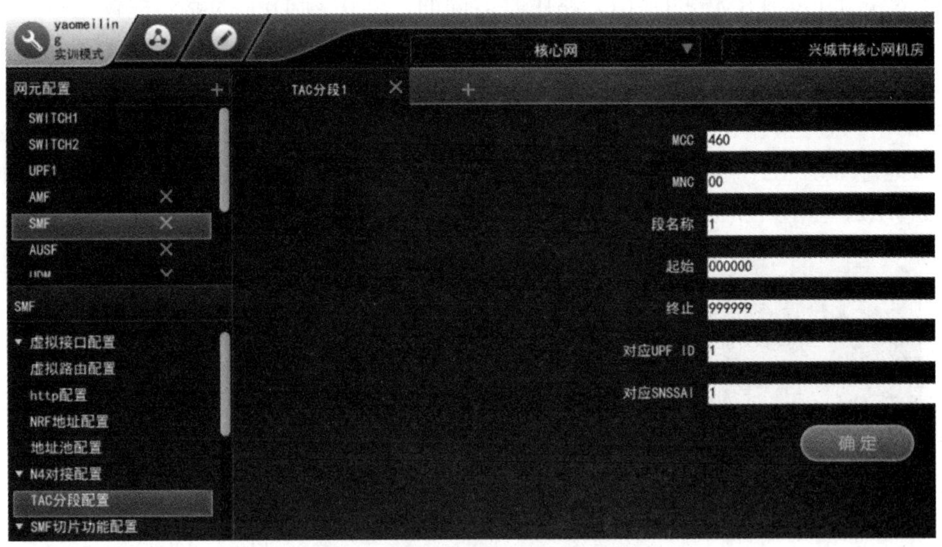

图 S3-39　SMF 之 TAC 分段配置

(3) SMF 切片功能配置。其对应的切片类型和 AMF 中切片信息保持一致。按照规划，

切片类型 SST 为 uRLLC；切片区分符 SD 为远程医疗；SNSSA 标识为 1；UPF ID 与前面配置保持一致，为 1。

3. AUSF 数据配置

AUSF 数据配置

1) HTTP 配置

按照规划，AUSF 客户端和服务端的 IP 地址都是 90.1.1.1，端口是 3。

2) AUSF 客户端或服务端对应的虚拟接口配置

将 AUSF 客户端、服务端的地址写入对应的 XGEI 接口，接口 ID 在值域范围内取值，如 1；VLAN 配置为“启用”；VLAN ID 按照规划为 90(AUSF 客户端、服务端 IP 地址 90.1.1.1 的第一字段)；XGEI 接口掩码为 255.255.255.0，如图 S3-40 所示。

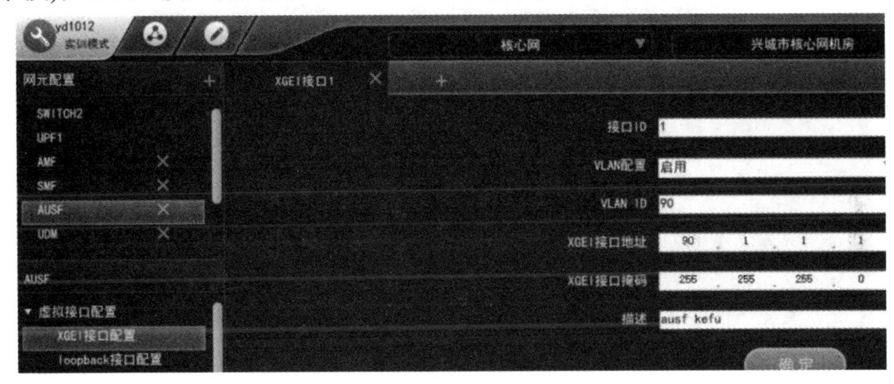

图 S3-40　AUSF 虚拟接口配置

3) 在交换机侧为 AUSF 客户端或服务端配置对应的网关地址

在配置选项菜单栏中选择“SWITCH1”选项，在配置选项菜单栏中选择“逻辑接口配置”/“VLAN 三层接口”选项，弹出“VLAN 三层接口”表单，再单击“+”按钮，为 AUSF 客户端、服务端所对应的接口配置一个网关地址(因为客户端和服务端采用相同的地址)，如图 S3-41 所示。其中，VLAN ID 为 90，IP 地址为 90.1.1.2(与 AUSF 客户端、服务端地址在同一个网段)，子网掩码是 255.255.255.0。

接口ID	接口状态	IP地址	子网掩码	
VLAN 10	up	10.1.1.2	255.255.255.0	amf
VLAN 30	up	30.1.1.2	255.255.255.0	AMF N2
VLAN 70	up	70.1.1.2	255.255.255.0	SMF
VLAN 60	up	60.1.1.2	255.255.255.0	SMF N4
VLAN 90	up	90.1.1.2	255.255.255.0	ausf
VLAN 103	up	103.1.1.2	255.255.255.0	udm
VLAN 101	up	101.1.1.2	255.255.255.0	nssf
VLAN 107	up	107.1.1.2	255.255.255.0	pcf
VLAN 105	up	105.1.1.2	255.255.255.0	nrf

图 S3-41　为 AUSF 增加 1 条 VLAN 三层接口信息

4) 链路搭建

AUSF 需要搭建到 NRF 注册的双向链路。

(1) NRF 地址配置。在网元配置菜单栏中选择“AUSF”选项，在配置选项菜单栏中选择“NRF 地址配置”选项，弹出“NRF1”表单，输入信息。其中，NRF 地址为 105.1.1.1；端口地址全网保持一致，为 3。

(2) 配置 AUSF 到 NRF 注册的路由。在网元配置菜单栏中选择“AUSF”选项，在配置选项菜单栏中选择“虚拟路由配置”选项，增加一条 AUSF 到 NRF 注册的路由。目的地址是 NRF 的地址 105.1.1.1，掩码为 255.255.255.255，下一跳为 AUSF 客户端、服务端的网关地址 90.1.1.2，如图 S3-42 所示。

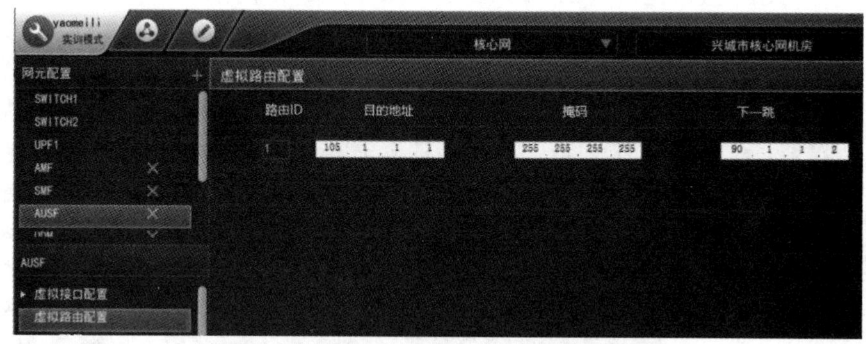

图 S3-42　配置 AUSF 到 NRF 注册的路由

(3) 配置 NRF 到 AUSF 客户端、服务端的路由。在网元配置菜单栏中选择“NRF”选项，在配置选项菜单栏中选择“虚拟路由配置”选项，增加一条 NRF 到 AUSF 的路由。目的地址是 AUSF 客户端、服务端的地址 90.1.1.1，掩码为 255.255.255.255，下一跳为 NRF 客户端、服务端的地址 105.1.1.2，如图 S3-43 所示。

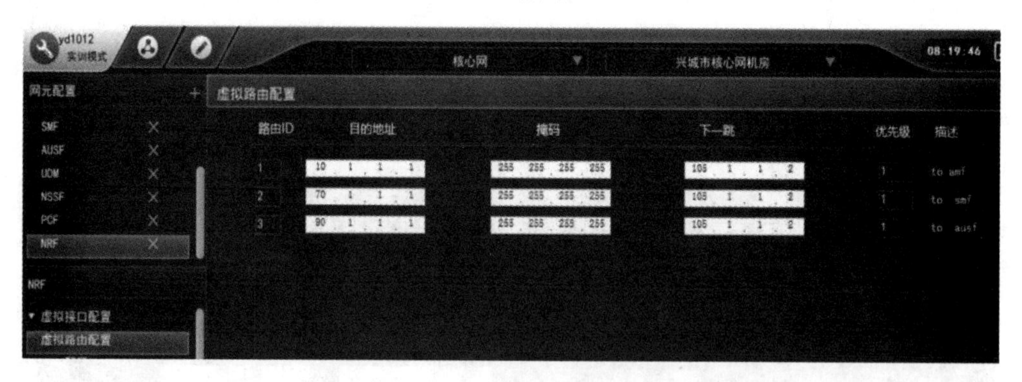

图 S3-43　配置 NRF 到 AUSF 客户端、服务端的路由

5) 移动参数配置

(1) AUSF 功能配置。在网元配置菜单栏中选择“AUSF”选项，在配置选项菜单栏中选择“AUSF 公共配置”/“AUSF 功能配置”选项，弹出“AUSF 功能配置”表单，输入信息，如图 S3-44 所示。路由指示码在值域范围内取值，如 1；SUPI 号段的起始值、终止值只要满足 15 或 16 位即可，一般起始值取最小值 15 个 0，终止值取最大值 16 个 9(相当于为 SUPI 号码分配了范围最大的取值区间)。

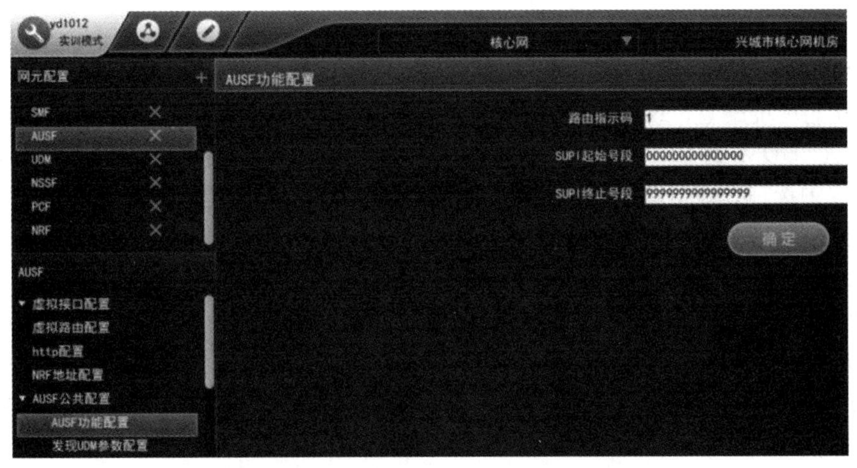

图 S3-44　AUSF 功能配置

(2) 发现 UDM 参数配置。在网元配置菜单栏中选择“AUSF”选项，在配置选项菜单栏中选择“AUSF 公共配置”/“发现 UDM 参数配置”选项，弹出“发现 UDM 参数配置”表单，表单中的两个文本框都选择“是”。

4. UDM 数据配置

UDM 数据配置

1) HTTP 配置

按照规划，UDM 客户端、服务端的地址都是 103.1.1.1，端口号为 3。

2) 配置 UDM 客户端、服务端对应的虚拟接口

将 UDM 客户端、服务端的地址写入对应的 XGEI，接口 ID 在值域范围取值，如 1；VLAN 配置为“启用”；VLAN ID 按照规划为 103(UDM 客户端、服务端 IP 地址 103.1.1.1 的第一字段)；XGEI 接口地址为 103.1.1.1，掩码是 255.255.255.0。

3) 在交换机侧为 UDM 客户端、服务端进行网关地址配置

在网元配置菜单栏中选择“SWITCH1”选项，在配置选项菜单栏中选择“逻辑接口配置”/“VLAN 三层接口”选项，弹出“VLAN 三层接口”表单，单击“+”按钮，新增 1 条信息，如图 S3-45 所示。为 UDM 客户端、服务端所对应的接口配置一个网关地址(因为客户端和服务端采用了相同的地址)，VLAN ID 是 103，IP 地址是 103.1.1.2(与 AUSF 客户端、服务端地址在同一个网段)，子网掩码是 255.255.255.0。

图 S3-45　为 UDM 增加 1 条 VLAN 三层接口信息

4) 链路搭建

UDM 需要搭建到 NRF 注册的双向链路。

(1) NRF 地址配置。NRF 地址为 105.1.1.1；端口地址与全网保持一致，为 3。

(2) 配置 UDM 到 NRF 注册的路由。在网元配置菜单栏中选择“UDM”选项，在配置选项菜单栏中选择“虚拟路由配置”选项，弹出“虚拟路由配置”表单，再单击“+”按钮，增加一条到 NRF 注册的路由。目的地址是 NRF 的客户端、服务端的地址 105.1.1.1，掩码为 255.255.255.255，下一跳为 UDM 客户端、服务端的地址 103.1.1.2。

(3) 配置 NRF 到 UDM 的路由。在网元配置菜单栏中选择“NRF”选项，在配置选项菜单栏中选择“虚拟路由配置”选项，增加一条 NRF 到 UDM 的路由。目的地址是 UDM 客户端、服务端的地址 103.1.1.1，掩码为 255.255.255.255，下一跳是 NRF 客户端、服务端的地址 105.1.1.2，如图 S3-46 所示。

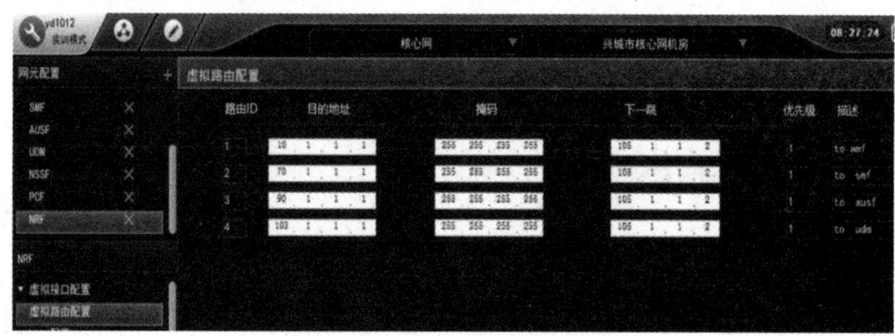

图 S3-46　配置 NRF 到 UDM 的路由

(4) UDM 移动参数配置。UDM 移动参数配置包括 UDM 功能配置和用户签约配置两项。

① UDM 功能配置。其配置结果如图 S3-47 所示，其中路由指示码、SUPI 号段配置与 AUSF 中的配置保持一致。

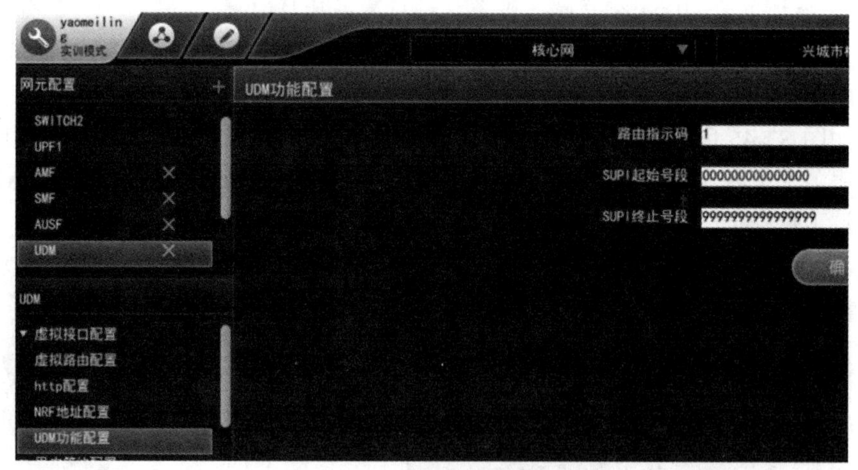

图 S3-47　UDM 功能配置

② 用户签约配置。用户签约管理配置参数包括 4 项。

第 1 项：DNN 管理。

在网元配置菜单栏中选择“UDM”选项，在配置选项菜单栏中选择“用户签约管理”/“DNN 管理”选项，弹出“DNN1”表单，输入参数，如图 S3-48 所示。

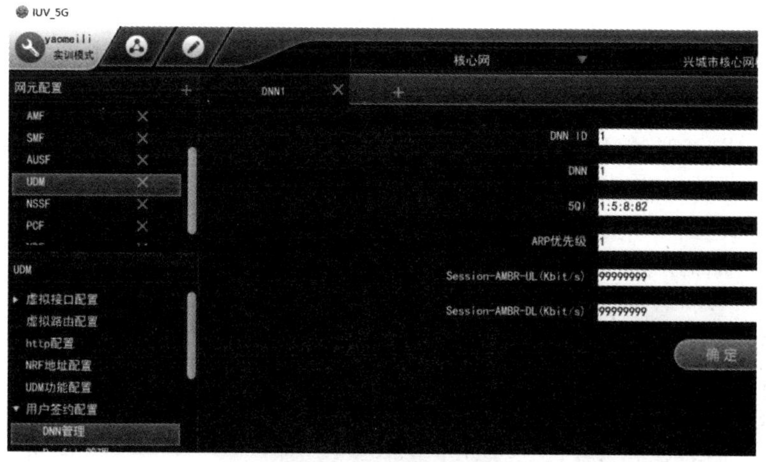

图 S3-48　DNN 管理

其中，DNN ID 在值域范围内取值，如 1。DNN 名称已经在 SMF 的地址池配置项取值为 1，此处保持一致。5QI(全称为 5G QoS，在 4G 中也有类似的专业术语，称为 QCI)标识用户签约的业务类型，即终端能实现的业务类型。仿真软件中的“网络调试”/“网络优化”/“基础优化”界面需要验证的网络业务包括基本语音、视频下载和直播，再考虑到兴城支持的切片业务(远程医疗)，故此处要签约 4 项业务：基本语音、视频下载、直播和远程医疗，对应的 5QI 分别是 1、5、8、82。优先级取值越小，优先级越高。AMBR 取值越大，终端速率越高，可以取最大值 99999999。

注意：核心侧签约了业务之后，无线侧的“DU 功能配置”/“Qos 业务配置”界面中的 Qos 业务配置参数应和核心侧保持一致，也应取值 1、5、8、82。

第 2 项：Profile 管理。

Profile 为用户配置文件。Profile ID 在值域范围内取值，如 1；对应 DNN ID 与 DNN 管理中的取值保持一致，为 1；5GC 频率选择优先级取值 1；用户的 AMBR 越大，终端速率越高，可以取最大值 99999999，如图 S3-49 所示。

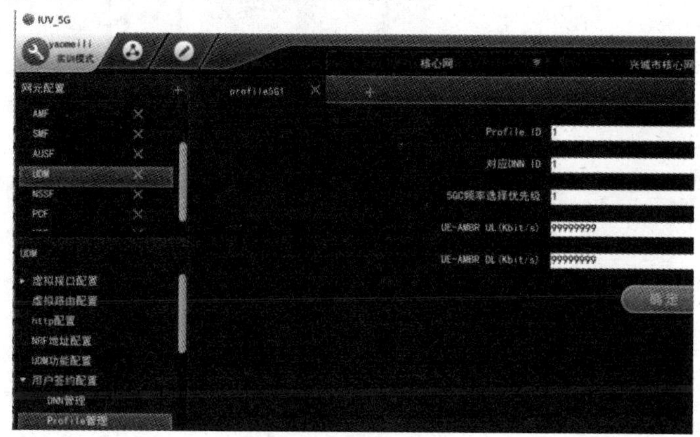

图 S3-49　Profile 管理

第 3 项：签约用户管理。

在网元配置菜单栏中选择“UDM”选项，在配置选项菜单栏中选择“用户签约管理”/“签约用户管理”选项，单击参数配置表单区中的“+”按钮，弹出“用户 1”表单，填写

用户签约信息，如图 S3-50 所示。其中，SUPI 是用户标识号[SUPI = MCC + MNC + MSIN，MCC 为 460，MNC 为 00，MSIN 在值域范围内取值(如 1234567890)]，长度为 15～16 位；GPSI 为用户的手机号码(长度为 11 位)，为了后续引用时记忆方便，可以选用日常最熟悉的手机号码，如 189××××8615；鉴权管理域格式要求为 4 位十六进制数，如 FFFF；鉴权密钥 KI 格式要求为 32 位十六进制数，如 11112222333344445555666677778888；鉴权算法选择“Milenage”。

图 S3-50　签约用户管理

第 4 项：切片签约信息。

“切片签约 1”表单主要是对 PLMN ID、SNSSAI ID 进行定义。PLMN ID、SNSSAI ID 等信息在多处出现，需谨记第一次出现时为定义，后面再出现时便为引用，故需保持前后一致。前面 SNSSAI ID 已经规划为 1，则此处 SNSSAI ID 也是 1；SUPI 是签约用户管理中定义的 460001234567890，如图 S3-51 所示。

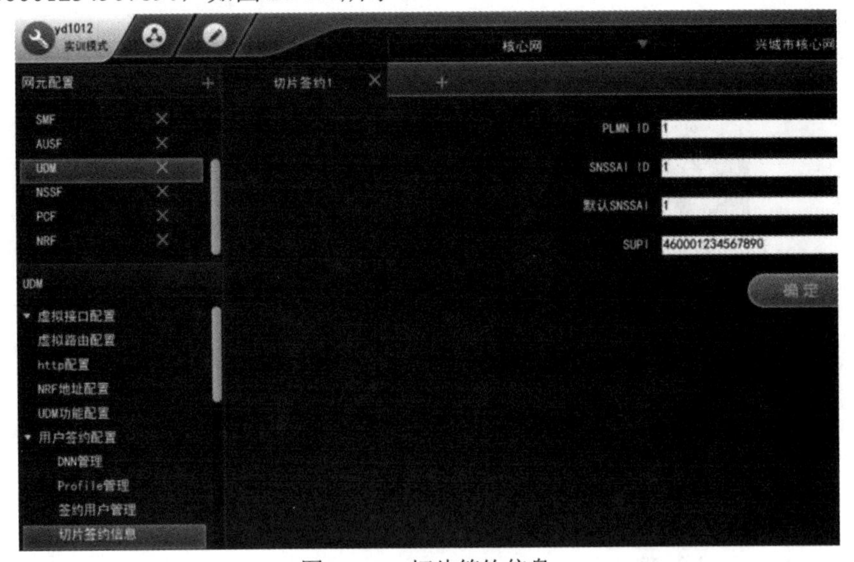

图 S3-51　切片签约信息

注意：数据配置完毕，进行“网络调试”/“业务调试”时，终端信息中的参数取值要与 UDM 中的签约用户管理信息一致，如图 S3-52 所示。

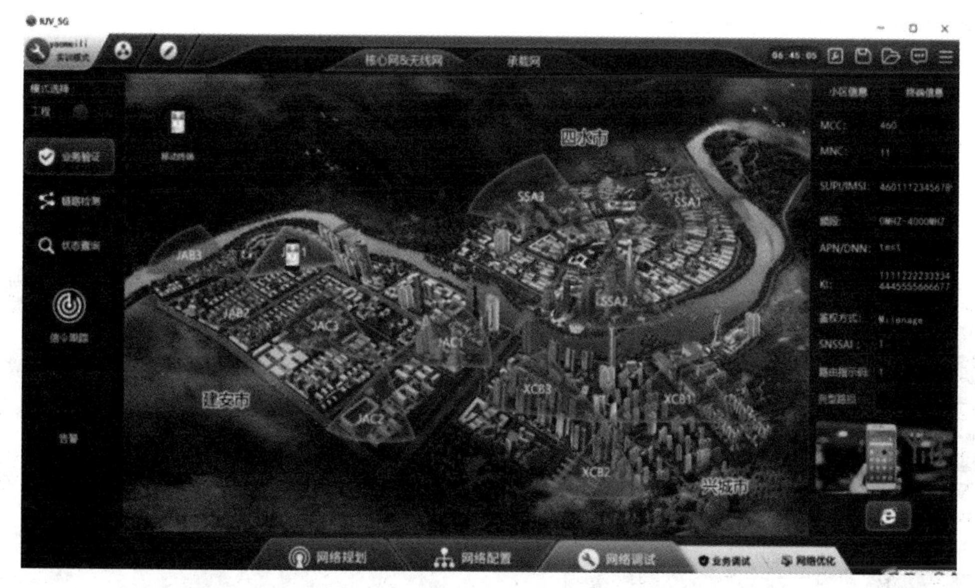

图 S3-52　业务调试中终端信息与签约用户管理信息一致性预览

5. NSSF 数据配置

NSSF 数据配置

1) HTTP 配置

NSSF 客户端、服务端的地址为 101.1.1.1，端口号 3 全网保持一致。

2) *NSSF 客户端、服务端对应的虚拟接口配置*

将 NSSF 客户端、服务端的地址写入对应的虚拟 XGEI。接口 ID 在值域范围内取值，如 1；VLAN 配置为“启用”，VLAN ID 按照规划为 101(NSSF 客户端、服务端 IP 地址 101.1.1.1 的第一字段)，IP 地址掩码是 255.255.255.0。

3) *在交换机侧为 NSSF 客户端、服务端进行网关地址配置*

在网元配置菜单栏中选择“SWITCH1”选项，在配置选项菜单栏中选择“逻辑接口配置”/“VLAN 三层接口”选项，弹出“VLAN 三层接口”表单，单击“+”按钮，新增 1 条信息，如图 S3-53 所示。为 NSSF 客户端、服务端所对应的接口配置一个网关地址(因为客户端和服务端采用相同的地址)，VLAN ID 是 101，IP 地址是 101.1.1.2(与 NSSF 客户端、服务端地址在同一个网段)，子网掩码是 255.255.255.0。

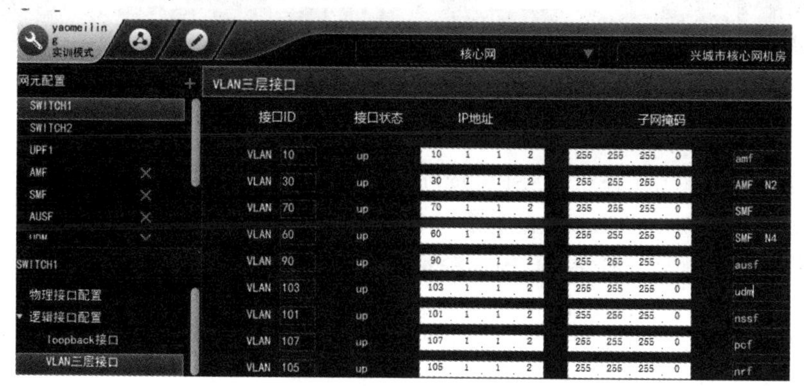

图 S3-53　为 NSSF 增加 1 条 VLAN 三层接口信息

4) NSSF 与 NRF 之间链路搭建

(1) NRF 地址配置。NRF 地址为 105.1.1.1，NRF 端口为 3。

(2) 配置 NSSF 到 NRF 注册的路由。在网元配置菜单栏中选择“NSSF”选项，在配置选项菜单栏中选择“虚拟路由配置”选项，弹出“虚拟路由配置”表单，单击“+”按钮，增加一条到 NRF 注册的路由，如图 S3-54 所示。目的地址是 NRF 的客户端、服务端地址 105.1.1.1，掩码为 255.255.255.0，下一跳是 NSSF 客户端、服务端的网关地址 101.1.1.2。

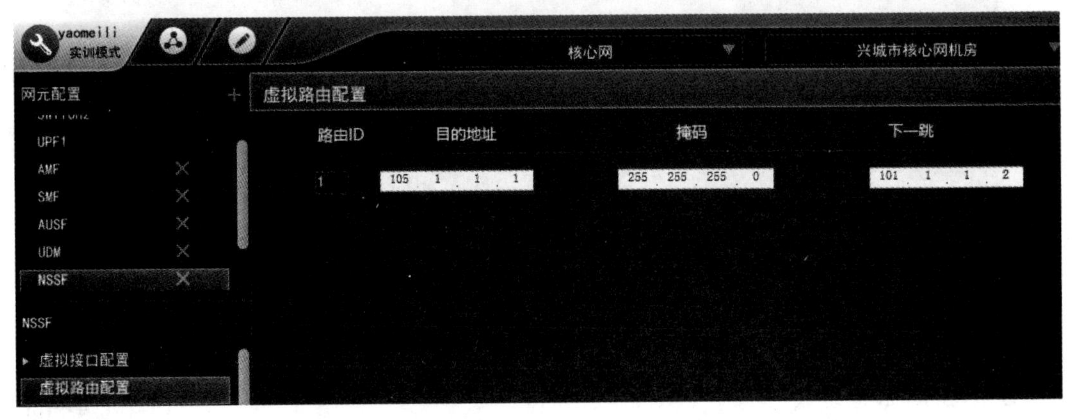

图 S3-54　配置 NSSF 到 NRF 注册的路由

(3) 配置 NRF 到 NSSF 的路由。在网元配置菜单栏中选择“NRF”选项，在配置选项菜单栏中选择“虚拟路由配置”选项，在参数配置表单区单击“+”按钮，增加一条 NRF 到 NSSF 的路由信息。目的地址是 NSSF 的客户端、服务端地址 101.1.1.1，掩码为 255.255.255.255，下一跳为 NRF 的客户端、服务端的网关地址 105.1.1.2，如图 S3-55 所示。

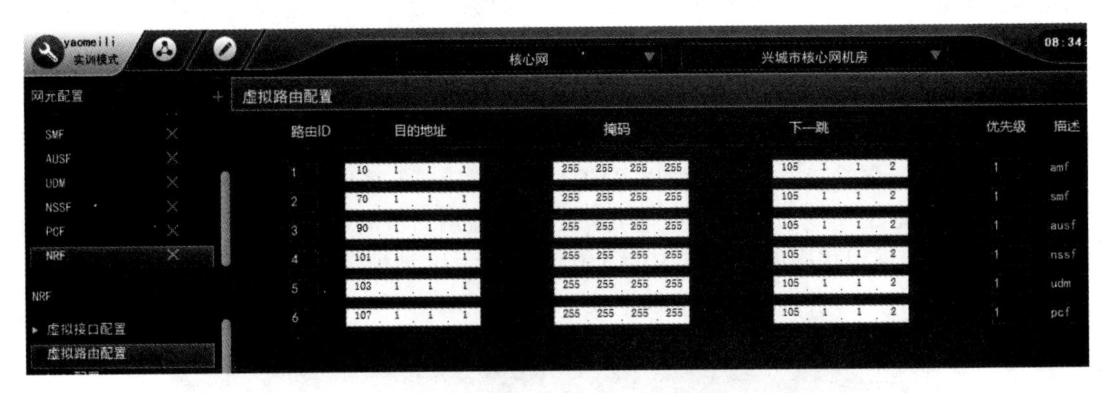

图 S3-55　配置 NRF 到 NSSF 的路由

5) 配置移动参数

在网元配置菜单栏中选择“NSSF”选项，在配置选项菜单栏中选择“切片业务配置”/“SNSSAI 配置”选项，单击参数配置表单区中的“+”按钮，弹出“SNSSAI1”表单，填写信息，如图 S3-56 所示。在 AMF 中已经定义了切片标识和切片发现策略，此处配置要和 AMF 中的信息一致，故 AMF ID 是 1；在 AMF 中共有 3 个 IP：客户端的地址、服务端的地址和 N2 的接口地址，此处的 AMF IP 指的是服务端地址(尤其当客户端、服务端的 IP 地址不同时，此处需填写服务端的地址)；TAC 按照规划为 6677。

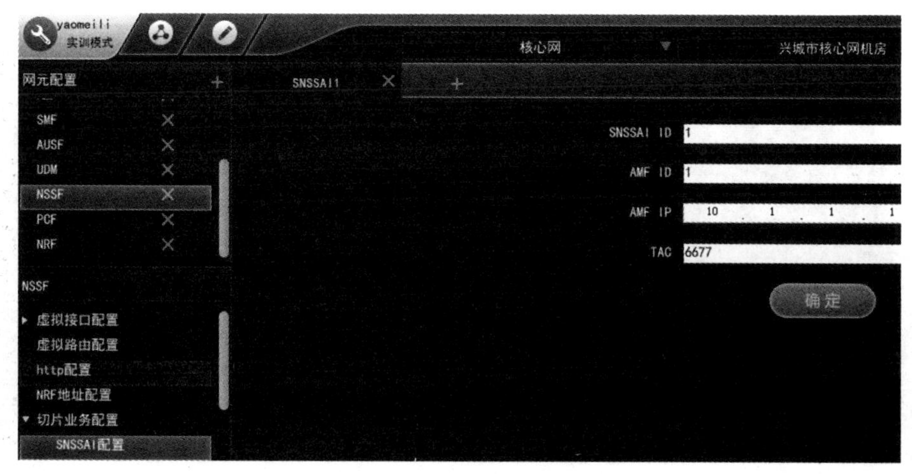

图 S3-56　SNSSAI 配置

6. PCF 数据配置

PCF 数据配置

1) HTTP 配置

配置 PCF 客户端、服务端地址。其中，客户端地址为 107.1.1.1；服务端的地址也是 107.1.1.1，服务端口是 3。

2) 配置 PCF 客户端、服务端对应的虚拟接口

在网元配置菜单栏中选择“PCF”选项，在配置选项菜单栏中选择“虚拟接口配置”/“XGEI 接口配置”选项，单击参数配置表单区中的“+”按钮，弹出 “XGEI 接口 1”表单，增加一条 XGEI 接口信息，如图 S3-57 所示。接口 ID 在值域范围内取值，如 1；VLAN 配置为“启用”；VLAN ID 按照规划为 107(PCF 客户端、服务端 IP 地址 107.1.1.1 的第一字段)；XGEI 接口掩码是 255.255.255.0。

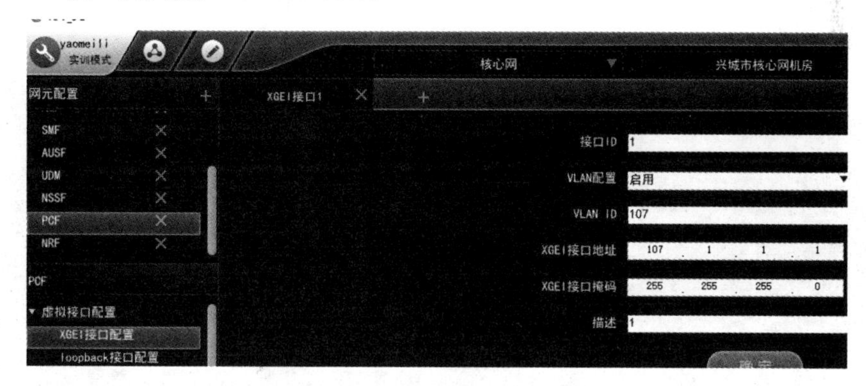

图 5-57　PCF 虚拟接口配置

3) 在交换机侧为 PCF 客户端、服务端进行网关地址配置

在网元配置菜单栏中选择“SWITCH1”选项，在配置选项菜单栏中选择“逻辑接口配置”/“VLAN 三层接口”选项，弹出“VLAN 三层接口”表单，单击“+”按钮，为 PCF 客户端、服务端所对应的接口配置一个网关地址(因为客户端和服务端采用相同的地址)，如图 S3-58 所示。VLAN ID 是 107，IP 地址为 107.1.1.2(与 NSSF 客户端、服务端地址在同一个网段)，子网掩码为 255.255.255.0。

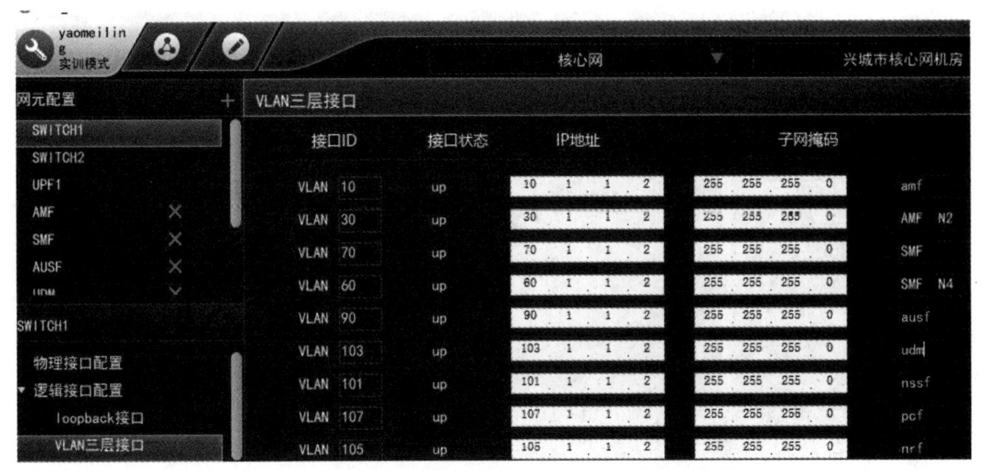

图 S3-58　为 PCF 增加 1 条 VLAN 三层接口信息

4) PCF 到 NRF 注册的链路搭建

(1) NRF 地址配置。配置参照前面的功能块，NRF 地址取值为 105.1.1.1，端口通用的服务端口取值为 3。

(2) 配置到 NRF 注册的路由。在网元配置菜单栏中选择“PCF”选项，在配置选项菜单栏中选择“虚拟路由配置”选项，增加一条路由。目的地址是 NRF 的客户端、服务端地址 105.1.1.1，掩码为 255.255.255.255，下一跳是 PCF 的客户端、服务端的网关地址 107.1.1.2。

(3) 配置从 NRF 到 PCF 的路由。在网元配置菜单栏中选择“NRF”选项，在配置选项菜单栏中选择“虚拟路由配置”选项，增加一条路由。目的地是 PCF 的客户端、服务端地址 107.1.1.1，掩码为 255.255.255.255，下一跳为 NRF 客户端、服务端的网关地址 105.1.1.2，如图 S3-59 所示。

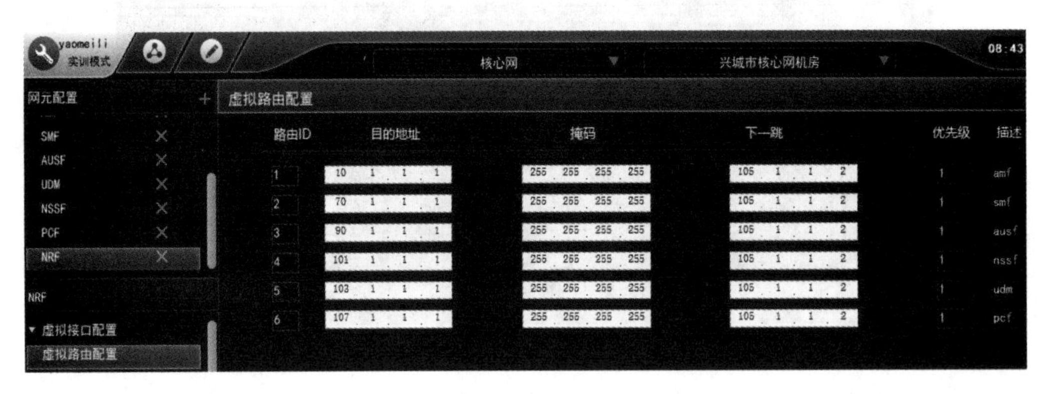

图 S3-59　配置从 NRF 到 PCF 的路由

5) 移动参数配置

(1) SUPI 号段配置。在网元配置菜单栏中选择“PCF”选项，在配置选项菜单栏中选择“SUPI 号段配置”选项，弹出“号段配置 1”表单，输入参数，如图 S3-60 所示。其中，SUPI 号段在 AUSF 中已经定义，此处保持一致。其起始值是最小值 15 个 0，终止值为最大值 16 个 9。ID 在值域范围内取值，如 1。号段类型在值域范围内任意取值，如 1。

图 S3-60　SUPI 号段配置

(2) 策略配置。在网元配置菜单栏中选择“PCF”选项，在配置选项菜单栏中选择“策略配置”选项，弹出“策略配置”表单，输入参数，如图 S3-61 所示。其中，策略 ID 在值域范围内取值，如 1；对应 SUPI 号段 ID 与 AUSF 配置中的 SUPI 号段保持一致；策略条件可以选择“基于时间”(到底是选择“基于时间”还是“基于终端类型”，或是“基于 TAC”，仿真软件中没有进行限制)；条件值为 1；动作一般选择“速率限制”。

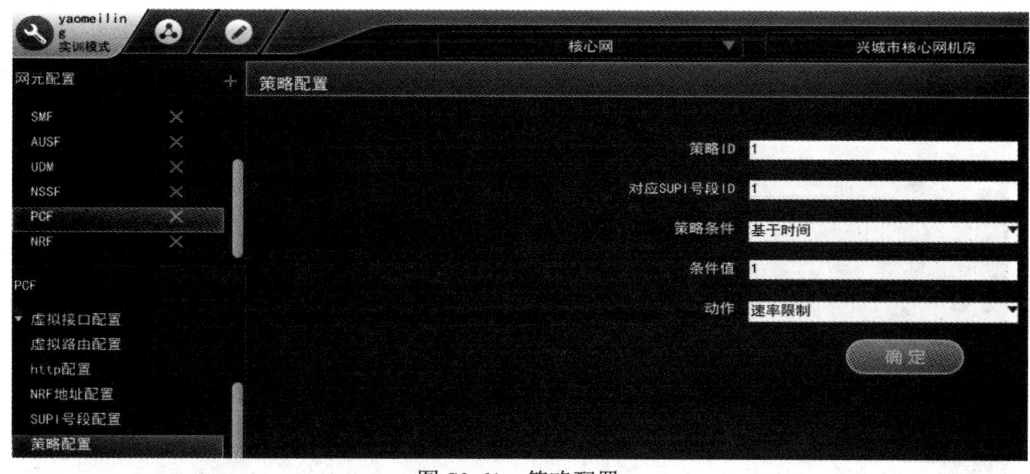

图 S3-61　策略配置

7. NRF 数据配置

NRF 数据配置

1) HTTP 配置

配置 NRF 客户端、服务端地址。其中，客户端的地址为 105.1.1.1；服务端的地址也是 105.1.1.1，服务端口是 3。

2) 配置 NRF 客户端、服务端对应的虚拟接口 XGEI

接口 ID 在值域范围取值，如 1；VLAN 配置为“启用”；VLAN ID 按照规划为 105(NRF 客户端、服务端 IP 地址 105.1.1.1 的第一字段)；IP 地址掩码是 255.255.255.0。

3) 在交换机侧为 NRF 客户端、服务端进行网关地址配置

在网元配置界面选择“SWITCH1 选项，在配置选项菜单栏中选择“逻辑接口配置”/“VLAN 三层接口”选项，弹出“VLAN 三层接口”表单，增加 1 条信息。为 NRF 客户端、服务端所对应的虚拟接口配置网关地址(因为客户端和服务端采用相同的地址)，VLAN ID 是 105，IP 地址为 105.1.1.2(NRF 客户端、服务端地址在同一个网段)，子网掩码是 255.255.255.0，如图 S3-62 所示。

接口ID	接口状态	IP地址	子网掩码	
VLAN 10	up	10.1.1.2	255.255.255.0	amf
VLAN 30	up	30.1.1.2	255.255.255.0	AMF N2
VLAN 70	up	70.1.1.2	255.255.255.0	SMF
VLAN 60	up	60.1.1.2	255.255.255.0	SMF N4
VLAN 90	up	90.1.1.2	255.255.255.0	ausf
VLAN 103	up	103.1.1.2	255.255.255.0	udm
VLAN 101	up	101.1.1.2	255.255.255.0	nssf
VLAN 107	up	107.1.1.2	255.255.255.0	pcf
VLAN 105	up	105.1.1.2	255.255.255.0	nrf

图 S3-62　为 NRF 增加 1 条 VLAN 三层接口信息

4) NRF 虚拟路由配置

查看 NRF 虚拟路由配置，已经有到达 AMF、SMF、AUSF、NSSF、UDM、PCF 的通路，如图 S3-63 所示，NRF 虚拟路由配置保证核心网控制面的 6 个网络功能块与 NRF 互通。

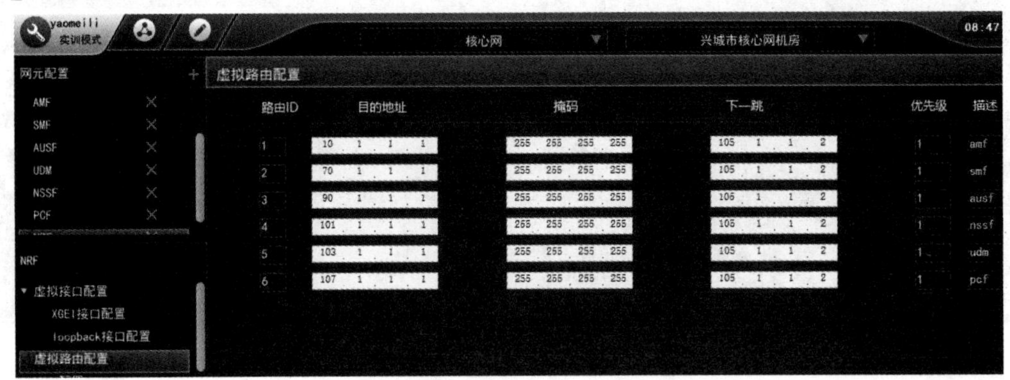

图 S3-63　NRF 虚拟路由配置

8. UPF1 数据配置

1) HTTP 配置

UPF 用户面的实体没有采用 HTTP 协议，故没有规划客户端、服务端的地址。但是，仿真软件中设置了此配置界面，此配置可以忽略；如果坚持要进行此地址配置，则客户端和服务端地址可以配置成 UPF 的 N4 或者 N3 的地址，或者统一用 N3 的地址，如图 S3-64 所示。

UPF 数据配置

图 S3-64　UPF1 之 HTTP 配置举例

2) 配置 UPF1 的 N4、N3 接口对应的虚拟 XGEI 接口

将 UPF1 的 N4、N3 的地址写入对应的 XGEI 接口，并配置 Loopback 地址。

(1) 配置 UPF1 的 N3 接口对应的虚拟 XGEI 接口。在网元配置菜单栏中选择“UPF1”选项，在配置选项菜单栏中选择“虚拟接口配置”/“XGEI 接口配置”选项，单击参数配置表单区中的“+”按钮，弹出“XGEI 接口 1”表单，增加一条 XGEI 接口信息，如图 S3-65 所示。接口 ID 为 1，XGEI 接口地址是 N3 接口地址 40.1.1.1，XGEI 接口掩码是 255.255.255.0，VLAN 配置为“启用”，VLAN ID 按规划为 40(N3 接口 IP 地址 40.1.1.1 的第一字段)。

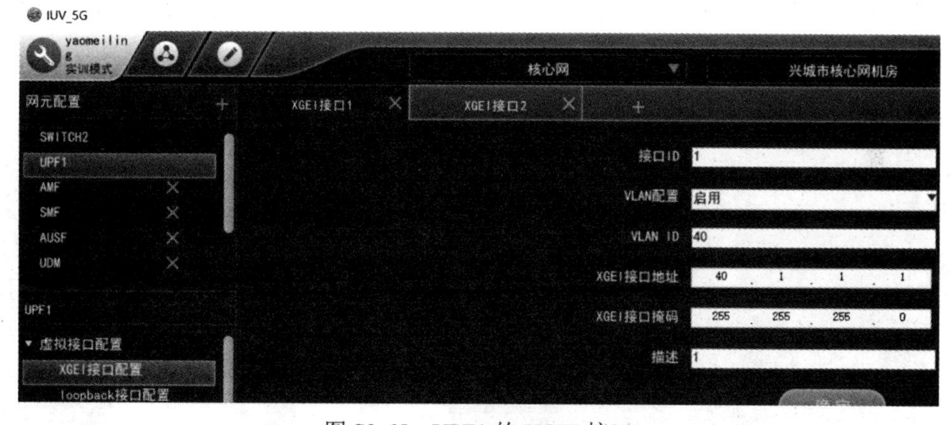

图 S3-65　UPF1 的 XGEI 接口

(2) 配置 UPF1 的 N4 接口对应的虚拟 XGEI 接口。在网元配置菜单栏中选择“UPF1”选项，在配置选项菜单中选择“虚拟接口配置”/“XGEI 接口配置”选项，单击参数配置表单区中的“+”按钮，再新增一条 XGEI 接口。接口 ID 为 2，XGEI 接口地址是 N4 接口地址 50.1.1.1，XGEI 接口掩码是 255.255.255.0，VLAN 配置为“启用”，VLAN ID 按规划为 50(N4 接口 IP 地址 50.1.1.1 的第一字段)。

(3) 配置 N3 和 N4 接口对应的 Loopback 地址。

① 配置 N3 接口对应的 Loopback 接口。在网元配置菜单栏中选择“UPF1”选项，在配置选项菜单栏中选择“虚拟接口配置”/“loopback 接口配置”选项，单击参数配置表单

区中的“+”按钮，弹出“loopback 接口 1”表单，增加一条 Loopback 接口信息。接口 ID 为 1，Loopback 地址为 N3 接口地址 40.1.1.1，Loopback 掩码是 255.255.255.0。

② 配置 N4 接口对应的 Loopback 接口。单击参数配置表单区中的“+”按钮，再新增一条 Loopback 接口。接口 ID 为 2，Loopback 地址为 N4 接口地址 50.1.1.1，Loopback 掩码是 255.255.255.0，如图 S3-66 所示。

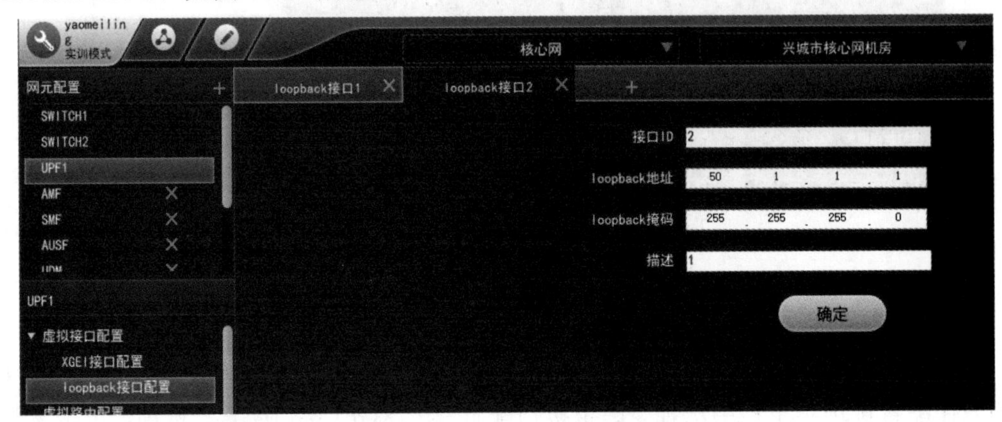

图 S3-66　Loopback 接口配置

3) 在交换机侧为 UPF 的 N3、N4 接口进行网关地址配置

在网元配置菜单栏中选择“SWITCH1”选项，在配置选项菜单栏中选择“逻辑接口配置”/“VLAN 三层接口”选项，增加 2 条信息，如图 S3-67 所示。一条为 UPF 的 N3 接口配置网关地址，VLAN ID 是 40，IP 地址是 40.1.1.2，子网掩码是 255.255.255.0；另一条为 UPF 的 N4 接口配置网关地址，VLAN ID 是 50，IP 地址是 50.1.1.2，子网掩码是 255.255.255.0。

接口ID	接口状态	IP地址	子网掩码	
VLAN 10	up	10.1.1.2	255.255.255.0	amf
VLAN 30	up	30.1.1.2	255.255.255.0	AMF N2
VLAN 70	up	70.1.1.2	255.255.255.0	SMF
VLAN 60	up	60.1.1.2	255.255.255.0	SMF N4
VLAN 90	up	90.1.1.2	255.255.255.0	ausf
VLAN 103	up	103.1.1.2	255.255.255.0	udm
VLAN 101	up	101.1.1.2	255.255.255.0	nssf
VLAN 107	up	107.1.1.2	255.255.255.0	pcf
VLAN 105	up	105.1.1.2	255.255.255.0	nrf
VLAN 40	up	40.1.1.2	255.255.255.0	upf n3
VLAN 50	up	50.1.1.2	255.255.255.0	upf n4

图 S3-67　为 UPF 增加 2 条 VLAN 三层接口信息

4) 链路搭建

UPF 无须向 NRF 进行注册，故无须配置 NRF 地址。但是，UPF 通过 N4 接口上联 SMF，通过 N3 接口下联 CUUP，通过 N6 接口外接 DNN。

(1) 对接配置。此处主要是与 SMF N4 接口的对接配置，因此首先应在“SMF”/“N4 对接配置”/“UPF N4 接口配置”界面查询配置信息，如图 S3-68 所示，以便保持信息的一致性。其中，UPF N4 接口 IP 地址为 50.1.1.1，对应的 N4 端口规划为 5。

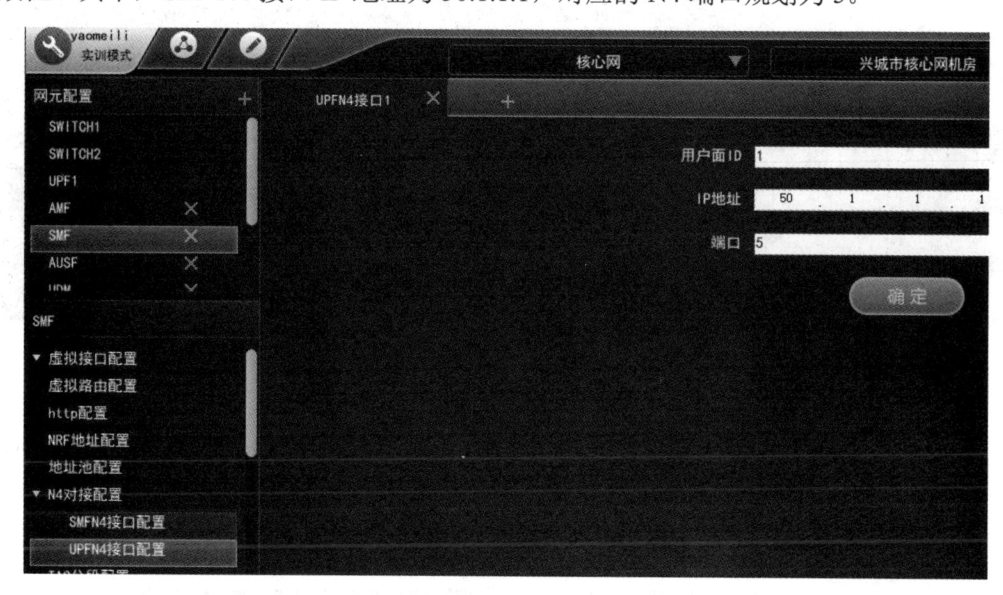

图 S3-68　查询 UPF N4 接口配置信息

在网元配置菜单栏中选择“UPF1”选项，在配置选项菜单栏中选择“对接配置”选项，在其界面进行对接配置，如图 S3-69 所示。SMF N4 业务地址为 60.1.1.1，UPF N4 端口为 5，UPF N4 业务地址是 50.1.1.1，DN 地址为 100.1.1.1(选择的是地址池的起始地址)，DN 属性选择“医疗本地云”，N3 接口地址是 40.1.1.1。

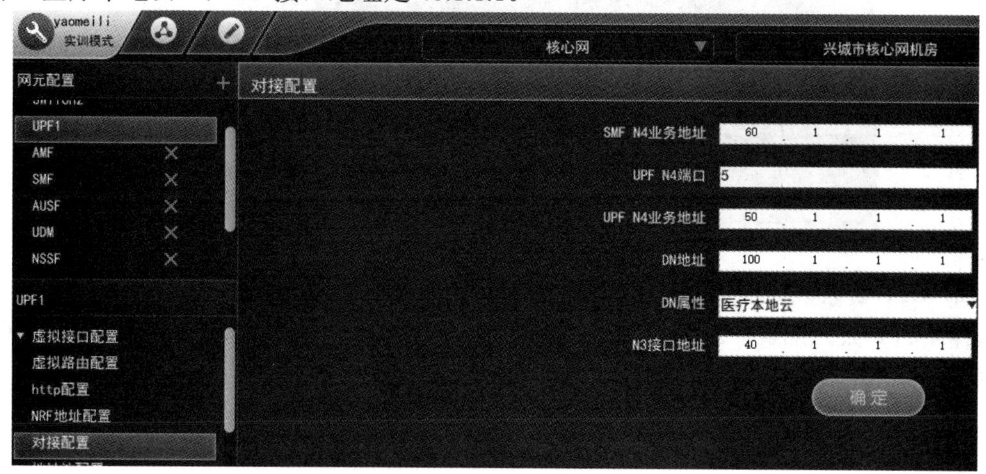

图 S3-69　UPF1 对接配置

(2) 虚拟路由配置。虚拟路由需要配置 2 条，分别为 UPF 到达 SMF N4 接口的路由和通过 N3 接口与无线侧对接的路由。在网元配置菜单栏中选择“UPF1”选项，在配置选项菜单栏中选择“虚拟接口配置”/“虚拟路由配置”选项，增加 2 条路由，如图 S3-70 所示。一条是 UPF 到达 SMF N4 接口的路由，目的地址为 SMF 的 N4 接口地址 60.1.1.1，掩码是 255.255.255.0，下一跳为 UPF N4 接口的网关地址 50.1.1.2；另一条是到达无线侧的 N3 接口的路由，UPF 向无线侧路由不做具体配置，设置为默认路由(目的地址和掩码都是 0.0.0.0)，下一跳为 UPF N3 接口的网关地址 40.1.1.2。

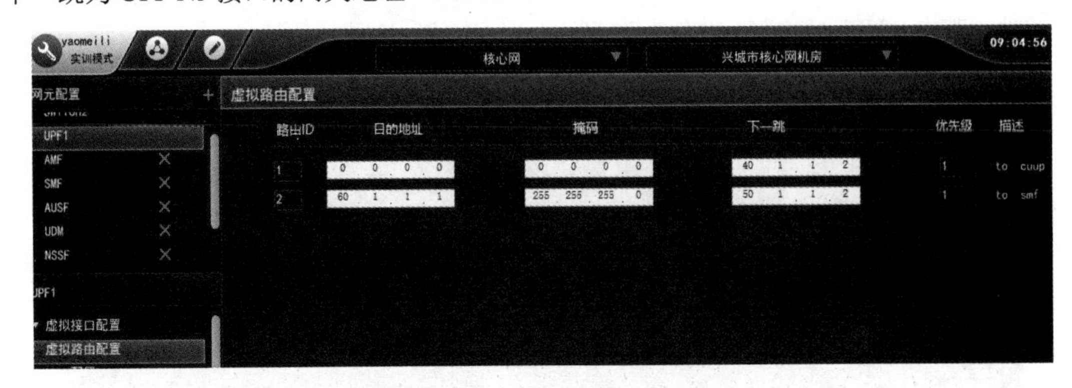

图 S3-70　UPF1 虚拟路由配置

5) *移动参数配置*

(1) 地址池配置。在网元配置菜单栏中选择“UPF1”选项，在配置选项菜单栏中选择“地址池配置”选项，弹出“IP 地址池 1”表单，输入参数(与 SMF 中的地址池配置参数保持一致)，如图 S3-71 所示。

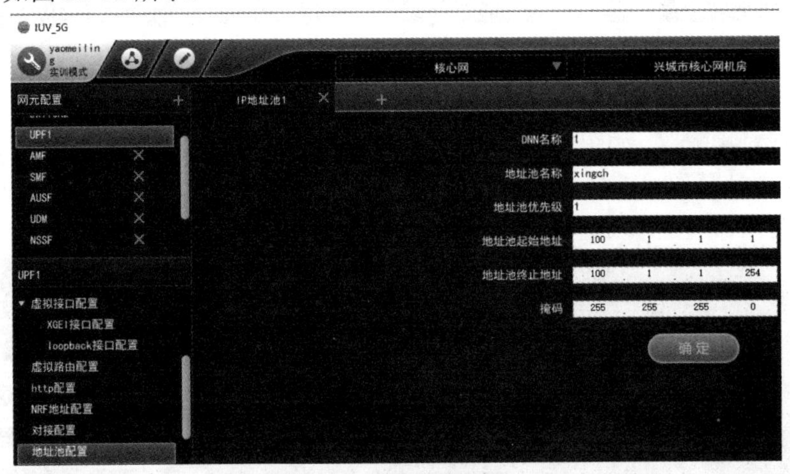

图 S3-71　地址池配置

(2) UPF 公共参数配置。在网元配置菜单栏中选择“UPF1”选项，在配置选项菜单栏中选择“UPF 公共配置”选项，按照规划输入参数：UPF 用户面 ID 为 1，MCC 是 460，MNC 是 00，TAC 是 6677。

(3) UPF 切片参数配置。在网元配置菜单栏中选择“UPF1”选项，在配置选项菜单栏中选择“UPF 切片参数配置”选项，按照规划输入参数：SNSSAI ID 是 1，SST 是 uRLLC，SD 选择“远程医疗”，分片最大上下行速率配置为 1000(速率配置值越高，切片性能越好)。

9. SWITCH1 数据配置

1) *物理接口配置*

在网元配置菜单栏中选择“SWITCH1”选项，在配置选项菜单栏中选择“物理接口配置”选项，进行物理接口配置，如图 S3-72 所示。

交换机数据配置

连接服务器的 10GE-1/1 接口状态为 up，VLAN 模式配置为 trunk，关联 VLAN 取值为 1～4000；连接 ODF 架的 100GE-1/13 接口状态为 up，关联 VLAN 取值为 1～4000 范围以外的值(按协议应小于 4096，如 4001)。

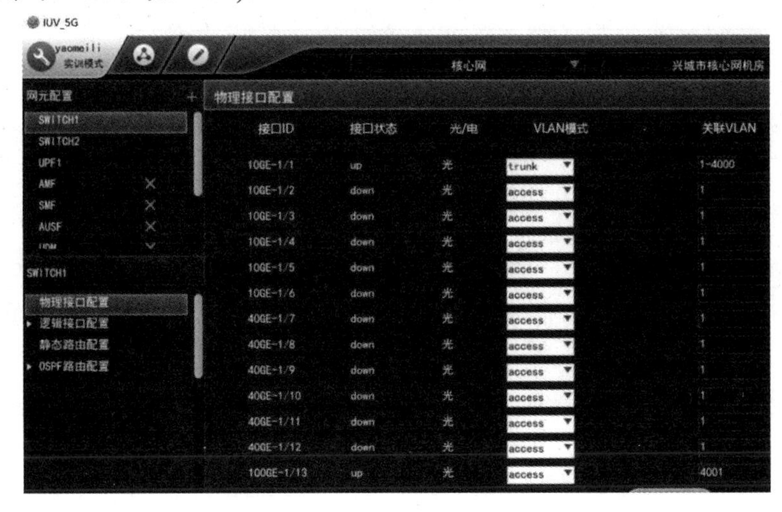

接口ID	接口状态	光/电	VLAN模式	关联VLAN
10GE-1/1	up	光	trunk	1-4000
10GE-1/2	down	光	access	1
10GE-1/3	down	光	access	1
10GE-1/4	down	光	access	1
10GE-1/5	down	光	access	1
10GE-1/6	down	光	access	1
40GE-1/7	down	光	access	1
40GE-1/8	down	光	access	1
40GE-1/9	down	光	access	1
40GE-1/10	down	光	access	1
40GE-1/11	down	光	access	1
40GE-1/12	down	光	access	1
100GE-1/13	up	光	access	4001

图 S3-72　物理接口配置

2) 逻辑接口配置

在网元配置菜单栏中选择“SWITCH1”选项，在配置选项菜单栏中选择“逻辑接口配置”/“VLAN 三层接口”选项，进行 VLAN 三层接口配置，如图 S3-73 所示。核心网所有功能块的虚拟接口对应的网关都需在此配置，共 11 条。其中，最后一行的 VLAN 为 4001，关联 IP 地址为 192.168.20.1/30，此逻辑接口用于连接承载网。

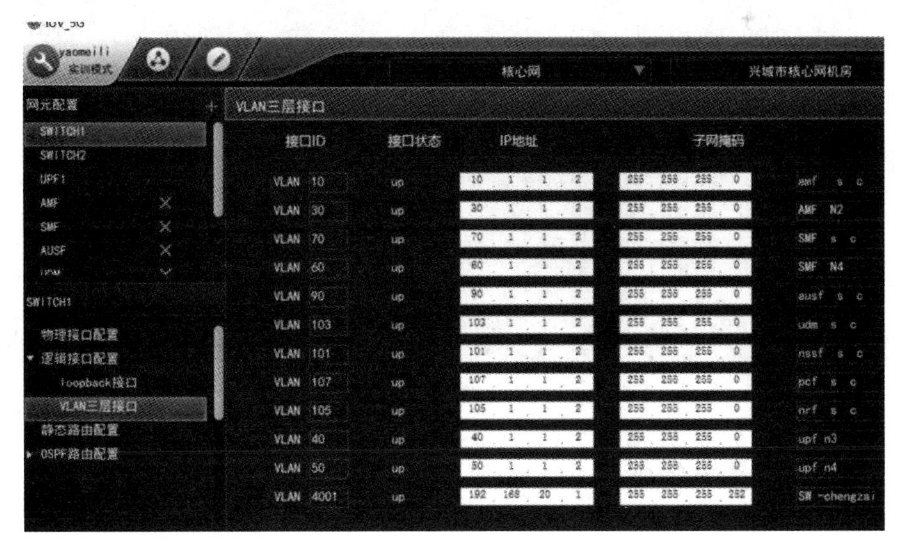

接口ID	接口状态	IP地址	子网掩码	
VLAN 10	up	10.1.1.2	255.255.255.0	amf s c
VLAN 30	up	30.1.1.2	255.255.255.0	AMF N2
VLAN 70	up	70.1.1.2	255.255.255.0	SMF s c
VLAN 60	up	60.1.1.2	255.255.255.0	SMF N4
VLAN 90	up	90.1.1.2	255.255.255.0	ausf s c
VLAN 103	up	103.1.1.2	255.255.255.0	udm s c
VLAN 101	up	101.1.1.2	255.255.255.0	nssf s c
VLAN 107	up	107.1.1.2	255.255.255.0	pcf s c
VLAN 105	up	105.1.1.2	255.255.255.0	nrf s c
VLAN 40	up	40.1.1.2	255.255.255.0	upf n3
VLAN 50	up	50.1.1.2	255.255.255.0	upf n4
VLAN 4001	up	192.168.20.1	255.255.255.252	SW -chengzai

图 S3-73　VLAN 三层接口配置

3) OSPF 路由配置

(1) 在网元配置菜单栏中选择“SWITCH1”选项，在配置选项菜单栏中选择“OSPF 路由配置”/“OSPF 全局配置”选项，进行 OSPF 全局配置，如图 S3-74 所示。

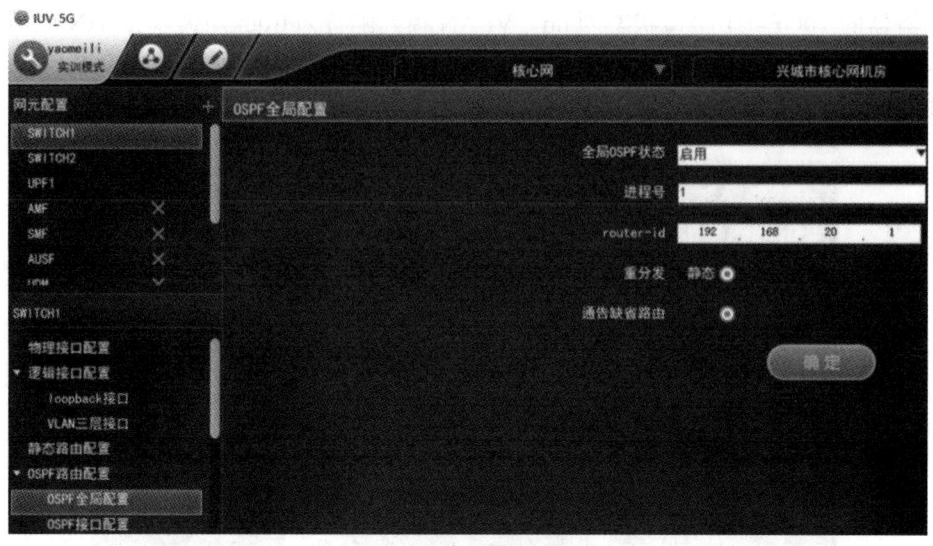

图 S3-74　OSPF 路由配置

(2) 在网元配置界面中选择“SWITCH1”选项，在配置选项菜单中选择“OSPF 路由配置”/“OSPF 接口配置”选项，进行 OSPF 接口配置，如图 S3-75 所示，OSPF 状态全部选择“启用”选项。

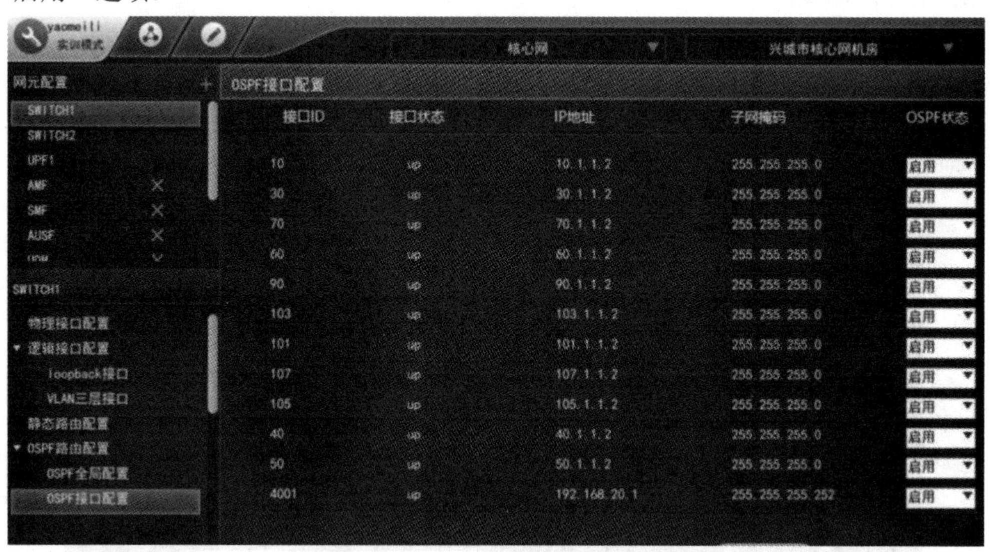

图 S3-75　OSPF 接口配置

任务 2　无线接入网数据配置

任务描述

完成兴城市 B 站点无线机房 ITBBU、AAU 设备的数据配置。其中，ITBBU 配置包括 4 部分：NR 网元管理配置、5G 物理参数配置、DU 配置和 CU 配置；AAU 配置包括 3 部分：AAU1、AAU2 和 AAU3 配置。

任务分析

在仿真软件界面的任务栏中选择“网络配置”/“数据配置”选项，进入数据配置界面。在数据配置界面的菜单栏中选择“网络选择”/“无线网”选项，在“请选择机房”下拉菜单中选择“兴城市 B 站点无线机房”选项，进入兴城市 B 站点无线机房数据配置界面。该界面左上方的网元配置菜单栏中给出了安装过的设备，包括 ITBBU、AAU1、AAU2 和 AAU3，如图 S3-76 所示。

图 S3-76　兴城市 B 站点无线机房配置界面

所以，无线接入网部分数据配置包括 2 大部分：ITBBU 配置和与 ITBBU 相连的 AAU 配置(AAU1、AAU2 和 AAU3 的配置)。ITBBU 的配置内容较多，分为 4 部分进行：NR 网元管理配置、5G 物理参数配置、DU 配置和 CU 配置。Option2 组网的无线数据配置详解可以参照 Option3 组网的无线数据配置，后面内容采用简写方式。

任务实施

1. ITBBU/NR 网元管理配置

在网元配置菜单栏中选择“ITBBU”选项，在配置选项菜单栏中选择“NR 网元管理”选项，进行 ITBBU/NR 网元管理配置，如图 S3-77 所示。网元类型选择“CUDU 合设”(因 CUDU 放在同一个机柜里)；按照规划，基站标识为 5；PLMN 是 46 000；网络模式是 SA；时钟同步模式选择“相位同步”(因为 5G 网络多为 TDD 制式)；NSA 共框标识是 1；网络制式是 NR TDD(目前 5G 网络多选择 TDD 制式)。

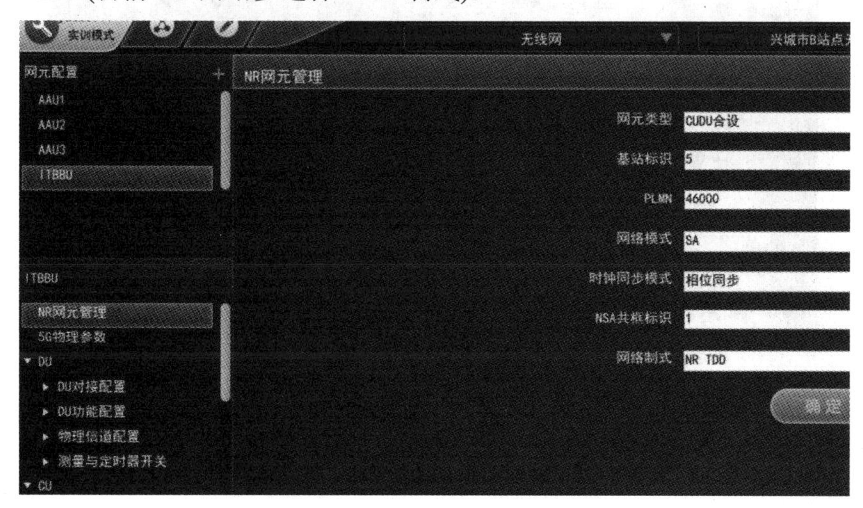

图 S3-77　ITBBU/NR 网元管理配置

2. ITBBU/5G 物理参数配置

在网元配置菜单栏中选择“ITBBU”选项，在配置选项菜单栏中选择“5G 物理参数”选项，进行 ITBBU/5G 物理参数配置，如图 S3-78 所示。5G 物理参数配置主要是配置 ITBBU 与 AAU 连接的接口。其中，AAU1、AAU2 和 AAU3 链路光口使能选择默认值“使能”；承载链路端口有“光口”和“网口”两个选项，需要根据设备配置中 ITBBU 与 SPN 连接接口的具体情况进行选择，这里查阅设备配置用到的是光纤，所以选择“光口”。

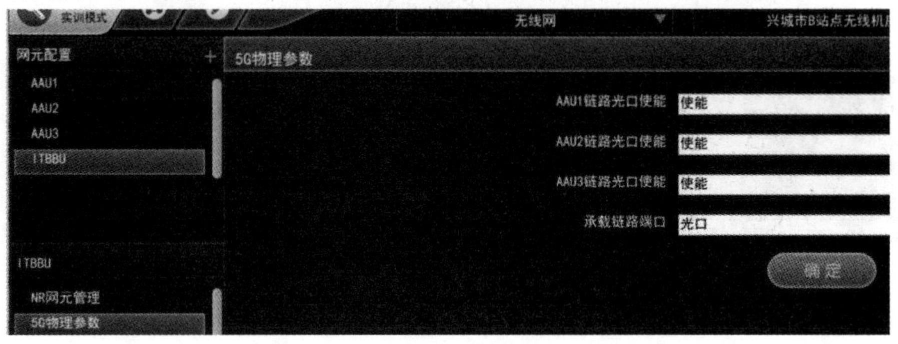

图 S3-78　ITBBU/5G 物理参数配置

3. ITBBU/DU 配置

DU 数据配置(上)

DU 数据配置(下)

DU 配置分为 4 项：DU 对接配置、DU 功能配置、物理信道配置和测量与定时器开关。

1) DU 对接配置

(1) 以太网接口配置。在“ITBBU” / “DU” / “DU 对接配置” / “以太网接口”配置界面输入参数，如图 S3-79 所示。以太网接口的接收带宽和发送带宽在值域范围内取值，如 40 000；应用场景从 3 个选项任选一个即可，如选择“超高可靠超低时延通信类型”。

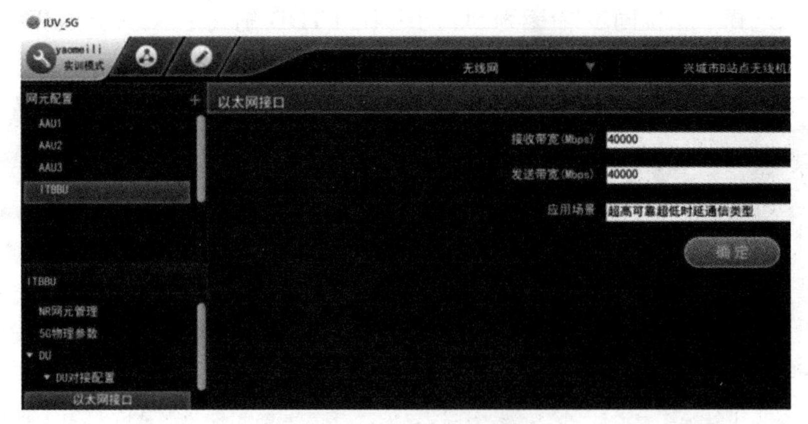

图 S3-79　以太网接口配置

(2) IP 配置。在“ITBBU” / “DU” / “DU 对接配置” / “IP 配置”配置界面输入参数，如图 S3-80 所示。此处 IP 地址是 DU 的物理接口 IP 地址，按照数据规划，DU 的物理接口 IP 地址为 30.30.30.30，掩码是 255.255.255.0，网关是 30.30.30.1。所以，此处的 IP 地址是 30.30.30.30，掩码为 255.255.255.0，VLAN ID 按照数据规划为 30。

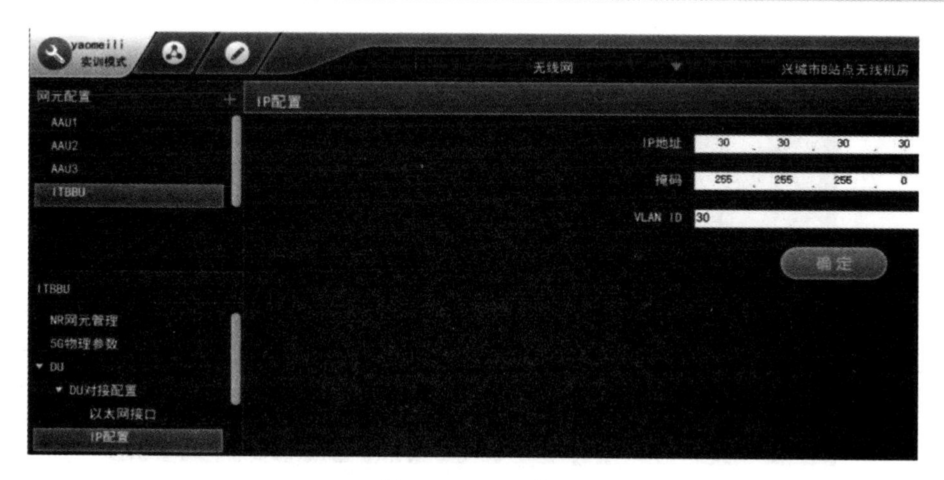

图 S3-80　IP 配置

(3) SCTP 配置。按照 Option2 组网的逻辑架构，DU 只和 CUCP 之间有 F1-C 链路，所以只需增加一条 DU 和 CUCP 之间的 SCTP 配置。在“ITBBU” / “DU” / “DU 对接配置” / “SCTP 配置”配置界面输入参数，如图 S3-81 所示。偶联 ID 在值域范围内取值，为 1；本端端口号和远端端口号在值域范围内任意取值，但应和对端呼应，这里为了方便记忆，本端端口号规划为 30，远端端口号规划为 40；偶联类型选择“F1 偶联”；远端 IP 地址为 CUCP 的 IP 地址 40.40.40.40。

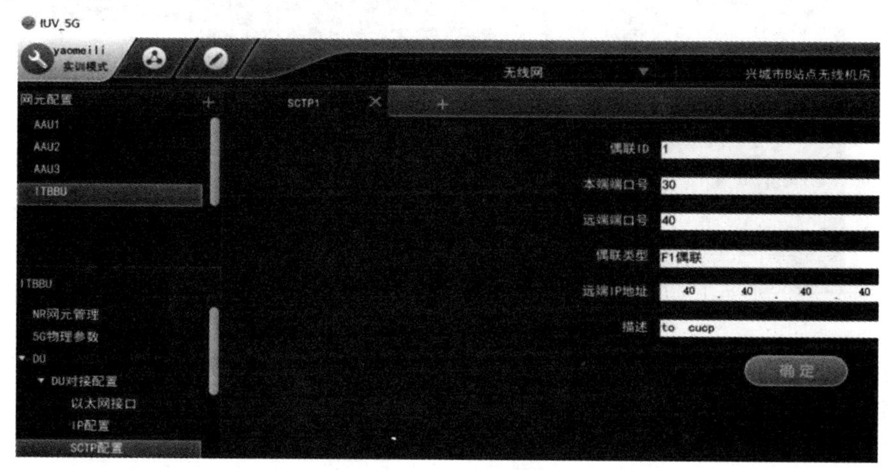

图 S3-81　SCTP 配置

(4) 静态路由。静态路由不需要进行配置，解释参见 Option3 组网相关内容。

2) DU 功能配置

(1) DU 管理。在“ITBBU” / “DU” / “DU 功能配置” / “DU 管理”配置界面输入参数，按照规划基站标识是 5，DU 标识是 5，PLMN 是 46 000，CA 支持开关和 BMP 切换策略开关选择默认值“打开”。

(2) Qos 业务配置。Qos 业务参数已经在核心网的“UDM” / “用户签约配置” / “DNN 管理” / “5QI”中规划过，5QI 取值为“1;5;8;82”(中间用英文分号分隔)，如图 S3-82 所示，所以，此处需要在“ITBBU” / “DU” / “DU 功能配置” / “Qos 业务配置”配置界面输入 4 条 Qos 业务配置参数。

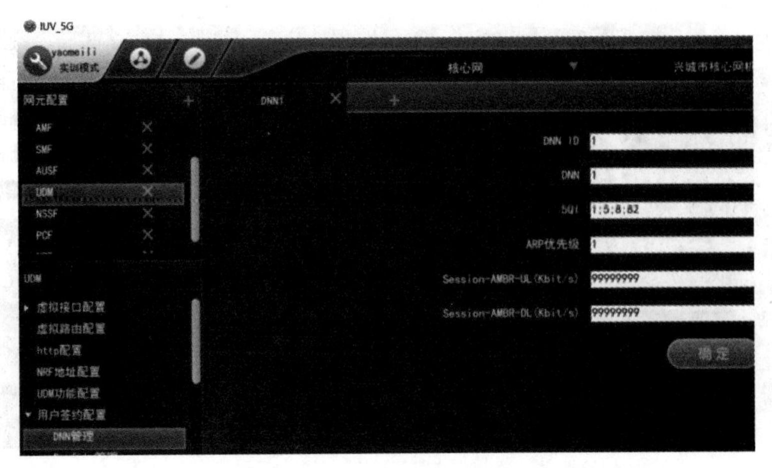

图 S3-82　核心网 UDM 的 DNN 管理中的 Qos 分类识别 5QI

“qos1”表单的 Qos 标识类型选择“5QI”选项，Qos 分类标识取 1，业务承载类型选择“GBR”选项，业务数据包 Qos 延迟参数、丢包率、业务优先级在值域范围内取值为 1，业务类型名称选择“VoIP”选项，如图 S3-83 所示。

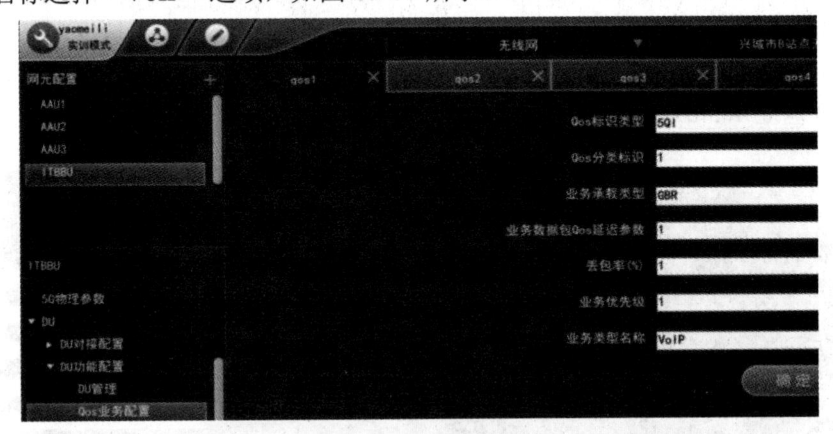

图 S3-83　Qos 业务配置

“qos2”表单的 Qos 分类标识取 5，业务承载类型选择“Non-GBR”选项，业务类型名称选择“IMS signaling”选项，其余参数设置与“qos1”表单相同。

“qos3”表单的 Qos 分类标识取 8，业务承载类型选择“Non-GBR”选项，业务类型名称选择“VIP default bearer”选项，其余参数设置与“qos1”相同。

“qos4”表单的 Qos 分类标识取 82，业务承载类型选择“Delay Circuit GBR”选项，业务类型名称选择“Discrete Automation”选项，其余参数设置与“qos1”相同。

(3) 扇区载波。在“ITBBU”/“DU”/“DU 功能配置”/“扇区载波”配置界面输入 3 条信息，对应兴城 B 站点 3 个小区。“扇区载波 1”的小区标识是 1，载波配置功率和载波实际发射功率分别规划为 500 和 520；“扇区载波 2”“扇区载波 3”的小区标识分别是 2 和 3，其余参数与“扇区载波 1”相同。

(4) DU 小区配置。在“ITBBU”/“DU”/“DU 功能配置”/“DU 小区配置”配置界面输入 3 条信息，对应兴城 B 站点 3 个小区。按照规划表，“DU 小区 1”的 DU 小区标识为 1，小区属性是低频，AAU 是 1，频段指示是 78，下行中心载频是 630 000，下行 Point A

频点和上行 Point A 频点都是 626 724，物理小区 ID 是 7，跟踪区域码是 6677，小区 RE 参考功率是 156，小区禁止接入指示、通用场景的子载波间隔都选择默认值，邻区 SSB 测量 SMTC 周期的偏移在值域范围取值(如 1)，初次激活的上下行 BMP ID 在值域范围内取值(如 1)，BMP 配置类型选择默认值，UE 最大发射功率为 23，EPS 的 TAC 开关选择默认值，系统带宽是 273，SSB 测量频点是 630 000，SSB 测量 BitMap 选择 med 选项，SSBlock 时域图谱位置规划为 11111111，测量/系统子载波间隔是 30 kHz，如图 S3-84 所示。

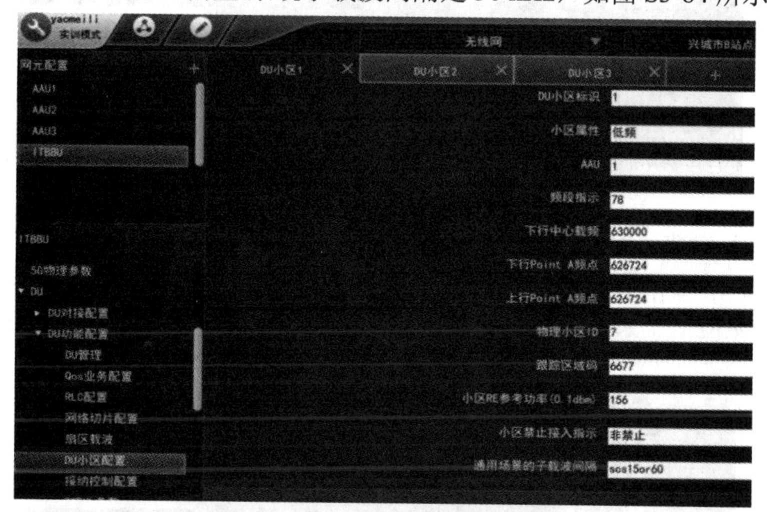

(a) DU 小区 1 参数配置(1)

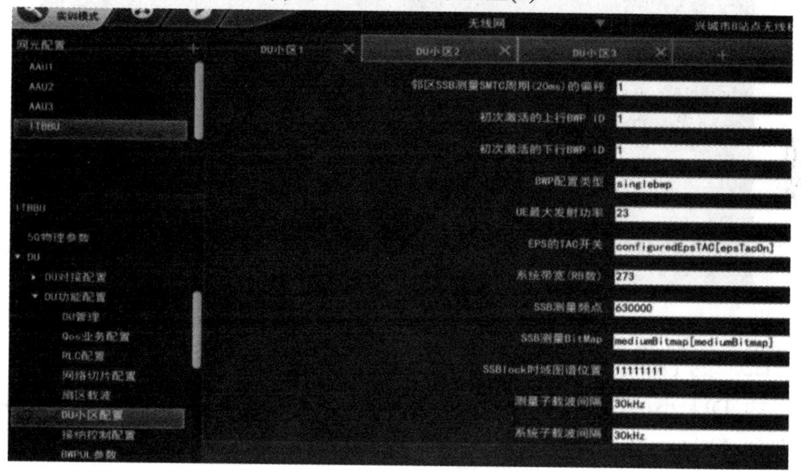

(b) DU 小区 1 参数配置(2)

图 S3-84　DU 小区配置

“DU 小区 2”“DU 小区 3”与“DU 小区 1”大部分参数相同，只需修改 DU 小区标识、AAU 和物理小区 ID 即可。其中，“DU 小区 2”的 DU 小区标识是 2，AAU 是 2，物理小区 ID 是 8；“DU 小区 3”的 DU 小区标识是 3，AAU 是 3，物理小区 ID 是 9。

(5) 接纳控制配置。在“ITBBU”/“DU”/“DU 功能配置”/“接纳控制配置”配置界面输入 3 条信息，对应兴城 B 站点 3 个小区。“接纳控制 1”的 DU 小区标识是 1，小区用户数接纳控制门限在值域范围内取值(如 10 000)，基于切片用户数的接纳控制开关选择“打开”，小区用户数接纳控制预留比例在值域范围内取值(如 20)，如图 S3-85 所示。

“接纳控制2”“接纳控制3”与“接纳控制1”大部分参数配置相同，只是DU小区标识分别是2、3。

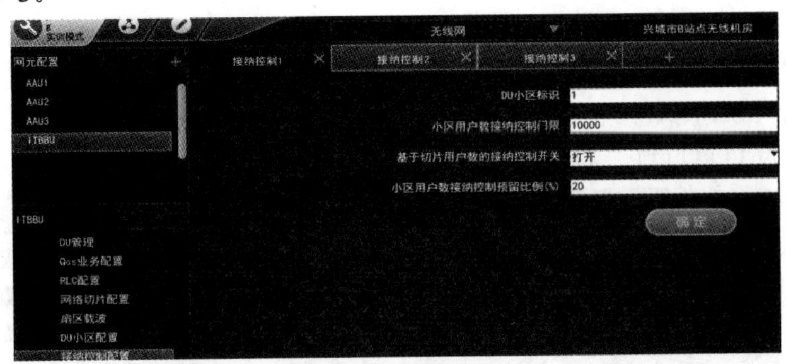

图S3-85　接纳控制配置

(6) BWPUL参数。BWPUL参数配置也需增加3条，对应3个小区。“BWPUL1”的DU小区标识是1，上行BWP索引和上行BWP起始RB位置在值域范围内取值(如1)，上行BWP RB个数应低于系统带宽273(这里取值270)，上行BWP子载波间隔是30 kHz，如图S3-86所示。

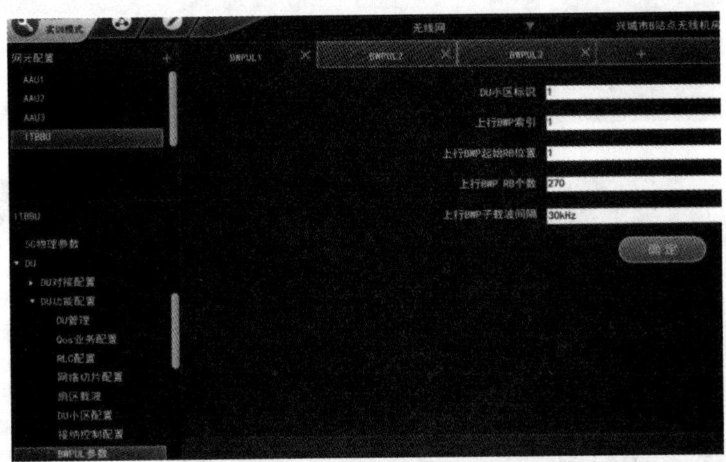

图S3-86　BWPUL参数配置

“BWPUL2”的DU小区标识是2，上行BWP索引和上行BWP起始RB位置均为2；“BWPUL3”的DU小区标识是3，上行BWP索引和上行BWP起始RB位置均为3。“BWPUL2”和“BWPUL3”的其余参数与“BWPUL1”相同。

(7) BWPDL参数。BWPDL和BWPUL只是上下行的差异，参数设置相同，也需要3个，如图S3-87所示。

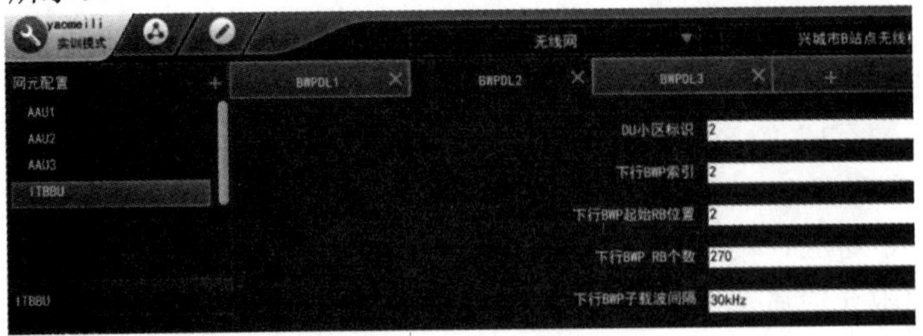

图S3-87　BWPDL参数配置

3) 物理信道配置

对于基础业务验证，仿真软件中的“DU 物理信道配置”只需要配置第 3 和 4 项，即 PRACH 信道配置和 SRS 公用参数。

(1) PRACH 信道配置。在“ITBBU”/“DU”/“物理信道配置”/“PRACH 信道配置”配置界面输入 3 条信息，对应兴城 B 站点 3 个小区。“RACH1”的参数很多，但大部分参数给出了默认值，这里选择默认值即可。需要注意的参数如下：“RACH1”的 DU 小区标识为 1；起始逻辑根序列索引在值域范围内任意取值，如 1；UE 接入和切换可用 preamble 个数取值 60(小于 64)；前导码个数取最大值 64；基站期望的前导接收功率取最大值 −74；基于逻辑根序列的循环移位参数在值域范围内取值，如 1；PRACH 时域资源配置索引在值域范围内取值，如 1；GroupA 的竞争前导码个数取值 64；Msg3 与 preamble 发送时的功率偏移在值域范围内任意取值，如 1，如图 S3-88 所示。

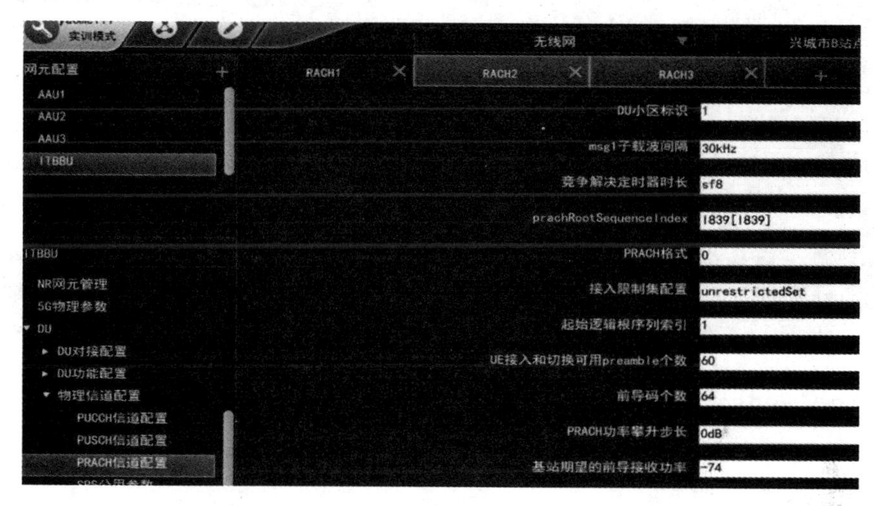

(a)

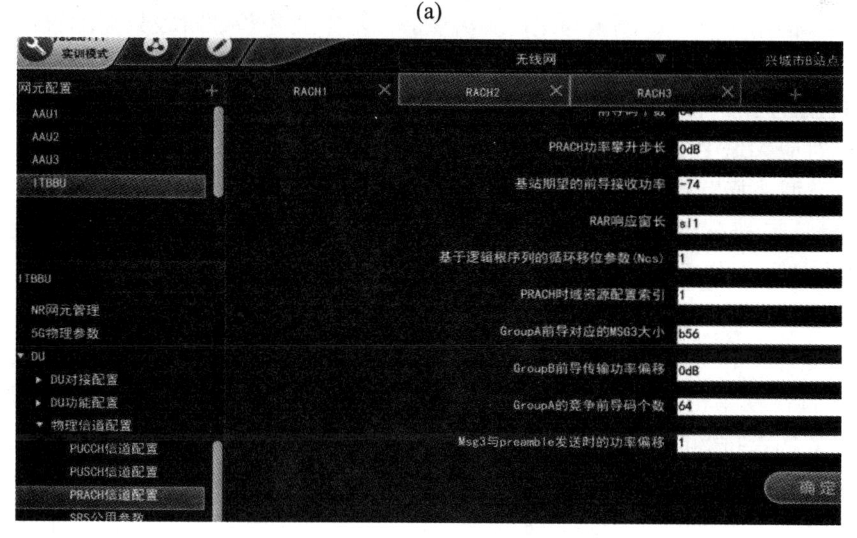

(b)

图 S3-88　PRACH 信道配置

“RACH2”“RACH3”的参数与“RACH1”基本相同，只有两项差异：DU 小区标识分别是2、3，起始逻辑根序列索引分别为2、3。

(2) SRS公用参数。在“ITBBU”/“DU”/“物理信道配置”/“SRS公用参数”配置界面输入3条信息，对应兴城B站点3个小区。“SRS1”的DU小区标识是1，SRS轮发开关选择“打开”，SRS最大疏分数是2，SRS的slot序号是4，后面几项在值域范围内任意取值(如1)，如图S3-89所示。

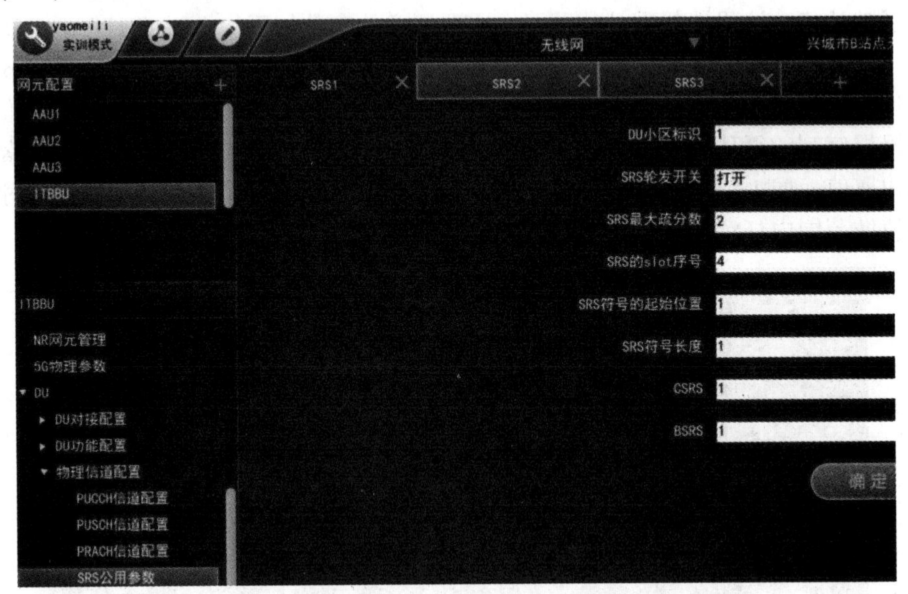

图S3-89　SRS公用参数配置

“SRS2”“SRS3”的SRS公用参数取值基本与“SRS1”相同，只是DU小区标识分别是2、3。

4) 测量与定时器开关

对于DU的第4项——测量与定时器开关，在基本业务验证阶段只需配置第2个子项，即小区业务参数配置。

在“ITBBU”/“DU”/“测量与定时器开关”/“小区业务参数配置”配置界面输入3条信息，对应兴城B站点3个小区。“小区业务参数配置1”的DU小区标识是1；下行MIMO类型选择默认值“MU-MIMO”；下行空分组内单用户最大流数限制和下行空分组最大流数限制分别在值域范围内取值，如8、32；上行MIMO类型选择默认值“MU-MIMO”；上行空分组内单用户最大流数限制和上行空分组最大流数限制分别在值域范围内取值，如8、32；单UE上下行最大支持层数限制在值域范围内取值，如1；PUSCH 2560AM使能开关和PDSCH 2560AM使能开关选择默认值“打开”；波束配置可以等到优化时再配置；帧结构第一个周期的时间是2.5；帧结构第一个周期的帧类型是11120(1代表下行，2代表特殊时隙，0代表上行时隙)；第一个周期S slot上的GP符号数、上行符号数、下行符号数加起来等于14即可，如分别为2、5、7；一般选择单帧周期结构，所以帧结构第二个周期帧类型是否配置为“否”，其下方的选项不生效，任意取值即可，如图S3-90所示。

“小区业务参数配置2”“小区业务参数配置3”的参数配置基本与“小区业务参数配

置 1”相同，只是 DU 小区标识分别是 2、3。

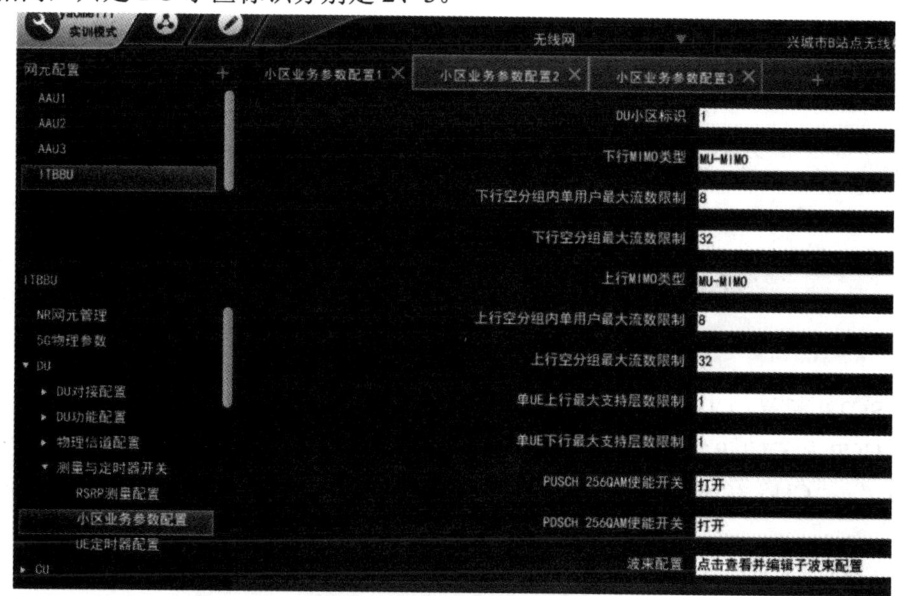

(a) 小区业务参数配置 1(1)

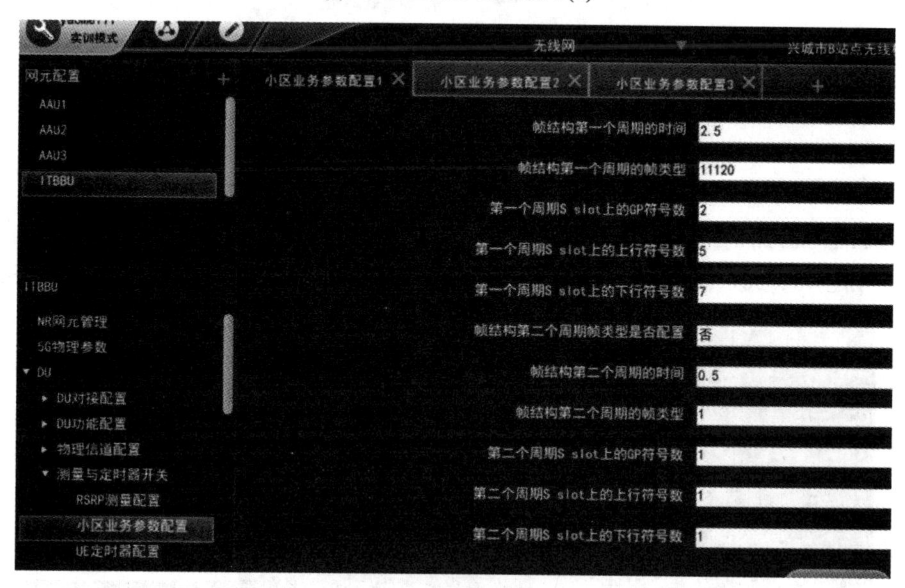

(b) 小区业务参数配置 1(2)

图 S3-90　小区业务参数配置

4. ITBBU/CU 配置

CU 配置包括两项：gNBCUCP 功能和 gNBCUUP 功能。

CU 数据配置

1) gNBCUCP 功能

(1) CU 管理。在“ITBBU” / “CU” / “gNBCUCP 功能” / “CU 管理”配置界面输入 CU 管理参数。按照规划，基站标识是 5，CU 标识是 5，基站 CU 名称在值域范围内取值(如 126)，PLMN 是 46 000，CU 承载链路端口是光口。

(2) IP配置。从图S3-91可见CUCP的IP地址是40.40.40.40，掩码是255.255.255.0。在“ITBBU”/“CU”/“gNBCUCP功能”/“IP配置”配置界面输入IP配置参数，其中IP地址是40.40.40.40，掩码是255.255.255.0，VLAN ID是40。

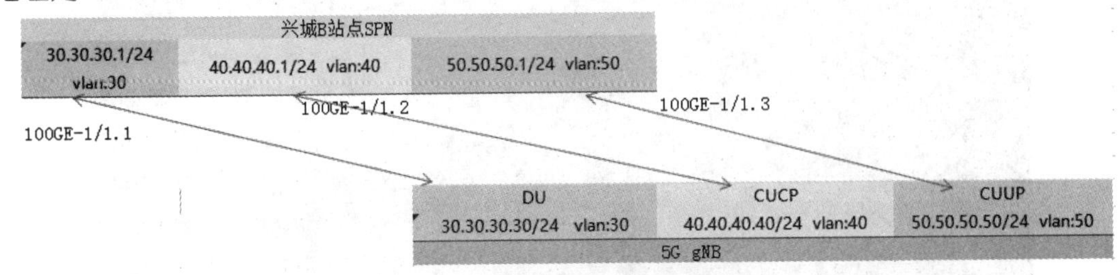

图S3-91　5G gNB之IP地址规划

(3) SCTP配置。CUCP的对外逻辑连接如图S3-92所示。CUCP和DU之间的接口为F1-C，CUCP和CUUP之间的接口为E1，CUCP和AMF之间的接口为N2，所以需要在“ITBBU”/“CU”/“gNBCUCP功能”/“SCTP配置”配置界面添加3条SCTP链路。

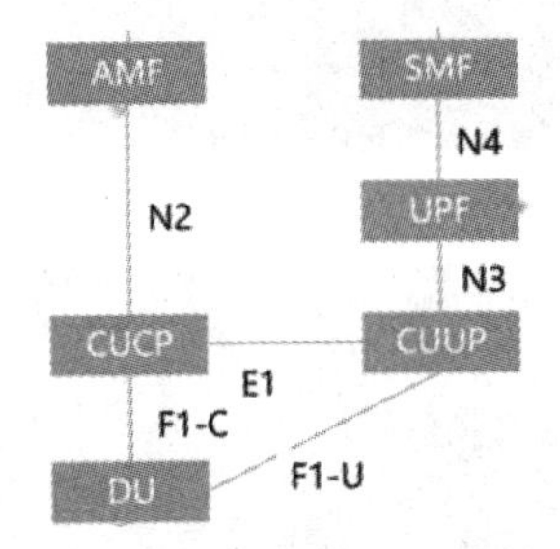

图S3-92　CUCP的对外逻辑连接

“SCTP1”链路对应CUCP和DU之间的F1-C链路。其偶联ID是1，本端端口号和远端端口号是40、30，偶联类型是F1偶联，远端IP地址是30.30.30.30，如图S3-93所示。

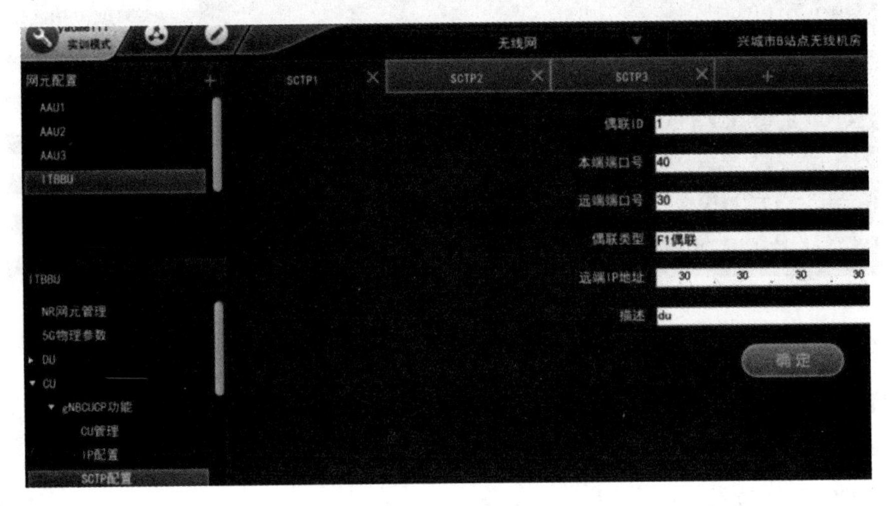

图S3-93　SCTP配置

“SCTP2”链路对应CUCP和CUUP之间的E1链路。其偶联ID是2，本端端口号和远端端口号是40、50，偶联类型是E1偶联，远端IP地址是50.50.50.50。

“SCTP3”链路对应CUCP和AMF之间的N2链路。其偶联ID是3，本端端口号和

远端端口号是 6、6，偶联类型是 NG 偶联，远端 IP 地址是 30.1.1.1。

(4) 静态路由。这里只需配置到 AMF 的静态路由(因为 CU 和 DU 放在同一个 ITBBU 中，在仿真软件中它们默认是互通的，所以无须配置路由)。

在“ITBBU” / “CU” / “gNBCUCP 功能” / “静态路由”配置界面新增一条静态路由，静态路由编号是 1，目的 IP 地址是 30.1.1.1，网络掩码是 255.255.255.255，下一跳 IP 地址是 40.40.40.1，如图 S3-94 所示。

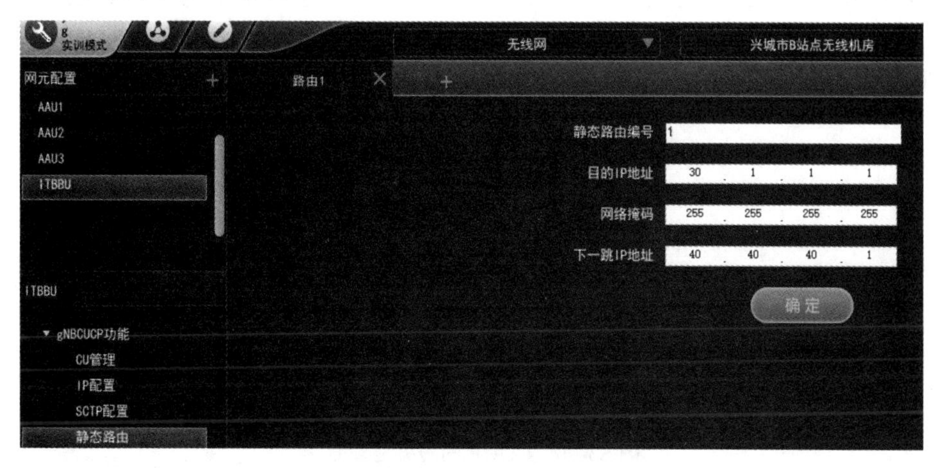

图 S3-94　静态路由

(5) CU 小区配置。在“ITBBU” / “CU” / “gNBCUCP 功能” / “CU 小区配置”配置界面添加 3 条信息，对应 3 个小区。“CU 小区 1”的 CU 小区标识是 1，小区属性是低频，小区类型是宏小区，对应 DU 小区 ID 是 1，NR 语音开关和负载均衡开关选择默认值“打开”，如图 S3-95 所示。

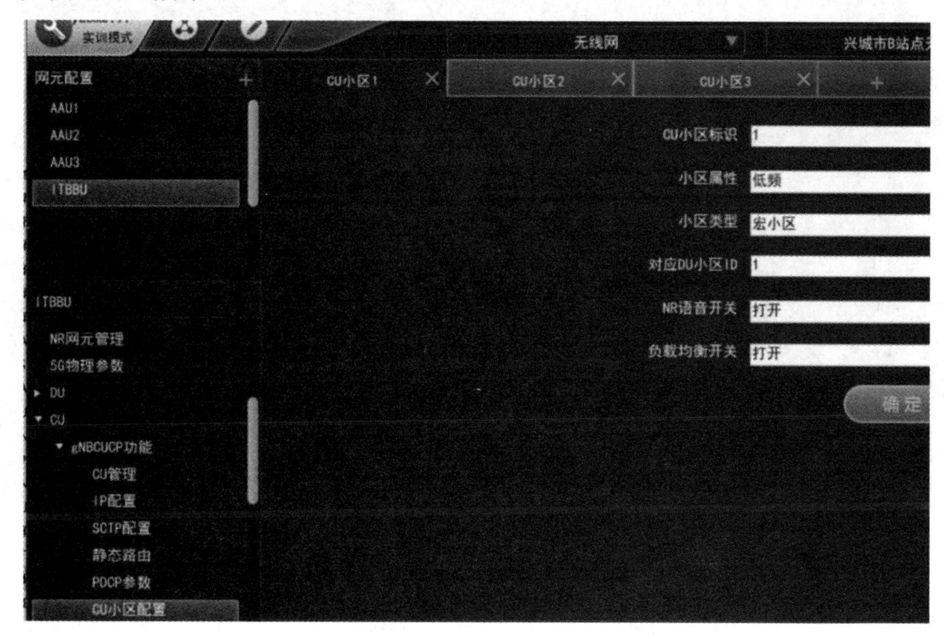

图 S3-95　CU 小区配置

“CU 小区 2”“CU 小区 3”的参数配置基本与“CU 小区 1”相同，只是 CU 小区标识分别是 2、3，对应 DU 小区 ID 分别是 2、3。

2) gNBCUUP 功能

(1) IP 配置。在“ITBBU” / “CU” / “gNBCUUP” / “IP 配置”配置界面输入 IP 参数。按照规划，CUUP 的 IP 地址是 50.50.50.50，掩码是 255.255.255.0，VLAN ID 是 50。

(2) SCTP 配置。CUUP 的对外逻辑连接如图 S3-96 所示。CUUP 的对外逻辑连接有 3 条，其中 CUUP 和 CUCP 之间有一条 E1 信令链路；而到达 UPF 的通路、到达 DU 的通路传输的是业务信号，无须 SCTP 协议。所以，只需在“ITBBU” / “CU” / “gNBCUUP” / “SCTP 配置”配置界面配置一项 SCTP 配置对应的 E1 信令链路。

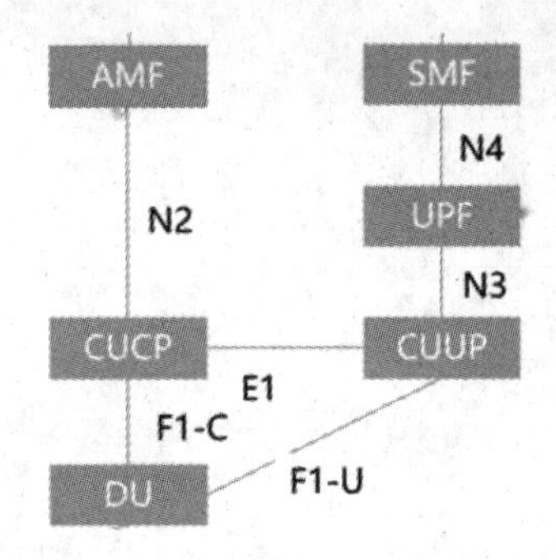

图 S3-96　CUUP 的对外逻辑连接

“SCTP1”的偶联 ID 是 1，本端端口号和远端端口号是 50、40，偶联类型是 E1 偶联，远端 IP 地址是 40.40.40.40，如图 S3-97 所示。

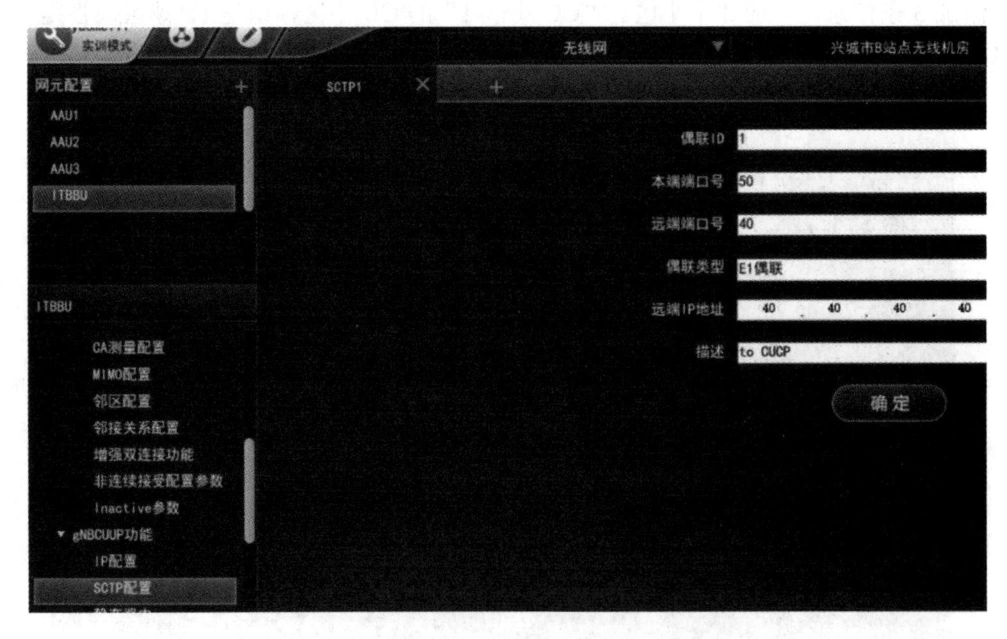

图 S3-97　SCTP 配置

注意：端口号应该与 CUCP 的 SCTP 配置保持一致。

(3) 静态路由。在“ITBBU” / “CU” / “gNBCUUP” / “静态路由”配置界面输入 2 条静态路由。“路由 1”是 CUUP 到达 UPF 的路由，静态路由编号是 1，目的 IP 地址是 40.1.1.1，

网络掩码是 255.255.255.0，下一跳 IP 地址是 50.50.50.1，如图 S3-98 所示。

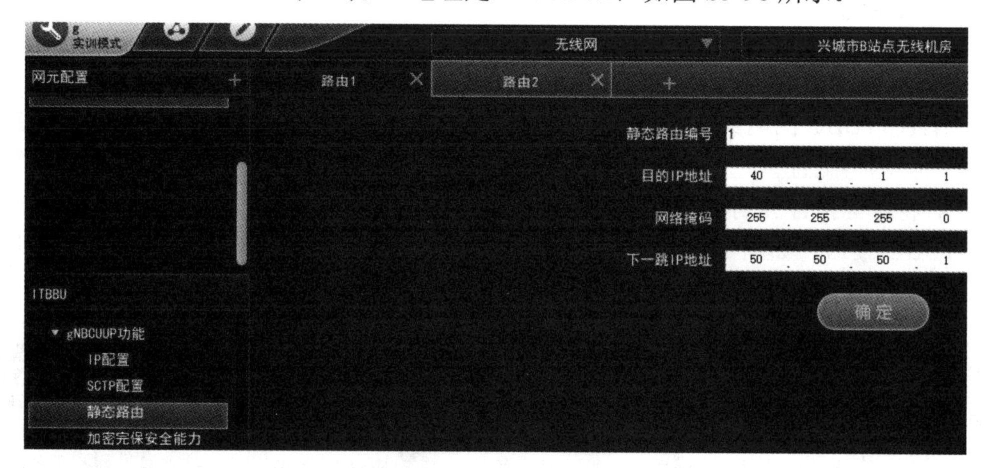

图 S3-98　静态路由配置

“路由 2”是默认路由，其静态路由编号是 0，目的 IP 地址是 0.0.0.0，网络掩码是 0.0.0.0，下一跳 IP 地址是 50.50.50.1。这条路由作为路由 1 的备份，不配置也没有影响。

5. ITBBU 相连的 AAU 配置：AAU1、AAU2 和 AAU3 配置

配置方法参见 Option3 组网相关内容。

任务 3　与无线侧相连的承载配置(兴城市 B 站点机房)

任务描述

在兴城市 B 站点承载网机房的 SPN 上配置兴城市 B 站点无线网机房 ITBBU 的网关。

任务分析

无线侧设备之间的布局如图 S3-99 所示，无线基站(AUU+ITBBU)连接承载网机房的 SPN。可见基站通过承载网连接到达核心网，即基站信息到达核心网没有直连通路，需要为基站设备 ITBBU 配置到达核心网的网关。与 ITBBU 直接相连的设备是承载网机房的 SPN1，故要在 SPN1 上配置 ITBBU 的网关。

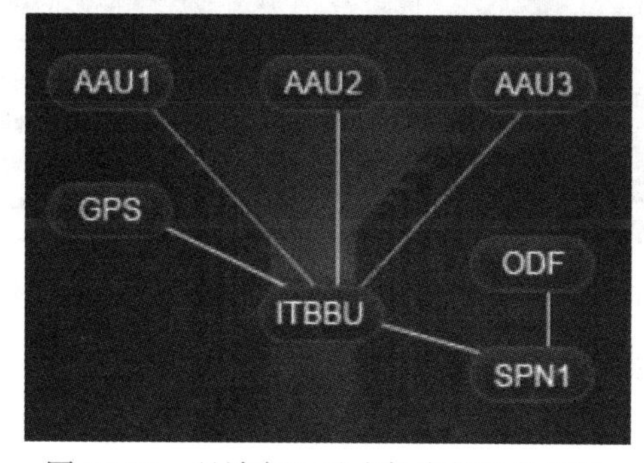

图 S3-99　兴城市 B 站点机房的设备布局

任务实施

1. 确定与 ITBBU 相连的 SPN1 接口

要配置 ITBBU 的网关，需要知道与 ITBBU 相连的 SPN 接口位置。在兴城市 B 站点无线机房的“网络配置”/“设备配置”界面单击设备指示图中的 SPN1，弹出 SPN1 的面板及连线。将鼠标指针放到第 1 块板卡的接口 1，提示本端是 SPN1 的 100GE-1/1 接口，对端是 ITBBU 接口，如图 S3-100 所示。将鼠标指针放到另外一个有连线的接口上，发现与 ODF 相连从而连接承载网的接口是 50GE-2/1。

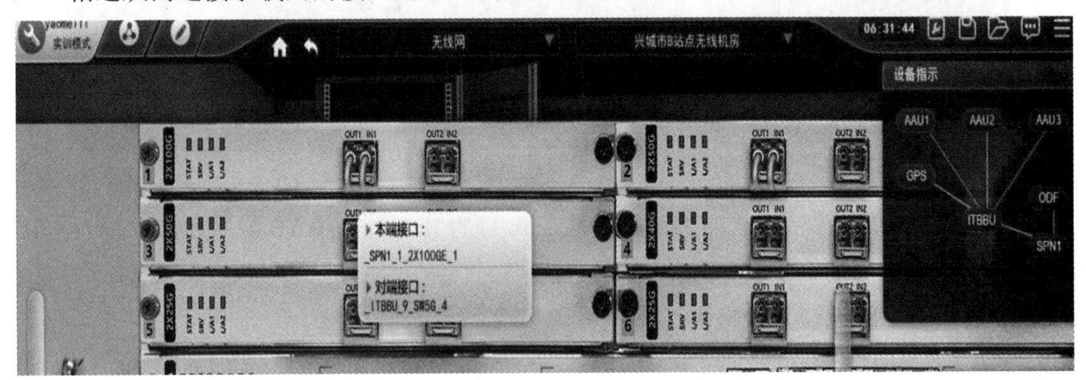

图 S3-100　兴城市 B 站点机房的 SPN 的对外连接

2. 配置 SPN1 的物理接口

选择数据配置界面菜单栏中的“网络选择”/“承载网”选项，在“请选择机房”下拉菜单中选择“建安市 B 站点机房”，进入“建安市 B 站点机房”数据配置界面，在“SPN1”/“物理接口配置”配置界面进行 SPN1 的物理接口配置。和 ITBBU 相连的是接口 100GE-1/1，其状态为 up；和 ODF 相连的是接口 50GE-2/1，其状态为 up；其余接口没有连线，状态均为 down。接口 50GE-2/1 按照规划，配置 IP 地址为 192.168.23.2/30(实验模式下，该接口不配置也不影响业务验证)，如图 S3-101 所示。

实训模式　承载网　兴城市B站点机房

网元配置：SPN1

物理接口配置

接口ID	接口状态	光/电	IP地址	子网掩码
100GE-1/1	up	光		
100GE-1/2	down	光		
50GE-2/1	up	光	192.168.23.2	255.255.255.252
50GE-2/2	down	光		
50GE-3/1	down	光		
50GE-3/2	down	光		
40GE-4/1	down	光		

SPN1：物理接口配置　FlexE配置

图 S3-101　兴城市 B 站点机房中 SPN 和 ODF 相连的接口配置

3. 配置 SPN1 的子接口

ITBBU 是 DU、CUCP 和 CUUP 的功能集合，故需要在 SPN 的接口 100GE-1/1 上进行逻辑接口配置，即配置 3 个子接口，分别面向 DU、CUCP 和 CUUP 3 个功能实体。在

“SPN1”/“逻辑接口配置”/“配置子接口”配置界面输入参数，如图 S3-102 所示。

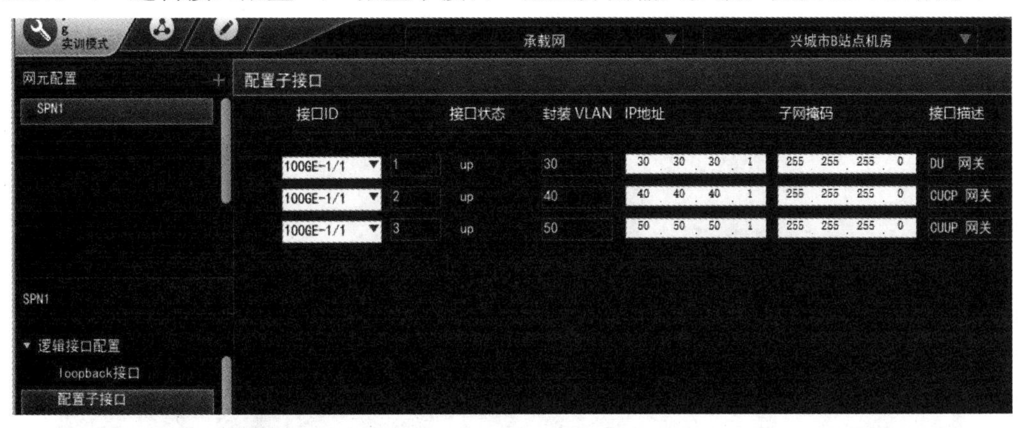

图 S3-102　兴城市 B 站点承载机房中 SPN1 和 ITBBU 相连接口的子接口配置

子接口 100GE-1/1.1 面向 DU，接口 ID 是 100GE-1/1，子接口编号 1，封装 VLAN 为 30，IP 地址是 30.30.30.1，掩码是 255.255.255.0。

子接口 100GE-1/1.2 面向 CUCP，接口 ID 是 100GE-1/1，子接口编号 2，封装 VLAN 为 40，IP 地址是 40.40.40.1，掩码是 255.255.255.0。

子接口 100GE-1/1.3 面向 CUUP，接口 ID 是 100GE-1/1，子接口编号 3，封装 VLAN 为 50，IP 地址是 50.50.50.1，掩码是 255.255.255.0。

任务 4　兴城市 Option2 组网之网络调试

AAU、无线侧相关的承载配置、全网业务验证

任务描述

在实验模式下进行兴城市 B 站点机房业务验证。

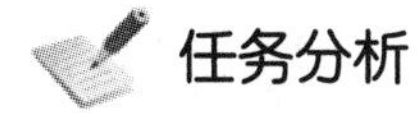

任务分析

在仿真软件中，Option2 业务验证与 Option3 业务验证不同，Option2 业务验证分两步实现：一是注册，二是会话；而 Option3 业务验证只有联网注册。

任务实施

1. 进入实验模式下的业务验证界面

在仿真软件的任务栏中选择“网络调试”/“业务调试”选项，进入业务调试界面。在业务调试界面的菜单栏中选择“核心网&无线网”选项，单击“业务验证”按钮，进入核心网&无线网业务验证界面。将“模式选择”设置为“实验”模式，进入实验模式下的业务验证界面。

2. 终端信息配置

拖曳业务调试界面左上方的“移动终端”图标，将其移动至兴城 B 站点机房任意一个小区内，如 XCB1，进入兴城市 B 站点小区 1 的业务验证界面。单击“终端信息”按钮，弹出表单，按照规划在表单中填写如下参数：MCC 是 460，MNC 是 00，SUPI/IMSI 是 460001234567890，频段是 0～3800 MHz，APN/DNN 是 1，SNSSAI 是 1，KI 是 11112222333344445555666677778888，鉴权方式是 Milenage。这些信息与 UDM 中的相关信息一致，如图 S3-103 所示。

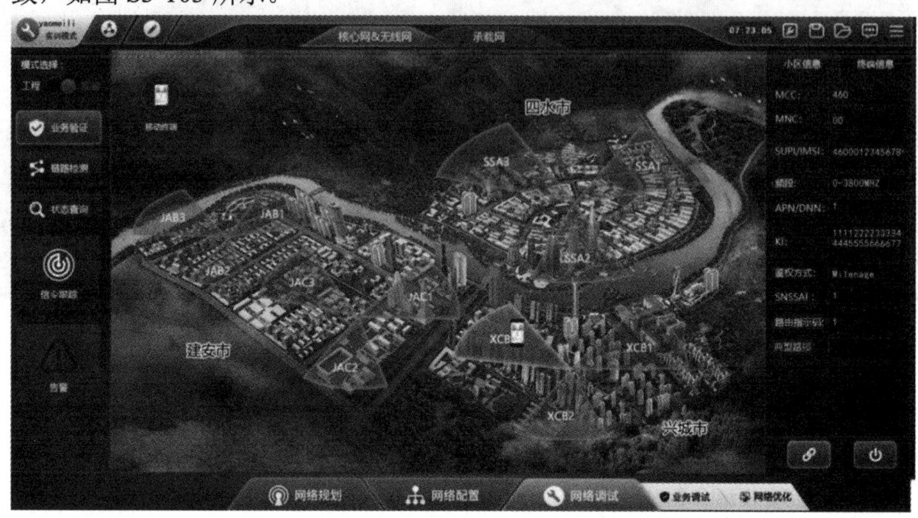

图 S3-103　兴城市 Option2 组网之业务调试界面

3. 注册验证

单击业务调试界面右下角的电源开关图标，启动注册验证，此时会弹出手机图标。如果手机是彩色的，信号强度指示图标高亮显示并伴随信号强度的变化，则说明手机在 XCB1 注册成功，如图 S3-104 所示；如果信号强度指示图标是灰色的，则说明手机在 XCB1 未成功注册，需要单击“告警”按钮，根据弹出的告警提示检查配置错误。

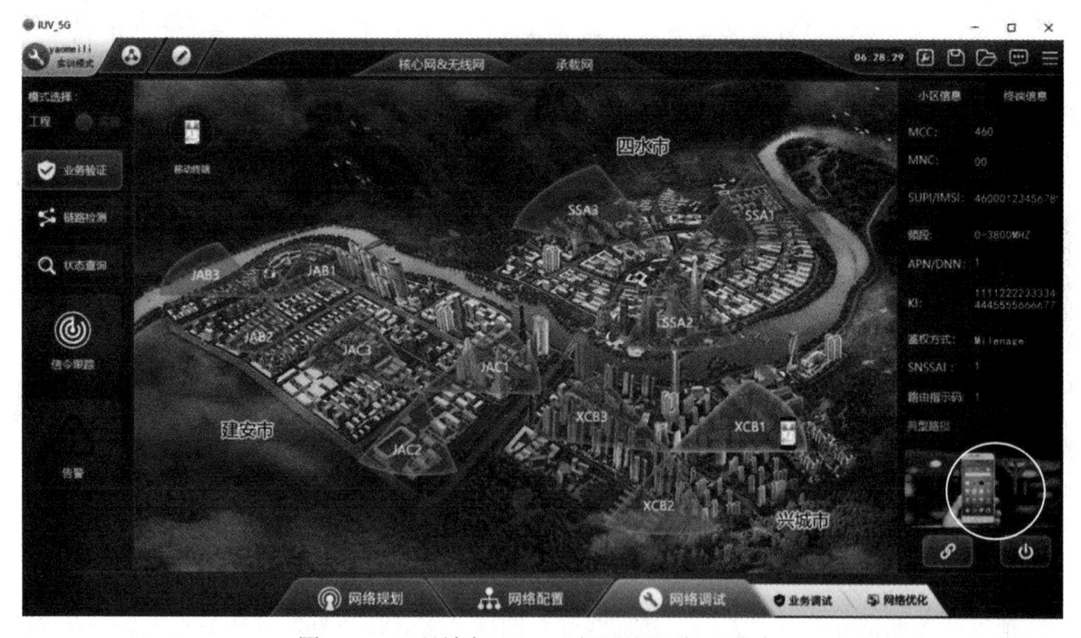

图 S3-104　兴城市 Option2 组网注册验证(成功)

4. 会话业务验证

单击业务调试界面右下角的连接图标，启动会话业务验证。如果弹出手机发送短信的彩色图片，如图 S3-105 所示，则说明 XCB1 会话业务验证成功。

图 S3-105　兴城市 Option2 组网会话业务验证(成功)

将终端依次拖到 XCB2 小区、XCB3 小区，启动注册验证和会话业务验证。如果都能验证成功，则说明兴城市 Option2 组网成功。

小　　结

(1) 实验模式下兴城市 Option2 全网建设包括核心网及无线接入网建设。核心网机房中只有两台实体设备，一台是服务器，另一台是交换机。该服务器实现了所有逻辑网络功能块的功能，包括控制面和用户面的。控制面有多个 NF 块，之间基于总线通信，接口协议是 HTTP。交换机是服务器内部各个逻辑功能块之间、服务器和外网之间的交互中介，其为每个逻辑功能块的每个逻辑接口均配置了网关地址。

(2) 无线机房的实体设备包括 3 个 AAU 和 1 个 ITBBU，共站址的承载机房有一台 SPN 和一台 ODF。兴城市 B 站点无线机房的 ITBBU 与相邻的承载网机房(兴城市 B 站点承载机房)的 SPN 有一条物理连接，ITBBU 逻辑上又分为 DU、CUCP 和 CUUP 3 个功能块，故在 SPN 上配置 ITBBU 网关时，开启子接口配置(DU、CUCP 和 CUUP 各对应一个子接口)，并分配不同子网的 IP 地址，属于不同的 VLAN。

(3) 无线机房的 BBU/ITBBU 设备均需要连接 GPS 或北斗系统，查阅仿真软件说明，确定到底连接的是 GPS 还是北斗系统，GPS 或北斗系统的作用又是什么。查阅资料，简述我国北斗系统建设的艰难历程及取得的成就。

习　题

一、单选题

1. 4G 核心网中，HSS 的功能在 5GC 中由(　　)网元完成。

A. UDM　　B. NSSF　　C. AMF　　D. NRF

2. 以下(　　)网元是终端和无线接入网的核心网控制面接入点。

A. NSSF　　B. NRF　　C. UDM　　D. AMF

3. 在 5G 核心网中，UE 的 IP 地址分配与管理以及 UPF 的选择与控制由(　　)网元完成。

A. SMF　　B. UDM　　C. AMF　　D. NSSF

4. 在 5G 核心网数据配置时，每个 NF 都要配置以下(　　)网元的地址。

A. AMF　　B. UDM　　C. NRF　　D. AUSF

5. 在 5G 核心网中，数据包的路由和转发是由(　　)网元完成的。

A. NRF　　B. UDM　　C. UPF　　D. AMF

6. 在 5G 核心网中，SMF 和 UPF 之间是(　　)参考点。

A. N3　　B. N4　　C. N1　　D. N2

7. 在 5G 核心网中，RAN 和 AMF 之间是(　　)参考点。

A. N3　　B. N2　　C. N 4　　D. N1

8. 5G 核心网的用户面功能由(　　)NF 完成。

A. AMF　　B. NSSF　　C. SMF　　D. UPF

9. 4G 核心网中，负责会话管理的 SGW-C/PGW-C 在 5G 核心网中合并为(　　)网元。

A. SMF　　B. AMF　　C. UPF　　D. NRF

10. 在 5G 的 SBA 架构中，AMF 采用(　　)协议与其他 NF 通信。

A. SIP　　B. Diameter　　C. HTTP　　D. H.323

11. 下述(　　)网元不属于 5G 的 SBA 架构。

A. AMF　　B. MME　　C. NSSF　　D. SMF

12. 在 5G 的 SBA 架构中，每个 NF 是通过(　　)网元发现其他 NF 提供的服务的。

A. AMF　　B. NRF　　C. UPF　　D. NSSF

13. 在 5G 核心网的设备配置中，交换机采用(　　)连接服务器。

A. 天线跳线　　B. 成对 LC-FC 光纤

C. 成对 LC-LC 光纤　　D. 以太网线

14. AMF 和 CUCP 之间要配置(　　)接口的对接数据。

A. N1　　B. N4　　C. N3　　D. N2

15. AMF 配置的到 NRF 的路由中，掩码是(　　)。

A. 255.255.255.252　　B. 255.255.255.255

C. 255.255.255.0　　D. 255.255.255.248

16. 默认路由的子网掩码是(　　)。

A. 255.255.255.255　　B. 255.255.255.0

C. 0.0.0.0　　D. 255.255.255.252

17. AMF 的 SNSSAI 配置中没有(　　)参数。

A. 分片最大上下行速率　　B. SD

C. SNSSAI 标识　　D. SST

18. 用户签约数据是在(　　)网元中配置的。

A. NRF　　B. SMF　　C. UDM　　D. AMF

二、判断题

1. 在 5G 的 SBA 架构中，每个 NF 并不是点对点连接。(　　)

2. Option2 核心网控制面的网元需要规划 HTTP 客户端地址和服务器端地址。(　　)

3. Option2 核心网用户面的网元需要规划 Loopback 地址。(　　)

4. SMF 需要规划 Loopback 地址。(　　)

5. UDM 需要规划 Loopback 地址。(　　)

6. UPF 通过 SBI 接口与其他网元通信。(　　)

7. 光纤两端接口的速率应一致。(　　)

8. 核心网机房的交换机通过配置 VLAN 三层接口实现了核心网与外界的路由。(　　)

9. CUCP 需要配置到 AMF 的静态路由。(　　)

10. CUUP 需要配置到 UPF 的静态路由。(　　)

11. CUUP 需要配置到 SMF 的静态路由。(　　)

12. SBI 接口不需要配置 Loopback 地址，N2、N3、N4 等接口需要配置 Loopback 地址。(　　)

三、论述题

Option2 全网建设中，如果核心网的客户端和服务端地址不同，而与核心网的客户端和服务端地址相同，则配置上有哪些差异？

实战演练 4

Option2 全网建设之基础优化、移动性管理和切片业务部署

仿真软件的设计体现了功能分层、分块实现的理念，如实战演练 1、实战演练 3 分别完成了 Option3、Option2 的核心网与无线网建设，实现了在实验模式下的注册和会话业务；实战演练 2 在实战演练 1 的基础上完成了承载网的建设，实现了在工程模式下的会话业务。同理，如果要进行定点测试、重选、切换、漫游等业务，那么 Option3 组网须在实战演练 1 或实战演练 2 的基础上进行相关的配置(配置内容并无区别，因为基础优化和移动管理只涉及核心网与无线网)，Option2 组网须在实战演练 3 的基础上进行相关的配置。本实战演练以兴城市为例，在实战演练 3 的基础上进行优化测试(在仿真软件中称为基础优化)、移动性管理(重选、切换、漫游)和切片业务部署。需要明确的是，切片业务需要 5G 核心网的支持，故只能在 Option2 组网中进行，Option3 组网不能实现切片业务部署。

知识目标

- 理解衡量 5G 覆盖的指标。
- 了解小区选择和重选的准则。
- 掌握漫游实现时 MME、HSS、UDM、AMF、SMF 新增的数据配置项。
- 掌握提升用户体验速率的配置方法。
- 理解网络切片技术对 5G 网络的重要性，掌握网络切片标识方法。
- 掌握仿真软件中切片业务的配置流程。

能力目标

- 能进行 X1 到 X4 之间的重选和切换配置。
- 能对 MME、HSS、UDM、AMF、SMF 进行适当的数据配置，实现兴城市与建安市之间的漫游。
- 通过数据配置搭建兴城市远程医疗切片。

内容导航

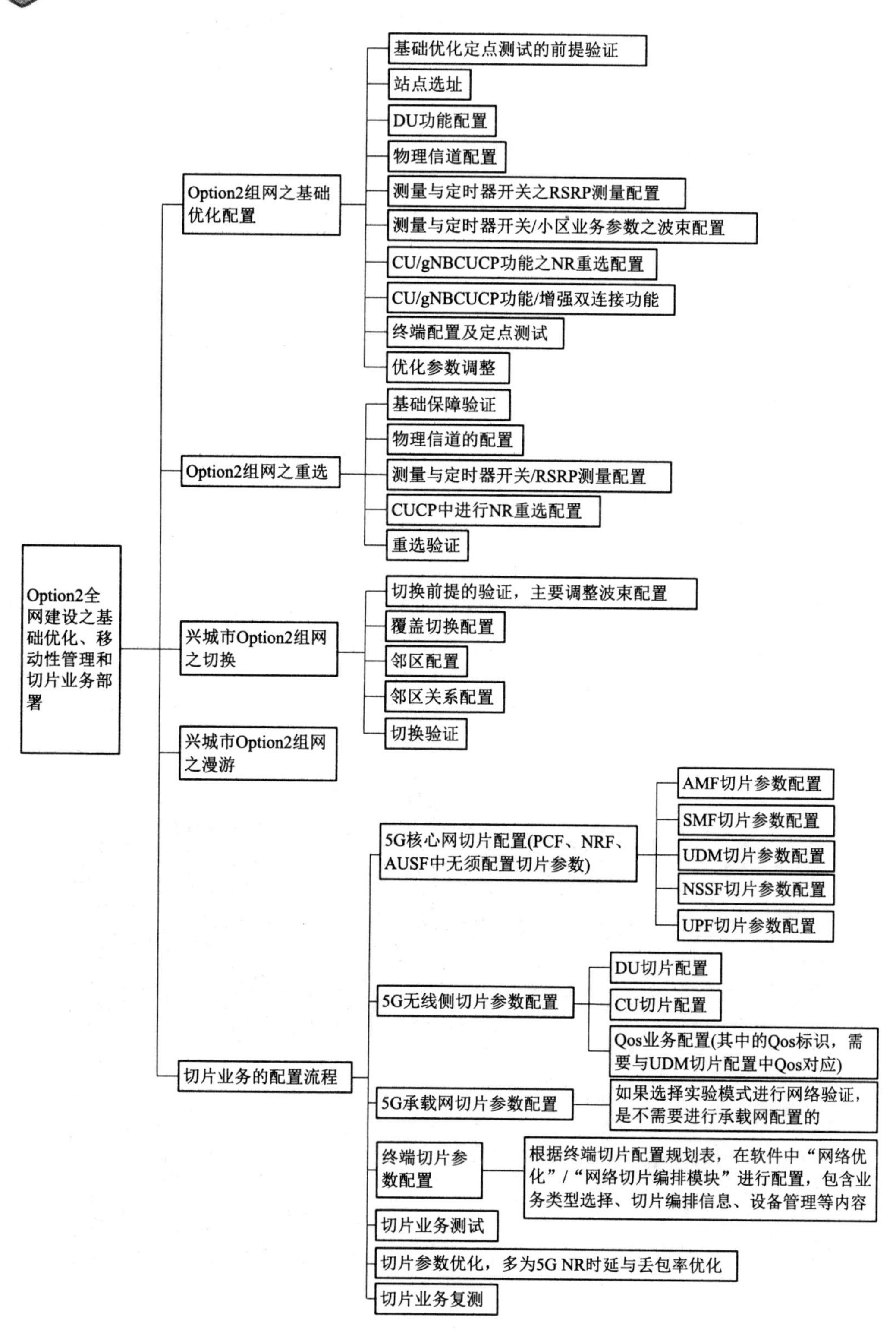

Option2全网建设之基础优化、移动性管理和切片业务部署
Option2组网之基础优化配置
基础优化定点测试的前提验证
站点选址
DU功能配置
物理信道配置
测量与定时器开关之RSRP测量配置
测量与定时器开关/小区业务参数之波束配置
CU/gNBCUCP功能之NR重选配置
CU/gNBCUCP功能/增强双连接功能
终端配置及定点测试
优化参数调整
Option2组网之重选
基础保障验证
物理信道的配置
测量与定时器开关/RSRP测量配置
CUCP中进行NR重选配置
重选验证
兴城市Option2组网之切换
切换前提的验证，主要调整波束配置
覆盖切换配置
邻区配置
邻区关系配置
切换验证
兴城市Option2组网之漫游
切片业务的配置流程
5G核心网切片配置(PCF、NRF、AUSF中无须配置切片参数)
AMF切片参数配置
SMF切片参数配置
UDM切片参数配置
NSSF切片参数配置
UPF切片参数配置
5G无线侧切片参数配置
DU切片配置
CU切片配置
Qos业务配置(其中的Qos标识，需要与UDM切片配置中Qos对应)
5G承载网切片参数配置
如果选择实验模式进行网络验证，是不需要进行承载网配置的
终端切片参数配置
根据终端切片配置规划表，在软件中“网络优化”/“网络切片编排模块”进行配置，包含业务类型选择、切片编排信息、设备管理等内容
切片业务测试
切片参数优化，多为5G NR时延与丢包率优化
切片业务复测

项目 4.1 兴城市 Option2 组网之基础优化配置

完成兴城市 Option2 组网之基础优化配置，熟悉基础优化的配置流程。

任务 兴城市 Option2 组网之基础优化配置(X1、X4 测试点)

任务描述

以 X1 和 X4 两个测试点为例，完成基础优化配置，以使 X1 和 X4 两点信号质量良好。

任务分析

仿真软件中的基础优化就是优化课程中常说的定点测试，基础优化的前提是测试点所在小区的注册、会话业务验证成功。因此，在进行基础优化数据配置之前，需要先进行测试点所属小区的业务验证，分别拖动移动终端到 X1、X4 测试点所在的无线小区进行业务验证，保证移动终端在 X1、X4 测试点所在的无线小区注册、会话验证通过。

基础优化定点测试的配置流程如下：① 前提验证；② 站点选址；③ DU 功能配置；④ 物理信道配置；⑤ 测量与定时器开关之 RSRP 测量配置；⑥ 测量与定时器开关/小区业务参数之波束配置；⑦ CU/gNBCUCP 功能之 NR 重选配置；⑧ CU/gNBCUCP 功能/增强双连接功能；⑨ 终端配置及定点测试；⑩ 参数优化。在“网络调试”/“网络优化”界面左侧单击“基础优化”按钮，选择“兴城市”选项，可看到界面有 X1～X6 等 6 个测试点分布，如图 S4-1 所示。下面以 X1 和 X4 两个测试点的基础优化配置为例进行说明。

图 S4-1 X1～X6 测试点分布

任务实施

1. 前提验证

只有注册、会话验证通过，才能进行信号质量的优化，所以在优化数据配置之前须先进行 X1 和 X4 两个测试点所在无线小区的业务验证。首先将测试手机移动至两个测试点所在小区内，单击右上角的“终端信息”按钮，进行终端信息填写；然后依次单击电源开关图标 、连接图标 ，启动注册验证、会话业务验证[流程参见实战演练 3 项目 3.3 任务 4(兴城市 Option2 组网之网络调试)]。

2. 站点选址

在仿真软件界面的任务栏中选择“网络规划”/“站点选址”选项，进入站点选址界面，如图 S4-2 所示。在菜单栏中选择“兴城市”选项，可以看到其中有多个地标点。地标是站址的候选位置，站址的选择应尽量靠近测试点，如图 S4-2 中的站点位置在 X1 和 X4 两个测试点之间。站址选择完成之后，需要在设备资源池中再选择合适的站型进行站点建设。

图 S4-2　站点选址界面

设备资源池中有铁塔、楼顶铁塔、美化树、楼顶管塔及管塔等 5 种塔型可供选择。因为兴城为大型城市，高楼林立，所以此处选择楼顶塔，将塔拖动至补充指定位置，松开鼠标即完成站点建设。

如何对站点进行基本的工程参数配置呢？单击刚刚部署的铁塔，可以看到有塔高、3 个扇区方位角、下倾角的配置，这里选择默认值，如表 S4-1 所示。如果默认值不合适，可以根据需要进行调整。

表 S4-1 站点铁塔的塔高、方位角以及下倾角的默认值

参 数	默认值
塔高/m	10
扇区 1 方位角/(°)	0
扇区 1 下倾角/(°)	3
扇区 2 方位角/(°)	120
扇区 2 下倾角/(°)	3
扇区 3 方位角/(°)	240
扇区 3 下倾角/(°)	3

3. DU 功能配置

进入兴城市 B 站点无线网机房的“网络配置”/“数据配置”界面，在网元配置菜单栏中选择“ITBBU”选项，在配置选项菜单栏中选择“DU 功能配置”/“Qos 业务配置”选项，进行 Qos 业务配置。

此处需要进行 3 条 Qos 业务配置，以对应核心网“UDM”/“DNN 管理”配置的 Qos 分类识别码。DNN 管理配置的 Qos 分类标识分别为 1、5、8，其对应的业务类型名称、业务承载类型等信息如表 S4-2 所示。如果在完成基础业务验证前已经添加过此信息，则此处可以省略。

表 S4-2 Qos 业务配置参数

5G 的 Qos 业务配置项目	取 值		
Qos 分类标识	1	5	9 或 8
业务类型名称	VoIP	IMS signaling	VIP default bearer
业务承载类型	GBR(Guaranteed Bit Rate，保证比特速率)	Non-GBR(不保证比特速率)	Non-GBR
Qos 标识类型	5QI	5QI	5QI
业务数据包 Qos 延时参数	1	1	1
丢包率	1	1	1
业务优先级	1	1	1

4. 物理信道配置

仿真软件中，在完成定点测试业务前，需要配置所有的物理信道。

1) PUCCH 信道配置

在“ITBBU”/“DU”/“物理信道配置”/“PUCCH 信道配置”配置界面添加 3 个 PUCCH，以对应 3 个无线小区。3 个无线小区的 DU 小区标识不能重复，按照规划分别为 1、2、3，

其他参数取默认值，如图 S4-3 所示。

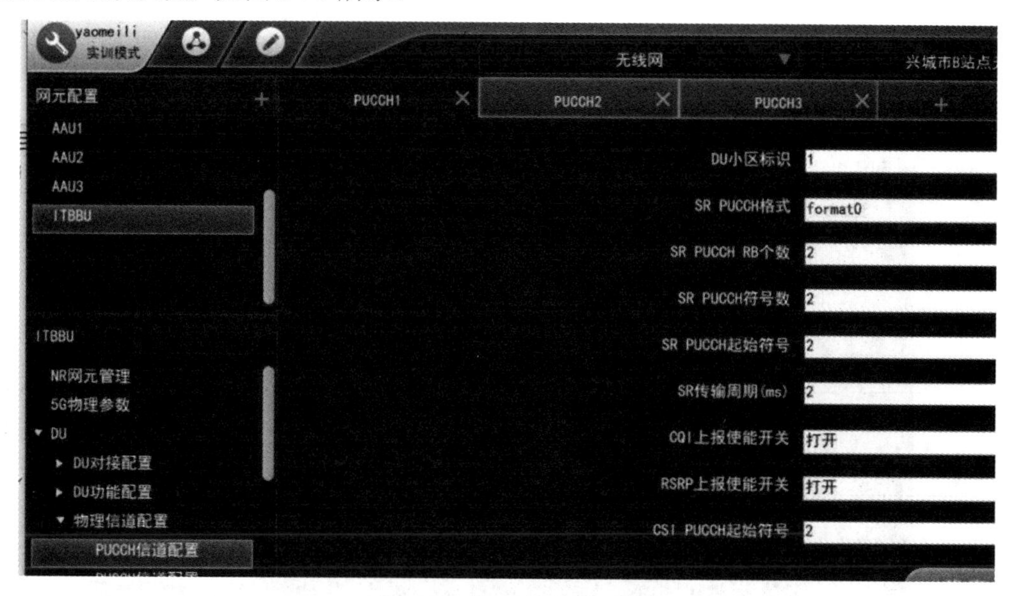

图 S4-3　PUCCH 信道配置

2) PUSCH 信道配置

在“ITBBU”/“DU”/“物理信道配置”/“PUSCH 信道配置”配置界面添加 3 个 PUSCH，以对应 3 个无线小区。3 个无线小区的 DU 小区标识分别为 1、2、3，其他参数取默认值，如图 S4-4 所示。

图 S4-4　PUSCH 信道配置

3) PRACH 信道配置以及 SRS 公用参数

在实战演练 3 进行基础业务验证前已经添加过此信息，所以此处无须添加。

4) PDCCH 信道配置

在“ITBBU”/“DU”/“物理信道配置”/“PDCCH 信道配置”配置界面添加 3 个 PDCCH，以对应 3 个无线小区。3 个无线小区的 DU 小区标识分别为 1、2、3，其他参数取默认值，如图 S4-5 所示。

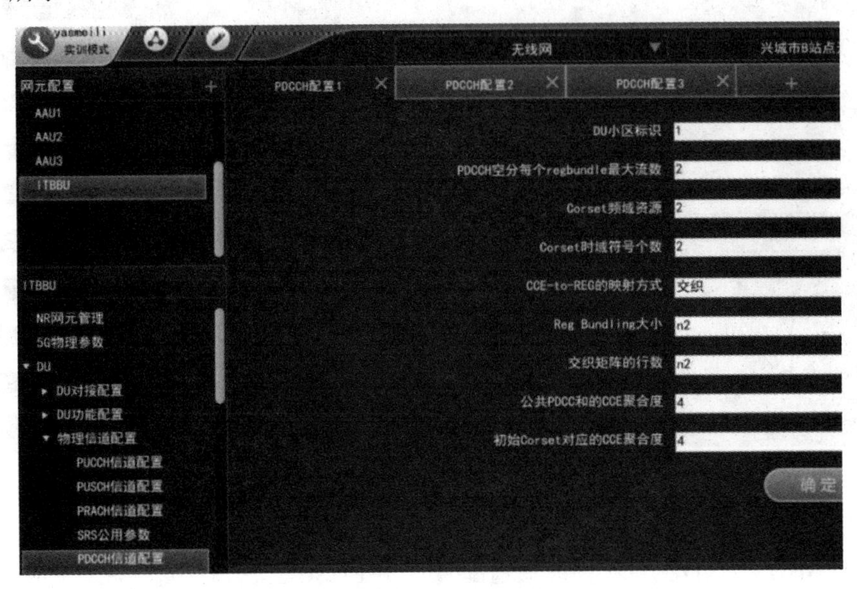

图 S4-5　PDCCH 信道配置

5) PDSCH 信道配置

在“ITBBU”/“DU”/“物理信道配置”/“PDSCH 信道配置”配置界面添加 3 个 PDSCH，以对应 3 个无线小区。3 个无线小区的 DU 小区标识分别为 1、2、3，其他参数取默认值，如图 S4-6 所示。

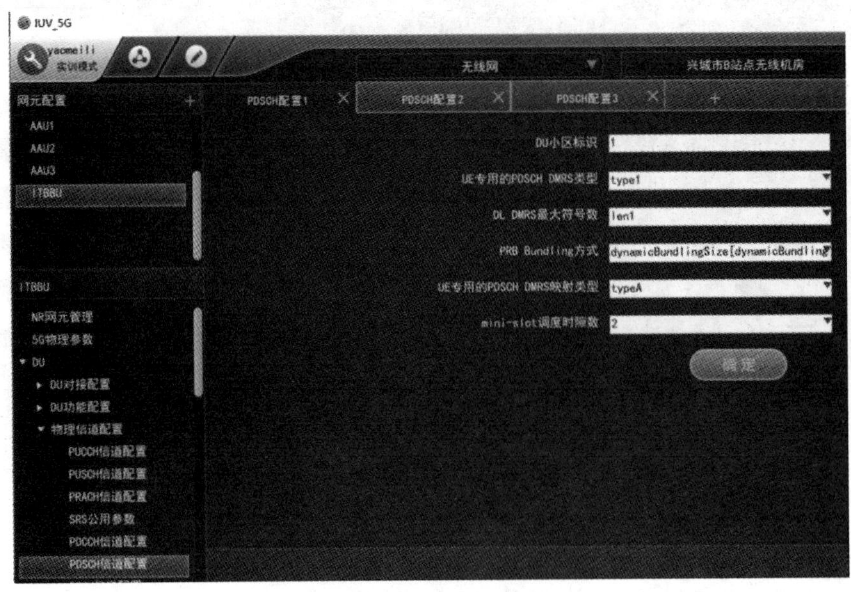

图 S4-6　PDSCH 信道配置

6) PBCH 信道配置

在“ITBBU” / “DU” / “物理信道配置” / “PBCH 信道配置”配置界面添加 3 个 PBCH，以对应 3 个无线小区。3 个无线小区的 DU 小区标识分别为 1、2、3，其他参数取默认值，如图 S4-7 所示。

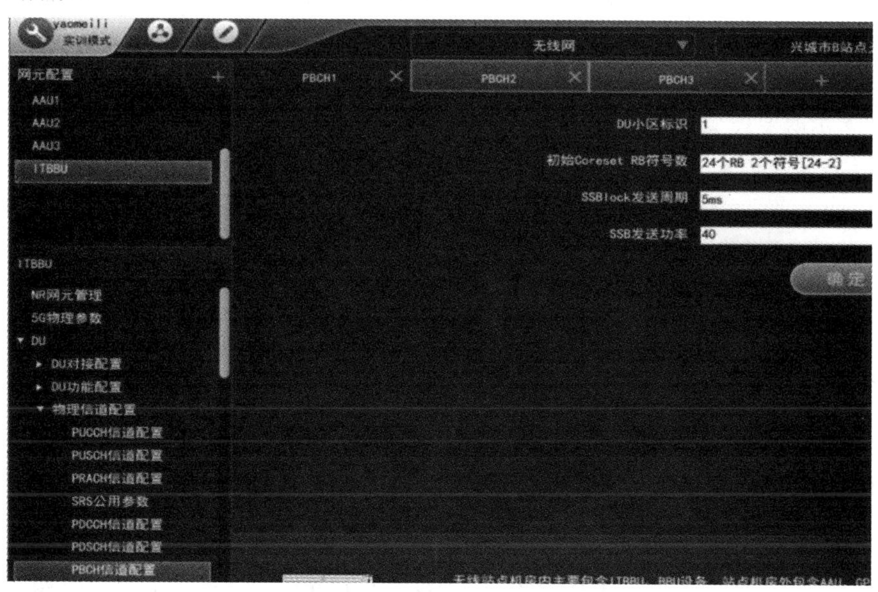

图 S4-7　PBCH 信道配置

5. 测量与定时器开关的 RSRP 测量配置

在“ITBBU” / “DU” / “测量与定时器开关” / “RSRP 测量配置”配置界面增加 3 条 RSRP 测量配置，对应 3 个无线小区。这 3 个无线小区的 DU 小区标识分别为 1、2、3，测量上报量类型应选择“SSB RSRP”或者“SSB AND CSI RSRP”，其他参数取默认值，如图 S4-8 所示。

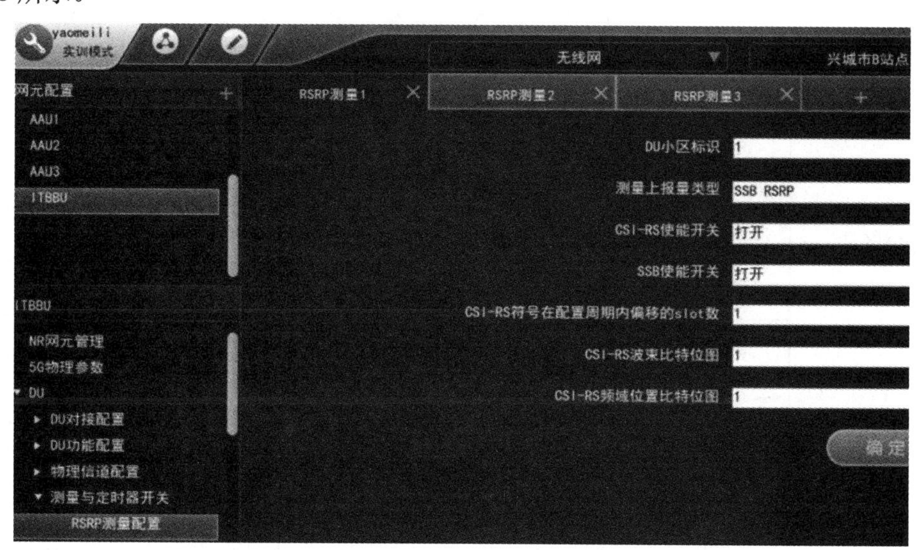

图 S4-8　RSRP 测量配置

6. 测量与定时器开关/小区业务参数的波束配置

如何保证两测试点(X1、X4)以及中间区域都有波束信号呢？在“网络调试”/“网络优化”界面单击“基础优化”按钮，在界面上方选择“兴城市”选项，可看到X1、X4的位置。在前面站点选址的工程参数规划中，扇区1的方位角为0°，扇区2的方位角为120°，据此可以判断X1、X4大致的方位角，X1测试点的方位角大约为60°，X4测试点的方位角大约为120°。为保证两测试点(X1、X4)以及中间区域都有波束信号，在小区1、小区2分别添加3条波束，小区1波束配置如表S4-3所示，小区2波束配置如表S4-4所示。

表S4-3　小区1波束配置

小 区	波 束	参　数	取 值
小区1	波束0	方位角/(°)	20
		下倾角/(°)	0
		水平波宽/垂直波宽/(°)	40/30
	波束1	方位角/(°)	50
		下倾角/(°)	0
		水平波宽/垂直波宽/(°)	40/65
	波束2	方位角/(°)	80
		下倾角/(°)	0
		水平波宽/垂直波宽/(°)	40/65

表S4-4　小区2波束配置

小区	波 束	参　数	取 值
小区2	波束0	方位角/(°)	20
		下倾角/(°)	0
		水平波宽/垂直波宽/(°)	40/60
	波束1	方位角/(°)	50
		下倾角/(°)	0
		水平波宽/垂直波宽/(°)	30/35
	波束2	方位角/(°)	80
		下倾角/(°)	0
		水平波宽/垂直波宽/(°)	40/35

首先在小区1添加3条波束，在“DU”/“测量与定时器开关”/“小区业务参数配置”界面手动添加波束，波束的方位角、下倾角、水平波宽/垂直波宽等配置如表S4-3所示。添加波束配置时，最后一列“是否有效”应选择“是”选项，如图S4-9所示。

图 S4-9　小区 1 波束配置界面

其次在小区 2 添加 3 条波束，其方位角、下倾角、水平波宽/垂直波宽等配置如表 S4-4 所示。

7. CU/gNBCUCP 功能之 NR 重选配置

在“ITBBU”/“CU”/“gNBCUCP 功能”/“NR 重选”配置界面进行 NR 重选配置。若两个小区的中心载频取值相同，则两小区为同频小区，同频小区间重选则只看同频相关的参数。小区重选要遵循 R 准则，通常按图 S4-10 中所示经验值配置即可成功。

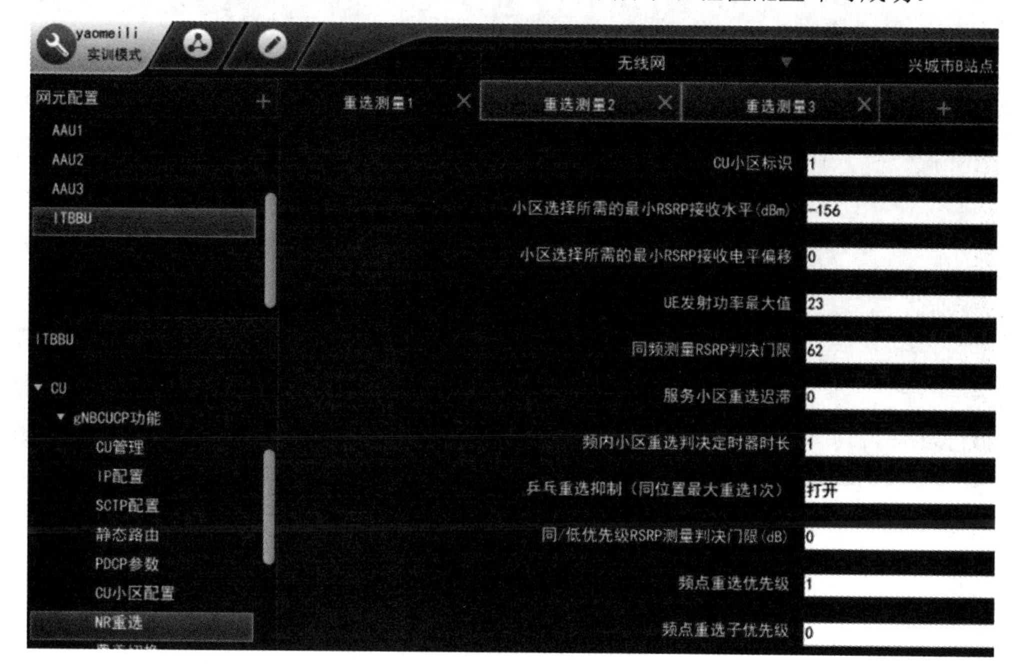

(a) 小区 1 的 NR 重选配置

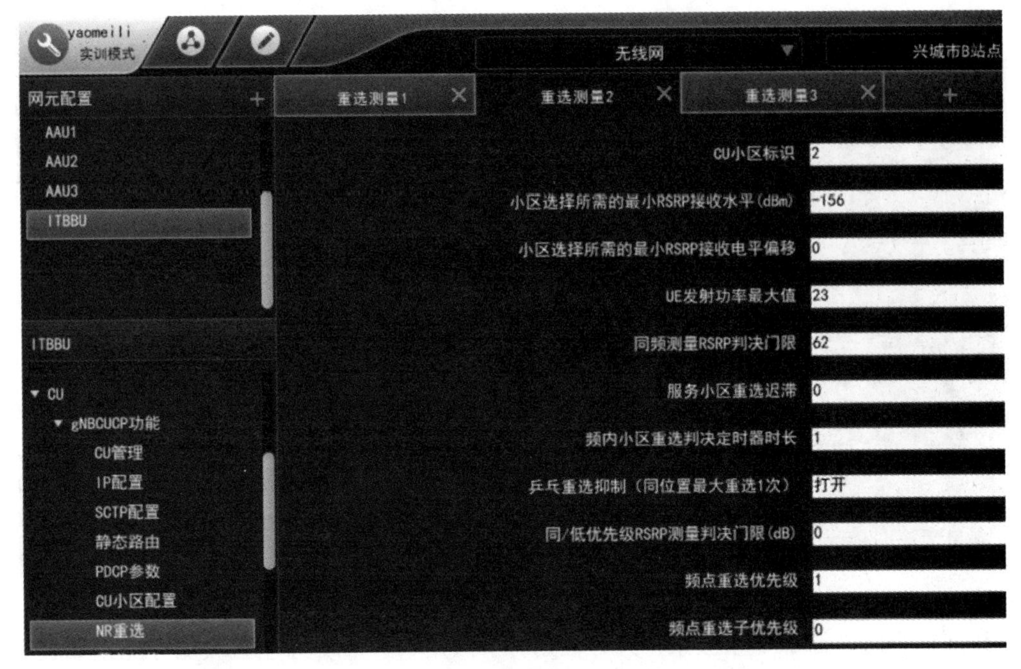

(b) 小区 2 的 NR 重选配置

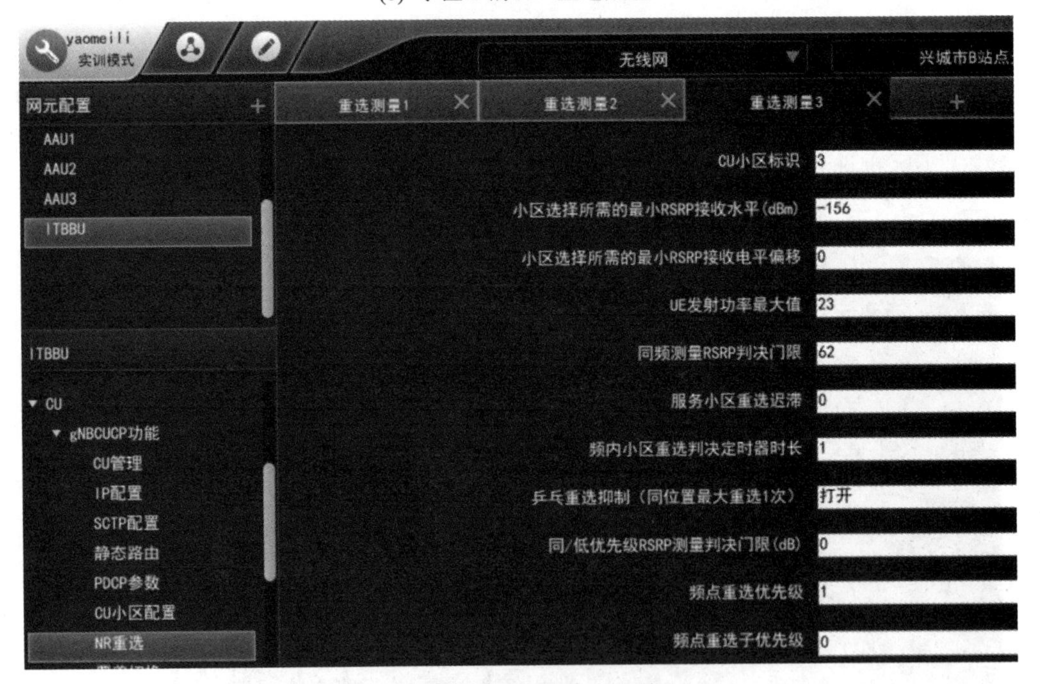

(c) 小区 3 的 NR 重选配置

图 S4-10　NR 重选配置界面

8. CU/gNBCUCP 功能/增强双连接功能

进行非独立组网时必须配置增强双连接功能，独立组网时可以省略。注意，第一项门限取值应尽量小，如此才能尽快地释放。Qos 分割比例越大，5G 的传输速率就越大，一般

设置成 90 或者 80，表示 5G 传输速率占总传输速率的 90%或 80%。

9. 终端配置及定点测试

(1) 在“网络调试”/“网络优化”界面单击左上方的手机图标，配置手机的收发模式为 64T64R，其他参数与核心网的数据配置一致，如图 S4-11 所示。

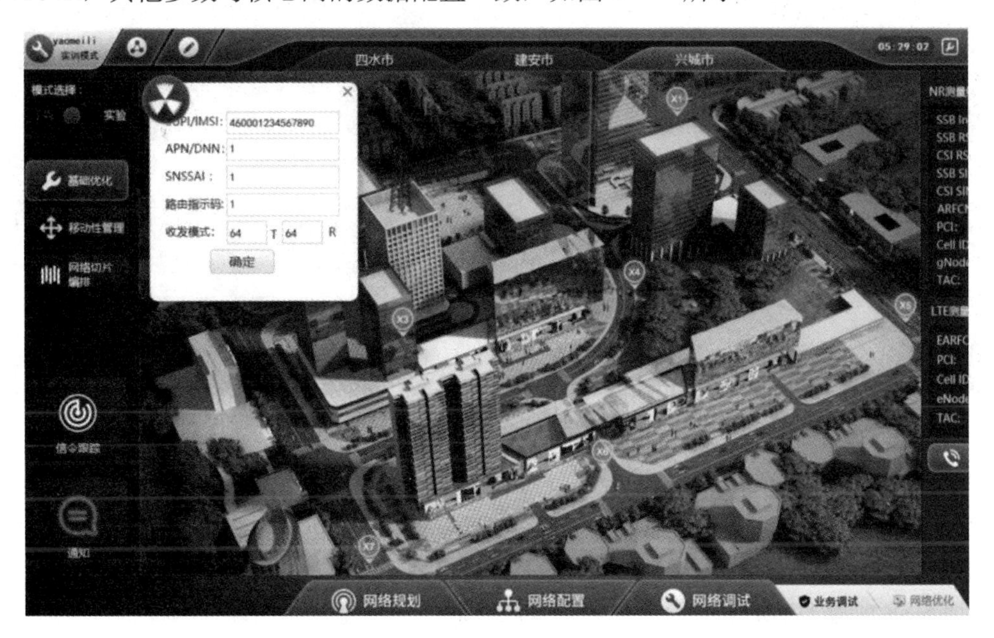

图 S4-11　终端配置及定点测试界面

(2) 将终端分别拖到测试点 X1、X4 处，单击测试界面右下角的语音、视频、直播业务按钮，可以测试业务效果。图 S4-12 是测试点 X1 处视频业务测试界面，图 S4-13 是测试点 X4 处直播业务测试界面。如 3 项业务都能正常进行，则说明配置正确。

图 S4-12　测试点 X1 处视频业务测试界面

图 S4-13　测试点 X4 处直播业务测试界面

10. 参数优化(以速率过低为例)

如果语音验证能通过，但是视频和直播不流畅，则说明网络速率较低。影响网络速率的因素很多，在仿真软件中主要有以下几个方面：

(1) HSS 或者 UDM 中关于速率的配置以及 DU 对接配置中的以太网速率。也就是说，HSS 中上下行的 APN AMBR 和 UE AMBR 速率、UDM 中上下行的 Session AMBR 和 UE AMBR 速率、DU 对接配置中的以太网速率这三个速率中，其最小值决定了业务验证时的网络运行速率。

(2) “DU 测量与定时器开关”/“小区业务参数”配置界面中的帧结构配置的上行、下行符号数比例也影响上行、下行速率，直播时对上行速率要求较高，观看视频时对下行速率要求较高。

(3) 终端的 MIMO 模式。

(4) DU 小区中的 BWPUL 和 BWPDL 中的 RB 数量。

项目 4.2　兴城市 Option2 组网之重选配置

本项目通过兴城市 Option2 组网之重选配置，介绍重选配置流程。

任务　兴城市 Option2 组网之重选配置(X1、X4 测试点)

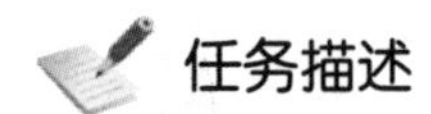

任务描述

以 X1 和 X4 两个测试点为例，完成两点之间的重选配置。

任务分析

要实现重选，需要满足如下 3 个条件：① 参加重选的两点必须属于不同的小区，如 X1 点属于兴城市 B 站点的小区 1，X4 点属于兴城市 B 站点的小区 2；② 在重选配置之前，两个小区的注册、会话业务都要验证通过；③ 要求从 X1 到 X4 点整条路径上都有信号波束，即路径上的信号是连续的，如果不满足要求则须通过优化实现。

具备以上 3 个前提条件，再进行正确的重选配置后，终端从 X1 点移动到 X4 点，才会引发重选的测量和判决，从而启动重选接入合适的小区。

在仿真软件中，重选需要进行如下配置：① 全部物理信道配置；② 测量与定时器开关配置；③ 在 CUCP 功能配置中进行 NR 重选配置。

> **小贴士：**
>
> 重选配置完成后再进行重选测试，经常会因为移动路径上波束的不连续而使测试失败，此时需要进行波束的参数调整，调整后再次进行测试，以保证波束的连续。

任务实施

1. 基础保障验证

首先要保证进行重选测试的两点属于两个不同的小区，并且两个小区的注册、会话业务须验证成功；其次要保证两点的定点测试能够成功。

在基础优化界面，将终端拖动到对应的测试点，右侧会显示此时的测量结果，重点关注终端接入的小区 ID 以及信号强度 RSRP 和信噪比 SINR。如图 S4-14 所示，X1 点的 Cell ID 是 1；X4 点的 Cell ID 是 2，RSRP 高于 −85 dBm，SINR 高于 30 dB。

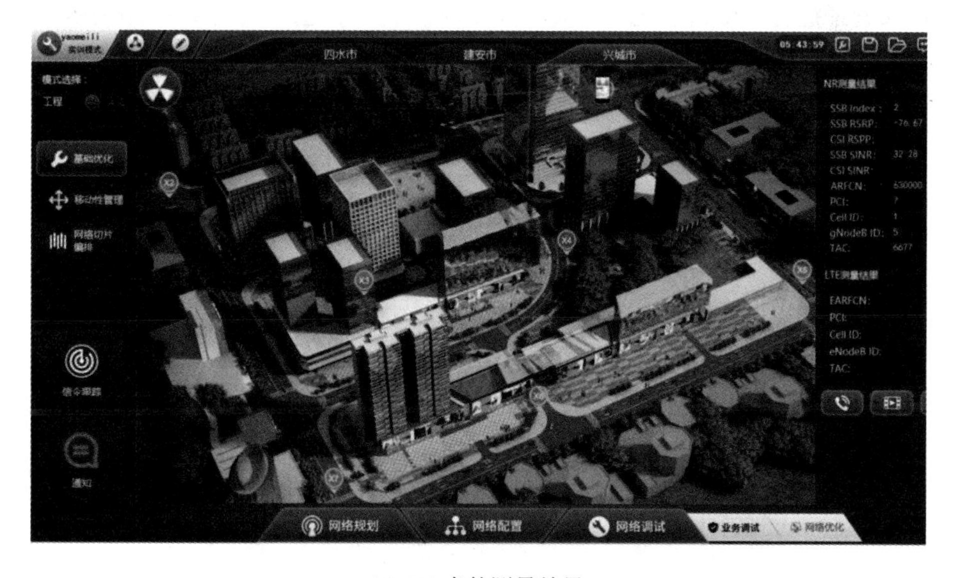

(a) X1 点的测量结果

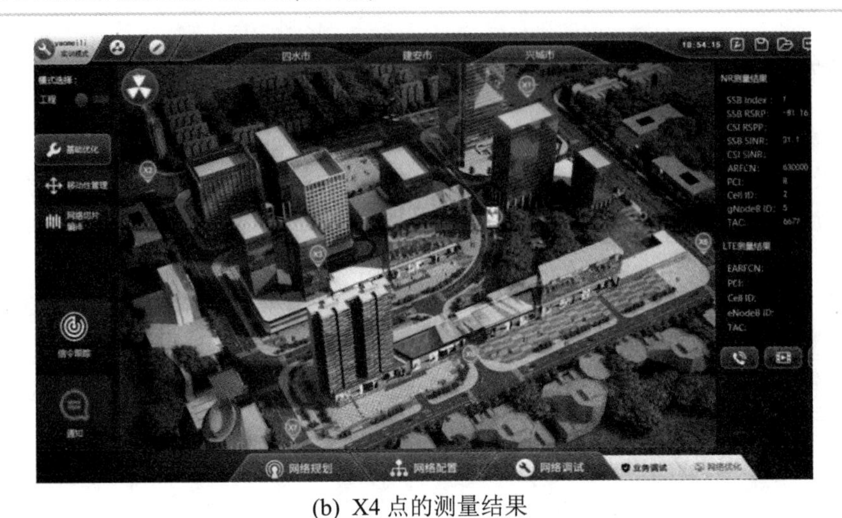

(b) X4 点的测量结果

图 S4-14　X1 点、X4 点的测量结果

2. 物理信道配置

在“ITBBU”/“DU”/“物理信道配置”/“PUSCH 信道配置”配置界面进行所有的物理信道配置。物理信道的配置解释详见项目 4.1 相关内容。仿真软件中，物理信道的大部分参数取默认值。

3. 测量与定时器开关/RSRP 测量配置

进行重选的测量和判决时，要遵循相应的 S 准则和 R 准则。这两条准则中有一个重要的参数：用户测量的 RSRP 值。因此，RSRP 测量配置中，一定要将测量上报类型选择为“SSB RSRP”或者“SSB AND CSI RSRP”，同时“SSB 使能开关”选择“打开”。此处需要配置 3 条 RSRP 测量，对应 3 个小区。

4. CUCP 中进行 NR 重选配置

在 CUCP 中进行 NR 重选配置，需要添加两个小区重选配置。如果两个小区的中心载频一致，则为同频重选，此时只看同频相关的参数；如果两个小区的中心频率不一致，则属于异频重选，此时需要关注异频相关的参数，参数常规取值如图 S4-15 所示。

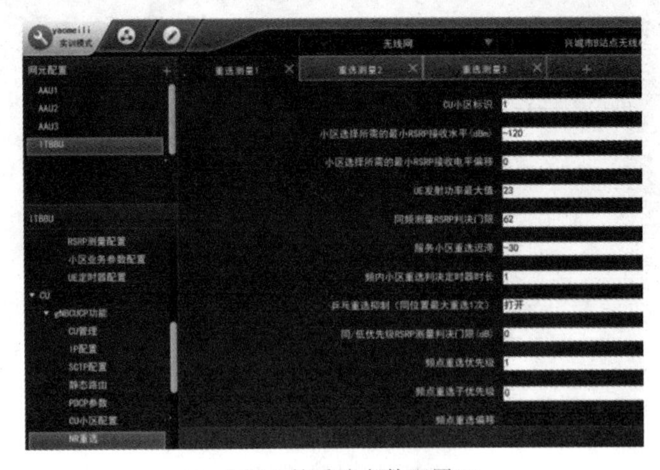

(a) 小区 1 的重选参数配置(1)

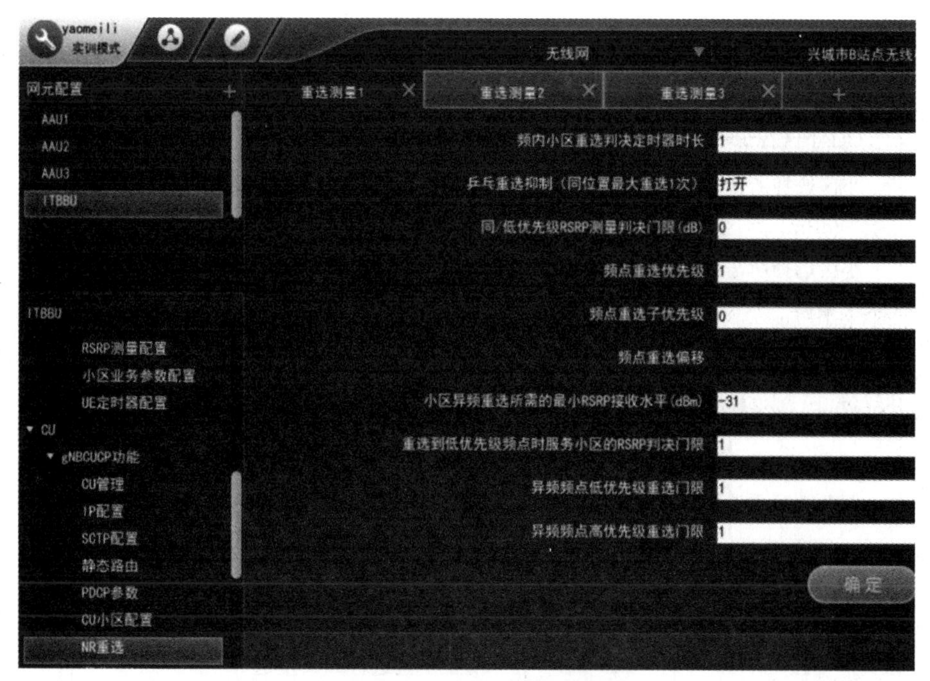

(b) 小区 1 的重选参数配置(2)

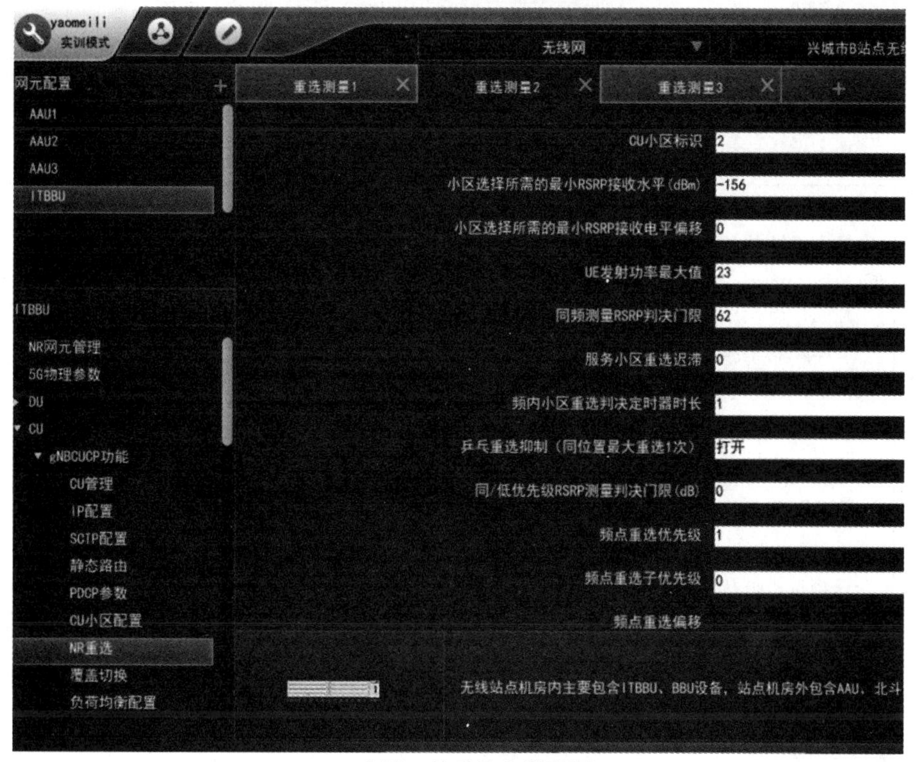

(c) 小区 2 的重选参数配置

图 S4-15　NR 重选配置

NR 重选参数配置非常重要，需要按照 S 准则和 R 准则进行，否则无法实现重选。仿真软件对 S 准则和 R 准则进行了适当的简化，其中涉及的参数说明和取值如表 S4-5 所示。

表 S4-5　NR 重选参数说明

参 数 名 称		参 数 说 明	取值
NR 重选配置	CU 小区标识	指示该 CU 小区的标识	1、2、3
	小区选择所需的最小 RSRP 接收水平(dBm)	小区在进行选择时所需要的 RSRP 最小接收水平	-130
	小区选择所需的最小 RSRP 接收水平偏移	小区在进行选择时所需要的 RSRP 最小接收水平的偏移	0
	UE 发射功率最大值	UE 所能发射功率的最大值	23
	同频测量 RSRP 判决门限	同频重选启动测量的门限，该值越大，重选测量启动越快	20
	服务小区重选迟滞	服务小区进行重选时的迟滞，该值越大，重选越不容易进行	-30
	频内小区重选判决定时器时长	同频小区进行重选判决时，依据此参数判断信号是否在该时间内好于本小区	1
	乒乓重选抑制(同位置最多重选一次)	防止小区进行乒乓重选	打开
	同/低优先级 RSRP 测量判决门限(dB)	异频小区重选至同/低优先级启动测量门限	0
	频点重选优先级	异频小区重选时频点重选的优先级	1
	频点重选子优先级	异频小区重选时频点重选的子优先级	0
	频点重选偏移	异频小区重选时频点重选的偏移量，可使相邻小区的信号质量被低估，延迟小区重选	0
	小区异频重选所需的最小 RSRP 接收水平(dBm)	小区异频重选所需的最小 RSRP 接收水平，小区满足选择或重选条件的最小接收功率级别值	-31
	重选到低优先级频点时服务小区的 RSRP 判决门限	重选到低优先级频点时服务小区的 RSRP 判决门限，该值越大，重选至低优先级小区越容易	1
	异频频点低优先级重选门限	异频频点低优先级重选门限，该值越大，重选至低优先级小区越困难	1
	异频频点高优先级重选门限	小区重选至高优先级的重选判决门限，该值越小，重选至高优先级小区越容易	1

5. 重选验证

在“网络调试”/“网络优化”界面单击“移动性管理”按钮，在实时业务菜单栏中选择“空载”选项，在移动路径的下拉框中选择从 X1 到 X4，单击“执行”按钮，显示重选次数及成功率。如重选成功率为 100%，则表示重选成功，如图 S4-16 所示。

图 S4-16　重选验证

小贴士：

如重选失败，可单击左下角的“通知”按钮，查看失败提示信息。重选失败的常见表现是终端移动过程中波束不连续导致终端停滞在某点，此时需要返回数据配置，在“DU”/“测量与定时器开关”/“小区业务参数配置”配置界面中，在失败的小区内添加指向终端停止位置的波束即可。注意，波束方向一定要结合站点选址中基站的方位角来确定。

项目 4.3　兴城市 Option2 组网之切换配置

本项目通过兴城市 Option2 组网之切换配置，介绍切换配置流程。

任务　兴城市 Option2 组网之切换配置(X1、X4 测试点)

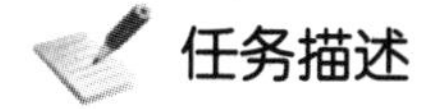

任务描述

以 X1 和 X4 两个测试点为例，完成终端从 X1 到 X4 的切换。

任务分析

要实现切换，需要满足如下 3 个条件：① 预备切换测试的两点需要在不同的小区中(因为仿真软件中只支持跨小区的切换)，并且两点间的连线上都有信号波束；② 切换测试的两点所在小区需要业务验证成功；③ 切换测试的两点需要定点测试成功。也就是说，首先

X1 位于小区 1，X4 位于小区 2 中，分属于不同小区；其次测试点所在的两个小区业务应会话业务验证成功；最后在优化界面对 X1 和 X4 点进行定点测试时能通过，而且从 X1 到 X4 的运动轨迹上波束连续。

在仿真软件中完成切换需要进行如下配置：首先结合站点选址进行波束配置，然后在 CUCP 中进行覆盖切换、邻区配置、邻区管理配置，最后进行移动管理测试。

任务实施

1. 切换前提验证

切换前提是两个测试点需要分别位于不同小区，且移动路径上波束连续。因此，在配置前首先要在网络优化界面检查并验证这一点，如果移动路径上波束不连续，则需要进行波束配置。

在“ITBBU” / “DU” / “测量与定时器开关” / “小区业务参数配置”配置界面，分别在对应小区添加波束，波束配置需要结合站址选择时为基站规划的天线方位角和下倾角进行，一般需要反复配置并验证才能达到要求。波束配置时尤其要注意波束的实际方向是在小区规划的方位角基础上再加上波束的方位角。例如，基站小区 1 的方位角为 0°，小区 1 配置的一个波束方位角为 80°，则此波束方位角的绝对值为 0° +80°；再如，小区 2 的方位角为 120°，小区 2 配置的一个波束方位角为 30°，则此波束方位角的绝对值为 120° +30°。除了角度外，还需考虑波束的水平波宽/垂直波宽的配置。

2. 覆盖切换配置

切换测量触发的事件很多，仿真软件中只考虑了 A3、A4 和 A5，如果配置为同频小区，则为同频切换。基于 A3 事件同频切换只与同频切换 A3 的偏移、同频切换 A3 的判决迟滞等参数有关；如果是异频切换，则需要结合具体的事件(如 A3、A4 或 A5)进行配置，参数较多。参数设置合适才容易触发切换，否则会难以触发，导致切换失败。在“ITBBU” / “gNBCUCP 功能” / “覆盖切换”配置界面，两个测试点所属小区的切换参数经验值设置如图 S4-17 所示。

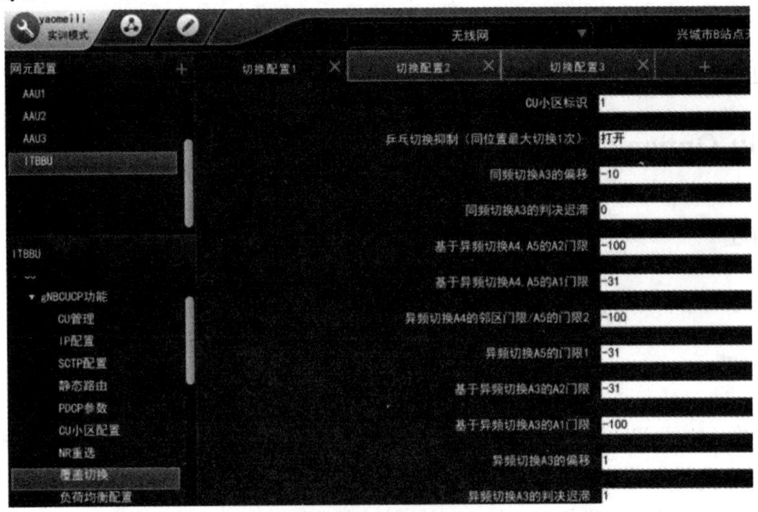

(a) 覆盖切换参数配置(1)

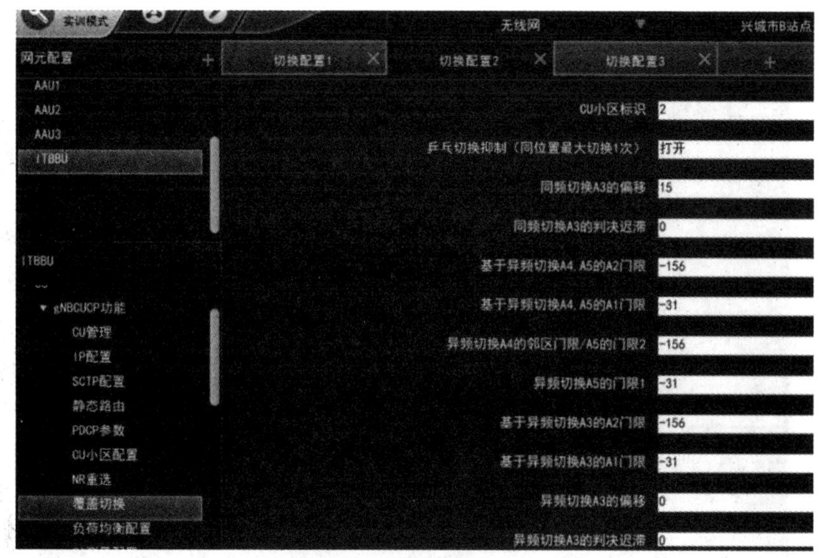

(b) 覆盖切换参数配置(2)

图 S4-17　覆盖切换配置

3. 邻区配置

在仿真软件中，邻区配置是基于基站进行的，以让基站获知所有邻区的基本信息，故需要将所有可能的邻区都进行配置。由于仿真软件目前只支持同站内 3 个小区间切换，因此需要把本站的 3 个小区都进行配置。如果仅完成指定的 2 个点切换，可以简化流程，只配置 2 个测试点对应的小区。在“ITBBU”/“gNBCUCP 功能”/“邻区配置”配置界面设置参数，如图 S4-18 所示。

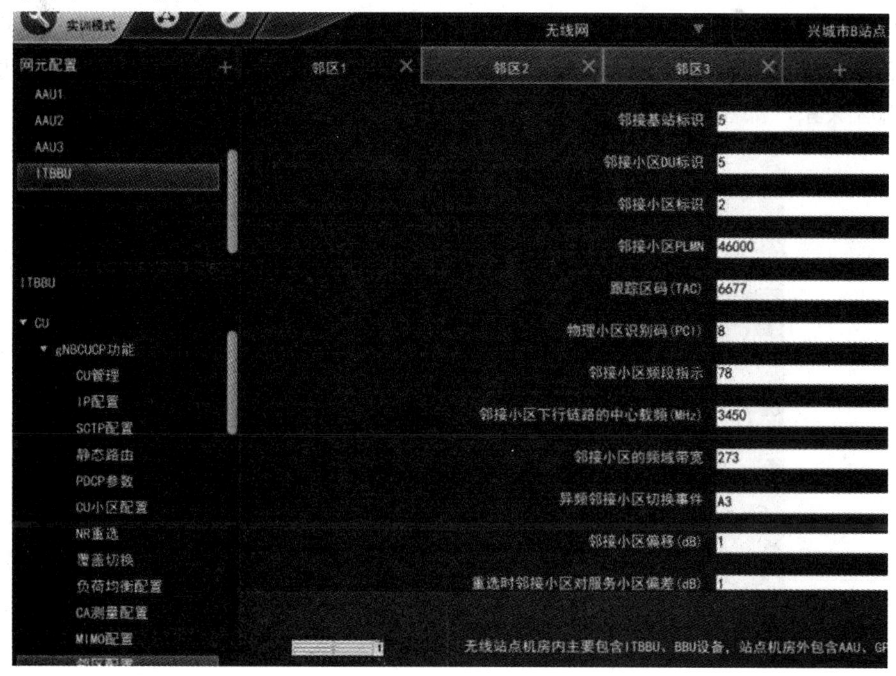

(a) 邻区 1 配置

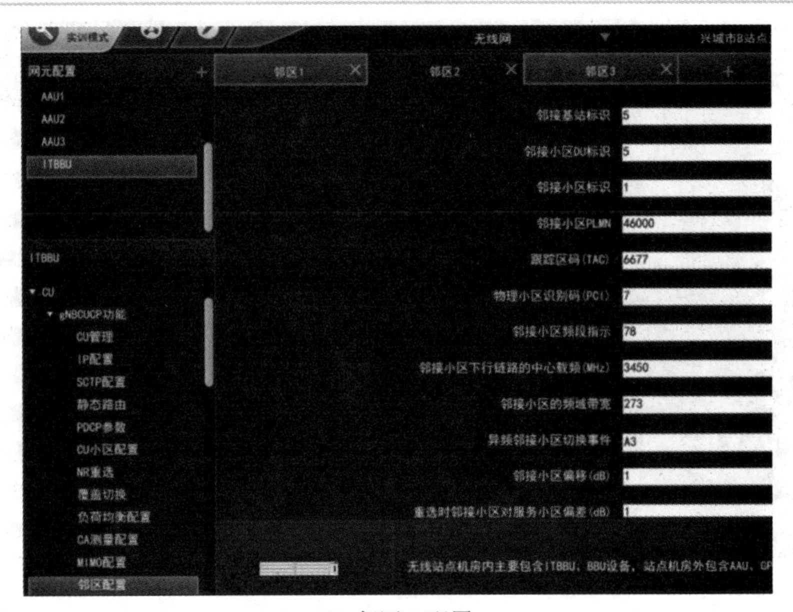

(b) 邻区 2 配置

图 S4-18　邻区配置

4. 邻区关系配置

覆盖切换配置仅使基站获知了邻区的信息，但是基站并不知道哪些小区之间存在着邻区关系，因此需要进行邻区关系配置。

在“ITBBU”/“gNBCUCP 功能”/“邻区关系配置”配置界面为每个本地小区配置与之相邻的邻区，如果一个本地小区有多个邻接小区，则可以一次性配置多个邻区。注意，NR 邻接小区的格式是“邻接小区的 DU 标识-DU 小区标识”(用短线分隔)。如果仅做指定两点的切换，可只配置那两点对应的小区。例如，本任务中只需要配置 X1 和 X4 两点所在小区的邻区关系，如图 S4-19 所示。

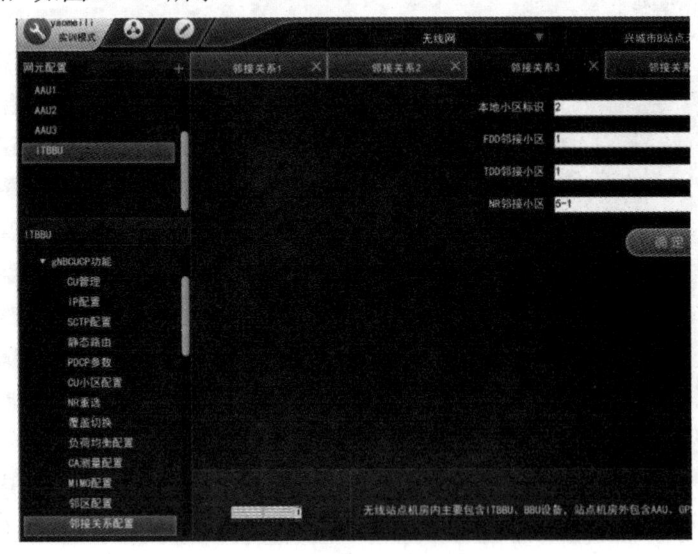

(a) 邻接关系 3 配置

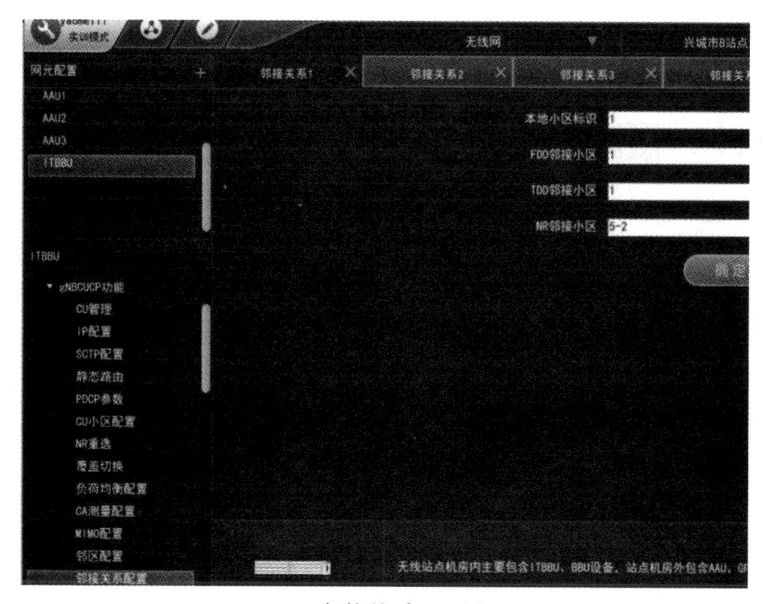

(b) 邻接关系 1 配置

图 S4-19　邻区关系配置

5. 切换验证

在“网络调试”/“网络优化”界面单击“移动性管理”按钮，在实时业务菜单栏中选择除“空载”以外的任意选项，即 FTP 下载、FTP 上传、语音均可以选择。在界面上方的菜单栏中选择“兴城市”选项，在移动路径的下拉框中选择从 X1 到 X4，单击“执行”按钮，会看到摩托车在两点之间移动。在“实时信息”状态栏中可以看到所占用小区波束、RSRP、SINR、使用的频点号等信息，在“结果分析”状态栏中可以看到切换请求次数、切换成功率等信息。如果切换成功率为 100%，即表明切换成功，如图 S4-20 所示。如果切换失败，则可以单击左下方的“通知”按钮，查看失败原因。切换失败的常见原因是波束不连续。

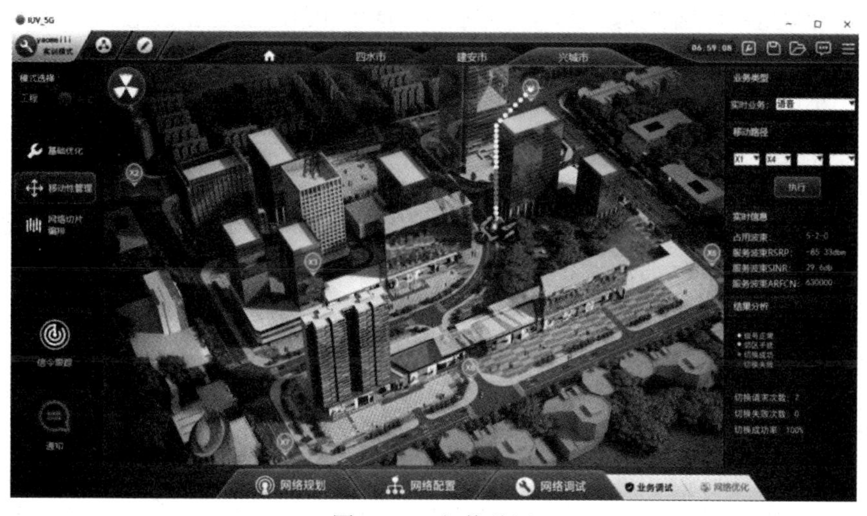

图 S4-20　切换验证

项目 4.4　漫游配置

终端跨越核心网时，为了保证通信的连续，需要开通漫游。

任务　终端跨越核心网移动时的漫游配置

任务描述

本任务讲述如何实现终端跨越核心网移动时的漫游配置。

任务分析

仿真软件中有 3 个城市(兴城市、建安市、四水市)，有 4 个无线站点(兴城市 B 站点、四水市 A 站点、建安市 B 站点、建安市 C 站点)，有 2 个核心网(建安市核心网、兴城市核心网)。其中，兴城市 B 站点、四水市 A 站点隶属于兴城市核心网，建安市 B 站点、建安市 C 站点隶属于建安市核心网。终端跨越核心网时，为了保证通信的连续，需要开通漫游。

每个城市建设的网络可能是 NSA Option3X，也可能是 SA Option2，所以仿真软件中存在 2 种相同模式网络之间的漫游(Option3X 之间的漫游、Option2 之间的漫游)，也存在不同模式网络之间的漫游(Option3X 与 Option2 之间的漫游)。

任务实施

1. Option3X(如兴城市)漫游到 Option3X(如建安市)

漫游两地市均为 Option3X 组网，此处以兴城市 B 站点的 XCB3 漫游到建安市的 JAC1 为例，两个小区分别隶属于兴城市、建安市两个核心网。要实现漫游，除了满足两个小区的业务验证都通过的前提条件，还需在 MME 和 HSS 进行如下配置。

(1) 在漫游地 MME 网元增加 3 条配置。在建安市 MME 网元配置过程如下：在“MME”/“HSS 对接配置”配置界面增加到归属地兴城市 HSS 的对接，对接配置包括 2 条信息。一条是 Diameter 连接，本端的偶联 IP 地址为建安市 MME 的 S6a 地址，对端为兴城市 HSS 的 S6a 地址，端口和域名自定义；另一条是号码分析，分析的号码其实就是兴城市的 PLMN。注意，这里的连接 ID 一定要与 Diameter 中的连接 ID 一致。

在“MME”/“路由配置”配置界面添加 1 条到兴城市 HSS 的 S6a 地址的路由，该路由可以设置默认路由替代。

(2) 在归属地 HSS 网元增加 2 条配置：一条是兴城市的 HSS 添加与建安市 MME 对接配置，此处的对接配置要建立和建安市 MME 的 Diameter 连接，端口、域名要与建安市

MME 到兴城市 HSS 的 Diameter 连接保持一致；另一条是将兴城市 HSS 路由配置添加到建安市 MME 的路由。

(3) 因为漫游一般是双向漫游，所以在兴城市的 MME 和建安市的 HSS 配置步骤要相同。

综上所述，漫游地和归属地都应增加 5 条配置：MME 网元与对方 HSS 的对接 3 条信息(Diameter 连接、号码分析、路由)、HSS 到对方 MME 的 2 条配置(对接、路由)。

2. Option2(如兴城市)漫游到 Option2(如建安市)

仿真软件中默认支持此类漫游，无须另外进行配置。

3. Option2(如兴城市)漫游到 Option3X(如建安市)

1) 漫游地(建安市)MME 网元配置

在漫游地 MME 网元中需要进行如下配置：

(1) 在“MME”/“HSS 对接配置”配置界面添加与对端 UDM 的连接，包括 2 条信息：一条是 Diameter 连接，本端偶联 IP 地址为漫游地 MME 的 S6a 地址，注意这里的对端为归属地的 UDM 服务端地址，对端端口为归属地的 UDM 服务端端口，应用属性为客户端，域名自定义，本端端口自定义；另一条是对漫游用户的分析号码，注意连接 ID 一定要与 Diameter 连接中的连接 ID 一致。

(2) 在漫游地“MME”/“路由配置”配置界面添加一条到归属地 UDM 的服务端地址的路由。

2) 归属地网元配置

在归属地 UDM 路由配置处添加 1 条到漫游地 MME 的 S6a 地址的路由。

4. Option3X(如建安市)漫游到 Option2(如兴城市)

1) 归属地 HSS 网元配置

归属地 HSS 网元中需要进行如下配置：

(1) 在归属地“HSS”/“与 MME 对接配置”配置界面增加 2 条 Diameter 连接，本端偶联 IP 地址为本端 HSS 的 S6a 地址，对端偶联 IP 分别为漫游地 AMF、SMF 服务端地址，对端端口分别为漫游地的 AMF、SMF 的服务端端口，偶联类型为服务器，本端端口自定义。

(2) 在归属地“HSS”/“路由配置”配置界面添加 2 条到漫游地 AMF、SMF 服务端的路由，亦可用默认路由替代。

2) 漫游地 AMF 与 SMF 配置

在漫游地 AMF、SMF 的路由配置中各添加 1 条到归属地 HSS 的 S6a 地址的路由。

5. 漫游测试

在“网络调试”/“网络优化”界面单击“移动性管理”按钮，再单击菜单栏中的“返回”按钮，进入漫游测试界面。在“移动路径”下拉框中选择从 XCB3 到 JAC1，单击“执行”按钮，可以看到漫游的实时信息及结果分析，如图 S4-21 所示。移动路径应选择相邻的不同核心网的小区，如 JAC1 到 XCB3。

图 S4-21　漫游验证

小贴士：

同种类型组网模式之间的漫游容易理解，而要想理解不同类型组网模式之间的漫游，则需要理解 4G 到 5G 核心网的演变。确切来说，是需要理解 AMF、SMF 与 MME 及 HSS 与 UDM 的渊源。

5G 核心网的大部分 NF 能在 4G 核心网中找到对应的功能实体：MME 中负责接入和移动性管理的功能独立出来，成为 5G 的 AMF；MME 中负责会话管理的功能与 SGW-C、PGW-C 合并成为 SMF，如图 S4-22 所示。MME 和 HSS 中关于用户鉴权的功能被抽取出来，合并成为 5G 的 AUSF；HSS 中剩余的用户数据管理功能独立成为 UDM；UDM 和 AUSF 配合工作，完成用户鉴权数据相关的处理，如图 S4-23 所示。

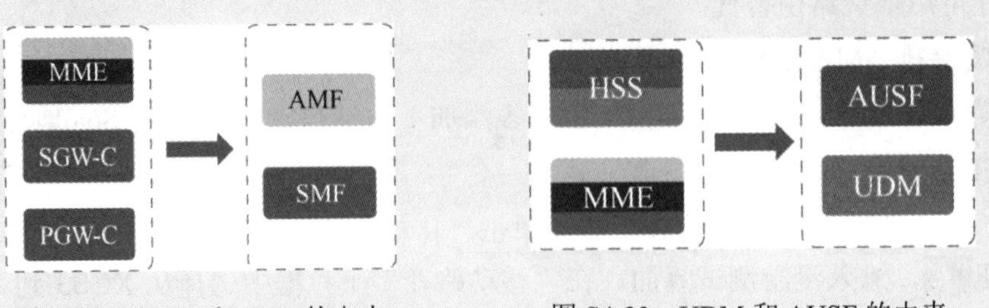

图 S4-22　AMF 和 SMF 的由来　　　　图 S4-23　UDM 和 AUSF 的由来

项目 4.5　切片业务配置

要实现切片，需要 5G 核心网的支持，故 Option2 和 Option4a(核心网均是 5G 核心网)的组网模式支持切片部署，而 Option3 网络(核心网是 EPC)不支持切片部署。IUV 公司的 5G 全网部署与优化仿真软件支持的切片有 4 种，并分布到 3 个城市，其中兴城市支持远程医疗，建安市支持自动驾驶和智慧路灯，四水市支持智慧农业。本项目在实战演练 3 的基础上进行切片配置，实现兴城市切片业务——远程医疗。

任务　兴城市远程医疗切片业务配置

任务描述

按照兴城市远程医疗(5G 体验馆)切片参数规划(表 S4-6)，完成兴城市网络切片业务配置。

表 S4-6　兴城远程医疗(5G 体验馆)切片参数规划

参数名称	取　值
业务 SNSSAI	1
默认 SNSSAI	1
业务 SST	uRLLC
业务 SD	远程医疗
DN 属性	医疗本地云
DU 分片 IP 地址	与 DU 的 IP 地址(30.30.30.30/24)在同一个网段，如 30.30.30.200
CU 分片 IP 地址	与 CUUP 的 IP 地址(50.50.50.50/24)在同一个网段，如 50.50.50.100

任务分析

要实现切片业务，需要满足如下两个条件：实施切片业务的场景所在小区注册和会话业务验证成功，网络基础优化验证通过并且信号强度和质量都比较好。以兴城市为例，其切片业务为远程医疗，在“5G 体验馆”大楼内部进行，则切片配置前须保证“5G 体验馆”所在小区的注册和会话业务验证成功，并且大楼内部区域的信号强度和质量都比较好。

切片实现需要核心网、承载网、无线接入网和终端的全面支持，配置流程如下：

(1) 5G 核心网切片参数配置。5G 核心网切片配置包括 5 个子项：AMF 切片参数配置、SMF 切片参数配置、UDM 切片参数配置、NSSF 切片参数配置、UPF 切片参数配置。由此可见，PCF、NRF、AUSF 中无须配置切片参数。

(2) 5G 无线侧切片参数配置。5G 无线侧切片参数配置包括 3 个子项：Qos 配置(Qos 业务配置中的 Qos 标识需要与 UDM 切片配置中的 Qos 对应)、DU 网络切片配置、网络切片配置。

(3) 5G 承载网切片参数配置。如果选择实验模式进行业务验证，则可以省略此步骤。

(4) 终端切片参数配置。根据切片配置规划表，在“网络优化”/“网络切片编排”界面进行配置，包含业务类型选择、切片编排信息、设备管理等内容。

(5) 切片业务测试。

(6) 切片参数优化。

(7) 切片业务复测。优化完成后需进行切片业务复测。例如，进行远程医疗业务复测，单击“开始手术”按钮，弹出手术界面，即表示远程医疗业务复测通过。

任务实施

切片业务

1. 5G 核心网切片参数配置

在数据配置界面的菜单栏中选择“网络选择”/“核心网”选项，在“请选择机房”下拉菜单中选择“兴城市核心网机房”选项，进入兴城市核心网机房数据配置界面，进行切片相关参数配置。

1) AMF 切片参数配置

AMF 有 2 项参数需要配置：AMF 切片策略中的 NSSF 地址配置和 SNSSAI 配置。

在网元配置菜单栏中选择“AMF”选项，在配置选项菜单栏中选择“切片策略配置”/“NSSF 地址配置”选项，弹出“NSSF 地址 1”表单，输入参数，如图 S4-24 所示。NSSF 地址配置中的客户端、服务端地址按照规划填写，NSSF 端口号取值为 3(遵循整个核心网控制面的端口号统一原则)。

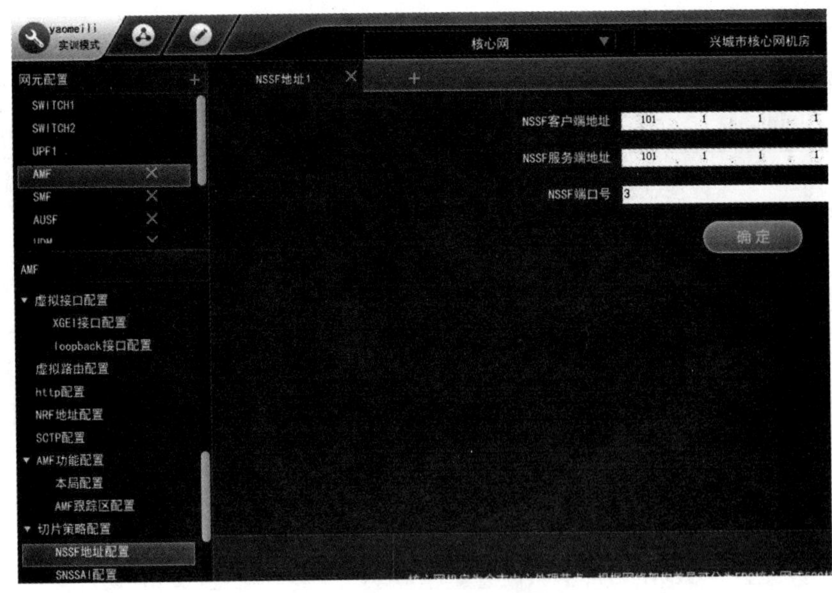

图 S4-24　NSSF 地址配置

在“AMF”/“切片策略配置”/“SNSSAI 配置”配置界面中，按照规划添加参数：SNSSAI

标识为 1，SST 为 uRLLC，SD 为远程医疗。

2) SMF 切片参数配置

SMF 切片参数配置包括 2 项：UPF 支持的 SNSSAI 配置和 SMF 支持的 SNSSAI 配置。在 UPF 支持的 SNSSAI 配置中，按照规划添加参数：UPF ID 为 1，SST 为 uRLLC，SD 为远程医疗；在 SMF 支持的 SNSSAI 配置中，按照规划添加参数：业务 SNSSAI 标识为 1，SST 为 uRLLC，SD 为远程医疗。

3) UDM 切片参数配置

(1) 在“UDM”/“用户签约配置”/“DNN 管理”配置界面中添加切片业务对应的 5QI 参数，如图 S4-25 所示。

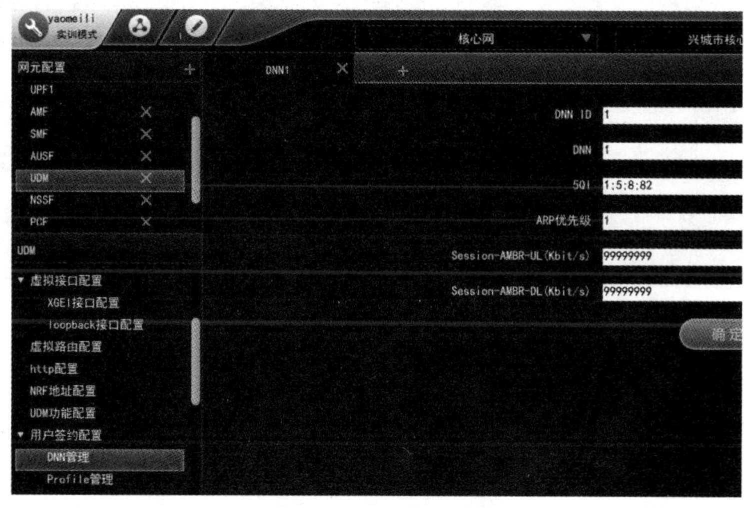

图 S4-25　DNN 管理配置

(2) 在“UDM”/“用户签约配置”/“切片签约信息”配置界面中添加切片签约信息，如图 S4-26 所示。其中，用户标识 SUPI 已经在“签约用户管理”中定义过，此处为引用，注意必须保持参数的一致性。

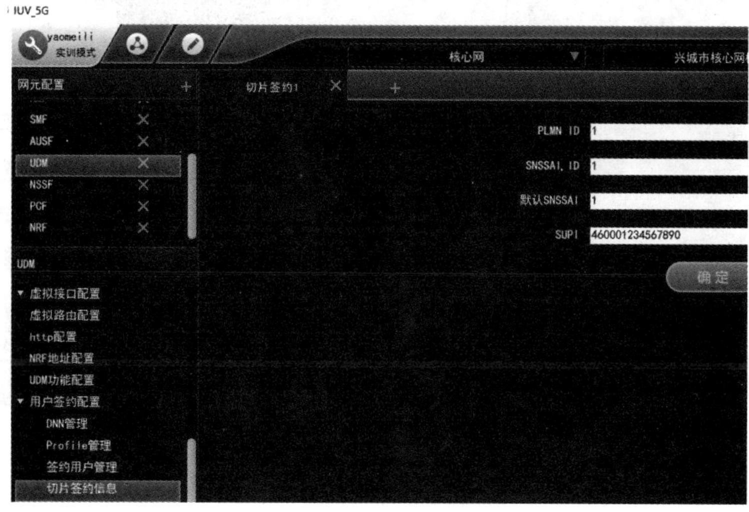

图 S4-26　切片签约信息配置

4) NSSF 切片参数配置

在“NSSF”/“切片业务配置”/“SNSSAI 配置”配置界面中添加参数，如图 S4-27 所示。

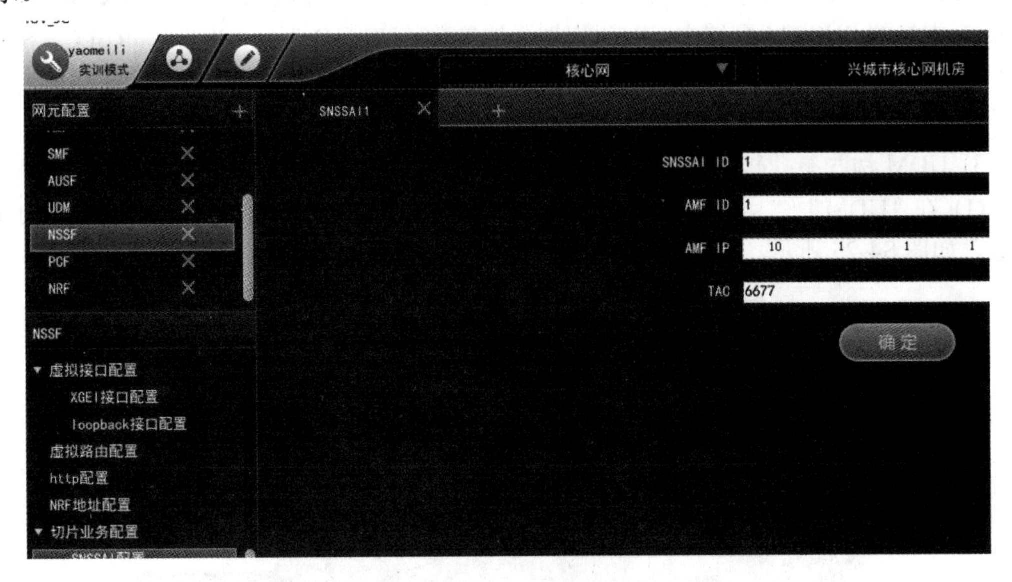

图 S4-27　SNSSAI 配置

5) UPF 切片参数配置

在“UPF”/“对接配置”配置界面中添加参数，如图 S4-28 所示。其中，DN 属性选择“医疗本地云”。

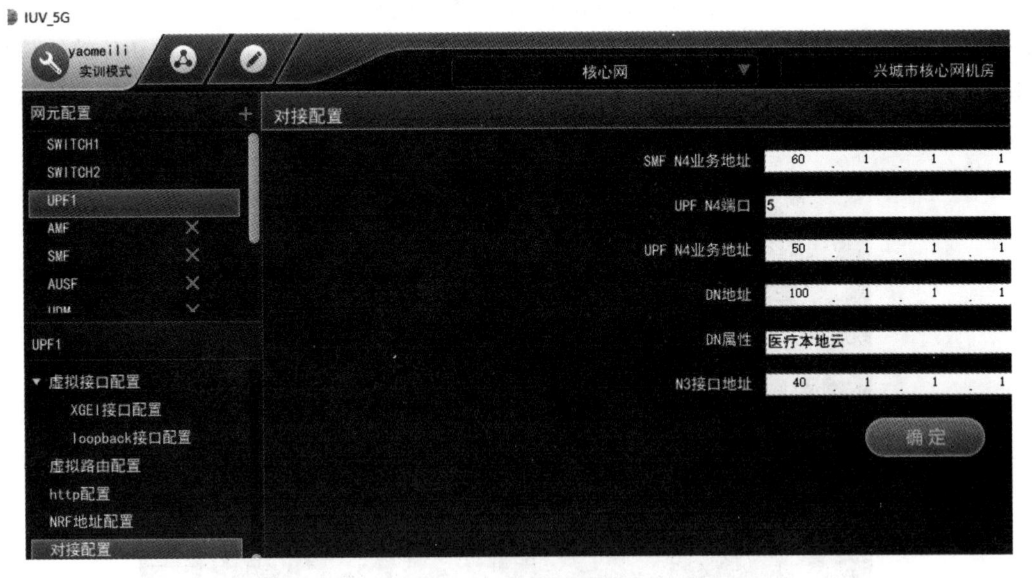

图 S4-28　对接配置

在“UPF”/“UPF 切片功能配置”配置界面中按照规划添加参数：SNSSAI 标识为 1；SST 为 uRLLC；SD 为远程医疗；分片最大上行速率在值域范围内取值，如 1000。

2. 5G 无线侧切片参数配置

5G 无线侧切片参数配置要规划 DU 分片 IP 地址和 CU 分片 IP 地址。一般情况下，分片 IP 地址和所在设备物理 IP 地址在同一网段内，所以 DU 分片 IP 地址规划为 30.30.30.200，CU 分片 IP 地址规划为 50.50.50.100(查阅规划，可见 DU 的 IP 地址为 30.30.30.30/24，CUCP 的 IP 地址为 40.40.40.40/24)。

1) Qos 配置

兴城市切片业务的 Qos 配置需要遵循表 S4-7。

表 S4-7　DU/DU 功能配置/Qos 配置信息

	参　数	取　值
DU/DU 功能配置	Qos 标识类型	5QI
	Qos 分类标识	82
	业务承载类型	Delay Critical GBR
	业务数据包 Qos 延迟参数	1
	丢包率	1
	业务优先级	1
	业务类型名称	Discrete Automation

在“ITBBU”/“DU”/“DU 功能配置”/“Qos 业务配置”配置界面中按照规划填写“qos4”表单：远程医疗切片对应的 Qos 标识类型为 5QI，Qos 分类标识为 82 或 83，业务承载类型为 Delay Critical GBR，业务类型名称为 Discrete Automation，如图 S4-29 所示。“QoS4”表单配置完成后，还需确认其是否与 UDM 中的 DNN 管理信息一致。

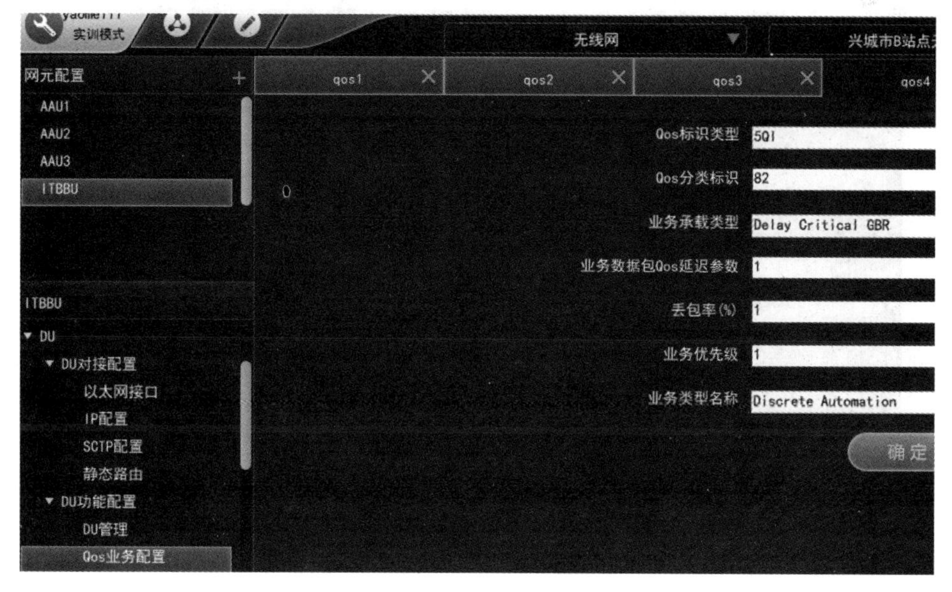

图 S4-29　Qos 配置

2) DU 网络切片配置

进行 DU 网络切片参数配置时，须保证区域内所有无线站点小区均支持规划的切片。一般情况下，分片 IP 地址和所在设备物理 IP 地址在同一网段内。在“ITBBU”/“DU”/“DU 功能配置”/“DU 网络切片配置”配置界面中填写参数，如图 S4-30 所示。其中，前 5 项按照规划填写，其余项在值域范围内取值。

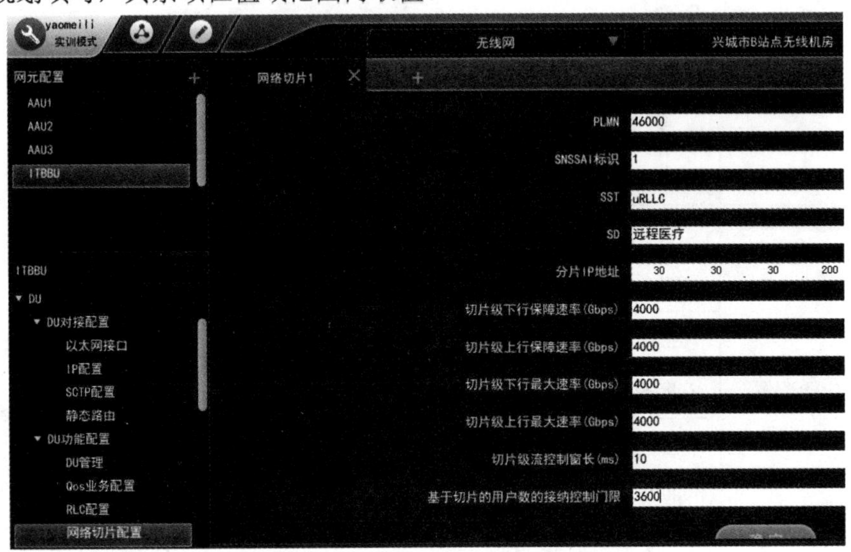

图 S4-30　DU 网络切片配置

3) 网络切片配置

CUUP 功能配置中的网络切片配置需要与 DU 中的切片配置参数保持一致，注意 IP 分片地址要与 CUUP 的 IP 地址在同一个网段内。在“ITBBU”/“CU”/“gNBCUUP 功能”/“网络切片”配置界面中按照规划填写参数，如图 S4-31 所示。

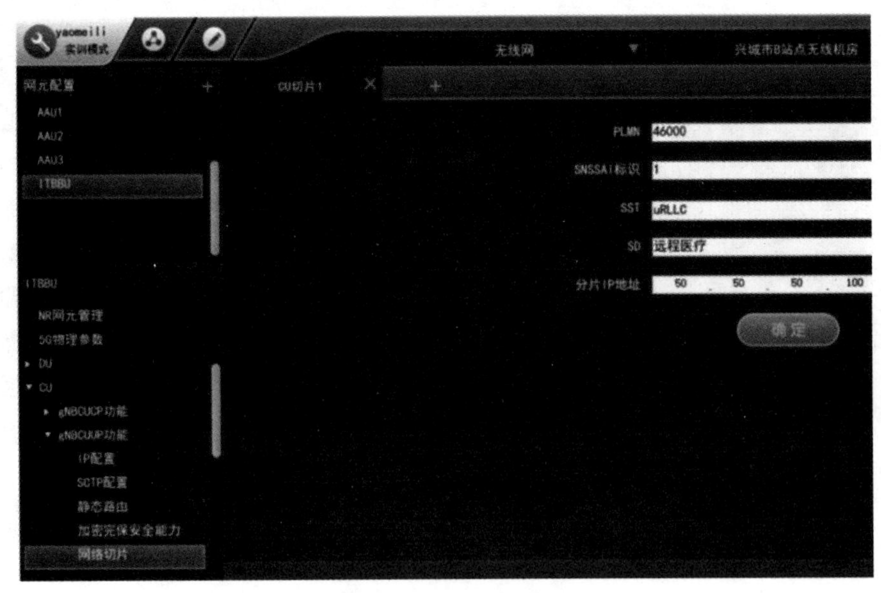

图 S4-31　网络切片配置

3. 终端切片参数配置

终端切片参数配置包括网络切片编排配置和设备管理配置。

(1) 选择仿真软件任务栏中的“网络调试”/“网络优化”选项，进入网络优化界面。在网络优化界面的菜单栏中选择“兴城市”选项，再单击左侧的“网络切片编排”按钮，进入兴城市的网络切片编排界面。将“模式选择”设置为“实验”模式，进行实验模式下的网络切片编排(因为前面没有配置兴城市的承载网)，如图 S4-32 所示。观察界面中的“业务类型”，为“5G 体验馆”(仿真软件中根据选择的城市自动给出业务类型，如在兴城市自动选择“5G 体验馆”)。

图 S4-32　兴城市的网络切片编排界面

(2) 要进入体验馆内部进行远程医疗测试，须先进行远程医疗切片编排。在“AR 远程医疗切片编排”中根据规划填写表单内容：业务 SNSSN1 为 1，业务 SST 为 uRLLC，业务 SD 为远程医疗，DN 属性为医疗本地云(从医疗本地云、车联网本地云、公有云本地云和物联网本地云 4 个选项中选择与本切片业务最接近的一个)。“设备管理”表单中的选项保持默认值，即操作台模式为比例同步，机械臂模式为比例同步，AR 眼镜视角为手术台，误操作校正为打开。

4. 切片业务测试

(1) 单击兴城市网络切片编排界面右下角的“开始手术”按钮，弹出手术界面。如果出现远程医疗界面，操作状态显示“手术中”，则表示远程医疗业务测试通过，无须再进行后续优化，如图 S4-33 所示。

(2) 如果弹出“远程失败”信息提示框，操作状态显示“手术失败”，则单击界面左下角的“通知”按钮，查找网络问题。其一般的问题为波束不可用、网络速率问题、5G NR 时延、丢包率过大等，如图 S4-34 所示，需根据告警提示进行相应的优化。

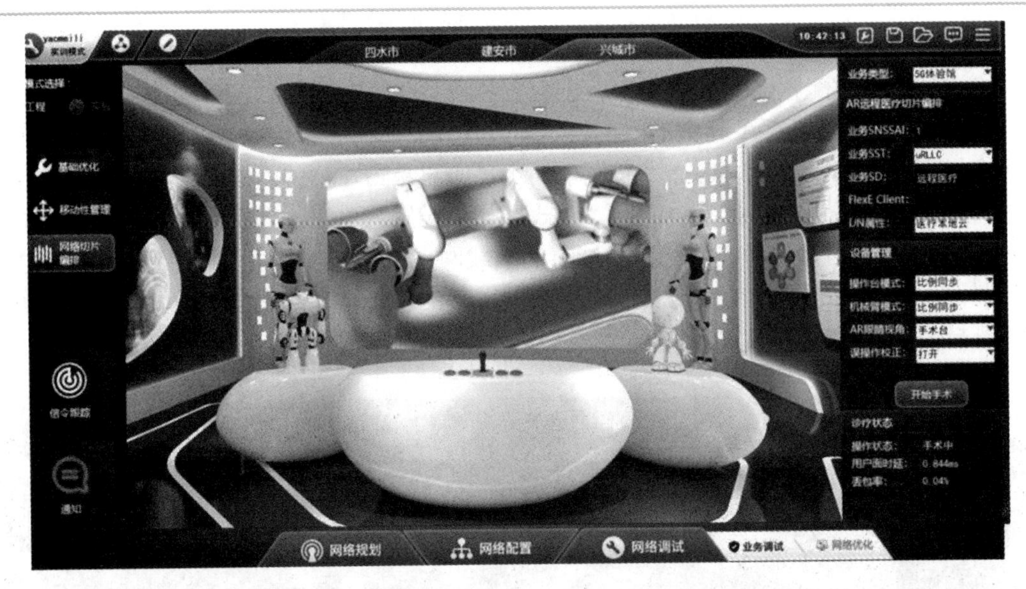

图 S4-33 远程医疗业务测试通过界面

yaomeili
实训模式

模式选择：
工程 实验

基础优化
移动性管理
网络切片编排
信令跟踪
通知

序号	业务类型	时间	位置信息	描述
1	小区信号		兴城市:5-1-0	波束水平方向不可用
2	小区信号		兴城市:5-1-1	波束水平方向不可用
3	小区信号		兴城市:5-1-2	波束水平方向不可用
4	小区信号		兴城市:5-2-1	波束水平方向不可用
5	小区信号		兴城市:5-2-2	波束水平方向不可用
6	小区信号		兴城市:5-3-0	波束水平方向不可用
7	小区信号		兴城市:5-3-1	波束水平方向不可用
8	小区信号		兴城市:5-3-2	波束水平方向不可用
9	小区信号		xingcheng	网络误码率高

图 S4-34 切片测试过程中的通知界面

5. 切片参数优化

优化需要具体问题具体分析，本节以提示网络误码率(弱覆盖导致)为例进行说明。网络误码率高的原因很多，最常见的原因是弱覆盖。

(1) 查看是否是弱覆盖导致的问题。单击“网络调试”/“网络优化”界面左侧的“基础优化”按钮，将手机放在体验馆大楼上，发现信号强度比较差(−95 dB)，如图 S4-35 所示。覆盖大楼用的是小区 1 的波束 2(水平波宽、垂直波宽分别为 40°、65°)和小区 2 的波束

0(水平波宽、垂直波宽分别为 40°、65°)，其垂直波束较宽，可能限制了覆盖距离。因此，提出调整建议：将这两个波束的垂直波束宽带降低，从而加强对大楼信号的覆盖。

图 S4-35　查看医疗大楼附近的信号强度

(2) 调整波束，改善覆盖。将小区 1 波束 2 的垂直波束宽带降为 30° (见图 S4-36)，小区 2 波束 0 的垂直波束宽带降为 30° (见图 S4-37)，加强对大楼信号的覆盖，提升信号的强度和质量。

图 S4-36　小区 1 的波束调整界面

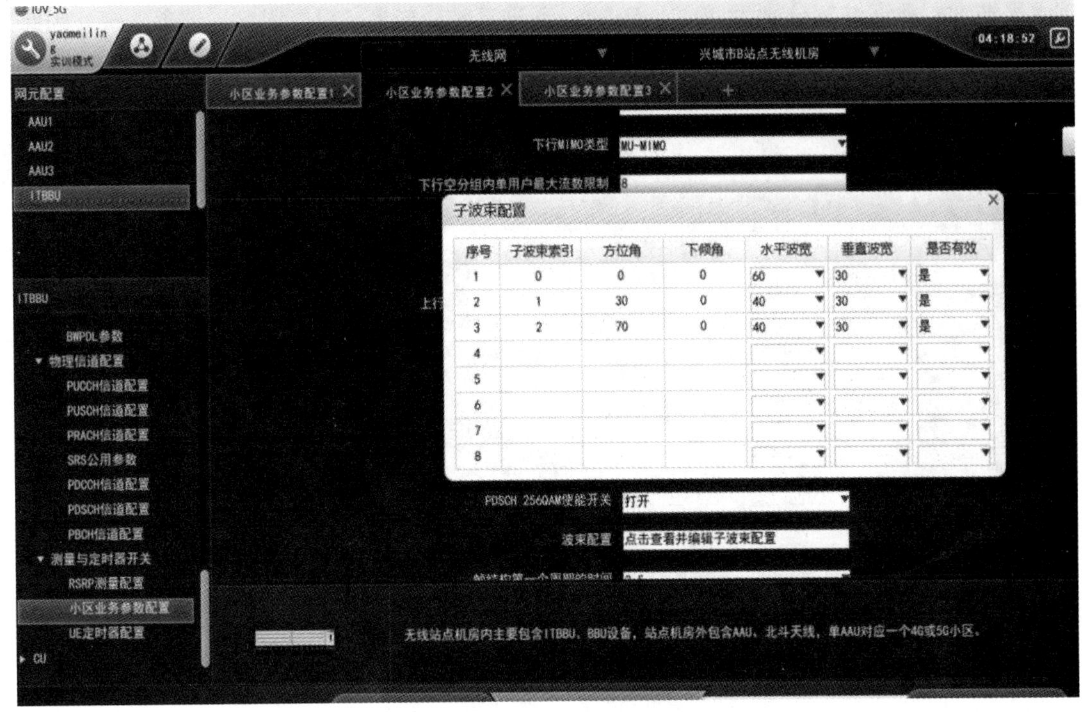

序号	子波束索引	方位角	下倾角	水平波宽	垂直波宽	是否有效
1	0	0	0	60	30	是
2	1	30	0	40	30	是
3	2	70	0	40	30	是
4						
5						
6						
7						
8						

图 S4-37　小区 2 的波束调整界面

(3) 优化完成后，可以发现大楼的信号强度明显提升。再进入 5G 体验馆内部进行远程医疗测试，单击“开始手术”按钮，弹出手术界面，如图 S4-38 所示，即表示远程医疗业务复测通过。

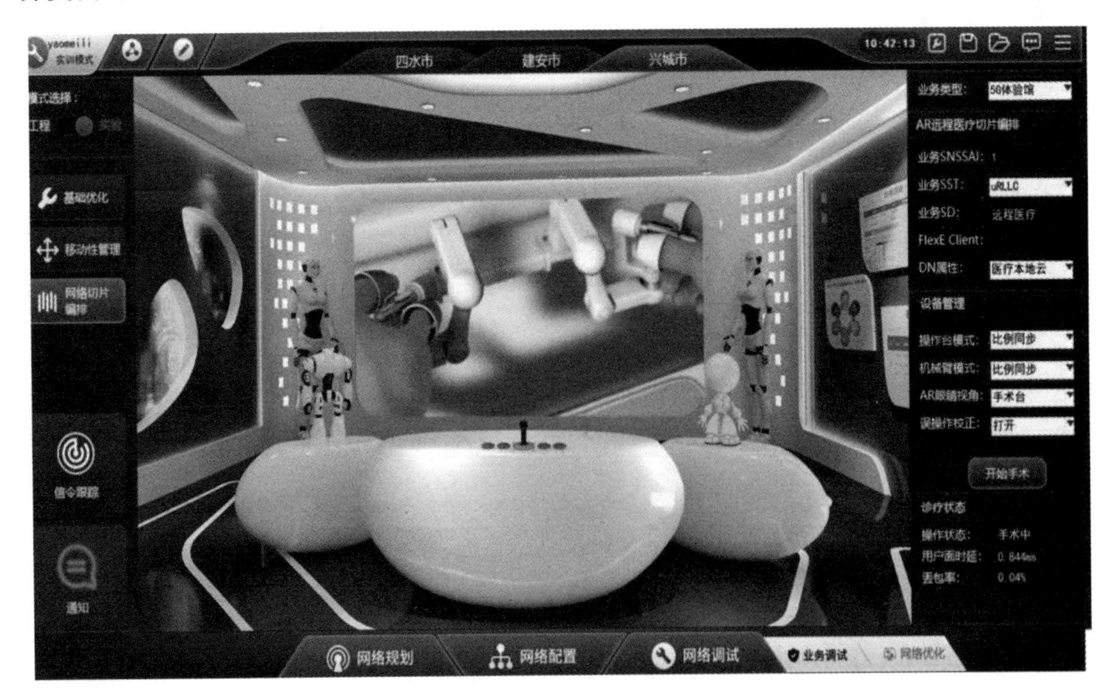

图 S4-38　远程医疗业务复测界面

小　　结

(1) 仿真软件中存在两种相同模式网络之间的漫游(Option3X 之间的漫游和 Option2 之间的漫游)，也存在不同模式网络之间的漫游(Option3X 与 Option2 之间的漫游)。对于 Option3X 之间的漫游，漫游地和归属地都增加 5 条配置：MME 网元与对方 HSS 的对接 3 条信息(Diameter 连接、号码分析和路由)、HSS 到对方 MME 的 2 条配置(对接和路由)。仿真软件默认支持 Option2 之间的漫游，无须另外配置。Option3X 与 Option2 之间的漫游略微复杂，需谨慎进行，关键是理解 4G 核心网的网元与 5G 核心网的功能块之间的对应关系。

(2) 通过兴城市 Option2 组网之基础优化的配置，使读者熟悉基础优化配置流程。

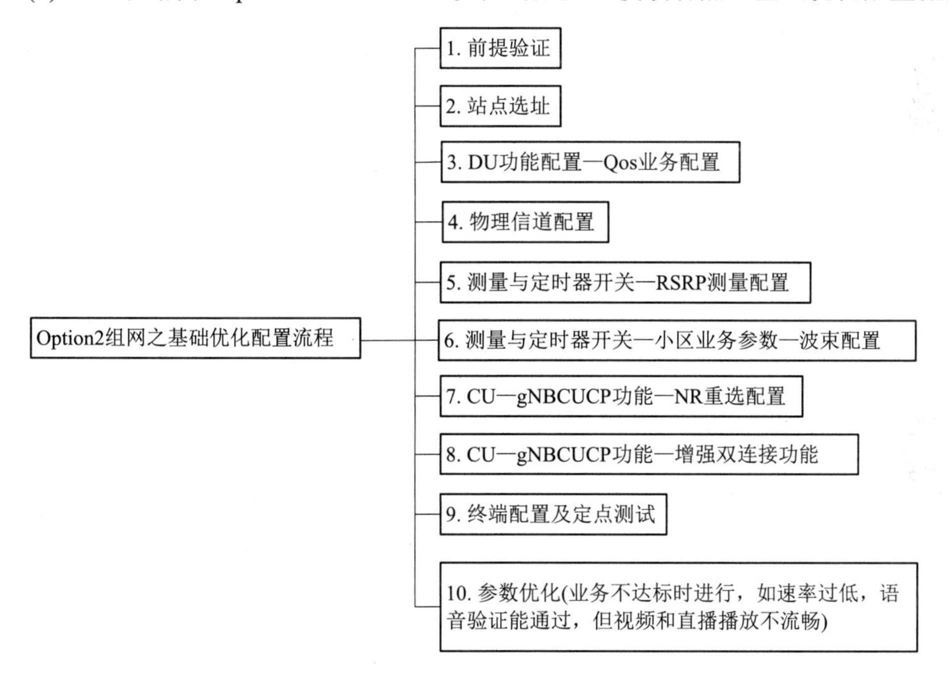

(3) 通过兴城市 Option2 组网之重选配置，了解重选配置流程。

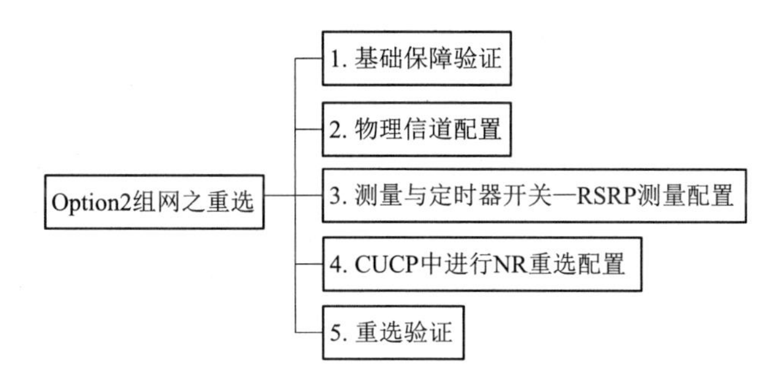

(4) 通过兴城市 Option2 组网之切换配置，了解切换配置流程。

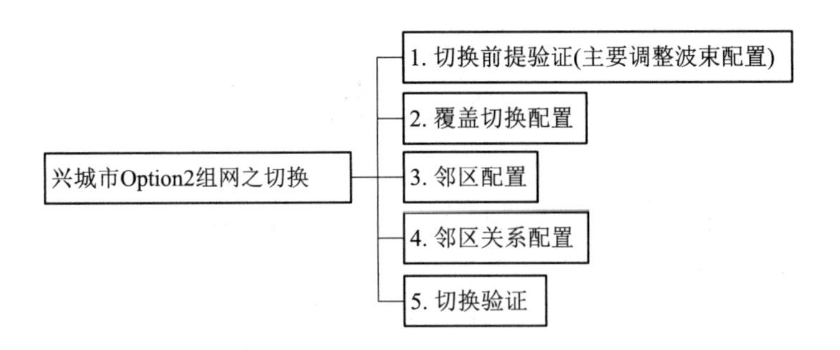

(5) 网络切片由 SNSSAI 表示，其包括以下两个方面的信息：SST 与 SD。其中，SST 表征切片特征和业务期待的网络切片行为，5G 标准中 SST = 1/2/3/4，分别代表 eMBB/uRLLC/mMTC/V2X 业务；SD 是对 SST 的补充，以区分同一 SST 下的多个不同切片。SNSSAI 用于识别一个网络切片，一个 UE 最多同时支持 8 个切片。

(6) 切片业务需要 5G 核心网的支持，故只能在 Option2 组网中进行，Option3 组网不能实现切片业务部署。切片业务配置流程如下。

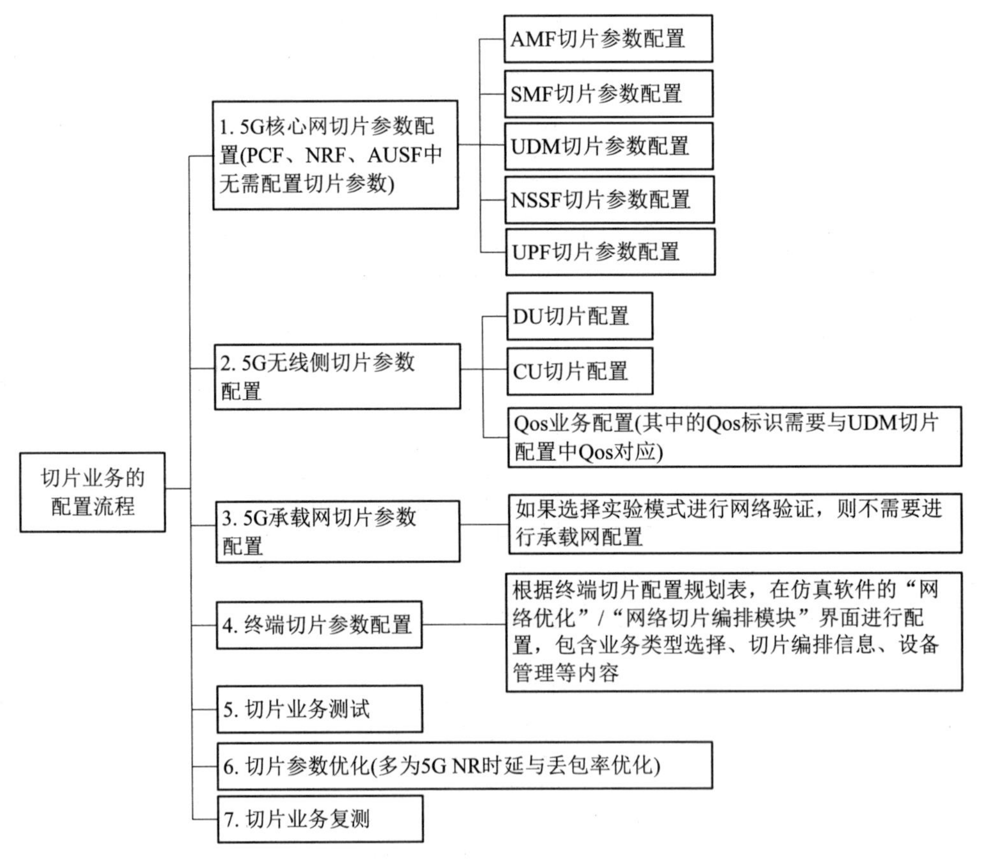

(7) 切片本是一个医学术语，为何创新性地引入了 5G 中？切片在 5G 中的含义是什么呢？移动通信技术的进化史是一部激烈异常、波澜壮阔的创新史，请结合所学，综述 5G 移动通信有哪些创新思维和创新设计(从理论、架构、关键技术、业务等角度考虑)。

(8) 为移动通信发展作出杰出贡献的科学家和工程师数不胜数，如麦克斯韦、赫兹、

波波夫、马可尼、香农、高锟、李建业等。请在本书中找一找他们的身影，如赫兹是电磁波频率的单位(Hz)，再如高锟是光纤通信的奠基者。上网查阅 7 位科学家的伟大成就，了解这些不同年代的科学家是如何一步步构建移动通信的宏伟大厦的；用一句话概括每位科学家勇于探索、为科学献身的伟大精神或光辉业绩并分享到网上，激励自己努力奋斗，日后为移动通信事业添砖加瓦。

习　　题

一、单选题

1. 一个 UE 最多同时支持(　　)个网络切片。

A. 6　　B. 8　　C. 9　　D. 7

2. 切片/业务类型 SST 为 2 表示是(　　)业务。

A. mMTC　　B. uRLLC　　C. V2X　　D. eMBB

3. 当初始 AMF 收到无线接入网发来的 UE 注册请求后，其将查询(　　)网元以获取 UE 签约的 SNSSAI。

A. AMF　　B. NSSF　　C. AUSF　　D. UDM

4. 切片选择和核心网的(　　)网元没有关系。

A. AMF　　B. NSSF　　C. AUSF　　D. UDM

二、简答题

1. 5G NR 上行物理信道有哪些？
2. 5G NR 下行物理信道有哪些？
3. 说出仿真软件中关注的与覆盖相关的 2 个指标，并解释其含义。
4. 简述切换配置的流程。
5. 简述基础优化定点测试的配置流程。
6. 简述重选配置的流程。
7. 简述 Option3X 与 Option2 之间的漫游需要进行哪些配置。
8. 切片业务开展需要配置 5G 核心网中的哪些功能块？
9. 简述仿真软件中切片业务的配置流程。

部分习题答案

参 考 文 献

[1] 于建伟，张保华，于娟娟，等. 面向 5G 的 NFV 核心网演进方案研究[J]. 电信工程技术与标准化，2017，30 (1)：42-47.

[2] 王祖阳，杨传祥，张进，等. 5G 无线网技术特征及部署应对策略分析[J]. 电信科学，2018，34 (S1)：9-16.

[3] 程日涛，张海涛，王乐. 5G 无线网部署策略[J]. 电信科学，2018，34 (S1)：1-8.

[4] 陈其寿，王涛. 面向 5G 的 OTN 干线传送网建设方案分析[J]. 现代工业经济和信息化，2021，11(11)：40-41，62.

[5] 陈厚鼎. OTN 在 5G 承载网建设探索[J]. 中国新通信，2021，23(22)：38-39.

[6] 林炎，石启良. 5G 时代 SPN 与 PTN 融合组网建设[J]. 信息通信技术与政策，2021，47(8)：81-85.

[7] 聂衡，赵慧玲，毛聪杰. 5G 核心网关键技术研究[J]. 移动通信，2019，43(1)：1-6，14.

[8] 姚美菱. 5G 移动通信技术与应用[M]. 北京：化学工业出版社，2022.

[9] 孙健. 5G 核心网建设路径选择及部署分析[J]. 中国新通信，2020，22(19)：84-85.

[10] 王丹，孙滔，段晓东，等. 面向垂直行业的 5G 核心网关键技术演进分析[J]. 移动通信，2020，44 (1)：8-13.

[11] 马洪源，肖子玉，卜忠贵，等. 面向 5G 的核心网演进[J]. 电信科学，2019，35(9)：135-143.

[12] 冯征. 面向应用的 5G 核心网组网关键技术研究[J]. 移动通信，2019，43(6)：2-9.